"十三五"国家重点出版物出版规划项目
面向可持续发展的土建类工程教育丛书

岩土弹塑性力学

第2版

吕玺琳 等编

机械工业出版社

本书的编写基于同济大学十余年来对岩土弹塑性力学课程的教学探索和积累，全面覆盖了弹塑性力学的基本理论和求解体系，内容既包括了经典理论，又包括了岩土体强度和本构关系方面的近期研究成果，分为应力状态理论、应变状态理论、弹性本构关系、弹性力学问题理论求解体系、平面问题的应力解法、薄板小挠度弯曲问题的位移解法、弹性力学问题的变分解法、塑性屈服条件与硬化准则、经典塑性本构关系、岩土体屈服条件与本构关系、理想刚塑性体的平面应变问题和理想刚塑性体的极值原理及应用。

本书可作为土木、建筑、交通、水利和地质等专业研究生相关课程的教材，也可作为工程技术人员的参考书。

本书配有授课PPT和动画等相关配套资源，免费提供给选用本书的授课教师，需要者请登录机械工业出版社教育服务网（www.cmpedu.com）注册后免费下载。

图书在版编目（CIP）数据

岩土弹塑性力学/吕玺琳等编. —2版. —北京：机械工业出版社，2023.12

（面向可持续发展的土建类工程教育丛书）

"十三五"国家重点出版物出版规划项目

ISBN 978-7-111-74934-9

Ⅰ.①岩⋯　Ⅱ.①吕⋯　Ⅲ.①岩土工程－弹性力学②岩土工程－塑性力学　Ⅳ.①TU45

中国国家版本馆CIP数据核字（2024）第013127号

机械工业出版社（北京市百万庄大街22号　邮政编码100037）
策划编辑：李　帅　　　责任编辑：李　帅
责任校对：樊钟英　　　封面设计：张　静
责任印制：李　昂
北京捷迅佳彩印刷有限公司印刷
2024年3月第2版第1次印刷
184mm×260mm · 15.75印张 · 388千字
标准书号：ISBN 978-7-111-74934-9
定价：53.80元

电话服务　　　　　　　　网络服务
客服电话：010-88361066　　机　工　官　网：www.cmpbook.com
　　　　　010-88379833　　机　工　官　博：weibo.com/cmp1952
　　　　　010-68326294　　金　书　网：www.golden-book.com
封底无防伪标均为盗版　机工教育服务网：www.cmpedu.com

前　言

　　岩土弹塑性力学课程是岩土工程专业的研究生课程，主要介绍岩土体的弹塑性性质及弹塑性力学问题的基本求解理论体系。以往，该课程主要参考《弹性力学》和《塑性力学》两本教材，但是这两本教材内容互相独立，并主要从介绍经典理论角度编写，不能满足岩土工程专业学习的实际需要。党的二十大报告指出："加快建设国家战略人才力量，努力培养造就更多大师、战略科学家、一流科技领军人才和创新团队、青年科技人才、卓越工程师、大国工匠、高技能人才。"因此，本书基于同济大学土木工程学科"基于思维培养和知识本质把握的自我学习与自我完善、基于创新素养和多文化融合的发现问题与综合解决问题能力"的未来人才属性培养方案，在十余年来岩土工程方向研究生弹塑性力学课程的教学经验基础上编写而成。

　　本书的特点是从岩土工程应用的角度讲述了弹性力学和塑性力学的基本概念和求解理论体系，涵盖了目前岩土弹塑性力学课程教学的主要内容，有较完整的结构体系。本书中既有相对成熟的理论，又有近年来岩土体强度和本构模拟的最新研究成果，在内容的组织和介绍上，符合学生循序渐进的认知过程。

　　本书共13章，由同济大学吕玺琳组织编写；重庆交通大学刘小会参与编写了第8章弹性力学问题的变分解法和第12章理想刚塑性体的平面应变问题，以及二维码相关素材的制作；同济大学薛大为参与编写了第3章应变状态理论和第13章理想刚塑性体的极值原理及应用。其余部分由吕玺琳编写。

　　本书获得了同济大学研究生教育研究与改革教材建设项目立项。

　　限于编者水平，本书不当之处敬请读者指正。

编　者

目 录

前言
第 1 章　绪论 ·· 1
　1.1　课程任务、内容及方法 ·· 1
　1.2　弹塑性力学的基本假设 ·· 2
　1.3　弹塑性力学发展简史 ·· 3
第 2 章　应力状态理论 ··· 6
　2.1　应力的定义 ·· 6
　2.2　主应力与最大剪应力 ·· 8
　　2.2.1　主应力和主平面 ·· 8
　　2.2.2　最大剪应力 ·· 10
　2.3　应力张量分解与等效应力 ·· 10
　　2.3.1　应力张量分解 ·· 10
　　2.3.2　八面体应力 ·· 11
　　2.3.3　等效应力 ·· 12
　2.4　应力空间描述 ·· 12
　　2.4.1　应力摩尔圆 ·· 12
　　2.4.2　π 平面（偏平面） ··· 13
　　2.4.3　应力洛德（Lode）参数 ··· 14
　2.5　平衡微分方程及边界条件 ·· 15
　　2.5.1　平衡微分方程 ·· 15
　　2.5.2　应力边界条件 ·· 17
　习题 ·· 17
第 3 章　应变状态理论 ··· 19
　3.1　位移与应变 ·· 19
　　3.1.1　位移描述 ·· 19
　　3.1.2　应变描述 ·· 20
　　3.1.3　自然应变 ·· 22

3.2 应变状态分解与简化 24
3.2.1 应变张量分解 24
3.2.2 应变强度 26
3.3 主应变和应变不变量 27
3.3.1 应变张量的坐标变换 27
3.3.2 主应变和应变不变量 28
3.4 应变率和应变增量 30
3.4.1 应变率张量 30
3.4.2 应变增量张量 31
3.5 应变协调方程 32
习题 33

第4章 弹性本构关系 34
4.1 广义胡克（Hooke）定律 34
4.2 弹性体变形过程的功与能 35
4.3 各向异性弹性体 36
4.4 各向同性弹性体 40
4.5 邓肯-张（Duncan-Chang）模型 43
4.5.1 切线弹性模量 E_t 43
4.5.2 切线泊松比 ν_t 45
4.5.3 切线体积模量 K_t 46
4.5.4 切线刚度矩阵与模型参数 46
习题 47

第5章 弹性力学问题理论求解体系 48
5.1 弹性力学基本方程 48
5.2 弹性力学问题的基本解法 50
5.2.1 位移解法 50
5.2.2 应力解法 51
5.3 弹性力学一般原理 51
5.3.1 叠加原理 51
5.3.2 解的唯一性原理 52
5.3.3 圣维南原理 53
5.4 弹性力学简单问题求解 54
5.4.1 梁的纯弯曲 54
5.4.2 柱形体扭转 58
5.5 空间问题的求解 61
5.5.1 柱坐标系中的基本方程 61
5.5.2 球坐标系中的基本方程 63

- 5.5.3 内外壁受均匀压力作用的空心圆球 ……………………………… 65
- 5.5.4 无限体内受集中力作用 ……………………………………… 66
- 5.5.5 半无限体表面受法向集中力作用 …………………………… 68
- 习题 ……………………………………………………………………… 70

第6章 平面问题的应力解法 …………………………………………… 72
- 6.1 平面问题 ……………………………………………………………… 72
  - 6.1.1 平面应力问题 …………………………………………………… 72
  - 6.1.2 平面应变问题 …………………………………………………… 73
- 6.2 平面问题直角坐标解法 ……………………………………………… 74
  - 6.2.1 平面应力问题 …………………………………………………… 74
  - 6.2.2 平面应变问题 …………………………………………………… 76
  - 6.2.3 应力函数解法 …………………………………………………… 77
- 6.3 平面问题直角坐标求解实例 ………………………………………… 78
  - 6.3.1 用多项式解平面问题 …………………………………………… 78
  - 6.3.2 悬臂梁一端受集中力作用 ……………………………………… 81
  - 6.3.3 悬臂梁受均布荷载作用 ………………………………………… 86
  - 6.3.4 简支梁受均布荷载作用 ………………………………………… 89
  - 6.3.5 三角形截面水坝受水压力作用 ………………………………… 92
- 6.4 平面问题的极坐标解法 ……………………………………………… 94
  - 6.4.1 极坐标系基本未知量 …………………………………………… 94
  - 6.4.2 极坐标系基本方程 ……………………………………………… 95
  - 6.4.3 轴对称应力和对应的位移 ……………………………………… 98
- 6.5 平面问题极坐标求解实例 …………………………………………… 100
  - 6.5.1 厚壁圆筒受均布压力作用 ……………………………………… 100
  - 6.5.2 曲梁纯弯曲 ……………………………………………………… 101
  - 6.5.3 曲梁一端受径向集中力作用 …………………………………… 103
  - 6.5.4 具有小圆孔平板的均匀拉伸 …………………………………… 107
  - 6.5.5 尖劈顶端受集中力作用 ………………………………………… 109
  - 6.5.6 几个弹性半平面问题的解答 …………………………………… 111
- 习题 ……………………………………………………………………… 115

第7章 薄板小挠度弯曲问题的位移解法 ……………………………… 119
- 7.1 薄板弯曲问题的特点 ………………………………………………… 119
- 7.2 薄板小挠度弯曲问题基本方程 ……………………………………… 120
  - 7.2.1 控制方程 ………………………………………………………… 120
  - 7.2.2 边界条件 ………………………………………………………… 124
- 7.3 椭圆形薄板挠度求解实例 …………………………………………… 126
- 7.4 矩形薄板三角级数解 ………………………………………………… 129

         7.4.1 简支边矩形薄板的纳维解 ………………………………………………… 129
         7.4.2 矩形薄板的莱维解 ………………………………………………………… 132
   习题 ………………………………………………………………………………………… 136

第8章 弹性力学问题的变分解法 ………………………………………………… 138
   8.1 弹性体虚功原理及贝蒂互换定理 ………………………………………………… 138
         8.1.1 虚功原理 …………………………………………………………………… 138
         8.1.2 贝蒂互换定理 ……………………………………………………………… 139
   8.2 位移变分方程及最小势能原理 …………………………………………………… 140
         8.2.1 位移变分原理 ……………………………………………………………… 140
         8.2.2 最小势能原理 ……………………………………………………………… 141
         8.2.3 应用实例 …………………………………………………………………… 143
   8.3 位移变分原理的近似解法 ………………………………………………………… 145
         8.3.1 瑞利-里茨（Rayleigh-Ritz）法 …………………………………………… 145
         8.3.2 伽辽金法 …………………………………………………………………… 147
   8.4 应力变分方程与最小余能原理 …………………………………………………… 149
   8.5 基于最小余能原理的近似方法 …………………………………………………… 151
         8.5.1 近似解法 …………………………………………………………………… 151
         8.5.2 应用实例 …………………………………………………………………… 152
   *8.6 弹性力学的广义变分方法 ………………………………………………………… 154
   习题 ………………………………………………………………………………………… 157

第9章 塑性屈服条件与硬化准则 ………………………………………………… 159
   9.1 简单拉伸试验中的塑性现象 ……………………………………………………… 159
   9.2 初始屈服条件 ……………………………………………………………………… 162
         9.2.1 屈服条件的一般形式 ……………………………………………………… 162
         9.2.2 特雷斯卡（Tresca）屈服条件 …………………………………………… 164
         9.2.3 米塞斯（Mises）屈服条件 ………………………………………………… 165
   9.3 后继屈服条件及加卸载准则 ……………………………………………………… 167
         9.3.1 后继屈服条件 ……………………………………………………………… 167
         9.3.2 加卸载准则 ………………………………………………………………… 168
   9.4 硬化准则 …………………………………………………………………………… 169
   9.5 德鲁克（Drucker）公设 …………………………………………………………… 173
   习题 ………………………………………………………………………………………… 177

第10章 经典塑性本构关系 ………………………………………………………… 179
   10.1 塑性全量理论 ……………………………………………………………………… 179
         10.1.1 全量理论的适用范围 ……………………………………………………… 179
         10.1.2 全量型本构方程 …………………………………………………………… 180
         10.1.3 全量理论边值问题的提法 ………………………………………………… 182

10.2 塑性增量理论 ································ 183
10.2.1 加卸载定律 ······························ 183
10.2.2 流动法则 ································ 184
10.2.3 理想刚塑性材料的增量型本构方程 ·············· 185
10.2.4 理想弹塑性材料的增量型本构方程 ·············· 185
10.2.5 硬化材料的增量型本构方程 ···················· 186
10.3 塑性位势理论 ································ 187
10.3.1 塑性势 ···································· 188
10.3.2 与特雷斯卡（Tresca）条件关联的流动法则 ······ 188
10.3.3 与米塞斯（Mises）条件关联的流动法则 ········· 189
习题 ·· 190

第 11 章 岩土体屈服条件与本构关系 ···················· 192
11.1 岩土体屈服条件 ································ 192
11.1.1 岩土材料的屈服和破坏特性 ···················· 192
11.1.2 摩尔-库仑（Mohr-Coulomb）屈服条件 ············ 195
11.1.3 德鲁克-普拉格（Drucker-Prager）屈服条件 ······ 197
11.1.4 三维化的摩尔-库仑（Mohr-Coulomb）准则 ········ 198
11.2 基于德鲁克-普拉格（Drucker-Prager）准则的理想弹塑性模型 ······ 201
11.3 基于摩尔-库仑（Mohr-Coulomb）准则的三维弹塑性硬化模型 ······ 202
11.3.1 本构方程的建立 ······························ 202
11.3.2 本构方程数值积分 ···························· 204
11.3.3 真三轴试验验证 ······························ 207
习题 ·· 210

第 12 章 理想刚塑性体的平面应变问题 ·················· 211
12.1 滑移线的概念 ·································· 211
12.2 基本方程 ······································ 212
12.2.1 控制方程 ···································· 212
12.2.2 边界条件 ···································· 213
12.2.3 速度场 ······································ 215
12.2.4 应力和速度的间断面 ·························· 216
12.3 滑移线场解的性质 ······························ 217
12.4 应用实例 ······································ 218
12.4.1 平冲头压入半平面的极限荷载 ·················· 218
12.4.2 单边受压的楔形体 ···························· 221
12.4.3 两侧带切口的板条拉伸 ························ 222
习题 ·· 225

第 13 章 理想刚塑性体的极值原理及应用 ················ 227
13.1 虚功率原理 ···································· 227

13.2 下限定理 …… 229
13.3 上限定理 …… 230
13.4 应力分布的唯一性 …… 230
13.5 应用实例 …… 231
习题 …… 235

附录 …… 237
 附录A 字母标记法及求和约定 …… 237
  A.1 字母标记法 …… 237
  A.2 求和约定 …… 237
  A.3 克罗内克符号 δ_{ij} …… 238
  A.4 置换符号 …… 238
 附录B 张量的基本知识 …… 239
  B.1 坐标变换 …… 239
  B.2 标量、矢量和张量 …… 240
  B.3 张量的坐标不变性 …… 240

参考文献 …… 242

第 1 章 绪 论

1.1 课程任务、内容及方法

弹塑性力学是固体力学的一个分支学科，其主要任务是研究可变形固体在外荷载、温度变化及边界约束变动等作用下的弹塑性变形和应力状态，主要研究对象是实体结构、板壳结构、杆件等。

弹性是几乎所有固体都具有的固有物理属性，是变形固体的基本属性。弹性体作为变形体的一种，其主要特征为：在外力作用下物体变形，当外力不超过某一限度时，撤除外力后，物体能恢复原状。

完全弹性是指在一定温度条件下，材料的应力和应变之间的一一对应关系，如图 1-1 所示，这种关系既与时间无关，也与其应力历史无关。"完全弹性"是对弹性体变形的抽象。

完全弹性体是指在引起其变形的外界因素被消除之后能完全恢复原状的物体，但实际上，这样的绝对弹性体是不存在的。如果物体在外力撤除后的残余变形很小，那么一般就把此物体当作完全弹性体处理。

非弹性变形是指当应力超过一定限度后，即使将外力撤除也不能完全恢复的变形。如图 1-2 所示，在外力撤除以后能够立即消失的这部分变形 CE 是弹性变形，被保留下来的部分 OC 是非弹性变形。

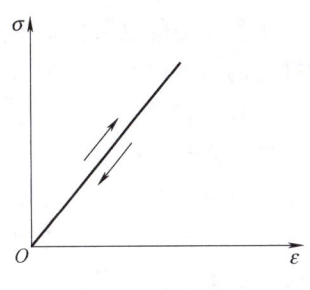

图 1-1 完全弹性

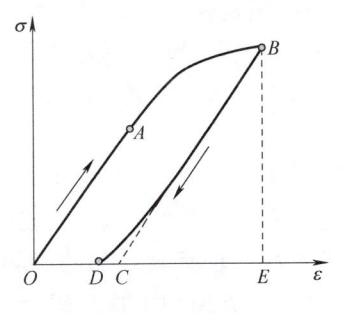

图 1-2 非弹性变形

拉伸试验应力-应变关系

弹性后效是指一部分非弹性变形随时间增长而消失。如图 1-2 中 CD 即为弹性后效。

永久变形是指撤除外力后，不能恢复的变形，如图 1-2 中 OD 即为永久变形。

蠕变是指应力不变的条件下，永久变形随时间而缓慢增加的现象（弹性后效与蠕变现象是由于材料的黏性引起的）。

塑性变形是指工程材料及构件超过弹性变形范围之后发生的永久变形，这一变形在卸除荷载后不可恢复，故又称为残余变形。本书讨论范围只限于与应力有关而与时间无关的塑性变形。

因此，"弹塑性"是变形固体的基本属性，弹塑性力学研究的是弹性变形阶段与塑性变形阶段的力学问题，弹性与塑性是整个变形过程中的两个连续阶段，在整个阶段中，弹性区与塑性区同时存在。而在弹塑性设计中，往往采取控制塑性区大小的方法来发挥整体的承载能力。

在研究材料力学、结构力学时，常采用简化的数学模型进行计算和模拟。然而，在研究弹塑性力学时，需要建立较为精确的数学模型，给出用材料力学、结构力学方法无法求解的问题的理论和方法，并给出初等理论可靠性与精确度的度量。学生在本课程的学习中，应达到以下目标：

1）深入理解应力、应变状态概念及弹性和塑性本构关系，掌握弹塑性力学的基本理论体系和求解方法。

2）建立面向实际工程的弹塑性力学分析理念，确定工程结构的弹塑性变形和内力分布规律。

1.2 弹塑性力学的基本假设

工程问题的复杂性是由多方面因素引起的，若考虑所有因素，则常由于问题的复杂及数学推导的困难而使其无法求解。

工程材料通常可分为晶体和非晶体两类。金属材料为晶体材料，由许多原子、离子按一定规则排列起来的空间格子构成，其内部常存在缺陷。高分子材料为非晶体材料，是由许多分子集合组成的分子化合物。工程材料内部的缺陷、夹渣和孔洞等导致了固体材料微观结构的复杂性。因此，为了使问题的分析得以进行，可根据问题性质提出一些基本假设，忽略部分暂不必考虑的因素，从而使研究的问题限定在可解范围内。基本假设是学科的研究基础，基本假设外的研究领域是其他固体力学学科研究的范围。

弹性力学的基本假设主要包括连续性假设和一些辅助性假设。除弹性体的连续性假设外，均匀性、各向同性、完全弹性、小变形和无初始应力假设均为辅助性假设。这些基本假设被大量工程实践证实是可行的。连续性假设是最基本的假设，辅助性假设是应用上的简化假设。

1. 连续性假设

假设研究的整个物体内部完全由组成这个物体的介质所充满，各个质点间不存在任何空隙，物体在变形后仍保持连续性，不出现开裂或重叠。根据这一假设，物体所有物理量（如位移、应变和应力等）均为空间坐标中的连续函数。在微观上这个假设不可能成立，因此这个假设仅限于宏观假设。同时，若微观尺寸及颗粒间的距离远小于物体几何尺寸，则该假设不会引起明显误差。

2. 均匀性假设

假设物体由同一类型的均匀材料组成，因此物体各个部分的物理性质都是相同的，物体的弹性常数不随坐标位置的变化而改变。根据这个假设，处理问题时，我们可取出任一部分进行分析，然后推广于整个物体。如果物体由两种或者两种以上材料组成，如由两种材料组成的混凝土，由于两种材料颗粒尺寸远远小于物体几何形状，且在物体内部均匀分布，因此从宏观意义上讲，也可将其视为均匀材料。然而，环氧树脂基碳纤维复合材料则不能处理为均匀材料。

3. 各向同性假设

假设物体在各个方向上具有相同的物理性质，即物体的弹性常数不随坐标方向的改变而变化。该假设也是一种宏观假设，在微观上不一定成立。如组成钢材的单晶体是各向异性的，但由于晶体很小，且排列杂乱无章，故钢材在宏观上是各向同性的。但木材、竹子及纤维增强材料等，属于各向异性材料。这些各向异性材料属于复合材料力学的研究对象，不属于弹性力学的研究范围。

4. 完全弹性假设

假设一定温度条件下，如果应力和应变间存在一一对应关系，且这个关系和时间无关，也和变形历史无关，称为完全弹性材料。完全弹性分为线性弹性和非线性弹性，弹性力学研究限于线性的应力与应变关系，研究对象的材料弹性常数不随应力或应变的变化而改变，分析的时候可以运用叠加原理。

5. 小变形假设

假设在外力或其他外界因素（如荷载、温度等）影响下，物体的变形与物体自身几何尺寸相比属于高阶小量。在对弹性体的平衡等问题进行讨论时，可不考虑因变形所引起的物体尺寸和位置的变化，在建立几何方程和物理方程时，可忽略应变转角的二次幂或二次乘积以上的项，同时忽略位移、应变和应力等分量的高阶小量，使基本方程成为线性的偏微分方程组。考虑高阶小量的研究是连续介质力学（也称连续体理性力学）的内容，不属于本书的研究对象。

6. 无初始应力假设

假设物体处于自然状态，即在外界因素（荷载或温度变化）作用前，物体内部没有应力。弹性力学求解的应力仅仅是荷载或温度变化而产生的，若存在初应力，弹性力学求得的应力叠加初应力才是实际应力。

经典塑性力学从宏观角度研究变形固体的塑性力学行为，常采用的基本假设为：

1）材料均匀、连续。

2）各向均匀的应力状态即静水应力状态不影响塑性变形，而只产生弹性变化。应该注意的是，这一假设对多种金属材料成立，但对软金属、矿物及岩土材料并不一定成立。

3）在温度不太高、时间不长的情况下，可忽略蠕变和松弛效应，在应变率不大的情况下，可忽略应变率对塑性变形的影响。

1.3 弹塑性力学发展简史

人类在很早时就已经利用物体的弹性性质了，古代弓箭就是利用物体弹性的例子。当时人们只是不自觉地运用弹性原理,而有系统、定量地研究弹性力学,是从 17 世纪开始的。

弹性力学是一门具有悠久历史的学科,其发展大致可分为四个时期。

1. 发展初期

这一时期的研究工作主要是探索物体受力与变形间的关系。

1678 年,英国科学家胡克(Hooke)揭示了弹性体的变形与外力成正比的定律;1680 年,法国物理学的创始人之一马略特(Mariotte)也独立地提出此定律,这一定律后来被称为胡克定律。

1687 年,牛顿运动三大定律的确立及数学的飞速发展为弹性力学数学理论的创建奠定了基础,从而推动弹性力学进入第二个发展时期。

2. 理论基础建立时期

19 世纪 20—30 年代,纳维(Navier)和柯西(Cauchy)创建了弹性力学的一般数学理论,使弹性力学成为一个独立分支,柯西的工作是近代弹性力学的起点。柯西在 1822—1828 年发表的一系列研究弹性力学的论文中,提出应力、应变的概念,在《弹性体及流体(弹性或非弹性)平衡和运动的研究》一文中,提出各向同性弹性体的运动(平衡)方程,后来还建立了适用于各向异性材料的广义胡克定律,从而扩大了弹性力学的研究范围。但柯西的工作仅证明了各向同性体的主应变和主应力是重合的,且只有 2 个独立的弹性参数。后来,格林(Green)和汤姆逊(Thomson)分别用能量守恒定律和热力学定律先后证明了各向异性材料有 21 个独立弹性参数。在此期间,汤姆逊(Thomson)的工作再次肯定了各向同性体只有 2 个独立的弹性参数。

3. 线性各向同性体弹性力学大发展时期

社会的进步和弹性力学理论体系的建立,加速了弹性力学的发展进程,许多科学工作者提出并证明了许多重要的弹性力学定理,还创建了许多有效的计算方法。

1850 年,基尔霍夫(Kirchhoff)解决了平板的平衡和振动问题。1855—1856 年,圣维南(Saint Venant)建立了柱体扭转和弯曲的基本理论,提出了弹性力学中的局部性原理(圣维南原理)和半逆解法;1862 年,艾瑞(Airy)建立了弹性力学的平面理论,拓展了弹性力学的应用范围;1882 年,赫兹发表了关于接触力学的著名文章 On the contact of elastic solids,揭示了接触应力和法向加载力,接触体的曲率半径,以及弹性模量之间的关系;1898 年,德国的基尔斯(G. Kirsch)在计算圆孔附近的应力分布时,发现了应力集中现象。这些理论成果极大地丰富了弹性力学的理论知识,为许多过去无法解释的现象提供了解答。

同时,在这个时期,各种能量原理被建立,相应的近似算法被提出。1872 年,贝蒂(Betti)建立了功的互等定理;1873—1879 年,卡斯蒂利亚诺(Castigliano)建立了最小余能原理,为弹性力学直接解法和有限元法计算奠定了基础;瑞利(Rayleigh)和里茨(Ritz)分别于 1877 年和 1908 年,从弹性力学虚功原理和最小能量原理出发,提出了瑞利-里茨法;1915 年,伽辽金(Гадёркин)建立著名的伽辽金法,相对于瑞利-里茨法,伽辽金法的适用性和精度都更具优势。此外,弹性力学在这一时期的发展还离不开勒夫和穆斯赫利什维利。勒夫(Love)在 1892—1893 年间出版的《弹性的数学理论教程》一书中,系统地总结了 20 世纪前弹性力学的全部成果,此书被认为是对经典弹性理论影响最大的一本著作。穆斯赫利什维利将复变函数应用于弹性力学,建立了完整的弹性力学复变函数方法,还在 1933 年发表的《数学弹性力学的几个基本问题》一书中,有力地发展了平面弹性理论的一般解法。

4. 进一步发展时期

进入 20 世纪后，得益于科技进步及工程界对弹性力学的重视，弹性力学开始进入了分支发展时期。1907 年，冯·卡门（Von Karman）提出薄板大挠度问题，此后，他在 1939 年与钱学森提出薄壳非线性稳定问题；1937—1939 年，莫纳汉（Murnaghan）和比奥（Biot）提出大应变问题；1948—1957 年，钱伟长基于摄动法解决了薄板大挠度问题。

这些研究为非线性弹性力学的发展做出了巨大贡献，弹性力学在此时期也开始出现许多分支学科，如薄壁构件力学、薄壳力学、黏弹性力学和各向异性弹性力学等。

1954 年，胡海昌建立了三类变量的广义势能原理和广义余能原理，Washizu 于 1955 年也独立完成这一工作，故被称为 Hu-Washizu 变分原理；1960—1978 年，钱伟长也在这方面做了一些工作，为有限元法和其他数值方法的发展奠定了坚实的基础。

"两弹一星"功勋科学家

相比弹性力学而言，塑性力学的研究历史要短一些。

1773 年，库仑（Coulomb）提出了土的屈服条件。但一般认为塑性力学的第一步是从特雷斯卡（Tresca）在 1864 年提出最大剪应力屈服准则这一著名论断开始的，这一论断后被称为 Tresca 屈服准则。随后，圣维南应用 Tresca 屈服准则，针对不同工况下的理想塑性圆柱（1870 年）和完全塑性圆管（1872 年）进行了应力计算，建立了二维塑性流动下应力、应变的五个控制方程；后来，莱维（Levy）于 1871 年将塑性应力-应变关系推广到三维空间。

在紧接着的 40 年里，塑性力学的发展近乎停滞。直到 1913 年，米塞斯（Mises）提出了 Mises 屈服准则，使得塑性力学有了新的进展；此外，米塞斯还独立地提出了类似莱维的塑性应变-应力关系表达式，后被称为莱维-米塞斯（Levy-Mises）方程；1930 年，罗伊斯（Reuss）在普朗特（Prandtl）的启示下，建立了考虑弹性变形的普朗特-罗伊斯（Prandtl-Reuss）增量型塑性理论。1943 年，俄国人依留申建立了全量型塑性理论。

20 世纪 50 年代后，塑性力学的发展离不开德鲁克（Drucker）的贡献及计算机的快速发展。1951 年，德鲁克提出了著名的德鲁克公设。1952 年，德鲁克和普拉格（Prager）对边坡稳定的极限分析进行了研究，提出塑性极限分析法，为结构和土体承载能力的评估分析做出了贡献。此外，德鲁克在 1960 年提出了正交性条件的概念，为塑性应力-应变关系的屈服准则提供了必要关联。德鲁克的这些研究为金属塑性经典理论和其他工程材料（土体和混凝土）的复杂塑性理论的发展奠定了基础。随着计算机的快速发展，应用有限元法求解复杂弹塑性问题具备了可行性，人们开始探索不同力学问题的本构关系，塑性理论也由宏观唯象理论向微观深度发展。

近代，英国剑桥大学罗斯科（Roscoe）等于 1963 年提出著名的剑桥模型，这个模型从试验和理论上较好地阐明了土体弹塑性变形特征；1968 年，罗斯科（Roscoe）和伯兰特（Burland）对剑桥模型做了一系列的修正后，提出了土的弹塑性模型，现通常称其为修正剑桥模型。在临界状态思路的基础上，考虑材料状态相关的本构模型也得以提出，并被用于描述砂土等的本构特性描述中。

如今，随着微纳米材料的出现，传统的塑性力学迎来了新的挑战。一些新的塑性理论得以提出，如离散位错塑性理论（Dislocaltion Gradient Plasticity），应变梯度塑性理论（Strain Gradient Plasticity），非局部塑性理论（Nonlocal Plasticity）等。随着生产和科学技术的高速发展，塑性力学的工程应用将会更加广泛。

第 2 章　应力状态理论

弹塑性力学问题的求解需要考虑静力学、几何学和物理学三个方面条件。本章的主要任务是从静力学观点出发，通过一点应力状态的分析，建立应力状态的理论描述，并推导出平衡微分方程和应力边界条件。在分析过程中，根据小变形假设，忽略物体变形的影响，从而对分析的问题进行简化。显然，在小变形条件下这种简化分析并不会引起明显误差。

■ 2.1　应力的定义

作用在物体上的外力主要有体力、面力、集中力和集中力偶等。体力是指分布在物体内所有质点上的力，如重力、惯性力和电磁力等，其量纲为 $MT^{-2}L^{-2}$，单位为 N/m^3。面力是指作用在物体表面上的力，如风力、液体压力及两个物体间的接触压力等，其量纲为 $MT^{-2}L^{-1}$，单位为 N/m^2。集中力和集中力偶是一类特殊的力，在弹性力学中可根据圣维南原理将其转化为面力。

内力是指在外界因素作用下，物体内部各部分之间的相互作用力。为分析内力，假设通过物体内任意一点 M 作法线方向为 n 的微小面 ΔS，此微小面将物体在 M 点的微小邻域分割为两部分，如图 2-1 所示。由隔离体法可知，物体在 M 点的微小邻域被切成两部分后，在其被切割的表面，须用内力 $\Delta\boldsymbol{F}$ 和 $\Delta\boldsymbol{F}'$ 代替。显然，这里的 $\Delta\boldsymbol{F}$ 和 $\Delta\boldsymbol{F}'$

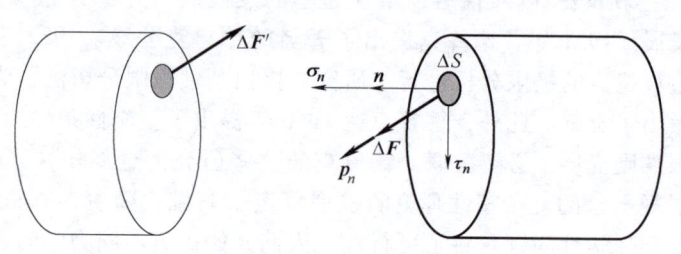

图 2-1　内力示意图

是一对作用力和反作用力，在以后的分析中选其中之一研究即可。

根据物体的连续性假设，可认为作用在微小面 ΔS 上的力是连续分布的，内力 $\Delta\boldsymbol{F}$ 则是这个分布力的合力。于是，分布集度 $\dfrac{\Delta\boldsymbol{F}}{\Delta S}$ 被称为平均应力。若令 ΔS 无限趋向于零，则 $\dfrac{\Delta\boldsymbol{F}}{\Delta S}$ 的极限 $\boldsymbol{p}_n$ 就称为应力，记作 $\boldsymbol{p}_n = \lim\limits_{\Delta S \to 0} \dfrac{\Delta\boldsymbol{F}}{\Delta S}$。$\boldsymbol{p}_n$ 右下角的 n 表示微分面法线方向，表示应力作用面的方位。根据应力矢量的定义可知，应力除有大小、方向和作用点外，还须明确该应力作用的微分面。应力 $\boldsymbol{p}_n$ 的方向通常是任意的，将其投影到 n 向可以得到正应力 $\boldsymbol{\sigma}_n$，投影到切

割面上可得到剪应力 τ_n，如图 2-1 所示。

一点的应力状态是指经过物体内同一点各微分面上的应力情况。显然，经过同一点的微分面有无限多个，但又不可能把每个微分面的应力矢量都求出来表示一点的应力状态。因此，我们在物体内某一点 M 分别作 3 个相互垂直的微面，并使之与坐标平面平行。这 3 个微分面的应力矢量可分别表示为 $\boldsymbol{p}_x$、$\boldsymbol{p}_y$、$\boldsymbol{p}_z$，这里，右下角写的 x、y、z 与前面的 n 一样，表示应力矢量作用面的方向。如果 n 方向与 z 同向时，$\boldsymbol{p}_z$ 投影到三个坐标轴上的分量分别为 σ_z，τ_{zx}，τ_{zy}，如图 2-2 所示。

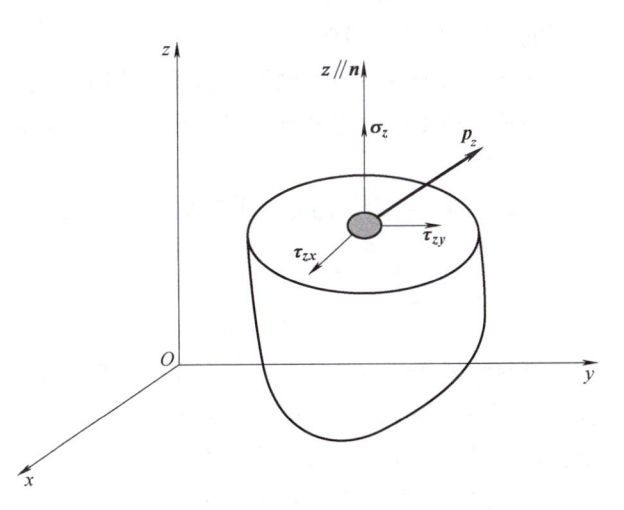

图 2-2 应力矢量分量

为探讨各截面应力的变化趋势，确定可描述应力状态的参数，通常分别将应力矢量 $\boldsymbol{p}_x$、$\boldsymbol{p}_y$、$\boldsymbol{p}_z$ 沿三个坐标轴方向进行分解。过物体内任意一点 M 分别作 3 个与坐标面平行的特殊微分截面，将这 3 个微分面上的应力矢量分别向 3 个坐标轴投影，就可得到 9 个应力分量。这 9 个应力分量的整体构成了一个二阶对称张量，称为应力张量，如图 2-3 所示。

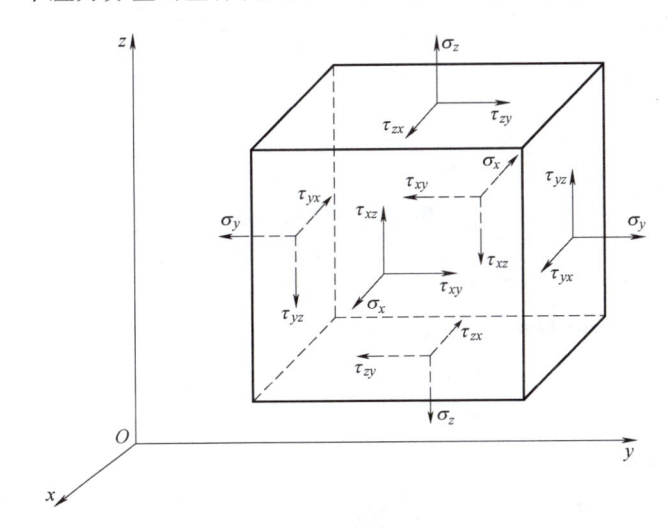

图 2-3 三维空间应力分量

应力平衡方程的建立

应力张量可通过冯·卡门（von Karman）标记表述为

$$\boldsymbol{\sigma}_{ij} = \begin{pmatrix} \sigma_x & \tau_{xy} & \tau_{xz} \\ \tau_{yx} & \sigma_y & \tau_{yz} \\ \tau_{zx} & \tau_{zy} & \sigma_z \end{pmatrix} \tag{2-1}$$

需注意的是：

1) 第一个下标表示切割微分面方位，第二个表示应力指向。当有两个相同下标时，可用一个下标简记，如 $\sigma_x = \sigma_{xx}$

2）应力分量是标量。

3）箭头仅用于说明方向。

对于应力分量指向的画法，我们做如下规定：当微分面外法线方向与坐标轴正向一致时，该微分面上的应力分量指向坐标正方向；反之，则指向负方向。

■ 2.2 主应力与最大剪应力

2.2.1 主应力和主平面

既然物体内任一确定点的9个应力分量随坐标系旋转而变化，那么对于任一确定点能否找到这样一个坐标系，在该坐标系下，该点只有正应力分量，剪应力分量为零。通过计算，能找到这样3个互相垂直的微分面，其上只有正应力而无剪应力，这样的微分面称为主平面，其法线方向为应力主方向，其上的应力为主应力。为找到主应力，采用法线为V的平面切割单元体，如图2-4所示。V与三个坐标轴的方向余弦分别为 l、m 和 n，该平面上的应力投影到三个坐标轴上的分量为 p_x、p_y、p_z。

考虑到该单元体在三个方向满足平衡方程，可得到如下表达式

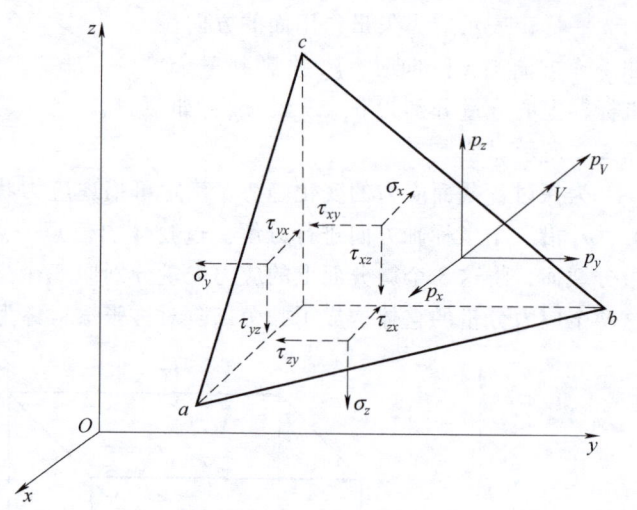

图2-4 单元体上应力分布

$$\begin{cases} p_x = \sigma_x l + \tau_{yx} m + \tau_{zx} n \\ p_y = \tau_{xy} l + \sigma_y m + \tau_{zy} n \\ p_z = \tau_{xz} l + \tau_{yz} m + \sigma_z n \end{cases} \tag{2-2}$$

当该横截面△abc为主面时，剪应力为零，则 $p_V = \sigma$。此时，$p_x = \sigma l$、$p_y = \sigma m$ 和 $p_z = \sigma n$，将该关系式代入到式（2-2）中，移项可得

$$\begin{cases} (\sigma_x - \sigma)l + \tau_{yx} m + \tau_{zx} n = 0 \\ \tau_{xy} l + (\sigma_y - \sigma)m + \tau_{zy} n = 0 \\ \tau_{xz} l + \tau_{yz} m + (\sigma_z - \sigma)n = 0 \end{cases} \tag{2-3}$$

上式即应力主方向所满足的方程，该方程为线性齐次代数方程组。欲使 l、m、n 有非零解，其系数行列式须为零，即

$$\begin{vmatrix} \sigma_x - \sigma & \tau_{yx} & \tau_{zx} \\ \tau_{xy} & \sigma_y - \sigma & \tau_{zy} \\ \tau_{xz} & \tau_{yz} & \sigma_z - \sigma \end{vmatrix} = 0 \tag{2-4}$$

展开后，得到

$$\sigma^3 - I_1\sigma^2 + I_2\sigma - I_3 = 0 \tag{2-5}$$

其中

$$\begin{cases} I_1 = \sigma_x + \sigma_y + \sigma_z \\ I_2 = \sigma_y\sigma_z + \sigma_x\sigma_z + \sigma_x\sigma_y - \tau_{yz}^2 - \tau_{xz}^2 - \tau_{xy}^2 \\ I_3 = \begin{vmatrix} \sigma_x & \tau_{yx} & \tau_{zx} \\ \tau_{xy} & \sigma_y & \tau_{zy} \\ \tau_{xz} & \tau_{yz} & \sigma_z \end{vmatrix} \end{cases} \tag{2-6}$$

式中 I_1、I_2、I_3——应力张量不变量（依次称为第一、第二、第三不变量）。

式（2-5）为应力状态特征方程。应力不变的含义在于其三个性质。

1. 不变性

主应力和应力主轴方向取决于荷载、物体形状和边界条件等，与坐标轴选取无关。因此，特征方程的根是确定的，即 I_1、I_2、I_3 的值不随坐标轴的改变而变化。

2. 实数性

特征方程的三个根，即一点的三个主应力均为实数，根据三次方程性质可以证明。

3. 正交性

任意一点三个应力主方向是相互垂直的，即三个应力主轴正交。

改变坐标系将导致应力张量各分量变化，但应力状态不变，应力不变量正是对应力状态性质的描述。综上所述，特征方程有三个实数根，σ_1、σ_2 和 σ_3 分别表示这三个根，代表某点的三个主应力。对于应力主方向，将 σ_1、σ_2 和 σ_3 分别代入式（2-3），并结合关系 $l^2 + m^2 + n^2 = 0$ 可求出应力主方向。现在要证明以下三点：

1) 若 $\sigma_1 \neq \sigma_2 \neq \sigma_3$，特征方程无重根，应力主轴必然相互垂直。

2) 若 $\sigma_1 = \sigma_2 \neq \sigma_3$，特征方程有两重根，$\sigma_1$ 和 σ_2 方向必然垂直于 σ_3 方向，而 σ_1 和 σ_2 的方向可以是垂直的，也可以不垂直。

3) 若 $\sigma_1 = \sigma_2 = \sigma_3$，特征方程有三重根，三个应力主轴可以垂直，也可以不垂直，任何方向都是应力主轴。

设 σ_1、σ_2 和 σ_3 的方向分别为 (l_1, m_1, n_1)，(l_2, m_2, n_2) 和 (l_3, m_3, n_3)，则可以得到

$$\begin{cases} (\sigma_x - \sigma_j)l_i + \tau_{yx}m_i + \tau_{zx}n_i = 0 \\ \tau_{xy}l_i + (\sigma_y - \sigma_j)m_i + \tau_{zy}n_i = 0 \\ \tau_{xz}l_i + \tau_{yz}m_i + (\sigma_z - \sigma_j)n_i = 0 \end{cases} \tag{2-7}$$

式（2-7）中 $i = j = 1, 2, 3$。

将式（2-7）中取 $i = 1$，$j = 1$ 分别乘以 l_2、m_2 和 n_2，并将式（2-7）中取 $i = 2$，$j = 2$ 乘以 $-l_1$、$-m_1$、$-n_1$，可得到式（2-8）中的第一式，以此类推得到下式的另外两个式子。

$$\begin{cases} (\sigma_1 - \sigma_2)(l_1l_2 + m_1m_2 + n_1n_2) = 0 \\ (\sigma_1 - \sigma_3)(l_1l_3 + m_1m_3 + n_1n_3) = 0 \\ (\sigma_3 - \sigma_2)(l_3l_2 + m_3m_2 + n_3n_2) = 0 \end{cases} \tag{2-8}$$

如果 $\sigma_1 \neq \sigma_2 \neq \sigma_3 = 0$，若要满足式（2-8），必须要求

$$\begin{cases} l_1l_2 + m_1m_2 + n_1n_2 = 0 \\ l_1l_3 + m_1m_3 + n_1n_3 = 0 \\ l_3l_2 + m_3m_2 + n_3n_2 = 0 \end{cases} \tag{2-9}$$

根据式（2-9），可以确定 3 个应力主方向必须相互垂直。

如果 $\sigma_1 = \sigma_2 \neq \sigma_3$，要想满足式（2-8），必须要求

$$\begin{cases} l_1 l_3 + m_1 m_3 + n_1 n_3 = 0 \\ l_3 l_2 + m_3 m_2 + n_3 n_2 = 0 \end{cases} \tag{2-10}$$

根据式（2-10），可确定 σ_1 和 σ_2 的方向必然垂直于 σ_3 的方向。而 σ_1 和 σ_2 的方向可以是相互垂直的，也可以不垂直。

如果 $\sigma_1 = \sigma_2 = \sigma_3$，则满足式（2-8）的平衡条件下，任何方向都是应力主方向。到此，从三个方面确定了 3 个主应力方向的关系。

2.2.2 最大剪应力

对任一确定点 M，能否找到这样的一个微分面，使得该点剪应力达到最大值？为简单起见，参考图 2-4 所示，过点 M 取一特殊微元体及相应坐标，使 x、y、z 轴分别与 σ_1、σ_2 和 σ_3 方向重合，则过该点并与坐标倾斜微分面上的应力为 $p_x = \sigma_1 l$，$p_y = \sigma_2 m$ 和 $p_z = \sigma_3 n$。其中，l、m 和 n 为这个微分面的外法线的方向余弦。若以 p_V 表示此微分面上应力矢量大小，σ_V 和 τ_V 分别表示此微分面上的正应力和剪应力，则有

$$\begin{cases} p_V = \sqrt{p_x^2 + p_y^2 + p_z^2} = \sqrt{\sigma_1^2 l^2 + \sigma_2^2 m^2 + \sigma_3^2 n^2} \\ \sigma_V = p_x l + p_y m + p_z n = \sigma_1 l^2 + \sigma_2 m^2 + \sigma_3 n^2 \\ \tau_V^2 = p_V^2 - \sigma_V^2 = \sigma_1^2 l^2 + \sigma_2^2 m^2 + \sigma_3^2 n^2 - (\sigma_1 l^2 + \sigma_2 m^2 + \sigma_3 n^2)^2 \end{cases} \tag{2-11}$$

将 $l^2 + m^2 + n^2 = 1$ 代入式（2-11），于是得到

$$\tau_V^2 = (\sigma_1^2 - \sigma_3^2) l^2 + (\sigma_2^2 - \sigma_3^2) m^2 + \sigma_3^2 - [(\sigma_1 - \sigma_3) l^2 + (\sigma_2 - \sigma_3) m^2 + \sigma_3]^2 \tag{2-12}$$

为了求产生最大剪应力的微分面方向，令 $\dfrac{\partial \tau_V^2}{\partial l} = 0$，$\dfrac{\partial \tau_V^2}{\partial m} = 0$，可以得到

$$\begin{cases} (\sigma_1^2 - \sigma_3^2) l - 2[(\sigma_1 - \sigma_3) l^2 + (\sigma_2 - \sigma_3) m^2 + \sigma_3](\sigma_1 - \sigma_3) l = 0 \\ (\sigma_2^2 - \sigma_3^2) m - 2[(\sigma_1 - \sigma_3) l^2 + (\sigma_2 - \sigma_3) m^2 + \sigma_3](\sigma_2 - \sigma_3) m = 0 \end{cases} \tag{2-13}$$

根据式（2-13）确定的最大剪应力分下面三种情况：

1）$\sigma_1 > \sigma_2 > \sigma_3$，则最大剪应力为 $\tau_{\max} = \dfrac{\sigma_1 - \sigma_3}{2}$。

2）$\sigma_1 = \sigma_3 > \sigma_2$，则最大剪应力为 $\tau_{\max} = \dfrac{\sigma_1 - \sigma_2}{2}$。

3）$\sigma_1 = \sigma_2 = \sigma_3$，则过该点的任何微分面上都不存在剪应力。

上述结果的具体推导过程建议读者自己完成。

2.3 应力张量分解与等效应力

2.3.1 应力张量分解

应力张量可分解为：$\sigma_{ij} = \sigma_m \delta_{ij} + S_{ij}$

式中　δ_{ij}——克罗内克函数；

$\sigma_m\delta_{ij}$——应力球张量，也称为静水压力，体现单元体体积的改变；

S_{ij}——应力偏张量，它的各分量大小反映实际应力状态偏离平均应力状态的程度。

根据布里奇曼（Bridgman）的试验，静水应力状态产生的变形是弹性体积改变，无形状变形。因此，当研究材料塑性力学行为时，认为该应力不会产生塑性变形。应力偏张量导致材料的形状改变，产生塑性变形。

应力张量分解后的表示形式为

$$\begin{pmatrix} \sigma_x & \tau_{xy} & \tau_{xz} \\ \tau_{yx} & \sigma_y & \tau_{yz} \\ \tau_{zx} & \tau_{zy} & \sigma_z \end{pmatrix} = \begin{pmatrix} \sigma_m & 0 & 0 \\ 0 & \sigma_m & 0 \\ 0 & 0 & \sigma_m \end{pmatrix} + \begin{pmatrix} \sigma_x - \sigma_m & \tau_{xy} & \tau_{xz} \\ \tau_{yx} & \sigma_y - \sigma_m & \tau_{yz} \\ \tau_{zx} & \tau_{zy} & \sigma_z - \sigma_m \end{pmatrix} \quad (2\text{-}14)$$

其中

$$\sigma_m = \frac{1}{3}(\sigma_x + \sigma_y + \sigma_z) \quad (2\text{-}15)$$

$$S_{ij} = \begin{pmatrix} \sigma_x - \sigma_m & \tau_{xy} & \tau_{xz} \\ \tau_{yx} & \sigma_y - \sigma_m & \tau_{yz} \\ \tau_{zx} & \tau_{zy} & \sigma_z - \sigma_m \end{pmatrix} = \begin{pmatrix} S_{11} & S_{12} & S_{13} \\ S_{21} & S_{22} & S_{23} \\ S_{31} & S_{32} & S_{33} \end{pmatrix} \quad (2\text{-}16)$$

为便于建立材料的破坏理论，引入三个不变量 J_1、J_2、J_3

$$\begin{cases} J_1 = S_{ii} = S_1 + S_2 + S_3 = 0 \\ J_2 = -S_1S_2 - S_2S_3 - S_3S_1 = \frac{1}{6}\left[(\sigma_1-\sigma_2)^2 + (\sigma_2-\sigma_3)^2 + (\sigma_3-\sigma_1)^2\right] \\ J_3 = S_1S_2S_3 \end{cases} \quad (2\text{-}17)$$

J_1、J_2 和 J_3 的值不随坐标轴变化而改变，故称为不变量。其中，不变量 J_2 对研究材料破坏有重要意义，在材料力学中，J_2 表达式的形式和第四强度理论中的相当应力类似。

2.3.2　八面体应力

为了更进一步理解应力的三个不变量，引入八面体单元的概念。根据 2.2.1 节的内容，对任意一个六面体单元可找到主单元体，也可找到三个相互垂直的应力主轴。现在以三个应力主轴建立笛卡儿坐标系，选取与三个应力主轴等倾的八个微分面构成一个单元体。单元体每一个微分面均为等倾面，即其法线与三个坐标轴的夹角相同。设微分面法线方向余弦为 l、m、n，则可得到

$$l = m = n = \pm\frac{\sqrt{3}}{3} \quad (2\text{-}18)$$

建立的八面体单元如图 2-5 所示，根据微元体平衡状态条件，可以得到任意一个等倾面上的正应力为

$$\sigma_8 = \sigma_i n_i^2 = \frac{1}{3}(\sigma_1 + \sigma_2 + \sigma_3)$$
$$= \frac{1}{3}(\sigma_x + \sigma_y + \sigma_z) = \frac{1}{3}I_1 \quad (2\text{-}19)$$

同理，可求出任意一个等倾面上的剪应力为

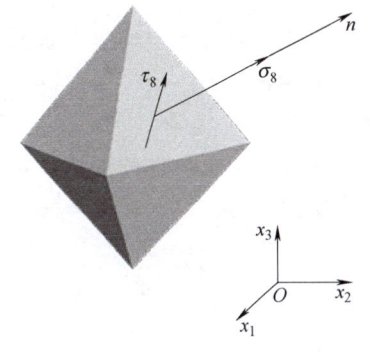

图 2-5　八面体单元

$$\tau_8 = \frac{1}{3}\sqrt{(\sigma_1-\sigma_2)^2+(\sigma_2-\sigma_3)^2+(\sigma_3-\sigma_1)^2} = \frac{1}{3}\sqrt{2I_1^2-6I_2} \qquad (2\text{-}20)$$

式中 I_1、I_2——应力的不变量。

式（2-20）与材料力学中的第四强度理论中的相当应力形式一致，也与式（2-17）中不变量 J_2 形式一致，八面体单元剪应力还可表示为

$$\tau_8 = \sqrt{\frac{2}{3}J_2} \qquad (2\text{-}21)$$

八面体单元上的正应力为静水压力，而剪应力体现了材料塑性破坏，与应力偏张量第二不变量有关。

2.3.3 等效应力

大量材料试验结果表明，材料屈服主要与应力偏张量有关，故将应力张量分解为应力球张量和应力偏张量。土体屈服和破坏主要取决于剪应力，金属材料屈服主要取决于应力偏量中的第二不变量 J_2。为了便于屈服特性和塑性本构模型研究，这里引入两个等效应力的概念，第一个是等效剪应力 T，第二个是广义等效剪应力 q。

$$T = \sqrt{J_2} = \frac{1}{\sqrt{6}}\sqrt{[(\sigma_1-\sigma_2)^2+(\sigma_2-\sigma_3)^2+(\sigma_3-\sigma_1)^2]} \qquad (2\text{-}22)$$

$$q = \sqrt{3J_2} = \frac{3}{\sqrt{2}}\tau_{8(\text{oct})} = \frac{1}{\sqrt{2}}\sqrt{[(\sigma_1-\sigma_2)^2+(\sigma_2-\sigma_3)^2+(\sigma_3-\sigma_1)^2]} \qquad (2\text{-}23)$$

在简单伸应力状态下，$\sigma_1=\sigma$，$\sigma_2=0$，$\sigma_3=0$。由式（2-23）可得 $q=\sigma_1$。在纯剪切应力状态下，$\sigma_1=\tau$，$\sigma_2=0$，$\sigma_3=-\tau$，故 $q=\tau$。如此可见，通过广义剪应力可以将原本复杂的应力状态转化为具有相同效应的单向应力状态。广义等效剪应力不仅与坐标选择无关，且与应力球张量部分无关，各正应力增加或减小相同数值的情况下，其数值仍保持不变。值得注意的是，广义等效剪应力的提出只是便于应用，但并不代表作用在哪个面上的应力。

2.4 应力空间描述

2.4.1 应力摩尔圆

当一点处于空间应力状态时，过该点任一斜截面上的一对应力分量 σ、τ 一定落在分别以 $\dfrac{\sigma_1-\sigma_2}{2}$、$\dfrac{\sigma_2-\sigma_3}{2}$、$\dfrac{\sigma_1-\sigma_3}{2}$ 为半径的三个圆所包围的阴影面积（包括三个圆周）内。下面简单介绍一下具体的理论推导过程，根据式（2-11），可得任意斜截面上的正应力 σ 和剪应力 τ 为

$$\begin{cases} \sigma = \sigma_1 l_1^2 + \sigma_2 l_2^2 + \sigma_3 l_3^2 \\ \sigma^2 + \tau^2 = \sigma_1^2 l_1^2 + \sigma_2^2 l_2^2 + \sigma_3^2 l_3^2 \\ l_1^2 + l_2^2 + l_3^2 = 1 \end{cases} \qquad (2\text{-}24)$$

若将 l_1、l_2 和 l_3 视为未知量，则式（2-24）有三个方程和三个未知量，求解可得

$$\begin{cases} l_1^2 = \dfrac{(\sigma-\sigma_2)(\sigma-\sigma_3)+\tau^2}{(\sigma_1-\sigma_2)(\sigma_1-\sigma_3)} \\ l_2^2 = \dfrac{(\sigma-\sigma_3)(\sigma-\sigma_1)+\tau^2}{(\sigma_2-\sigma_3)(\sigma_2-\sigma_1)} \\ l_3^2 = \dfrac{(\sigma-\sigma_1)(\sigma-\sigma_2)+\tau^2}{(\sigma_3-\sigma_1)(\sigma_3-\sigma_2)} \end{cases} \quad (2-25)$$

当 $\sigma_1 \geqslant \sigma_2 \geqslant \sigma_3$ 时，式（2-25）成立的条件为

$$\begin{cases} (\sigma-\sigma_2)(\sigma-\sigma_3)+\tau^2 \geqslant 0 \\ (\sigma-\sigma_3)(\sigma-\sigma_1)+\tau^2 \leqslant 0 \\ (\sigma-\sigma_1)(\sigma-\sigma_2)+\tau^2 \geqslant 0 \end{cases} \quad (2-26)$$

为了进一步确定斜截面上的正应力和剪应力在摩尔圆内，对式（2-26）进行变换

$$\begin{cases} \left[\sigma-\dfrac{1}{2}(\sigma_2+\sigma_3)\right]^2+\tau^2 \geqslant \dfrac{1}{4}(\sigma_2-\sigma_3)^2 \\ \left[\sigma-\dfrac{1}{2}(\sigma_3+\sigma_1)\right]^2+\tau^2 \leqslant \dfrac{1}{4}(\sigma_3-\sigma_1)^2 \quad (2-27) \\ \left[\sigma-\dfrac{1}{2}(\sigma_1+\sigma_2)\right]^2+\tau^2 \geqslant \dfrac{1}{4}(\sigma_1-\sigma_2)^2 \end{cases}$$

由上式可知，斜截面上正应力 σ 和剪应力 τ 在三个摩尔圆构成的阴影区域内。这三个摩尔圆如图 2-6 所示，O_1、O_2 和 O_3 分别为三个摩尔圆的圆心。

通过摩尔圆分析可知，若在一应力状态上叠加一个应力球张量（各向等拉或各向等压），则三个摩尔圆的直径不改变，只是改变了三个

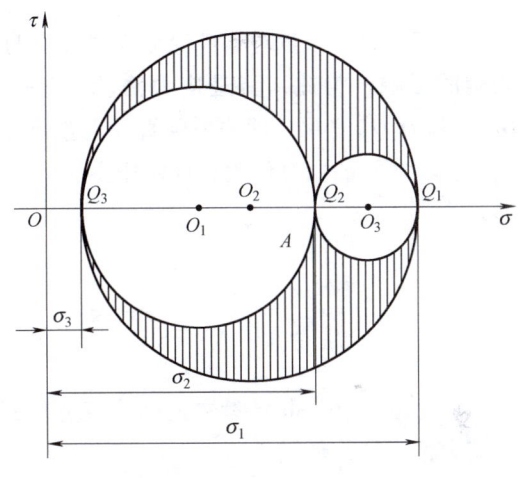

图 2-6 三个摩尔圆

摩尔圆的圆心坐标，整个图形沿横轴平移。摩尔圆在横轴上的整体位置仅取决于应力球张量，而各圆直径则仅取决于应力偏张量。

2.4.2 π 平面（偏平面）

为便于使用应力偏张量研究材料屈服，这里将给出 π 平面的定义。由于六面体单元有 6 个独立应力分量，而通常研究的材料为各向同性材料，其力学行为与坐标无关，只需分析主应力即可。以 σ_1、σ_2 和 σ_3 为三个相互垂直的坐标轴，建立主应力空间，如图 2-7 所示。在主应力空间定义 L 直线，令 L 直线过坐标原点，且与三个坐标轴的夹角相同，根据 L 直线定义可确定其数学方程为 $\sigma_1 = \sigma_2 = \sigma_3$。$L$ 直线上任意一点的三个主应力值相同，其代表了静水压力状态，在该状态下不会产生塑性变形。然后，通过原点 O 作与 L 直线垂直的 π 平面，其数学方程为 $\sigma_1 + \sigma_2 + \sigma_3 = 0$。$\pi$ 平面上各点平均应力为零，故 π 平面上各点是和应力偏量 S_{ij} 相关的。传统塑性力学只研究与塑性变形相关的 S_{ij}，故以后在 π 平面上表示塑性力学的屈服准则。

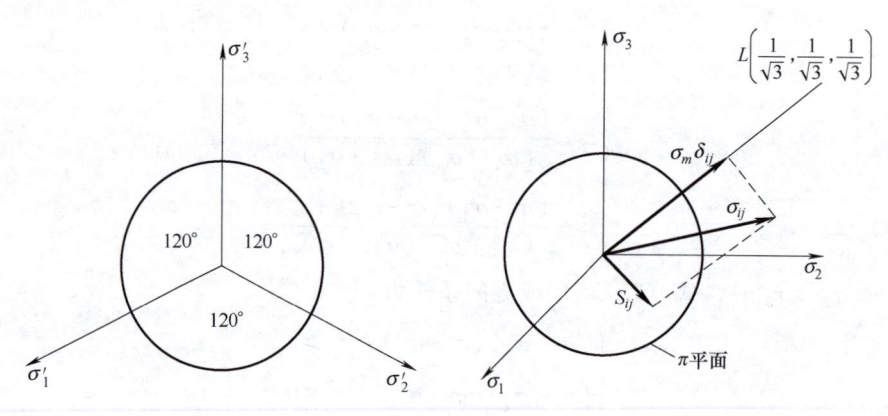

图 2-7　π 平面

2.4.3　应力洛德（Lode）参数

由于应力球张量对塑性变形无明显影响，因而常把这一因素分离出来，着重研究应力偏张量的影响。为此，引进应力洛德（Lode）参数，以 μ_σ 表示，其几何意义为摩尔圆上 O_2Q_2 与 O_2Q_1 之比，即两内圆直径之差与外圆直径之比。应力洛德（Lode）参数表征 Q_2 在 Q_1 与 Q_3 之间的相对位置，反映中主应力 σ_2 对屈服的贡献。应力洛德（Lode）参数的具体形式为

$$\mu_\sigma = \frac{\sigma_2 - \dfrac{\sigma_1 + \sigma_3}{2}}{\dfrac{\sigma_1 - \sigma_3}{2}} = 2\frac{\sigma_2 - \sigma_3}{\sigma_1 - \sigma_3} - 1 = \frac{(\sigma_2 - \sigma_3) - (\sigma_1 - \sigma_2)}{\sigma_1 - \sigma_3} \tag{2-28}$$

应力洛德（Lode）参数是排除应力球张量影响描绘应力状态特征的参数，它可以表示为应力偏张量的形式

$$\mu_\sigma = \frac{(S_2 - S_3) - (S_1 - S_2)}{S_1 - S_3} \tag{2-29}$$

如图 2-8 所示，当 Q_2 点从左向右移动时，洛德（Lode）参数变化范围为 $-1 \leqslant \mu_\sigma \leqslant 1$。当 Q_2 在左端时，对应单向拉伸状态；当 Q_2 在右端与 Q_1 重合时，对应单向压缩状态；当 Q_2 在中间位置，对应纯剪切状态。这三种简单应力状态对应 Q_2 的位置及洛德（Lode）参数值如图 2-8 所示。

图 2-8a 对应单向拉伸状态（$\sigma_1 > 0$，$\sigma_2 = \sigma_3 = 0$，$\mu_\sigma = -1$）；

图 2-8b 对应单向压缩状态（$\sigma_1 = \sigma_2 = 0$，$\sigma_3 < 0$，$\mu_\sigma = 1$）；

图 2-8c 对应纯剪状态（$\sigma_1 > 0$，$\sigma_2 = 0$，$\sigma_3 = -\sigma_1$，$\mu_\sigma = 0$）。

从上述分析可知，应力洛德（Lode）参数 μ_σ 是由 Q_1、Q_2 和 Q_3 三点位置确定的，是描述应力偏张量的一个特征参数，反映中主应力对屈服的贡献，根据 μ_σ 可确定应力偏张量三个主应力分量的比值。洛德（Lode）参数的主要特性表现在以下三方面：

1）与平均应力无关。

2）其值确定了应力圆的三个直径之比。

3）若两个应力状态洛德（Lode）参数相等，说明两个应力状态对应的应力圆是相似

的，即应力偏张量的形式相同。

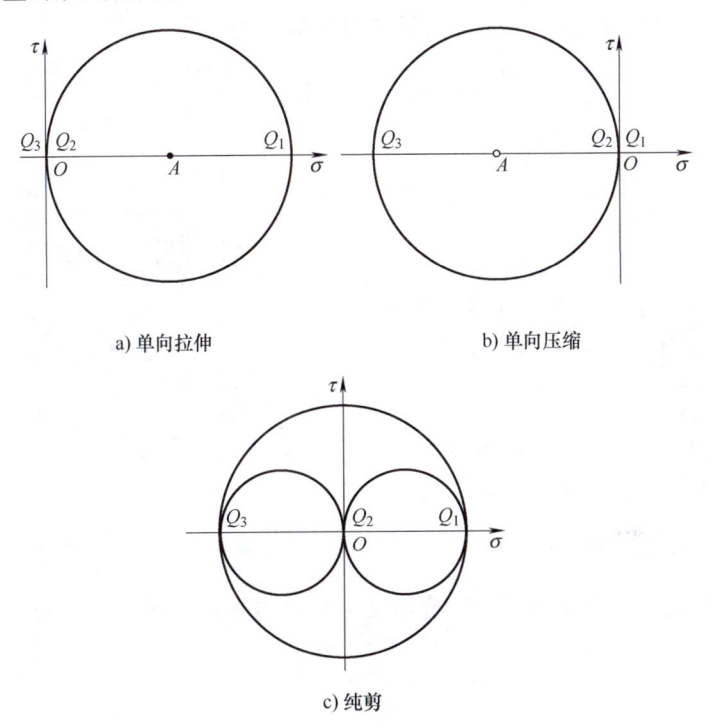

a) 单向拉伸

b) 单向压缩

c) 纯剪

图 2-8　简单应力状态的摩尔圆及洛德（Lode）参数

值得注意的是，在进行土体塑性特性分析时，还常用到应力洛德（Lode）角的概念，该角能够描述 π 平面上应力偏张量的主要特征，洛德（Lode）角与 μ_σ 的关系为

$$\begin{cases} \theta_\sigma = \dfrac{1}{3}\sin^{-1}\left(-\dfrac{3\sqrt{3}}{2}\dfrac{J_3}{J_2^3}\right) \\ \tan(\theta_\sigma) = \dfrac{\mu_\sigma}{\sqrt{3}} \end{cases} \tag{2-30}$$

中主应力比与洛德（Lode）角的关系为

$$b = \frac{\sigma_2 - \sigma_3}{\sigma_1 - \sigma_3} = \frac{1 - \sqrt{3}\tan\theta_\sigma}{2} \quad -\frac{\pi}{6} \leq \theta_\sigma \leq \frac{\pi}{6} \tag{2-31}$$

2.5　平衡微分方程及边界条件

若将物体分成无穷多个任意形状的单元体，当物体受外力作用后处于平衡状态，则每一个单元体也是平衡的。特别地，取三组与坐标平面平行的截面，将物体分割成无数个微分平行六面体及四面体，其中平行六面体在物体内部，而四面体在物体表面。变形体平衡状态如图 2-9 所示。

2.5.1　平衡微分方程

由于平行六面体是无限小的，故六面体上每一个面的应力分量可看成是均匀分布的，如

图 2-10 所示。在 $x=0$ 的微分面上应力分量为 σ_x、τ_{xy} 和 τ_{xz}，在 $x=\mathrm{d}x$ 的微分面上，通过泰勒（Taylor）级数展开，精确到一阶微量后应力分量可表示为

$$\sigma_x+\frac{\partial \sigma_x}{\partial x}\mathrm{d}x,\quad \tau_{xy}+\frac{\partial \tau_{xy}}{\partial x}\mathrm{d}x,\quad \tau_{xz}+\frac{\partial \tau_{xz}}{\partial x}\mathrm{d}x \tag{2-32}$$

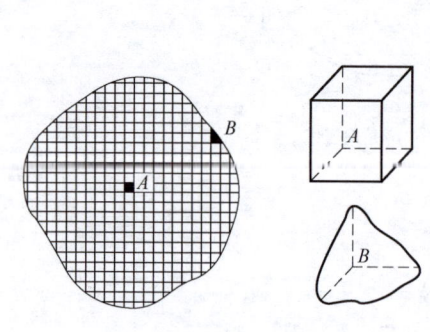

图 2-9 变形体平衡状态

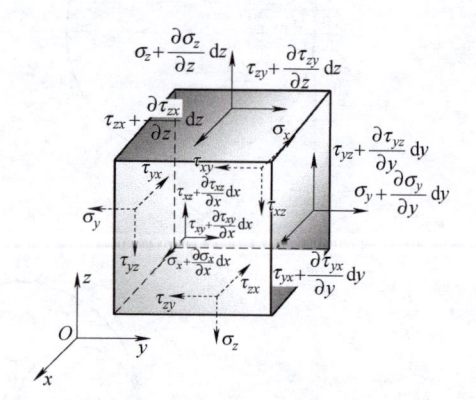

图 2-10 平行六面体应力

当该平行六面体处于平衡状态时，应满足下列静力平衡方程

$$\begin{cases}\sum F_x=0\\ \sum F_y=0\\ \sum F_z=0\\ \sum M_x=0\\ \sum M_y=0\\ \sum M_z=0\end{cases} \tag{2-33}$$

考虑平衡条件 $\sum F_x=0$，并根据图 2-10 可得

$$\left(\sigma_x+\frac{\partial \sigma_x}{\partial x}\mathrm{d}x\right)\mathrm{d}y\mathrm{d}z-\sigma_x\mathrm{d}y\mathrm{d}z+\left(\tau_{yx}+\frac{\partial \tau_{yx}}{\partial y}\mathrm{d}y\right)\mathrm{d}x\mathrm{d}z-\tau_{yx}\mathrm{d}x\mathrm{d}z+$$
$$\left(\tau_{zx}+\frac{\partial \tau_{zx}}{\partial z}\mathrm{d}z\right)\mathrm{d}x\mathrm{d}y-\tau_{zx}\mathrm{d}x\mathrm{d}y+f_x\mathrm{d}x\mathrm{d}y\mathrm{d}z=0 \tag{2-34}$$

式中 f_x——x 方向的体力。

整理式（2-34），可得下面方程组的第一式。采用同样的方法，根据另外两个平衡条件 $\sum F_y=0$，$\sum F_z=0$，可得其余两组微分方程为

$$\begin{cases}\dfrac{\partial \sigma_x}{\partial x}+\dfrac{\partial \tau_{yx}}{\partial y}+\dfrac{\partial \tau_{zx}}{\partial z}+f_x=0\\[4pt] \dfrac{\partial \tau_{xy}}{\partial x}+\dfrac{\partial \sigma_y}{\partial y}+\dfrac{\partial \tau_{zy}}{\partial z}+f_y=0\\[4pt] \dfrac{\partial \tau_{xz}}{\partial x}+\dfrac{\partial \tau_{yz}}{\partial y}+\dfrac{\partial \sigma_z}{\partial z}+f_z=0\end{cases} \tag{2-35}$$

式（2-35）还可使用张量记法，记为

$$\sigma_{ij,i}+f_j=0 \tag{2-36}$$

式（2-35）及式（2-36）称为平衡微分方程，又称纳维（Navier）方程。它表示应力

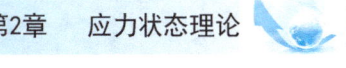

分量与体力之间的平衡关系，是弹性力学的三组基本方程之一。

根据平行六面体还可以列出三个力矩平衡方程 $\sum M_x = 0$，$\sum M_y = 0$ 和 $\sum M_z = 0$，略去小量后可以得到下面三个等式

$$\begin{cases} \tau_{xy} = \tau_{yx} \\ \tau_{yz} = \tau_{zy} \\ \tau_{xz} = \tau_{zx} \end{cases} \quad (2-37)$$

上式即剪应力互等定理，也可通过张量记法表示为 $\sigma_{ij} = \sigma_{ji}$。

根据剪应力互等定理，平行六面体上的 9 个应力分量中只有 6 个应力分量是相互独立的。

2.5.2 应力边界条件

当对式（2-35）求解时，需使用边界条件，下面介绍应力边界条件。选取物体表面处任意一个微分四面体（图 2-11）。设该微分四面体外表面处单位面积上的面力分量为 $\bar{f}_x$、$\bar{f}_y$ 和 $\bar{f}_z$，物体表面外法线的三个方向余弦为 l、m 和 n。

根据该微分四面体处于平衡状态，建立三个方向的平衡方程

$$\begin{cases} \bar{f}_x = \sigma_x l + \tau_{yx} m + \tau_{zx} n \\ \bar{f}_y = \tau_{xy} l + \sigma_y m + \tau_{zy} n \\ \bar{f}_z = \tau_{xz} l + \tau_{yz} m + \sigma_z n \end{cases} \quad (2-38)$$

图 2-11 边界上的应力平衡

上式可通过张量记法简写为

$$\bar{f}_j = \sigma_{ij} n_i \quad (i = 1,2,3; j = 1,2,3) \quad (2-39)$$

其中：$(\bar{f}_1, \bar{f}_2, \bar{f}_3) = (\bar{f}_x, \bar{f}_y, \bar{f}_z)$，而 $(n_1, n_2, n_3) = (l, m, n)$，这一关系式给出了应力和面力之间的关系，称为应力边界条件。

从前述推导可看出，平衡微分方程和应力边界条件都表示物体的平衡条件。平衡微分方程表示物体内部的平衡，应力边界条件表示物体边界部分的平衡。显然，若已知应力分量满足平衡微分方程和应力边界条件，则物体是平衡的；反之，若物体是平衡的，则应力分量必须满足平衡微分方程和应力边界条件。值得注意的是：真正处于平衡状态的弹性体，除满足平衡微分方程和应力边界条件外，还须满足变形连续条件。

习　　题

[2-1]　试证明：在通过同一点的所有微分面上的正应力中，最大和最小的是主应力。

[2-2]　试证明：$\mu_\sigma = \dfrac{3S_2}{S_1 - S_3}$，式中 S_1、S_2、S_3 为主偏应力。

[2-3]　试证明在发生最大和最小剪应力的面上，正应力的数值都等于两个主应力的平均值。

[2-4]　已知物体内一点的 6 个应力分量为：

$\sigma_x = 500 \times 10^5$ Pa，$\sigma_y = 0$，$\sigma_z = -300 \times 10^5$ Pa，$\tau_{yz} = -750 \times 10^5$ Pa，$\tau_{xz} = -750 \times 10^5$ Pa，

$\tau_{xy} = -750 \times 10^5 \text{Pa}$,试求法线方向 $l = \dfrac{1}{2}$,$m = \dfrac{1}{2}$,$n = \dfrac{1}{\sqrt{2}}$ 的微分面上的总应力 f_V、正应力 σ_V、切应力 τ_V。

[2-5] 已知 6 个应力分量 σ_x,σ_y,σ_z,τ_{xy},τ_{yz},τ_{xz} 中,$\sigma_z = \tau_{yz} = \tau_{xz} = 0$,试求应力张量不变量并导出主应力公式。

[2-6] 在各应力分量 $\sigma_x = 88.9$,$\sigma_y = 0$,$\tau_{xy} = \tau_{yx} = -51.7$,$\sigma_z = \tau_{zx} = \tau_{zy} = 0$ 条件下,采用摩尔圆求解:

(1) 主应力 σ_1、σ_2 和相应主轴的方向。

(2) 最大剪应力 $\tau_{\max}$。

(3) 某截面正应力和剪应力分量 σ_n 和 S_n,该截面法线 n 方向与 x 轴成 12°夹角(顺时针)。

[2-7] 对于下面给定的应力张量 σ_{ij},求出主应力以及它们相应的主方向。

$$\sigma_{ij} = \begin{pmatrix} \dfrac{3}{2} & \dfrac{-1}{2\sqrt{2}} & \dfrac{-1}{2\sqrt{2}} \\ \dfrac{-1}{2\sqrt{2}} & \dfrac{11}{4} & \dfrac{-5}{4} \\ \dfrac{-1}{2\sqrt{2}} & \dfrac{-5}{4} & \dfrac{11}{4} \end{pmatrix}$$

(1) 从给定的 σ_{ij} 和从主应力值 σ_1、σ_2 和 σ_3 中确定应力不变量 I_1、I_2 和 I_3。

(2) 求出应力偏张量 S_{ij}。

(3) 确定应力偏张量的不变量 J_1、J_2 和 J_3。

(4) 求出八面体正应力和剪应力。

[2-8] 已知物体中某点的应力分量为 $\sigma_x = 200a$,$\sigma_y = 0$,$\sigma_z = -100a$,$\tau_{xy} = 400a$,$\tau_{zy} = 0$,$\tau_{zx} = 300a$,试求作用在通过此点且平行于方程为 $x + 2y + 2z = 6$ 的平面上,沿 x、y、z 方向的三个应力分量。

第 3 章　应变状态理论

在外力、温度变化或其他因素作用下，物体内部各质点将产生位置变化，即发生位移。如果物体内各点发生位移后仍保持各质点间初始状态的相对位置，则物体实际上只发生了刚体平移和转动，这种位移称为刚体位移。如果物体各质点发生位移后改变了各点间初始状态的相对位置，则物体同时也产生了形状变化，其中包括体积改变和形状变化，物体的这种变化称为物体的变形运动或简称为变形，它包括微元体的纯变形和整体运动。应变状态分析就是研究物体变形后的几何特征，即给定物体内各点变形前后的位置，确定无限接近的任意两点间形成的矢量因物体变形引起的变化。这是一个单纯的几何问题，并不涉及物体变形的原因，也即并不涉及物体抵抗变形的物理规律。

■ 3.1　位移与应变

3.1.1　位移描述

设变形前物体上各点在笛卡儿坐标系中的坐标为(x,y,z)，又设物体在外部荷载作用下产生位移，物体上任意一点的位移在笛卡儿坐标系投影值为u、v、w，这些位移分量是坐标(x,y,z)的函数。物体上任一点的最终位置可描述为

$$\begin{cases} \xi = x + u(x,y,z) \\ \eta = y + v(x,y,z) \\ \zeta = z + w(x,y,z) \end{cases} \tag{3-1}$$

坐标(x,y,z)描述了物体上任意一点变形前的位置，坐标(ξ,η,ζ)描述了该点变形后的位置，式（3-1）确定了变量(x,y,z)与(ξ,η,ζ)之间的关系。因为变形前物体中各质点对应变形后的各质点，因此式（3-1）是单值的，故式（3-1）可看成是坐标的一个变换。

如果在式（3-1）中假设$x=x_0$，$y=y_0$，则由式（3-1）可得如下三个方程

$$\begin{cases} \xi = x_0 + u(x_0,y_0,z) \\ \eta = y_0 + v(x_0,y_0,z) \\ \zeta = z + w(x_0,y_0,z) \end{cases} \tag{3-2}$$

式（3-2）决定了一条曲线，如图 3-1 所示。选取变形前的四个代表点 M_1、M_2、M_3 和 M_4，这四个点连成的直线平行于 z 轴（$x=x_0$，$y=y_0$）。物体变形后，这四个点位置发生了移

动,分别移动到 M_1^*、M_2^*、M_3^* 和 M_4^*,而这四个点连成一条曲线。换句话说,若用未变形状态的坐标(x,y,z)表征物体上各点的位置,到最终变形状态,相应的笛卡儿坐标变为曲线坐标;反之,如果用(ξ,η,ζ)表示各点的坐标,则对已变形物体是笛卡儿坐标,而对于变形前的物体是曲线坐标。

描述连续介质变形的方法有上述两种,分别称为拉格朗日(Lagrange)描述和欧拉(Euler)描述。拉格朗日(Lagrange)描述法是用变形前的坐标(x,y,z)作为自变量,而欧拉(Euler)描述则是用变形后的坐标(ξ,η,ζ)作为自变量。在固体力学中,通常物体的初始形状、固定情况及荷载是一定的,需要确定的是物体各点的位移(u,v,w)和应力σ_{ij}。对于小变形问题一般采用拉格朗日(Lagrange)描述,由于本门课程是针对小变形问题进行分析的,因而在后面的介绍中均采用拉格朗日(Lagrange)描述;而对于大变形有时用欧拉(Euler)描述。在数值计算中,因为要计算变形前后两次应变的变化,故采用欧拉(Euler)描述更方便。

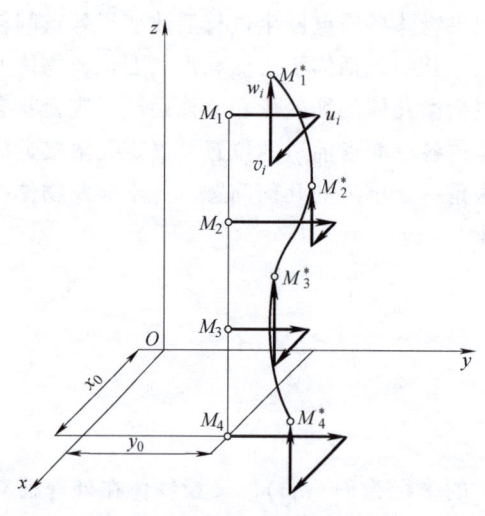

图 3-1 变形表示法

应变状态分析

3.1.2 应变描述

设物体中变形前相距十分接近的两点 M 和 N,变形后移动至 M^* 和 N^*。变形前 M、N 坐标分别为 $M(x,y,z)$,$N(x+dx,y+dy,z+dz)$,变形后 M^*、N^* 坐标分别 $M^*(\xi,\eta,\zeta)$,$N^*(\xi+d\xi,\eta+d\eta,\zeta+d\zeta)$。那么,矢量 **MN** 表示的线元在物体变形后为由矢量 $\boldsymbol{M^*N^*}$ 表示的线元。那么,**MN** 和 $\boldsymbol{M^*N^*}$ 的平方为

$$|MN|^2 = dS^2 = dx^2 + dy^2 + dz^2 \tag{3-3}$$

$$|M^*N^*|^2 = |dS_*|^2 = d\xi^2 + d\eta^2 + d\zeta^2 \tag{3-4}$$

式中 dS——物体微段变形前的长度;

dS_*——物体微段变形后的长度。

根据式(3-1),点 N^* 在 x 方向有

$$\xi + d\xi = x + dx + u + du \tag{3-5}$$

此处 du 是由于 M、N 两点所产生的沿 x 轴的位移增量,将其在(x,y,z)处展开为泰勒

(Taylor) 级数，可得

$$du = \frac{\partial u}{\partial x}dx + \frac{\partial u}{\partial y}dy + \frac{\partial u}{\partial z}dz + \frac{1}{2}\frac{\partial^2 u}{\partial x^2}(dx)^2 + \frac{1}{2}\frac{\partial^2 u}{\partial y^2}(dy)^2 + \frac{1}{2}\frac{\partial^2 u}{\partial z^2}(dz)^2 + \cdots \quad (3-6)$$

略去上式中的高阶微量后，代入式（3-5），可得

$$\xi + d\xi = x + dx + u + \frac{\partial u}{\partial x}dx + \frac{\partial u}{\partial y}dy + \frac{\partial u}{\partial z}dz \quad (3-7)$$

由式（3-1）可知 $\xi = x + u$，故

$$d\xi = \left(1 + \frac{\partial u}{\partial x}\right)dx + \frac{\partial u}{\partial y}dy + \frac{\partial u}{\partial z}dz \quad (3-8)$$

同理，可得

$$\begin{cases} d\eta = \frac{\partial v}{\partial x}dx + \left(1 + \frac{\partial v}{\partial y}\right)dy + \frac{\partial v}{\partial z}dz \\ d\zeta = \frac{\partial w}{\partial x}dx + \frac{\partial w}{\partial y}dy + \left(1 + \frac{\partial w}{\partial z}\right)dz \end{cases} \quad (3-9)$$

式（3-8）和式（3-9）表示用变形前物体任意线元的坐标值描述该物体变形后线元的投影值。将式（3-8）和式（3-9）代入式（3-4），并结合式（3-3），可得

$$dS_*^2 - dS^2 = 2(\varepsilon_x dx^2 + \varepsilon_y dy^2 + \varepsilon_z dz^2 + \gamma_{xy}dxdy + \gamma_{yz}dydz + \gamma_{zx}dzdx) \quad (3-10)$$

其中：

$$\begin{cases} \varepsilon_x = \frac{\partial u}{\partial x} + \frac{1}{2}\left[\left(\frac{\partial u}{\partial x}\right)^2 + \left(\frac{\partial v}{\partial x}\right)^2 + \left(\frac{\partial w}{\partial x}\right)^2\right] \\ \varepsilon_y = \frac{\partial v}{\partial y} + \frac{1}{2}\left[\left(\frac{\partial u}{\partial y}\right)^2 + \left(\frac{\partial v}{\partial y}\right)^2 + \left(\frac{\partial w}{\partial y}\right)^2\right] \\ \varepsilon_z = \frac{\partial w}{\partial z} + \frac{1}{2}\left[\left(\frac{\partial u}{\partial z}\right)^2 + \left(\frac{\partial v}{\partial z}\right)^2 + \left(\frac{\partial w}{\partial z}\right)^2\right] \\ \gamma_{xy} = \gamma_{yx} = \frac{\partial u}{\partial y} + \frac{\partial v}{\partial x} + \frac{\partial u}{\partial x}\frac{\partial u}{\partial y} + \frac{\partial v}{\partial x}\frac{\partial v}{\partial y} + \frac{\partial w}{\partial x}\frac{\partial w}{\partial y} = 2\varepsilon_{xy} = 2\varepsilon_{yx} \\ \gamma_{yz} = \gamma_{zy} = \frac{\partial v}{\partial z} + \frac{\partial w}{\partial y} + \frac{\partial u}{\partial y}\frac{\partial u}{\partial z} + \frac{\partial v}{\partial y}\frac{\partial v}{\partial z} + \frac{\partial w}{\partial y}\frac{\partial w}{\partial z} = 2\varepsilon_{yz} = 2\varepsilon_{zy} \\ \gamma_{zx} = \gamma_{xz} = \frac{\partial u}{\partial z} + \frac{\partial w}{\partial x} + \frac{\partial u}{\partial x}\frac{\partial u}{\partial z} + \frac{\partial v}{\partial x}\frac{\partial v}{\partial z} + \frac{\partial w}{\partial x}\frac{\partial w}{\partial z} = 2\varepsilon_{zx} = 2\varepsilon_{xz} \end{cases} \quad (3-11)$$

式（3-11）实际上是应变在各坐标方向分量的计算式，各应变分量均为非线性量。若已知变形体各点位移 u、v 和 w，则可由该式求得各点的应变分量。略去二阶小量后，式（3-11）亦可用张量表示为

$$\begin{cases} \varepsilon_x = \frac{\partial u}{\partial x}, \quad \gamma_{yz} = \frac{\partial w}{\partial y} + \frac{\partial v}{\partial z} \\ \varepsilon_y = \frac{\partial v}{\partial y}, \quad \gamma_{xz} = \frac{\partial u}{\partial z} + \frac{\partial w}{\partial x} \\ \varepsilon_z = \frac{\partial w}{\partial z}, \quad \gamma_{xy} = \frac{\partial v}{\partial x} + \frac{\partial u}{\partial y} \end{cases} \quad (3-12)$$

式（3-12）即为几何方程，又称柯西（Cauchy）方程。它给出的是 6 个应变分量和 3 个位移分量的关系。若已知位移分量，即可通过式（3-12）求出 6 个应变分量。反之，若

已知应变分量求位移分量,还需使得各应变间满足一定关系,这将在后面进行阐述。

式(3-12)又可用张量表示为

$$\varepsilon_{ij} = \frac{1}{2}(u_{i,j} + u_{j,i}) \tag{3-13}$$

3.1.3 自然应变

变形大小可通过名义应变(又称工程应变)或真实应变(又称对数应变)来表示。名义应变是以线尺寸增量与最初线尺寸之比来表示的,对于图3-2所示的轴向拉伸试件,其轴向名义应变可表示为

$$\varepsilon_2 = \frac{l_1 - l_0}{l_0} \tag{3-14}$$

式中 l_0——原始长度;

l_1——变形后长度。

对于均匀伸长变形,由于体积不变,断面收缩率 $\psi = \dfrac{F_1 - F_0}{F_0}$($F_0$、$F_1$ 分别为变形前后的截面积)与 ε 是等效的,也属于名义应变范畴。

名义应变的主要缺点是把基长看成是固定的,因而并不能真实反映变化的基长对应变的影响,从而导致变形过程总应变不等于各个阶段应变之和。如图3-3所示,将50cm长的杆料拉长至总长为90cm,总应变为 $\dfrac{(90-50)\text{cm}}{50\text{cm}} \times 100\% = 80\%$,若将此变形过程视为两个阶段,即由50cm拉长到80cm,再由80cm拉长至90cm,则各阶段的应变为

$$\begin{cases} \varepsilon_1 = \dfrac{(80-50)\text{cm}}{50\text{cm}} \times 100\% = 60\% \\ \varepsilon_2 = \dfrac{(90-80)\text{cm}}{80\text{cm}} \times 100\% = 12.5\% \end{cases} \tag{3-15}$$

其总应变量为 $\varepsilon_1 + \varepsilon_2 = 60\% + 12.5\% = 72.5\%$,这与 $\varepsilon = 80\%$ 不相等。

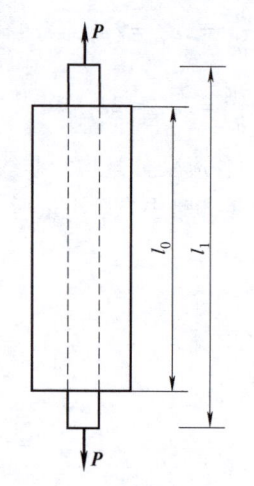

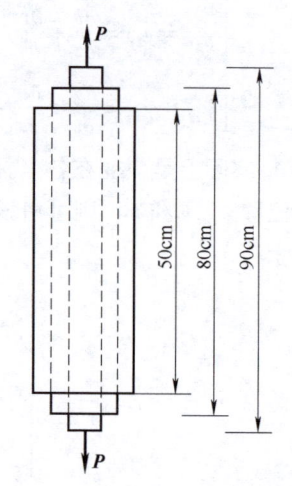

图3-2 拉伸前后试件尺寸   图3-3 试件拉伸在不同阶段时的尺寸

真实应变又称对数应变,是指杆件变形后的线尺寸与变形前的线尺寸之比的自然对数

值，即 $\delta = \ln\dfrac{l_1}{l_0}$。对数应变之所以是真实的，就是因为它是从某瞬时尺寸的无限小增量与该瞬时尺寸比值（即应变增量）的积分，即

$$\delta = \int_{l_0}^{l_1} \frac{\mathrm{d}l}{l} = \ln l \Big|_{l_0}^{l_1} \approx \ln\frac{l_1}{l_0} \tag{3-16}$$

当然，此积分在应变主轴方向基本不变的情况下才能进行。

对数应变真实地反映了变形的积累过程，它具有可叠加性，所以又称为可叠加应变。

$$\delta = \ln\frac{l_1}{l_0} = \ln\frac{l_0 + \Delta l}{l_0} \approx \ln\left(1 + \frac{\Delta l}{l_0}\right) = \ln(1 + \varepsilon) \tag{3-17}$$

对于图 3-3 的实例，$\delta = \int_{50}^{80}\dfrac{\mathrm{d}l}{l} + \int_{80}^{90}\dfrac{\mathrm{d}l}{l} = \ln\dfrac{90}{50} = 0.59$，此时分阶段变形的真实应变之和总是等于总的真实应变。

表 3-1 给出部分名义应变与真实应变对比，表中正值表示伸长，负值表示缩短。

表 3-1　部分名义应变与真实应变对比

名 义 应 变	真 实 应 变	名 义 应 变	真 实 应 变
1000	6.908	-0.01	-0.01005
10	2.398	-0.1	-0.1054
1	0.693	-0.5	-0.693
0.1	0.0953	-0.999	-6.908
0	0	-1	-∞

由上表中可见，随着应变绝对值的增大，两种表示方式的差别逐渐增大，如图 3-4 所示。应当指出，当应变量不大时，名义应变 ε 与真实应变 δ 相差不大，将式（3-17）写成级数形式为

$$\delta = \varepsilon - \frac{\varepsilon^2}{2} + \frac{\varepsilon^3}{3} - \frac{\varepsilon^4}{4} + \cdots + (-1)^{n-1}\frac{\varepsilon^n}{n} + \cdots \tag{3-18}$$

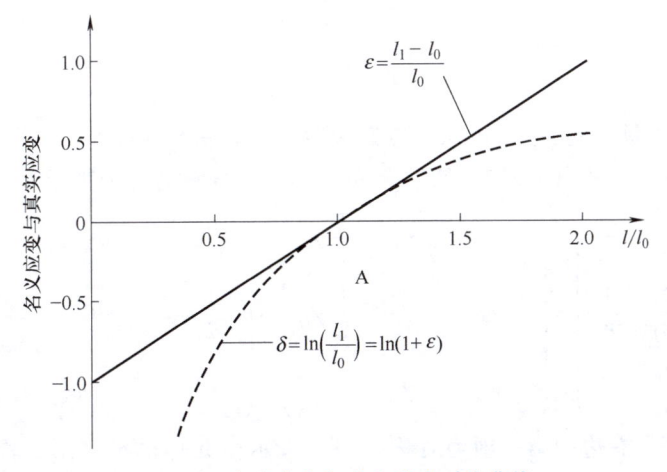

图 3-4　名义应变与真实应变对比曲线

当 $|\varepsilon| < 1$ 时，该级数收敛。忽略三次方项，则由上式可得真实应变与名义应变之差为

$$\delta - \varepsilon = -\frac{\varepsilon^2}{2} \tag{3-19}$$

若 $\varepsilon < 0.1$，两者绝对误差小于 0.005，相对误差小于 5%，这时可认为 $\varepsilon \approx \delta$。

■ 3.2 应变状态分解与简化

3.2.1 应变张量分解

由前述分析可知，6 个应变分量可以通过 3 个位移分量的 9 个一阶偏导数得到，即

$$\begin{pmatrix} \frac{\partial u}{\partial x} & \frac{\partial u}{\partial y} & \frac{\partial u}{\partial z} \\ \frac{\partial v}{\partial x} & \frac{\partial v}{\partial y} & \frac{\partial v}{\partial z} \\ \frac{\partial w}{\partial x} & \frac{\partial w}{\partial y} & \frac{\partial w}{\partial z} \end{pmatrix} \tag{3-20}$$

这 9 个量组成的集合称为相对位移张量。对于单连通物体，若已知其相对位移张量，并假设位移分量具有二阶或二阶以上的连续偏导数，则可通过积分求得连续单值的位移分量。这表明，相对位移张量完全确定了物体的变形情况。

为了获得应变张量和位移分量偏导数之间的关系，引入 ω

$$\boldsymbol{\omega} = \nabla \times \boldsymbol{U} \tag{3-21}$$

式中　∇——那勃勒（Lapla）算子，$\nabla = \boldsymbol{e}_1 \frac{\partial}{\partial x} + \boldsymbol{e}_2 \frac{\partial}{\partial y} + \boldsymbol{e}_3 \frac{\partial}{\partial z}$；

　　　$\boldsymbol{U}$——位移矢量。

不难算得 ω 的 3 个分量为

$$\begin{cases} \omega_x = \frac{\partial w}{\partial y} - \frac{\partial v}{\partial z} \\ \omega_y = \frac{\partial u}{\partial z} - \frac{\partial w}{\partial x} \\ \omega_z = \frac{\partial v}{\partial x} - \frac{\partial u}{\partial y} \end{cases} \tag{3-22}$$

式中　ω——转动矢量，而 ω_x、ω_y、ω_z 称为转动分量的三个分量。

利用式 (3-12) 和式 (3-22)，可将相对位移张量分解为两个张量

$$\begin{pmatrix} \frac{\partial u}{\partial x} & \frac{\partial u}{\partial y} & \frac{\partial u}{\partial z} \\ \frac{\partial v}{\partial x} & \frac{\partial v}{\partial y} & \frac{\partial v}{\partial z} \\ \frac{\partial w}{\partial x} & \frac{\partial w}{\partial y} & \frac{\partial w}{\partial z} \end{pmatrix} = \begin{pmatrix} \varepsilon_x & \frac{1}{2}\gamma_{xy} & \frac{1}{2}\gamma_{xz} \\ \frac{1}{2}\gamma_{xy} & \varepsilon_y & \frac{1}{2}\gamma_{yz} \\ \frac{1}{2}\gamma_{xz} & \frac{1}{2}\gamma_{yz} & \varepsilon_z \end{pmatrix} + \begin{pmatrix} 0 & -\frac{1}{2}\omega_z & \frac{1}{2}\omega_y \\ \frac{1}{2}\omega_z & 0 & -\frac{1}{2}\omega_x \\ -\frac{1}{2}\omega_y & \frac{1}{2}\omega_x & 0 \end{pmatrix} \tag{3-23}$$

式（3-23）等号右边的第一项为对称张量，表示微元体的纯变形，称为应变张量，第二项为反对称张量。下面要论证，反对称张量表示微元体的刚性转动，即表示物体变形后微

元体的方位变化。

试在变形前的物体内任取微分线段 AB，点 A、B 的坐标分别为 (x,y,z) 和 $(x+\mathrm{d}x, y+\mathrm{d}y, z+\mathrm{d}z)$，在物体变形后，点 A 和 B 分别变为点 A' 和 B'。若用 $u(x,y,z)$，$v(x,y,z)$，$w(x,y,z)$ 表示 A 点的位移矢量 $\boldsymbol{AA'}$ 的 3 个分量，则 B 点的位移矢量 $\boldsymbol{BB'}$ 的 3 个分量为

$$\begin{cases} u' = u(x+\mathrm{d}x, y+\mathrm{d}y, z+\mathrm{d}z) \\ v' = v(x+\mathrm{d}x, y+\mathrm{d}y, z+\mathrm{d}z) \\ w' = w(x+\mathrm{d}x, y+\mathrm{d}y, z+\mathrm{d}z) \end{cases} \quad (3\text{-}24)$$

按多元函数泰勒级数展开，并略去二阶以上的项，得到

$$\begin{cases} u' = u + \dfrac{\partial u}{\partial x}\mathrm{d}x + \dfrac{\partial u}{\partial y}\mathrm{d}y + \dfrac{\partial u}{\partial z}\mathrm{d}z \\ v' = v + \dfrac{\partial v}{\partial x}\mathrm{d}x + \dfrac{\partial v}{\partial y}\mathrm{d}y + \dfrac{\partial v}{\partial z}\mathrm{d}z \\ w' = w + \dfrac{\partial w}{\partial x}\mathrm{d}x + \dfrac{\partial w}{\partial y}\mathrm{d}y + \dfrac{\partial w}{\partial z}\mathrm{d}z \end{cases} \quad (3\text{-}25)$$

利用式（3-11）和式（3-22），可将式（3-25）变换成如下形式

$$\begin{cases} u' = u + \varepsilon_x \mathrm{d}x + \dfrac{1}{2}\gamma_{xy}\mathrm{d}y + \dfrac{1}{2}\gamma_{xz}\mathrm{d}z - \dfrac{1}{2}w_z\mathrm{d}y + \dfrac{1}{2}w_y\mathrm{d}z \\ v' = v + \dfrac{1}{2}\gamma_{xy}\mathrm{d}x + \varepsilon_y\mathrm{d}y + \dfrac{1}{2}\gamma_{yz}\mathrm{d}z + \dfrac{1}{2}w_z\mathrm{d}x - \dfrac{1}{2}w_x\mathrm{d}z \\ w' = w + \dfrac{1}{2}\gamma_{xz}\mathrm{d}x + \dfrac{1}{2}\gamma_{yz}\mathrm{d}y + \varepsilon_z\mathrm{d}z - \dfrac{1}{2}w_y\mathrm{d}x + \dfrac{1}{2}w_x\mathrm{d}y \end{cases} \quad (3\text{-}26)$$

也可表示为

$$\begin{pmatrix} u' \\ v' \\ w' \end{pmatrix} = \begin{pmatrix} u \\ v \\ w \end{pmatrix} + \begin{pmatrix} 0 & -\dfrac{1}{2}w_z & \dfrac{1}{2}w_y \\ \dfrac{1}{2}w_z & 0 & -\dfrac{1}{2}w_x \\ -\dfrac{1}{2}w_y & \dfrac{1}{2}w_x & 0 \end{pmatrix} \begin{pmatrix} \mathrm{d}x \\ \mathrm{d}y \\ \mathrm{d}z \end{pmatrix} + \begin{pmatrix} \varepsilon_x & \dfrac{1}{2}\gamma_{xy} & \dfrac{1}{2}\gamma_{xz} \\ \dfrac{1}{2}\gamma_{xy} & \varepsilon_y & \dfrac{1}{2}\gamma_{yz} \\ \dfrac{1}{2}\gamma_{xz} & \dfrac{1}{2}\gamma_{yz} & \varepsilon_z \end{pmatrix} \begin{pmatrix} \mathrm{d}x \\ \mathrm{d}y \\ \mathrm{d}z \end{pmatrix} \quad (3\text{-}27)$$

接下来说明式（3-26）中各项的物理意义。为此，先假想 A 点的无限小邻域没有变形，即它为绝对刚性的。于是由刚体运动学可知，与 A 点无限邻近的一点 B 的位移应由两部分组成：其一，随同基点 A 的平移位移，其二，微元体绕基点 A 转动时在 B 点所产生的位移。因此，若令式（3-26）中应变分量为零，则 u，v，w 即表示随基点 A 的平移位移，而 $-\dfrac{1}{2}\omega_z\mathrm{d}y + \dfrac{1}{2}\omega_y\mathrm{d}z$，$\dfrac{1}{2}\omega_z\mathrm{d}x - \dfrac{1}{2}\omega_x\mathrm{d}z$，$-\dfrac{1}{2}\omega_y\mathrm{d}x + \dfrac{1}{2}\omega_x\mathrm{d}y$ 表示微元体绕 A 点转动时在 B 点所产生的位移。由此可见，$\dfrac{1}{2}\omega_x$、$\dfrac{1}{2}\omega_y$、$\dfrac{1}{2}\omega_z$ 表示微元体角位移矢量的 3 个分量。一般来说，由于微元体是要变形的，故 B 点位移还必须包括由于变形所产生的那一部分，而式（3-26）中含应变分量的项就代表这部分位移。

总体来说，与 A 点无限邻近的一点 B 的位移如图 3-5 所示，由三部分组成：

1）随同 A 点的平移位移，如图的 $\boldsymbol{BB''}$ 所示。
2）绕 A 点刚性转动在 B 点所产生的位移，如图中 $\boldsymbol{B''B'''}$ 所示。

3）由 A 点邻近微元体的变形在 B 点引起的位移，如图中 $B'''B'$ 所示。

值得注意的是，ω_x、ω_y、ω_z 是坐标的函数，表示体内微元体的刚性转动，但对整个物体来说是属于变形的一部分。这 3 个分量和 6 个应变分量合在一起，才全面地反映了物体的变形。

以上讨论了通过已知物体位移函数 u、v、w 确定包含物体任意一点无限小区域的位移、转动和纯

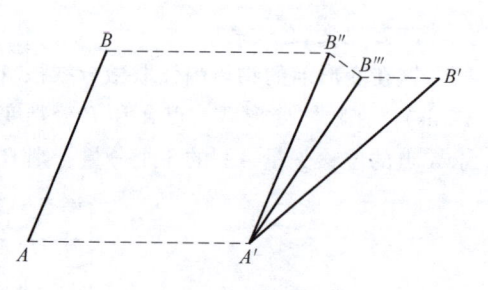

图 3-5　位移的组成

应变，从而获得相应无限小微元体受荷后的最终位置和形状。须指出的是，整体位移和微元体转动并不是微元体变形的特征，变形是由应变 ε_{ij} 决定的。整个物体变形具有的特征是物体上各点位移和各纤维的转动。例如，梁的变形通常是指梁的挠度（即位移），扭转变形是指一端横截面相对于另一端横截面的扭转角（即转动角）。从这个观点出发，位移和转动是整个物体变形的特征，而线应变和剪应变是无限小微元体变形的特征。这两个特征具有实际意义，前者决定受力构件或物体的刚度，后者用来确定受力构件或物体的强度。

3.2.2　应变强度

和应力张量相似，为将复杂的应变状态进行简化分析，有必要引入应变强度的概念。如可引入与八面体剪应力相对应的八面体剪应变 γ_{oct}。八面体剪应变指的是剪应力指向和相应的八面体面上外法线方向所交直角的改变量。具体可表示为

$$\gamma_{oct} = \frac{2}{3}\sqrt{(\varepsilon_1 - \varepsilon_2)^2 + (\varepsilon_2 - \varepsilon_3)^2 + (\varepsilon_3 - \varepsilon_1)^2} \tag{3-28}$$

或

$$\gamma_{oct} = \frac{2}{3}\sqrt{(\varepsilon_x - \varepsilon_y)^2 + (\varepsilon_y - \varepsilon_z)^2 + (\varepsilon_x - \varepsilon_z)^2 + \frac{3}{2}(\gamma_{xy}^2 + \gamma_{yz}^2 + \gamma_{zx}^2)} \tag{3-29}$$

也可与应力强度 σ_t 相类似地引入应变强度 ε_t，它的定义为

$$\varepsilon_t = \frac{3}{2\sqrt{2}(1+\nu)}\gamma_{oct} = \frac{1}{\sqrt{2}(1+\nu)}\sqrt{(\varepsilon_1 - \varepsilon_2)^2 + (\varepsilon_2 - \varepsilon_3)^2 + (\varepsilon_3 - \varepsilon_1)^2} \tag{3-30}$$

或

$$\varepsilon_t = \frac{1}{\sqrt{2}(1+\nu)}\sqrt{(\varepsilon_x - \varepsilon_y)^2 + (\varepsilon_y - \varepsilon_z)^2 + (\varepsilon_x - \varepsilon_z)^2 + \frac{3}{2}(\gamma_{xy}^2 + \gamma_{yz}^2 + \gamma_{zx}^2)} \tag{3-31}$$

这里将 γ_{oct} 乘以系数 $\frac{3}{2\sqrt{2}(1+\nu)}$ 后定义为应变强度 ε_t，是为了在单向拉伸（此时 $\varepsilon_x = \varepsilon$，$\varepsilon_y = \varepsilon_z = -\nu\varepsilon$，$\gamma_{xy} = \gamma_{yz} = \gamma_{zx} = 0$）时正好有 $\varepsilon_t = \varepsilon$。因此，与引入应力强度 σ_t 类似，引入应变强度 ε_t 的作用也是将一个复杂应力状态下的应变化作一个具有相同"效应"的单向应力状态下的应变量，故应变强度 ε_t 又称为有效应变、广义应变或相当应变。

由于在塑性变形时，材料的泊松比 ν 接近于 0.5，所以应变强度往往采用下面更简单的形式，即

$$\varepsilon_t = \frac{\sqrt{2}}{3}\sqrt{(\varepsilon_1 - \varepsilon_2)^2 + (\varepsilon_2 - \varepsilon_3)^2 + (\varepsilon_3 - \varepsilon_1)^2} \tag{3-32}$$

或

$$\varepsilon_{\mathrm{t}} = \frac{\sqrt{2}}{3}\sqrt{(\varepsilon_x - \varepsilon_y)^2 + (\varepsilon_y - \varepsilon_z)^2 + (\varepsilon_x - \varepsilon_z)^2 + \frac{3}{2}(\gamma_{xy}^2 + \gamma_{yz}^2 + \gamma_{zx}^2)} \tag{3-33}$$

也可用应变偏量的分量来表达，即

$$\varepsilon_{\mathrm{t}} = \sqrt{\frac{2}{3}}\sqrt{e_x^2 + e_y^2 + e_z^2 + \frac{1}{2}(\gamma_{xy}^2 + \gamma_{yz}^2 + \gamma_{zx}^2)} \tag{3-34}$$

或表示为

$$\varepsilon_{\mathrm{t}} = \sqrt{\frac{2}{3}}\sqrt{e_{ij}e_{ij}} \tag{3-35}$$

式中 ε_{t} ——应变强度，其数值总取正值；

e_{ij} ——应变偏量张量。

和应力空间类似，可以以 ε_1、ε_2、ε_3 为正交坐标轴构成一主应变空间，则该空间内任一点就相应于物体内某点的应变状态，可以用这样的应变空间来研究应变状态。类似地，可以引进应变洛德（Lode）参数 μ_ε

$$\mu_\varepsilon = \frac{2\varepsilon_2 - \varepsilon_1 - \varepsilon_3}{\varepsilon_1 - \varepsilon_3} = \sqrt{3}\tan\theta_\varepsilon \tag{3-36}$$

式中 θ_ε ——应变洛德（Lode）角。

3.3 主应变和应变不变量

3.3.1 应变张量的坐标变换

一般而言，同一变形可在不同的坐标系中进行分析。在所有各种情况下，可用前面所确定的6个应变分量把变形特征充分地表示出来，但这6个应变分量的值却随坐标轴方向选择而变化。设原有的坐标系为 xyz，另一坐标系为 $x'y'z'$，新老坐标系之间的方向余弦见表3-2。

表3-2 新老坐标系之间的方向余弦

	x	y	z
x'	l_1	m_1	n_1
y'	l_2	m_2	n_2
z'	l_3	m_3	n_3

因两个坐标系均为直角坐标系，因此表3-2中所列的方向余弦间存在如下关系：

$$\begin{cases} l_1^2 + l_2^2 + l_3^2 = 1 & l_1 l_2 + m_1 m_2 + n_1 n_2 = 0 \\ m_1^2 + m_2^2 + m_3^2 = 1 & l_1 l_3 + m_1 m_3 + n_1 n_3 = 0 \\ n_1^2 + n_2^2 + n_3^2 = 1 & l_2 l_3 + m_2 m_3 + n_2 n_3 = 0 \end{cases} \tag{3-37}$$

上式也可写为

$$\begin{cases} l_1^2 + m_1^2 + n_1^2 = 1 & l_1 m_1 + l_2 m_2 + l_3 m_3 = 0 \\ l_2^2 + m_2^2 + n_2^2 = 1 & l_1 n_1 + l_2 n_2 + l_3 n_3 = 0 \\ l_3^2 + m_3^2 + n_3^2 = 1 & m_1 n_1 + m_2 n_2 + m_3 n_3 = 0 \end{cases} \tag{3-38}$$

若线段在第二个坐标系 $x'y'z'$ 各轴上的投影是 dx'，dy'，dz'，那么在第一个坐标系 xyz 各轴上的投影为

$$\begin{cases} dx = l_1 dx' + l_2 dy' + l_3 dz' \\ dy = m_1 dx' + m_2 dy' + m_3 dz' \\ dz = n_1 dx' + n_2 dy' + n_3 dz' \end{cases} \quad (3\text{-}39)$$

注意到 3.1 节中式（3-10）左边表示点 M 和 N 之间距离的平方因变形而引起的变化，由于这两点的选择与坐标无关，该式左边也应与坐标的选择无关，因此在坐标变换过程中应是不变量。于是将式（3-10）右边的 dx，dy，dz 用矢量 MN 在新坐标上的投影 dx'，dy'，dz' 代替，根据式（3-39）有

$$E_{MN}\left(1 + \frac{1}{2}E_{MN}\right)dS^2 = \varepsilon_x'(dx')^2 + \varepsilon_y'(dy')^2 + \varepsilon_z'(dz')^2 + 2(\varepsilon_{xy}'dx'dy' + \varepsilon_{yz}'dy'dz' + \varepsilon_{zx}'dz'dx') \quad (3\text{-}40)$$

式中 E_{MN}——矢量 MN 方向的伸长度。

$$\begin{cases} \varepsilon_x' = \varepsilon_x l_1^2 + \varepsilon_y m_1^2 + \varepsilon_z n_1^2 + 2(\varepsilon_{xy} l_1 m_1 + \varepsilon_{yz} m_1 n_1 + \varepsilon_{zx} l_1 n_1) \\ \varepsilon_y' = \varepsilon_x l_2^2 + \varepsilon_y m_2^2 + \varepsilon_z n_2^2 + 2(\varepsilon_{xy} l_2 m_2 + \varepsilon_{yz} m_2 n_2 + \varepsilon_{zx} l_2 n_2) \\ \varepsilon_z' = \varepsilon_x l_3^2 + \varepsilon_y m_3^2 + \varepsilon_z n_3^2 + 2(\varepsilon_{xy} l_3 m_3 + \varepsilon_{yz} m_3 n_3 + \varepsilon_{zx} l_3 n_3) \\ \varepsilon_{xy}' = (\varepsilon_x l_1 l_2 + \varepsilon_y m_1 m_2 + \varepsilon_z n_1 n_2) + \varepsilon_{xy}(l_1 m_2 + l_2 m_1) + \varepsilon_{yz}(m_1 n_2 + n_1 m_2) + \varepsilon_{zx}(l_1 n_2 + n_1 l_2) \\ \varepsilon_{yz}' = (\varepsilon_x l_2 l_3 + \varepsilon_y m_2 m_3 + \varepsilon_z n_2 n_3) + \varepsilon_{xy}(l_2 m_3 + l_3 m_2) + \varepsilon_{yz}(m_2 n_3 + n_2 m_3) + \varepsilon_{zx}(l_2 n_3 + n_2 l_3) \\ \varepsilon_{zx}' = (\varepsilon_x l_1 l_3 + \varepsilon_y m_1 m_3 + \varepsilon_z n_1 n_3) + \varepsilon_{xy}(l_3 m_1 + l_1 m_3) + \varepsilon_{yz}(m_3 n_1 + n_3 m_1) + \varepsilon_{zx}(l_3 n_1 + n_3 l_1) \end{cases}$$

$$(3\text{-}41)$$

由以上分析可见，式（3-40）和式（3-10）在形式上是相似的，因此式中所含的各系数 ε_x'、ε_y'、ε_z'、ε_{xy}'、ε_{yz}'、ε_{zx}' 在坐标系 $x'y'z'$ 中的意义与系数 ε_x、ε_y、ε_z、ε_{xy}、ε_{yz}、ε_{zx} 在坐标系 xyz 中的意义相同。显然，式（3-41）就是坐标轴变换时应变分量的变换规律。

3.3.2　主应变和应变不变量

现在讨论在哪一个方向伸长度 E_{MN} 会具有极值。取 x' 轴平行于这个方向，那么根据式（3-40）有

$$E_{x'}\left(1 + \frac{1}{2}E_{x'}\right) = \varepsilon_x' \quad \text{或} \quad E_{x'} = \sqrt{1 + 2\varepsilon_x'} - 1 \quad (3\text{-}42)$$

式中 $E_{x'}$——x' 轴方向的伸长度。

由式（3-42）可见，求 $E_{x'}$ 的极值归结为求 $\varepsilon_{x'}$ 的极值，即要确定 l_1，m_1，n_1 的值，使得在该方向上使式（3-41）中的第一式有极值。由式（3-38）可知，l_1，m_1，n_1 间存在如下关系

$$l_1^2 + m_1^2 + n_1^2 - 1 = 0 \quad (3\text{-}43)$$

那么，假设一函数为

$$f = \varepsilon_x' - \varepsilon(l_1^2 + m_1^2 + n_1^2 - 1) \quad (3\text{-}44)$$

式中 ε——拉格朗日（Lagrange）乘子。

现将式（3-44）分别对 l_1，m_1，n_1 求偏导数，并使其等于零，则得如下线性方程组

$$\begin{cases} (\varepsilon_x - \varepsilon)l_1 + \varepsilon_{xy}m_1 + \varepsilon_{xz}n_1 = 0 \\ \varepsilon_{xy}l_1 + (\varepsilon_y - \varepsilon)m_1 + \varepsilon_{yz}n_1 = 0 \\ \varepsilon_{xz}l_1 + \varepsilon_{yz}m_1 + (\varepsilon_z - \varepsilon)n_1 = 0 \end{cases} \tag{3-45}$$

由于式（3-43）的存在，l_1，m_1，n_1 不可能同时为零，因此式（3-45）是关于 l_1，m_1，n_1 的齐次线性方程组。根据齐次线性方程组有非零解的条件，式（3-45）中的系数行列式必为零，即

$$\begin{vmatrix} \varepsilon_x - \varepsilon & \varepsilon_{xy} & \varepsilon_{xz} \\ \varepsilon_{xy} & \varepsilon_y - \varepsilon & \varepsilon_{yz} \\ \varepsilon_{xz} & \varepsilon_{yz} & \varepsilon_z - \varepsilon \end{vmatrix} = 0 \tag{3-46}$$

它至少有一个实根，将其记为 ε_1。注意到式（3-41）中 ε'_x 还可写为

$$\varepsilon'_x = (\varepsilon_x l_1 + \varepsilon_{xy}m_1 + \varepsilon_{xz}n_1)l_1 + (\varepsilon_{xy}l_1 + \varepsilon_y m_1 + \varepsilon_{yz}n_1)m_1 + (\varepsilon_{xz}l_1 + \varepsilon_{yz}m_1 + \varepsilon_z n_1)n_1 \tag{3-47}$$

将式（3-45）中的值代入式（3-47）括号中的式子，并注意到式（3-43），将发现 $\varepsilon'_x = \varepsilon_1$，即 ε'_x 的极值就是 ε_1。

当分别设 y' 轴、z' 轴平行于伸长度 E_{MN} 具有极值的方向时，采用类似的方法可分别得到关于 l_2，m_2，n_2 和关于 l_3，m_3，n_3 的类似于式（3-45）的齐次线性方程组，且其系数行列式与式（3-46）完全一样。将式（3-46）展开，得

$$\varepsilon^3 - I'_1 \varepsilon^2 + I'_2 \varepsilon - I'_3 = 0 \tag{3-48}$$

其中

$$\begin{cases} I'_1 = \varepsilon_x + \varepsilon_y + \varepsilon_z \\ I'_2 = \varepsilon_x \varepsilon_y + \varepsilon_y \varepsilon_z + \varepsilon_z \varepsilon_x - (\varepsilon_{xy}^2 + \varepsilon_{yz}^2 + \varepsilon_{xz}^2) \\ I'_3 = \varepsilon_x \varepsilon_y \varepsilon_z + 2\varepsilon_{xy}\varepsilon_{yz}\varepsilon_{xz} - (\varepsilon_x \varepsilon_{yz}^2 + \varepsilon_y \varepsilon_{xz}^2 + \varepsilon_z \varepsilon_{xy}^2) \end{cases} \tag{3-49}$$

式中 I'_1，I'_2，I'_3 ——第一、第二、第三应变不变量。

式（3-48）有三个实根。设这三个实根分别为 ε_1、ε_2、ε_3，根据根与方程系数的关系，有

$$\begin{cases} I'_1 = \varepsilon_1 + \varepsilon_2 + \varepsilon_3 \\ I'_2 = \varepsilon_1 \varepsilon_2 + \varepsilon_2 \varepsilon_3 + \varepsilon_3 \varepsilon_1 \\ I'_3 = \varepsilon_1 \varepsilon_2 \varepsilon_3 \end{cases} \tag{3-50}$$

式中 ε_1、ε_2、ε_3 ——主应变，其所在方向即主方向。

另外，注意到应变分量 ε'_{xy} 和 ε'_{yz} 可写为

$$\begin{cases} \varepsilon'_{xy} = (\varepsilon_x l_1 + \varepsilon_{xy}m_1 + \varepsilon_{xz}n_1)l_2 + (\varepsilon_{xy}l_1 + \varepsilon_y m_1 + \varepsilon_{yz}n_1)m_2 + (\varepsilon_{xz}l_1 + \varepsilon_{yz}m_1 + \varepsilon_z n_1)n_2 \\ \varepsilon'_{zx} = (\varepsilon_x l_1 + \varepsilon_{xy}m_1 + \varepsilon_{xz}n_1)l_3 + (\varepsilon_{xy}l_1 + \varepsilon_y m_1 + \varepsilon_{yz}n_1)m_3 + (\varepsilon_{xz}l_1 + \varepsilon_{yz}m_1 + \varepsilon_z n_1)n_3 \end{cases} \tag{3-51}$$

将式（3-45）代入上面两式中括号内的式子，则有

$$\begin{cases} \varepsilon'_{xy} = \varepsilon_1 (l_1 l_2 + m_1 m_2 + n_1 n_2) \\ \varepsilon'_{xz} = \varepsilon_1 (l_1 l_3 + m_1 m_3 + n_1 n_3) \end{cases} \tag{3-52}$$

由式（3-37）可知，$\varepsilon'_{xy} = \varepsilon'_{zx} = 0$。因此，如果在 x' 轴方向的伸长度是极值，那么应变分量 $\varepsilon'_{xy} = \varepsilon'_{xz} = 0$，也就是变形发生时，在 x' 轴方向和 y' 轴方向间的直角以及 x' 轴方向和 z' 轴方向间的直角没有变化。由此可见，无论物体上任意点的变形如何，总可以找出通过物体的三条纤维，它们在变形前是互相垂直的，而在变形后仍然互相垂直。

将 ε_1 代入式（3-45），则可求得 l_1、m_1、n_1，从而可确定 ε_1 的方向，即主方向。如果将式（3-44）中的 l_1、m_1、n_1 分别用 l_2、m_2、n_2 和 l_3、m_3、n_3 代替，以及将 ε 用 ε_2 和 ε_3 代替，则可求得 l_2、m_2、n_2 和 l_3、m_3、n_3，从而确定主应力 ε_2 和 ε_3 的主方向。

类似地，还可求得最大剪应变为

$$\begin{cases} \gamma_1 = \pm(\varepsilon_2 - \varepsilon_3) \\ \gamma_2 = \pm(\varepsilon_3 - \varepsilon_1) \\ \gamma_3 = \pm(\varepsilon_1 - \varepsilon_2) \end{cases} \tag{3-53}$$

以及八面体的剪应变为

$$\begin{aligned} \gamma_8 &= \frac{2}{3}\left[(\varepsilon_1 - \varepsilon_2)^2 + (\varepsilon_2 - \varepsilon_3)^2 + (\varepsilon_3 - \varepsilon_1)^2\right]^{\frac{1}{2}} \\ &= \frac{2}{3}\left[(\varepsilon_x - \varepsilon_y)^2 + (\varepsilon_y - \varepsilon_z)^2 + (\varepsilon_z - \varepsilon_x)^2 + 6(\varepsilon_{xy}^2 + \varepsilon_{yz}^2 + \varepsilon_{xz}^2)\right]^{\frac{1}{2}} \end{aligned} \tag{3-54}$$

应变偏量为

$$e_{ij} = \begin{pmatrix} \frac{1}{3}(2\varepsilon_1 - \varepsilon_2 - \varepsilon_3) & 0 & 0 \\ 0 & \frac{1}{3}(2\varepsilon_2 - \varepsilon_3 - \varepsilon_1) & 0 \\ 0 & 0 & \frac{1}{3}(2\varepsilon_3 - \varepsilon_1 - \varepsilon_2) \end{pmatrix} \tag{3-55}$$

三个不变量分别为

$$\begin{cases} J_1' = 0 \\ J_2' = e_1 e_2 + e_2 e_3 + e_3 e_1 \\ J_3' = e_1 e_2 e_3 \end{cases} \tag{3-56}$$

■ 3.4 应变率和应变增量

3.4.1 应变率张量

在小变形条件下，应变张量可简写为

$$\varepsilon_{ij} = \frac{1}{2}(u_{i,j} + u_{j,i}) \tag{3-57}$$

而当介质处于运动状态时，$v(x,y,z,t)$ 表示质点速度，v_i 表示速度的三个分量，以时间 t 为起点，则经过无限小时间段 $\mathrm{d}t$ 以后，位移为 $u_i = v_i \mathrm{d}t$，由于 $\mathrm{d}t$ 很小，u_i 及对坐标的导数也很小，因此可采用小变形公式，即

$$\mathrm{d}\varepsilon_{ij} = \frac{1}{2}(v_{i,j} + v_{j,i})\mathrm{d}t \tag{3-58}$$

若令 $\dot{\varepsilon}_{ij}\mathrm{d}t = \varepsilon_{ij}$，则有

$$\dot{\varepsilon}_{ij} = \frac{1}{2}(v_{i,j} + v_{j,i}) \tag{3-59}$$

式中 $\dot{\varepsilon}_{ij}$——应变率张量。

式（3-59）不论 $\dot{\varepsilon}_{ij}$ 大小都成立，但要求对每一瞬时状态进行计算，而不是按初始位置

计算。这是因为在一般情况下当按初始位置计算时

$$\dot{\varepsilon}_{ij} \neq \frac{\mathrm{d}\varepsilon_{ij}}{\mathrm{d}t} \tag{3-60}$$

只有在小变形条件下才有

$$\dot{\varepsilon}_{ij} = \frac{\mathrm{d}\varepsilon_{ij}}{\mathrm{d}t} = \frac{\partial \varepsilon_{ij}}{\partial t} \tag{3-61}$$

由式（3-57）和式（3-61）可知

$$\dot{\varepsilon}_{ij} = \frac{\mathrm{d}\varepsilon_{ij}}{\mathrm{d}t} = \frac{\mathrm{d}\left[\frac{1}{2}(u_{i,j} + u_{j,i})\right]}{\mathrm{d}t} = \frac{1}{2}(\dot{u}_{ij} + \dot{u}_{ji}) \tag{3-62}$$

于是应变对时间的变化率为

$$\begin{cases} \dot{\varepsilon}_x = \dfrac{\partial \dot{u}}{\partial x}, & \dot{\gamma}_{xy} = \dfrac{\partial \dot{v}}{\partial x} + \dfrac{\partial \dot{u}}{\partial y} \\ \dot{\varepsilon}_y = \dfrac{\partial \dot{v}}{\partial y}, & \dot{\gamma}_{yz} = \dfrac{\partial \dot{w}}{\partial y} + \dfrac{\partial \dot{v}}{\partial z} \\ \dot{\varepsilon}_z = \dfrac{\partial \dot{w}}{\partial z}, & \dot{\gamma}_{zx} = \dfrac{\partial \dot{u}}{\partial z} + \dfrac{\partial \dot{w}}{\partial x} \end{cases} \tag{3-63}$$

将上式写为张量形式为

$$\dot{\boldsymbol{\varepsilon}}_{ij} = \begin{pmatrix} \dot{\varepsilon}_x & \frac{1}{2}\dot{\gamma}_{xy} & \frac{1}{2}\dot{\gamma}_{xz} \\ \frac{1}{2}\dot{\gamma}_{xy} & \dot{\varepsilon}_y & \frac{1}{2}\dot{\gamma}_{yz} \\ \frac{1}{2}\dot{\gamma}_{xz} & \frac{1}{2}\dot{\gamma}_{yz} & \dot{\varepsilon}_z \end{pmatrix} \tag{3-64}$$

3.4.2 应变增量张量

对于固体材料，当温度不变或缓慢变形时，其力学行为与应变率关系不大。只有在受到动荷载作用时，因变形速率很快，材料的力学性质才会与应变速率有关，这类材料通常称为应变率敏感材料。根据第1章中的基本假设，时间因素对物体的弹塑性力学行为不造成影响（即不考虑黏性效应），而且这里的 dt 并不代表真实的时间，仅代表加载变形过程。于是，这里所主要讨论的问题不是应变速率，而是应变增量 dε_{ij}。于是，采用应变增量 dε_{ij} 代替应变率 $\dot{\varepsilon}_{ij}$ 更能表示不受时间参数选择的特点。

以 du_i 代表位移增量，则式（3-57）成为

$$\mathrm{d}\varepsilon_{ij} = \frac{1}{2}(\mathrm{d}u_{i,j} + \mathrm{d}u_{j,i}) \tag{3-65}$$

在小变形条件下

$$\mathrm{d}\varepsilon_{ij} = \frac{1}{2}(\mathrm{d}u_{i,j} + \mathrm{d}u_{j,i}) = \mathrm{d}\left[\frac{1}{2}(u_{i,j} + u_{j,i})\right] = \mathrm{d}\varepsilon_{ij} \tag{3-66}$$

这说明在小变形时，按瞬时状态计算 dε_{ij} 与按初始状态计算 dε_{ij}（近似地）并无区别。类似地，应变增量张量的偏量为

$$\mathrm{d}e_{ij} = \mathrm{d}\varepsilon_{ij} - \mathrm{d}\varepsilon\delta_{ij} \tag{3-67}$$

3.5 应变协调方程

一个连续的物体按某一应变状态变形后,必须既不出现开裂又不出现重叠,即保持其连续性。此时所给定的应变状态是协调的,否则将不协调。这就要求位移函数 u_i 在所定义的域内为单值连续函数。一旦出现开裂,位移函数就会出现间断;一旦出现重叠,位移函数就不可能为单值。因此,为保持物体变形后的连续性,各应变分量间须满足一定关系。

在小变形情况下,6 个应变分量是通过 6 个几何方程和 3 个位移函数联系起来的。若已知位移分量 u_i,则由式(3-57)求得各应变分量。若给定一组应变 ε_{ij},式(3-57)是关于未知位移函数 u_i 的微分方程组,它包含 6 个方程,仅三个未知函数,方程个数超过了未知数个数。若任意给定 ε_{ij},则式(3-57)不一定有解,仅当 ε_{ij} 满足某种可积条件时,或满足应变协调关系时,才能由方程(3-57)积分得到单值连续的位移场 u_i。

在小变形条件下,式(3-12)为应变的计算公式。将式(3-12)中 6 个应变分量分为两组。第一组为式(3-12)中的前三式,将该式中前两式分别对 y 和 x 求二阶偏导数,得到

$$\frac{\partial^2 \varepsilon_x}{\partial y^2} = \frac{\partial^3 u}{\partial x \partial y^2}, \quad \frac{\partial^2 \varepsilon_y}{\partial x^2} = \frac{\partial^3 v}{\partial x^2 \partial y} \tag{3-68}$$

将上两式相加,可得

$$\frac{\partial^2 \varepsilon_x}{\partial y^2} + \frac{\partial^2 \varepsilon_y}{\partial x^2} = \frac{\partial^2}{\partial x \partial y}\left(\frac{\partial u}{\partial y} + \frac{\partial v}{\partial x}\right) = \frac{\partial^2 \gamma_{xy}}{\partial x \partial y} \tag{3-69}$$

这就是应变之间需要满足的一个关系式。将上式内各字母循环替换,就得到另外两式,第一组公式共有三个关系式。

第二组为式(3-12)中的后三式,将它们分别对 z、x 和 y 求偏导,得

$$\frac{\partial \gamma_{xy}}{\partial z} = \frac{\partial^2 v}{\partial x \partial z} + \frac{\partial^2 u}{\partial y \partial z}, \quad \frac{\partial \gamma_{yz}}{\partial x} = \frac{\partial^2 w}{\partial y \partial x} + \frac{\partial^2 v}{\partial z \partial x}, \quad \frac{\partial \gamma_{xz}}{\partial y} = \frac{\partial^2 w}{\partial x \partial y} + \frac{\partial^2 u}{\partial y \partial z} \tag{3-70}$$

将上式中的第二、三式相加,并减去第一式,然后再对 z 求偏导,则有

$$\frac{\partial}{\partial z}\left(\frac{\partial \gamma_{yz}}{\partial x} + \frac{\partial \gamma_{xz}}{\partial y} - \frac{\partial \gamma_{xy}}{\partial z}\right) = 2\frac{\partial^3 w}{\partial x \partial y \partial z} = 2\frac{\partial^2 \varepsilon_z}{\partial x \partial y} \tag{3-71}$$

将上式各字母循环替换,就得到另外两式。第二组也共有三个关系式。

于是第一组和第二组的 6 个关系式如下

$$\begin{cases} \dfrac{\partial^2 \varepsilon_x}{\partial y^2} + \dfrac{\partial^2 \varepsilon_y}{\partial x^2} = \dfrac{\partial^2 \gamma_{xy}}{\partial x \partial y} \\[2mm] \dfrac{\partial^2 \varepsilon_y}{\partial z^2} + \dfrac{\partial^2 \varepsilon_z}{\partial y^2} = \dfrac{\partial^2 \gamma_{yz}}{\partial y \partial z} \\[2mm] \dfrac{\partial^2 \varepsilon_z}{\partial x^2} + \dfrac{\partial^2 \varepsilon_x}{\partial z^2} = \dfrac{\partial^2 \gamma_{xz}}{\partial z \partial x} \\[2mm] \dfrac{\partial}{\partial x}\left(\dfrac{\partial \gamma_{xz}}{\partial y} + \dfrac{\partial \gamma_{xy}}{\partial z} - \dfrac{\partial \gamma_{yz}}{\partial x}\right) = 2\dfrac{\partial^2 \varepsilon_x}{\partial y \partial z} \\[2mm] \dfrac{\partial}{\partial y}\left(\dfrac{\partial \gamma_{xy}}{\partial z} + \dfrac{\partial \gamma_{yz}}{\partial x} - \dfrac{\partial \gamma_{xz}}{\partial y}\right) = 2\dfrac{\partial^2 \varepsilon_y}{\partial x \partial z} \\[2mm] \dfrac{\partial}{\partial z}\left(\dfrac{\partial \gamma_{yz}}{\partial x} + \dfrac{\partial \gamma_{xz}}{\partial y} - \dfrac{\partial \gamma_{xy}}{\partial z}\right) = 2\dfrac{\partial^2 \varepsilon_z}{\partial x \partial y} \end{cases} \tag{3-72}$$

式 (3-72) 中应变分量之间的 6 个微分关系式，称为应变协调方程，又称变形连续方程（圣维南恒等式）。

当弹塑性变形固体在外界因素影响下，物体中产生应力与应变，如能先求得位移 u，v，w，对于小变形问题则可由式 (3-12) 计算应变分量，这时应变协调方程 [式 (3-72)] 自然满足。但若先求出应力，再求应变，则所求的应变分量必须同时满足应变协调方程式 (3-72)，否则应变分量之间可能互不相容，因此也就不能用式 (3-12) 求得正确位移。

式 (3-21) 可视为位移分量 u，v，w 的微分方程，若应变分量和转动分量已知，则求式 (3-21) 的积分，就可求得位移分量 u，v，w。进一步可证明在求上述积分时，必须满足应变协调方程。

习 题

[3-1] 已知一变形体的位移分量为 $u_x = (2x+y)a$，$u_y = (2y+x)a$，$u_z = -az$，这里 a 为一小量，保证物体处于小变形的范畴。试求其应变张量及八面体剪应变、应变强度。

[3-2] 试述应变协调方程的物理意义及其用途。为什么说它对多联通物体来说，仅是能求得单值连续位移的必要而非充分条件？

[3-3] 在 Oxy 平面上沿 Oa，Ob 和 Oc 三个方向的伸长率 ε_a，ε_b，ε_c 为已知，而 $\varphi_a = 0$，$\varphi_b = 60°$，$\varphi_c = 120°$，如图 3-6 所示。求平面上任意方向伸长率 ε_V。

[3-4] 已知 6 个应变分量 ε_x，ε_y，ε_z，γ_{yz}，γ_{xz}，γ_{xy} 中 $\varepsilon_x = \gamma_{xz} = \gamma_{yz} = 0$，试写出应变张量不变量并主应变的公式。

[3-5] 物体中的一点具有下列应变分量：$\varepsilon_x = 0.001$，$\varepsilon_y = 0.0005$，$\varepsilon_z = -0.0001$，$\gamma_{yz} = -0.0003$，$\gamma_{xz} = -0.0001$，$\gamma_{xy} = 0.0002$。试求主应变和应变主方向。

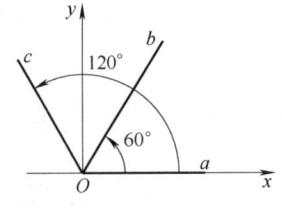

图 3-6 题 3-3 图

[3-6] 已知某物体变形后的位移分量为

$$\begin{cases} u = u_0 + C_{11}x + C_{12}y + C_{13}z \\ v = v_0 + C_{21}x + C_{22}y + C_{23}z \\ w = w_0 + C_{31}x + C_{32}y + C_{33}z \end{cases}$$

试求应变分量和转动分量，并说明此物体变形的特点。

[3-7] 试说明下列应变分量是否可能发生：

$\varepsilon_x = Axy^2$，$\varepsilon_y = Ax^2y$，$\varepsilon_z = Axy$，$\gamma_{yz} = Az^2 + By$，$\gamma_{xz} = Ax^2 + By^2$，$\gamma_{xy} = 0$，式中 A 和 B 为常数。

[3-8] 已知某物体的应变分量为

$$\varepsilon_x = \varepsilon_y = -\nu \frac{\rho g z}{E}，\varepsilon_z = \frac{\rho g z}{E}，\gamma_{yz} = \gamma_{xz} = \gamma_{xy} = 0$$

式中，E 和 ν 分别表示弹性模量；泊松比；ρ 表示物体的密度，g 为重力加速度。试求位移分量 u，v，w（任意常数不需定出）。

第 4 章 弹性本构关系

前两章分别从静力学和几何学角度对弹性体受力变形情况进行了研究。然而，这两类研究是独立开展的，显然还不足以完整地求解弹性力学问题。要对弹性力学问题进行完整的求解，需将描述静力平衡的参量与描述连续介质的几何变形参量通过材料性质联系起来，这种材料性质就是本构关系（即应力和应变的关系）。本构关系是一种反映材料宏观力学性质的数学模型，是材料的一种固有特性。本章主要介绍不考虑热效应的线性本构关系：广义胡克（Hooke）定律、弹性体变形过程中的功与能、各向异性弹性体、各向同性弹性体以及从非线性弹性角度建立的邓肯-张（Duncan-Chang）模型。

■ 4.1 广义胡克（Hooke）定律

本构关系是一种反映材料宏观力学性质的数学模型。一般地，将描述连续介质的几何变形参量与描述静力平衡的参量通过材料性质联系起来，这种材料应力-应变的内在联系是材料的固有特性，称为物理方程或者本构关系。

应力与应变关系最一般的形式为

$$\begin{cases} \sigma_x = f_1(\varepsilon_x, \varepsilon_y, \varepsilon_z, \gamma_{yz}, \gamma_{xz}, \gamma_{xy}) \\ \sigma_y = f_2(\varepsilon_x, \varepsilon_y, \varepsilon_z, \gamma_{yz}, \gamma_{xz}, \gamma_{xy}) \\ \sigma_z = f_3(\varepsilon_x, \varepsilon_y, \varepsilon_z, \gamma_{yz}, \gamma_{xz}, \gamma_{xy}) \\ \tau_{yz} = f_4(\varepsilon_x, \varepsilon_y, \varepsilon_z, \gamma_{yz}, \gamma_{xz}, \gamma_{xy}) \\ \tau_{xz} = f_5(\varepsilon_x, \varepsilon_y, \varepsilon_z, \gamma_{yz}, \gamma_{xz}, \gamma_{xy}) \\ \tau_{xy} = f_6(\varepsilon_x, \varepsilon_y, \varepsilon_z, \gamma_{yz}, \gamma_{xz}, \gamma_{xy}) \end{cases} \quad (4-1)$$

由多元函数的泰勒展开式，引入小变形假设，略去二次以上的项。如将第一式展开，可得

$$\sigma_x = (f_1)_0 + \left(\frac{\partial f_1}{\partial \varepsilon_x}\right)_0 \varepsilon_x + \left(\frac{\partial f_1}{\partial \varepsilon_y}\right)_0 \varepsilon_y + \left(\frac{\partial f_1}{\partial \varepsilon_z}\right)_0 \varepsilon_z + \cdots \quad (4-2)$$

再引入无初始应力假设，即 $(f_1)_0 = 0$，则上式可简化为：

$$\begin{cases} \sigma_x = D_{11}\varepsilon_x + D_{12}\varepsilon_y + D_{13}\varepsilon_z + D_{14}\gamma_{yz} + D_{15}\gamma_{xz} + D_{16}\gamma_{xy} \\ \sigma_y = D_{21}\varepsilon_x + D_{22}\varepsilon_y + D_{23}\varepsilon_z + D_{24}\gamma_{yz} + D_{25}\gamma_{xz} + D_{26}\gamma_{xy} \\ \sigma_z = D_{31}\varepsilon_x + D_{32}\varepsilon_y + D_{33}\varepsilon_z + D_{34}\gamma_{yz} + D_{35}\gamma_{xz} + D_{36}\gamma_{xy} \\ \tau_{yz} = D_{41}\varepsilon_x + D_{42}\varepsilon_y + D_{43}\varepsilon_z + D_{44}\gamma_{yz} + D_{45}\gamma_{xz} + D_{46}\gamma_{xy} \\ \tau_{xz} = D_{51}\varepsilon_x + D_{52}\varepsilon_y + D_{53}\varepsilon_z + D_{54}\gamma_{yz} + D_{55}\gamma_{xz} + D_{56}\gamma_{xy} \\ \tau_{xy} = D_{61}\varepsilon_x + D_{62}\varepsilon_y + D_{63}\varepsilon_z + D_{64}\gamma_{yz} + D_{65}\gamma_{xz} + D_{66}\gamma_{xy} \end{cases} \quad (4-3)$$

式中 D_{ij}——弹性系数，$D_{ij} = \left(\dfrac{\partial f_i}{\partial \varepsilon_j}\right)_0$（$i,j = 1,2,\cdots,6$），一共有 36 个。

式（4-3a）即广义胡克（Hooke）定律的表达形式。

将广义胡克定律用张量表示为

$$\sigma_{ij} = D_{ijkl}\varepsilon_{kl} \quad (4-4)$$

式中 D_{ijkl}——一个四阶张量，称为弹性张量。

4.2 弹性体变形过程的功与能

弹性体在外力作用下，外力将对弹性体做功。若加载过程足够缓慢，则可忽略热效应等其他能量损失，认为外力做的功全部转化为应变能储存在弹性体中。即认为弹性变形是一个无能量耗散的可逆过程，外力移除后，变形恢复，应变能完全释放出来。所以应变能可通过计算外力做的功求得。

先考虑一个微元体的应变能计算，该微元体仅受单向应力 σ_x 作用。显然，微元体上的合力 $\sigma_x \mathrm{d}y\mathrm{d}z$ 在位移增量 $\mathrm{d}\varepsilon_x \mathrm{d}x$ 上做的功为 $\sigma_x \mathrm{d}\varepsilon_x \mathrm{d}x\mathrm{d}y\mathrm{d}z$，而在应变 ε_x 相应的位移上所做的功为

$$W = \int_0^{\varepsilon_x} \sigma_x \mathrm{d}\varepsilon_x \mathrm{d}x\mathrm{d}y\mathrm{d}z \quad (4-5)$$

定义单位体积应变能为应变能密度 v_ε，则在单向拉伸情况下，应变能密度为

$$v_\varepsilon(\varepsilon_x) = \int_0^{\varepsilon_x} \sigma_x \mathrm{d}\varepsilon_x \quad (4-6)$$

因此，应变能密度就是应力-应变曲线围成的面积，如图 4-1 所示。

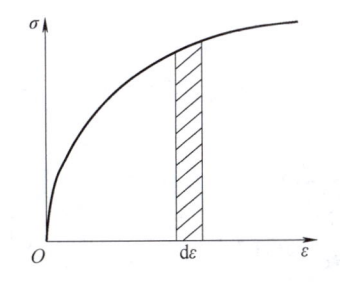

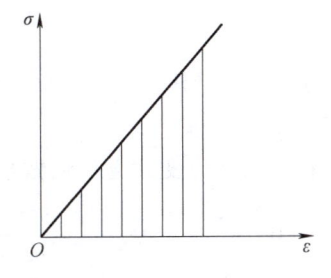

图 4-1 微元体的应变能

微元体的应变能

一般地，当微元体上作用全部应力分量时，应变能密度为

$$\begin{aligned} v_\varepsilon(\varepsilon_{ij}) &= \int_0^{\varepsilon_x} \sigma_x \mathrm{d}\varepsilon_x + \int_0^{\varepsilon_y} \sigma_y \mathrm{d}\varepsilon_y + \int_0^{\varepsilon_z} \sigma_z \mathrm{d}\varepsilon_z + \int_0^{\gamma_{yz}} \tau_{yz} \mathrm{d}\gamma_{yz} + \int_0^{\gamma_{xz}} \tau_{xz} \mathrm{d}\gamma_{xz} + \int_0^{\gamma_{xy}} \tau_{xy} \mathrm{d}\gamma_{xy} \\ &= \int_0^{\varepsilon_{ij}} \sigma_{ij} \mathrm{d}\varepsilon_{ij} \end{aligned} \quad (4-7)$$

弹性体的总应变能为

$$V_\varepsilon = \int_V v_\varepsilon \mathrm{d}V \tag{4-8}$$

根据应变能密度表达式，则下式成立

$$\sigma_{ij} = \frac{\partial v_\varepsilon}{\partial \varepsilon_{ij}} \tag{4-9}$$

与应变能密度定义相似，可定义应变余能密度 v_c，它是以应力 σ_{ij} 作为状态变量

$$v_c(\sigma_{ij}) = \int_0^{\sigma_{ij}} \varepsilon_{ij} \mathrm{d}\sigma_{ij} \tag{4-10}$$

利用分部积分，式 (4-10) 可写成

$$v_c(\sigma_{ij}) = \int_0^{\sigma_{ij}} \varepsilon_{ij} \mathrm{d}\sigma_{ij} = \int_0^{\sigma_{ij}} \mathrm{d}(\varepsilon_{ij}\sigma_{ij}) - \int_0^{\sigma_{ij}} \sigma_{ij} \mathrm{d}\varepsilon_{ij} = \varepsilon_{ij}\sigma_{ij} - W(\varepsilon_{ij}) \tag{4-11}$$

即有

$$v_c + v_\varepsilon = \varepsilon_{ij}\sigma_{ij} \tag{4-12}$$

根据余能密度定义式，同样有

$$\varepsilon_{ij} = \frac{\partial v_c}{\partial \sigma_{ij}} \tag{4-13}$$

如果应变能密度函数存在，则该式就是一个本构方程。对于稳定材料，可以证明应变能密度函数是存在的。因此，可从能量角度出发，建立弹性材料的应力-应变关系，其一般形式为

$$\sigma_{ij} = \frac{\partial v_\varepsilon}{\partial \varepsilon_{ij}} \tag{4-14}$$

满足式 (4-14) 的弹性材料称为超弹性材料或格林（Green）弹性材料。格林（Green）弹性材料认为存在一个应变能密度函数，应力与应变关系由式 (4-14) 表示，从而可以保证加载—卸载循环下不产生能量耗散，不违背热力学定律。

4.3 各向异性弹性体

1. 极端各向异性

极端各向异性是指物体内的任一点沿任何两个不同方向的弹性性质互不相同，这样的物体称为极端各向异性体。

将应变能密度函数 $v_\varepsilon(\varepsilon_{ij})$ 在零初始应变状态附近做幂级数展开

$$v_\varepsilon(\varepsilon_{ij}) = v_\varepsilon(0) + \frac{\partial v_\varepsilon(0)}{\partial \varepsilon_{ij}}\varepsilon_{ij} + \frac{1}{2}\frac{\partial^2 v_\varepsilon(0)}{\partial \varepsilon_{ij}\partial \varepsilon_{kl}}\varepsilon_{ij}\varepsilon_{kl} + \cdots \tag{4-15}$$

从而有

$$\sigma_{ij} = \frac{\partial v_\varepsilon}{\partial \varepsilon_{ij}} = \frac{\partial v_\varepsilon(0)}{\partial \varepsilon_{ij}} + \frac{\partial^2 v_\varepsilon(0)}{\partial \varepsilon_{ij}\partial \varepsilon_{kl}}\varepsilon_{kl} + \cdots \tag{4-16}$$

取 $v_\varepsilon(0) = 0$ 和无初应力假设，仅保留线性项，得到本构方程

$$\sigma_{ij} = \frac{\partial^2 v_\varepsilon(0)}{\partial \varepsilon_{ij}\partial \varepsilon_{kl}}\varepsilon_{kl} = D_{ijkl}\varepsilon_{kl} \tag{4-17}$$

由于

$$\frac{\partial^2 v_\varepsilon(0)}{\partial \varepsilon_{ij} \partial \varepsilon_{kl}} = \frac{\partial^2 v_\varepsilon(0)}{\partial \varepsilon_{kl} \partial \varepsilon_{ij}} \tag{4-18}$$

可得出以下结论

$$D_{ijkl} = D_{klij} \tag{4-19}$$

式（4-19）表明，对线弹性材料，独立的弹性常数由 36 个变为 21 个。

2. 弹性对称轴和对称面

一般的各向异性线弹性材料应力-应变关系式有 36 个独立材料常数，对超弹性材料则为 21 个。实际工程中，材料的弹性性能常具有某些对称特性。如在图 4-2a 中，新坐标系的 z' 轴与老坐标系 z 轴重合，x' 轴绕 x 轴转动一个任意角度 θ，若在这两个坐标系中，弹性张量 **D** 不变，则称 z 为材料的弹性对称轴，x-y 平面称为材料的各向同性平面。这类材料称为横观各向同性材料。在图 4-2b 中，新坐标系 z 轴指向老坐标系 z 负方向，若在这两个坐标系中，弹性张量 **D** 不变，x-y 平面称为材料的弹性对称面。

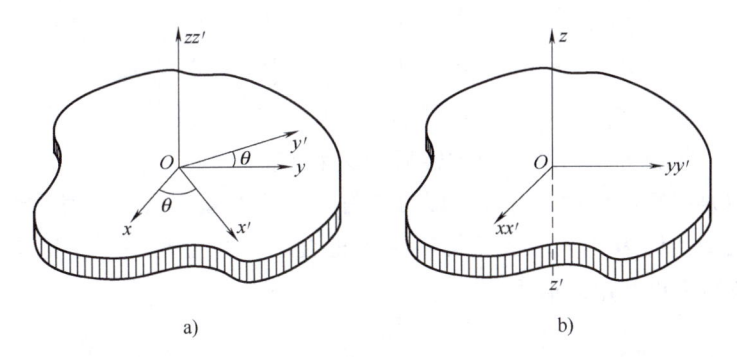

图 4-2 材料的对称性

（1）**正交各向异性材料** 先研究材料具有一个弹性对称面的情况。设 xy 平面为材料的一个弹性对称面，如图 4-2b 所示，则当坐标系由 x、y、z 变为 x'、y'、z' 时，材料的弹性关系保持不变。于是可得：

$$\begin{cases} \sigma_{x'} = D_{11}\varepsilon_{x'} + D_{12}\varepsilon_{y'} + D_{13}\varepsilon_{z'} - D_{14}\gamma_{y'z'} - D_{15}\gamma_{x'z'} + D_{16}\gamma_{x'y'} \\ \sigma_{y'} = D_{21}\varepsilon_{x'} + D_{22}\varepsilon_{y'} + D_{23}\varepsilon_{z'} - D_{24}\gamma_{y'z'} - D_{25}\gamma_{x'z'} + D_{26}\gamma_{x'y'} \\ \sigma_{z'} = D_{31}\varepsilon_{x'} + D_{32}\varepsilon_{y'} + D_{33}\varepsilon_{z'} - D_{34}\gamma_{y'z'} - D_{35}\gamma_{x'z'} + D_{36}\gamma_{x'y'} \\ -\tau_{y'z'} = D_{41}\varepsilon_{x'} + D_{42}\varepsilon_{y'} + D_{43}\varepsilon_{z'} - D_{44}\gamma_{y'z'} - D_{45}\gamma_{x'z'} + D_{46}\gamma_{x'y'} \\ -\tau_{x'z'} = D_{51}\varepsilon_{x'} + D_{52}\varepsilon_{y'} + D_{53}\varepsilon_{z'} - D_{54}\gamma_{y'z'} - D_{55}\gamma_{x'z'} + D_{56}\gamma_{x'y'} \\ \tau_{x'y'} = D_{61}\varepsilon_{x'} + D_{62}\varepsilon_{y'} + D_{63}\varepsilon_{z'} - D_{64}\gamma_{y'z'} - D_{65}\gamma_{x'z'} + D_{66}\gamma_{x'y'} \end{cases} \tag{4-20}$$

由于坐标变换后，应力分量 τ_{yz}、τ_{xz} 及应变分量 γ_{yz}、γ_{xz} 反号，而其他应力与应变分量不变。因此，要保持弹性系数矩阵 **D** 不变，不变应力分量中反号应变分量前的系数必须为零，即有 D_{14}、D_{15}、D_{24}、D_{25}、D_{34}、D_{35}、D_{64}、D_{65} 为零，反号应力分量中不变应变分量前的系数也必须为零，即有 D_{41}、D_{42}、D_{43}、D_{46}、D_{51}、D_{52}、D_{53}、D_{56} 为零，于是这类材料的应力-应变关系为

$$\begin{pmatrix}\sigma_x\\\sigma_y\\\sigma_z\\\tau_{yz}\\\tau_{xz}\\\tau_{xy}\end{pmatrix}=\begin{pmatrix}D_{11}&D_{12}&D_{13}&0&0&D_{16}\\D_{21}&D_{22}&D_{23}&0&0&D_{26}\\D_{31}&D_{32}&D_{33}&0&0&D_{36}\\0&0&0&D_{44}&D_{45}&0\\0&0&0&D_{54}&D_{55}&0\\D_{61}&D_{62}&D_{63}&0&0&D_{66}\end{pmatrix}\begin{pmatrix}\varepsilon_x\\\varepsilon_y\\\varepsilon_z\\\gamma_{yz}\\\gamma_{zx}\\\gamma_{xy}\end{pmatrix} \quad (4\text{-}21\mathrm{a})$$

于是，独立的材料常数变为 20 个，考虑对称性后为 13 个。

如果 y-z 平面也是材料的弹性对称面，同理又有 D_{45}、D_{54}、D_{16}、D_{26}、D_{36}、D_{61}、D_{62}、D_{63} 为零，应力-应变关系为

$$\begin{pmatrix}\sigma_x\\\sigma_y\\\sigma_z\\\tau_{yz}\\\tau_{xz}\\\tau_{xy}\end{pmatrix}=\begin{pmatrix}D_{11}&D_{12}&D_{13}&0&0&0\\D_{21}&D_{22}&D_{23}&0&0&0\\D_{31}&D_{32}&D_{33}&0&0&0\\0&0&0&D_{44}&0&0\\0&0&0&0&D_{55}&0\\0&0&0&0&0&D_{66}\end{pmatrix}\begin{pmatrix}\varepsilon_x\\\varepsilon_y\\\varepsilon_z\\\gamma_{yz}\\\gamma_{zx}\\\gamma_{xy}\end{pmatrix} \quad (4\text{-}21\mathrm{b})$$

独立的材料常数变为 12 个，考虑到对称性后为 9 个。

若 xz 平面也是材料的弹性对称面，即材料有三个相互正交的弹性对称面，此时独立的弹性常数不再减少，仍为 9 个，这类材料称为正交各向异性材料。使用工程弹性常数，式（4-21）可改写为更常用的形式

$$\begin{pmatrix}\varepsilon_x\\\varepsilon_y\\\varepsilon_z\\\gamma_{yz}\\\gamma_{xz}\\\gamma_{xy}\end{pmatrix}=\begin{pmatrix}\dfrac{1}{E_x}&\dfrac{\nu_{xy}}{E_y}&\dfrac{-\nu_{xz}}{E_z}&0&0&0\\\dfrac{-\nu_{xy}}{E_x}&\dfrac{1}{E_y}&\dfrac{-\nu_{yz}}{E_z}&0&0&0\\\dfrac{-\nu_{xz}}{E_x}&\dfrac{-\nu_{yz}}{E_y}&\dfrac{1}{E_z}&0&0&0\\0&0&0&\dfrac{1}{G_{yz}}&0&0\\0&0&0&0&\dfrac{1}{G_{xz}}&0\\0&0&0&0&0&\dfrac{1}{G_{xy}}\end{pmatrix}\begin{pmatrix}\sigma_x\\\sigma_y\\\sigma_z\\\tau_{yz}\\\tau_{xz}\\\tau_{xy}\end{pmatrix} \quad (4\text{-}22)$$

式中 E_x、E_y、E_z——x、y、z 轴方向的杨氏弹性模量；

G_{xy}，G_{yz}，G_{xz}——平行于坐标平面 x-y、y-z、x-z 的剪切模量；

ν_{ij}——泊松比，$\nu_{ij}(i,j=x,y,z)$ 表示 i 轴方向拉应力引起的 j 方向压应变与 i 方向拉应变的比值。

式（4-22）共有 12 个材料常数，这些常数受以下对称性所要求的限制。

$$\begin{cases} E_x \nu_{yx} = E_y \nu_{xy} \\ E_y \nu_{zy} = E_z \nu_{yz} \\ E_z \nu_{xz} = E_x \nu_{zx} \end{cases} \quad (4\text{-}23)$$

（2）横观各向同性材料　由前述材料对称性定义，横观各向同性材料也具有正交各向异性材料的性质，因此横观各向同性材料的应力-应变关系可通过施加附加条件从正交各向异性材料的应力-应变关系得到。设 $x\text{-}y$ 平面为材料的各向同性平面，由于坐标轴 1 方向与坐标轴 2 方向材料性能相同，故应有 $D_{11}=D_{22}$，$D_{13}=D_{23}$，$D_{44}=D_{55}$，考虑到对称性后，独立的材料常数变为 6 个，即有

$$\begin{pmatrix} \sigma_x \\ \sigma_y \\ \sigma_z \\ \tau_{yz} \\ \tau_{xz} \\ \tau_{xy} \end{pmatrix} = \begin{pmatrix} D_{11} & D_{12} & D_{13} & 0 & 0 & 0 \\ D_{12} & D_{11} & D_{13} & 0 & 0 & 0 \\ D_{13} & D_{13} & D_{33} & 0 & 0 & 0 \\ 0 & 0 & 0 & D_{44} & 0 & 0 \\ 0 & 0 & 0 & 0 & D_{44} & 0 \\ 0 & 0 & 0 & 0 & 0 & D_{66} \end{pmatrix} \begin{pmatrix} \varepsilon_x \\ \varepsilon_y \\ \varepsilon_z \\ \gamma_{yz} \\ \gamma_{xz} \\ \gamma_{xy} \end{pmatrix} \quad (4\text{-}24)$$

由横观各向同性的特点，对坐标转换矩阵

$$\boldsymbol{a}_{ij} = \begin{pmatrix} \cos\theta & \sin\theta & 0 \\ -\sin\theta & \cos\theta & 0 \\ 0 & 0 & 1 \end{pmatrix} \quad (4\text{-}25)$$

由二阶张量坐标变换公式，有

$$\tau'_{xy} = \frac{1}{2}(\sigma_y - \sigma_x)\sin 2\theta + \tau_{xy}\cos 2\theta \quad (4\text{-}26)$$

$$\gamma'_{xy} = (\varepsilon_y - \varepsilon_x)\sin 2\theta + \varepsilon_{xy}\cos 2\theta \quad (4\text{-}27)$$

由于 $\tau_{xy} = D_{66}\gamma_{xy}$ 和 $\tau'_{xy} = D'_{66}\gamma'_{xy}$，整理后有

$$\sigma_y - \sigma_x = 2D_{66}(\varepsilon_y - \varepsilon_x) \quad (4\text{-}28)$$

又

$$\sigma_x = D_{11}\varepsilon_x + D_{12}\varepsilon_y + D_{13}\varepsilon_z \quad (4\text{-}29)$$

$$\sigma_y = D_{12}\varepsilon_x + D_{11}\varepsilon_y + D_{13}\varepsilon_z \quad (4\text{-}30)$$

两式相减，得

$$\sigma_y - \sigma_x = (D_{11} - D_{12})(\varepsilon_y - \varepsilon_x) \quad (4\text{-}31)$$

可得

$$2D_{66} = D_{11} - D_{12} \quad (4\text{-}32)$$

因此，横观各向同性材料独立的材料常数减少到 5 个，即

$$\begin{pmatrix} \sigma_x \\ \sigma_y \\ \sigma_z \\ \tau_{yz} \\ \tau_{xz} \\ \tau_{xy} \end{pmatrix} = \begin{pmatrix} D_{11} & D_{12} & D_{13} & 0 & 0 & 0 \\ D_{12} & D_{11} & D_{13} & 0 & 0 & 0 \\ D_{13} & D_{13} & D_{33} & 0 & 0 & 0 \\ 0 & 0 & 0 & D_{44} & 0 & 0 \\ 0 & 0 & 0 & 0 & D_{44} & 0 \\ 0 & 0 & 0 & 0 & 0 & \frac{1}{2}(D_{11}-D_{12}) \end{pmatrix} \begin{pmatrix} \varepsilon_x \\ \varepsilon_y \\ \varepsilon_z \\ \gamma_{yz} \\ \gamma_{xz} \\ \gamma_{xy} \end{pmatrix} \quad (4\text{-}33)$$

用工程弹性常数和坐标 x，y，z 表达的应力应变关系为

$$\begin{pmatrix} \varepsilon_x \\ \varepsilon_y \\ \varepsilon_z \\ \gamma_{yz} \\ \gamma_{xz} \\ \gamma_{xy} \end{pmatrix} = \begin{pmatrix} \dfrac{1}{E} & \dfrac{-\nu}{E'} & \dfrac{-\nu'}{E'} & 0 & 0 & 0 \\ \dfrac{-\nu}{E'} & \dfrac{1}{E} & \dfrac{-\nu}{E'} & 0 & 0 & 0 \\ \dfrac{-\nu'}{E'} & \dfrac{-\nu'}{E'} & \dfrac{1}{E} & 0 & 0 & 0 \\ 0 & 0 & 0 & \dfrac{1}{G'} & 0 & 0 \\ 0 & 0 & 0 & 0 & \dfrac{1}{G'} & 0 \\ 0 & 0 & 0 & 0 & 0 & \dfrac{1}{G} \end{pmatrix} \begin{pmatrix} \sigma_x \\ \sigma_y \\ \sigma_z \\ \tau_{yz} \\ \tau_{xz} \\ \tau_{xy} \end{pmatrix} \quad (4\text{-}34)$$

式中 E、E'——各向同性平面和垂直于该平面的杨氏模量；

ν——各向同性平面内两个相互垂直方向的泊松比；

ν'——垂直于各向同性平面方向与各向同性平面内任意方向之间的泊松比；

G——各向同性平面内的剪切模量，$G = E/[2(1+\nu)]$；

G'——垂直于各向同性平面的剪切模量。

均匀各向同性材料的应力-应变关系可由横观各向同性材料的应力-应变关系推得。对均匀各向同性材料，显然有

$$\begin{cases} E' = E \\ G' = G \\ \nu' = \nu \end{cases} \quad (4\text{-}35)$$

于是独立的材料常数变为两个。

4.4 各向同性弹性体

现考虑具有如下特点的弹性材料，即材料弹性常数不仅与空间位置无关，且与方向无关，这种材料称为均匀各向同性材料。对各向同性材料，显然弹性张量 D 必为各向同性张量。

任何标量（零阶张量）都是各向同性的，无方向之分；矢量（一阶张量）是有方向的，即没有各向同性矢量；二阶单位张量 I（其分量为 δ_{ij}）与任意不为零的标量 a 的积 aI 都是各向同性张量。可证明一个四阶各向同性张量的一般形式为

$$D_{ijkl} = \lambda \delta_{ij}\delta_{kl} + \mu(\delta_{ik}\delta_{jl} + \delta_{il}\delta_{jk}) + \beta(\delta_{ik}\delta_{jl} - \delta_{il}\delta_{jk}) \quad (4\text{-}36)$$

式中 λ、μ、β——标量。

对弹性张量，由于有 $D_{ijkl} = D_{jikl} = D_{ijlk}$ 的对称条件，故 β 必须为零，式（4-36）变为

$$D_{ijkl} = \lambda \delta_{ij}\delta_{kl} + \mu(\delta_{ik}\delta_{jl} + \delta_{il}\delta_{jk}) \quad (4\text{-}37)$$

将式（4-37）代入本构方程，可得

$$\sigma_{ij} = \lambda \delta_{ij}\delta_{kl}\varepsilon_{kl} + \mu(\delta_{ik}\delta_{jl} + \delta_{il}\delta_{jk})\varepsilon_{kl} \quad (4\text{-}38)$$

整理后得

$$\sigma_{ij} = \lambda \delta_{ij}\varepsilon_{kk} + 2\mu\varepsilon_{ij} \quad (4\text{-}39)$$

或

$$\begin{cases}\sigma_x = \lambda\theta + 2\mu\varepsilon_x \\ \sigma_y = \lambda\theta + 2\mu\varepsilon_y \\ \sigma_z = \lambda\theta + 2\mu\varepsilon_z \\ \tau_{yz} = \mu\gamma_{yz} \\ \tau_{xz} = \mu\gamma_{xz} \\ \tau_{xy} = \mu\gamma_{xy}\end{cases} \quad (4\text{-}40)$$

式中　λ、μ——拉梅常数。

其中：$\theta = \varepsilon_x + \varepsilon_y + \varepsilon_z$。此即各向同性线弹性材料应力-应变关系。

应注意到，对各向同性弹性张量 D，有 $D_{ijkl} = D_{klij}$，因此各向同性材料一定是超弹性材料。

将应力-应变关系的前三式相加，得

$$\Theta = \sigma_x + \sigma_y + \sigma_z = (3\lambda + 2\mu)\theta \quad (4\text{-}41)$$

式（4-41）称为体积应变的胡克定律。利用该式，应力-应变关系式可写成

$$\begin{cases}\varepsilon_x = \dfrac{\sigma_x}{2\mu} - \dfrac{\lambda}{2\mu(3\lambda + 2\mu)}\Theta \\ \varepsilon_y = \dfrac{\sigma_y}{2\mu} - \dfrac{\lambda}{2\mu(3\lambda + 2\mu)}\Theta \\ \varepsilon_z = \dfrac{\sigma_z}{2\mu} - \dfrac{\lambda}{2\mu(3\lambda + 2\mu)}\Theta \\ \gamma_{yz} = \dfrac{1}{\mu}\tau_{yz} \\ \gamma_{xz} = \dfrac{1}{\mu}\tau_{xz} \\ \gamma_{xy} = \dfrac{1}{\mu}\tau_{xy}\end{cases} \quad (4\text{-}42)$$

借助同一材料的简单拉伸与纯剪试验可以测定弹性常数 λ 和 μ。在简单拉伸情况下，若将拉伸方向视作 Ox 轴方向，则

$$\sigma_y = \sigma_x = \tau_{xy} = \tau_{yz} = \tau_{xz} = 0 \quad (4\text{-}43)$$

将式（4-43）代入胡克定律表达式，则有

$$\begin{cases}\varepsilon_x = \dfrac{\lambda + \mu}{\mu(3\lambda + 2\mu)}\sigma_x \\ \varepsilon_y = \varepsilon_z = -\dfrac{\lambda}{2\mu(3\lambda + 2\mu)}\sigma_x \\ \gamma_{yz} = \gamma_{xz} = \gamma_{xy} = 0\end{cases} \quad (4\text{-}44)$$

另一方面，根据简单拉伸的结果，有如下关系

$$\begin{cases}\varepsilon_x = \dfrac{\sigma_x}{E} \\ \varepsilon_y = \varepsilon_z = -\dfrac{\nu\sigma_x}{E} \\ \gamma_{yz} = \gamma_{xz} = \gamma_{xy} = 0\end{cases} \quad (4\text{-}45)$$

相比较，可得

$$\lambda = \frac{\nu E}{(1+\nu)(1-2\nu)} \tag{4-46}$$

$$\mu = \frac{E}{2(1+\nu)} \tag{4-47}$$

或

$$E = \frac{\mu(3\lambda + 2\mu)}{\lambda + \mu} \tag{4-48}$$

$$\nu = \frac{\lambda}{2(\lambda + \mu)} \tag{4-49}$$

式中　E——弹性模量；
　　　ν——泊松比。

根据试验

$$E > 0, \ 0 < \nu < \frac{1}{2} \tag{4-50}$$

故有

$$\lambda > 0, \ \mu > 0 \tag{4-51}$$

再考虑纯剪的情况。假定剪应力作用在 Oxy 平面内，于是有

$$\sigma_x = \sigma_y = \sigma_z = \tau_{yz} = \tau_{xz} = 0 \tag{4-52}$$

代入体积应变的胡克定律表达式，得

$$\varepsilon_x = \varepsilon_y = \varepsilon_z = \gamma_{xz} = \gamma_{yz} = 0 \tag{4-53}$$

$$\gamma_{xy} = \frac{\tau_{xy}}{\mu} \tag{4-54}$$

另一方面，由于纯剪，得

$$\varepsilon_x = \varepsilon_y = \varepsilon_z = \gamma_{xz} = \gamma_{yz} = 0 \tag{4-55}$$

$$\gamma_{xy} = \frac{\tau_{xy}}{G} \tag{4-56}$$

相比较可得

$$\mu = G \tag{4-57}$$

由此可得用坐标 x, y, z 及工程应变表示的各向同性体应力-应变关系的常用形式，如下

$$\begin{cases} \varepsilon_x = \frac{1}{E}[\sigma_x - \nu(\sigma_y + \sigma_z)] \\ \varepsilon_y = \frac{1}{E}[\sigma_y - \nu(\sigma_z + \sigma_x)] \\ \varepsilon_z = \frac{1}{E}[\sigma_z - \nu(\sigma_x + \sigma_y)] \\ \gamma_{yz} = \frac{2(1+\nu)}{E}\tau_{yz} \\ \gamma_{xz} = \frac{2(1+\nu)}{E}\tau_{xz} \\ \gamma_{xy} = \frac{2(1+\nu)}{E}\tau_{xy} \end{cases} \tag{4-58}$$

或

$$\varepsilon_{ij} = \frac{1}{E}\left[(1+\nu)\sigma_{ij} - \nu\delta_{ij}\sigma_{kk}\right] \quad (4\text{-}59)$$

式中 σ_{kk}——正应力之和，$\sigma_{kk} = \Theta = \sigma_x + \sigma_y + \sigma_z$；
  G——剪切弹性模量。

拉梅常数 λ、μ 与弹性常数 E、ν 的关系为

$$\lambda = \frac{\nu E}{(1+\nu)(1-2\nu)} \quad (4\text{-}60)$$

$$\mu = G = \frac{E}{2(1+\nu)} \quad (4\text{-}61)$$

上式可写成

$$\varepsilon_{ij} = C_{ijkl}\sigma_{kl} \text{ 或 } \boldsymbol{\varepsilon} = \boldsymbol{D}^{-1}\boldsymbol{\sigma} = \boldsymbol{C}\boldsymbol{\sigma} \quad (4\text{-}62)$$

式中 C_{ijkl}——弹性柔度张量的分量，表达式为

$$C_{ijkl} = \frac{1}{E}\left[\frac{1}{2}(1+\nu)(\delta_{ik}\delta_{jl}+\delta_{il}\delta_{jk}) - \nu\delta_{ij}\delta_{kl}\right] \quad (4\text{-}63)$$

4.5 邓肯-张（Duncan-Chang）模型

邓肯-张（Duncan-Chang）模型是一种双曲线形式的非线性弹性模型，它是以数学上的双曲线来模拟土的应力-应变关系曲线。这种模型最初是由邓肯（Duncan）和张（Chang）两人提出的。三十多年来，邓肯-张模型在工程中得到广泛应用。非线性弹性模型的弹性系数 E、ν 随着应力水平变化而变化，只要能通过试验和计算合理地确定不同应力水平下的 E、ν 值，就可按照弹性本构关系进行计算了。邓肯等人于 1980 年改进了双曲线模型，其描述如下。

4.5.1 切线弹性模量 E_t

1. 应力-应变的双曲线表达式

邓肯等人根据康纳（Kondner）的建议，将三轴剪切试验中当 σ_3 等于常数时的 $(\sigma_1-\sigma_3)$-ε_1 关系近似用双曲线表示，如图 4-3a 所示，即

$$\sigma_1 - \sigma_3 = \frac{\varepsilon_1}{a + b\varepsilon_1} \quad (4\text{-}64)$$

式中 a、b——双曲线参数，可由试验确定。

按照初始切线模量的定义，双曲线方程 [式（4-64）] 的初始切线模量 E_i 为

$$E_i = \frac{\mathrm{d}(\sigma_1-\sigma_3)}{\mathrm{d}\varepsilon_1}\bigg|_{\varepsilon_1 \to 0} \quad (4\text{-}65)$$

对式（4-64）微分，当 $\varepsilon_1 = 0$ 时，可得

$$E_i = \frac{1}{a} \quad (4\text{-}66)$$

可见 a 为初始切线模量 E_i 的倒数，见图 4-3a 所示。

当 $\varepsilon_1 \to \infty$ 时，由式（4-64）可以求得强度的极限值 $(\sigma_1-\sigma_3)_u$ 为

$$(\sigma_1-\sigma_3)_u = \frac{\varepsilon_1}{a+b\varepsilon_1}\bigg|_{\varepsilon_1 \to \infty} = \frac{1}{b} \quad (4\text{-}67)$$

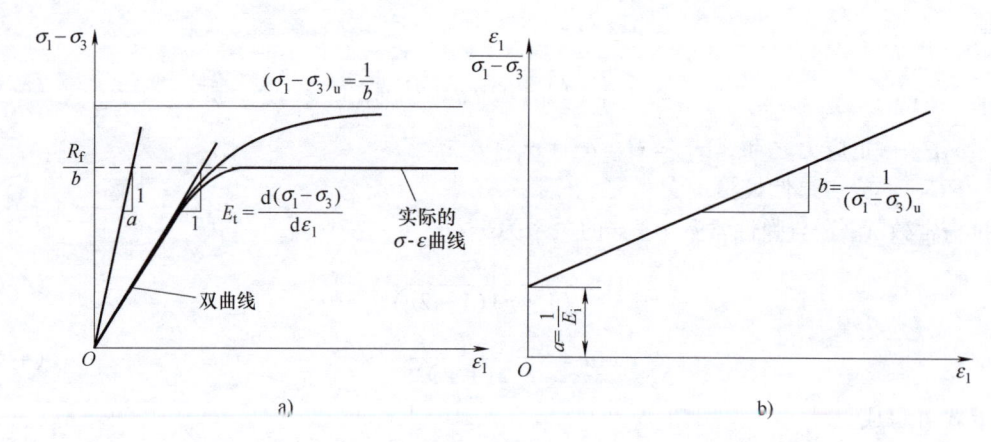

图 4-3 双曲线模型

可见 b 为强度极限值 $(\sigma_1-\sigma_3)_u$ 的倒数。实际上它是双曲线的一条渐近线，如图 4-3a 所示。

为根据试验资料确定常数 a 和 b，可以将图 4-3a 绘在 $\dfrac{\varepsilon_1}{\sigma_1-\sigma_3} - \varepsilon_1$ 坐标系中，则双曲线就变为直线，见图 4-3b。从图上可以看出：a 为纵轴的截距，b 为直线的斜率，很容易由图 4-3b 求得。由于强度的极限值 $(\sigma_1-\sigma_3)_u$ 理论上为 ε_1 趋于无穷大时的强度值，一般不易求得，而强度破坏条件可以人为规定，因此为了求得强度的极限值，先通过破坏强度定义破坏比 R_f，其值为

$$R_f = \frac{\text{破坏时的强度}}{\text{强度的极限值}} = \frac{(\sigma_1-\sigma_3)_f}{(\sigma_1-\sigma_3)_u} \tag{4-68}$$

根据试验，土的 R_f 一般变化不大，范围在 0.75 ~ 0.95。由式（4-68）看出 R_f 必小于 1.0。

这样，将式（4-65）~ 式（4-67）代入式（4-68），就可得出当 σ_3 等于常数时的双曲线表达式

$$\sigma_1 - \sigma_3 = \frac{\varepsilon_1}{\dfrac{1}{E_i} + \dfrac{\varepsilon_1 R_f}{(\sigma_1-\sigma_3)_f}} \tag{4-69}$$

或

$$\varepsilon_1 = \frac{\sigma_1-\sigma_3}{E_i\left[1 - \dfrac{R_f(\sigma_1-\sigma_3)}{(\sigma_1-\sigma_3)_f}\right]} \tag{4-70}$$

2. 切线模量 E_t 的表达式

按照切线模量（E_t）的定义，对式（4-69）微分后并将式（4-70）代入，可得

$$E_t = \frac{d(\sigma_1-\sigma_3)}{d\varepsilon_1} = \left[1 - \dfrac{R_f(\sigma_1-\sigma_3)}{(\sigma_1-\sigma_3)_f}\right]^2 E_i \tag{4-71}$$

这就是切线模量 E_t 的表达式。式中 $(\sigma_1-\sigma_3)$ 为现在的应力水平，R_f 因变化范围不大，一般可事先假定给出，其中尚有 E_i 和 $(\sigma_1-\sigma_3)_f$ 为待定。根据挪威学者简布（Janbu）的研究，E_i 与固结压力 σ_3 的关系可用简布公式表示为

$$E_i = K_i p_a \left(\frac{\sigma_3}{p_a}\right)^n \qquad (4\text{-}72)$$

式中 K_i——量纲一的模量系数；

n——量纲一的模量指数；

p_a——大气压力或称参考压力。

将 E_i 和 σ_3 的关系点绘在双对数纸上，就可以求得 K_i 和 n 值，如图 4-4 所示。n 为双对数图上直线的斜率，K_i 与 $\frac{\sigma_3}{p_a}$ 等于 1 所对应的 E_i 对应，但尚须换算。

$(\sigma_1 - \sigma_3)_f$ 可由 Mohr-Coulomb 破坏条件确定如下

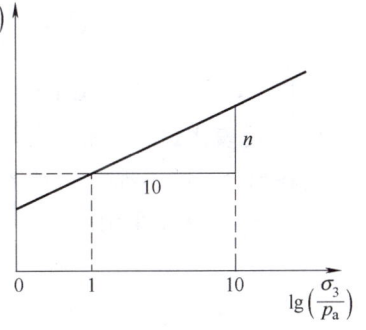

图 4-4 K_i, n 值的确定

$$(\sigma_1 - \sigma_3)_f = \frac{2c\cos\varphi + 2\sigma_3\sin\varphi}{1 - \sin\varphi} \qquad (4\text{-}73)$$

将式（4-72）及（4-73）代入式（4-71），可得

$$E_t = \left[1 - \frac{R_f(1 - \sin\varphi)(\sigma_1 - \sigma_3)}{2c\cos\varphi + 2\sigma_3\sin\varphi}\right]^2 K_i p_a \left(\frac{\sigma_3}{p_a}\right)^n \qquad (4\text{-}74)$$

从式中可看出，要确定切线模量 E_t，需要通过试验确定 φ、c、K_i、n 及 R_f 共 5 个常数。

上述 E_t 是对加载而言的，当卸载与再加载时，σ-ε 关系接近直线，这时弹性模量 E_{ur} 取决于侧限压力，其关系与简布（Janbu）公式形式相同，即

$$E_{ur} = K_{ur} p_a \left(\frac{\sigma_3}{p_a}\right)^n \qquad (4\text{-}75)$$

式中 E_{ur}——卸载再加载时的模量系数；

n——卸载再加载时的指数。

其确定方法与式（4-74）的 K_i 及 n 的方法相同。

4.5.2 切线泊松比 ν_t

最初，邓肯-张假设 ε_3 与 ε_1 的关系为双曲线，即

$$\varepsilon_3 = \frac{h\varepsilon_1}{1 - d\varepsilon_1'} \qquad (4\text{-}76)$$

并假设

$$h = G - F\lg\sigma_3 \qquad (4\text{-}77)$$

式中 d、G、F——分别为试验常数，可通过试验求得。

有了 ε_1-ε_3 关系，根据切线泊松比 ν_t 的定义，就可求得表达式

$$\nu_t = \frac{d\varepsilon_3}{d\varepsilon_1} = \frac{G - F\lg\left(\frac{\sigma_3}{p_a}\right)}{1 - \dfrac{d(\sigma_1 - \sigma_3)}{K_i p_a \left(\dfrac{\sigma_3}{p_a}\right)^n}\left[1 - \dfrac{R_f(\sigma_1 - \sigma_3)(1 - \sin\varphi)}{2c\cos\varphi + 2\sigma_3\sin\varphi}\right]} \qquad (4\text{-}78)$$

从上式可看出，要确定切线泊松比 ν_t，需通过试验求出 φ、c、R_f、K_i、n、G、F 及 d 共 8 个参数，是比较复杂的。

4.5.3 切线体积模量 K_t

最初,邓肯-张模型采用 E_t 及 ν_t 弹性参数,同时假设 ε_1 与 ε_3 关系亦为双曲线,据此推导出 ν_t 的表达式。后来在实际应用中发现,采用 ε_1 与 ε_3 双曲线关系计算出的 ν_t 值常偏大,与资料拟合得并不理想。因此,邓肯又采用切线体积模量 K_t 作为计算参数,并假设 K_t 与侧限压力 σ_3 关系也采用简布(Janbu)公式的形式

$$K_t = \frac{dp}{d\varepsilon_V} = K_b p_a \left(\frac{\sigma_3}{p_a}\right)^m \tag{4-79}$$

式中 K_b、m——切线体积模量系数与指数。

由于 $\nu_t = 0.5$ 时为不可压缩材料,故 ν_t 必须满足 $0 \leqslant \nu_t \leqslant 0.5$,故要求 K_t 必须在下列数值范围以内变化:$\frac{1}{3}E_t \leqslant K_t \leqslant 17 E_t$。确定 K_t 只需要 K_b 和 m 两个参数。

有了 E_t 及 K_t(或 ν_t),就可按前面的弹性本构关系进行应力与应变分析计算了。

4.5.4 切线刚度矩阵与模型参数

确定弹性切线模量 E_t、K_t 之后,就可以利用弹性增量本构关系式进行应力与应变分析,这时以 E_t、K_t 表示的弹性切线刚度矩阵 $\boldsymbol{D}^{es}$ 为

$$\boldsymbol{D}^{es} = \frac{3K_t}{9K_t - E_t}\begin{pmatrix} 3K_t - E_t & 3K_t - E_t & 0 \\ 3K_t - E_t & 3K_t + E_t & 0 \\ 0 & 0 & E_t \end{pmatrix} \tag{4-80}$$

为确定 E_t 和 K_t,需通过常规三轴试验确定 φ、c(或 φ_1、$\Delta\varphi$)、K_i、n、K_b、m 和 R_f 共 7 个参数,如果包括卸载,还需增加一个 K_{ur}。由于邓肯-张模型在我国应用较广,对于各类岩土类材料积累了较丰富的经验,表 4-1 给出了邓肯-张模型参数,可供初步计算时参考选用。

表 4-1 邓肯-张模型参数

参数 \ 土类	软黏土	硬黏土	砂	砂卵石	石料
c	0~0.1	0~0.5	—	—	—
φ	20°~30°	20°~30°	30°~40°	30°~40°	40°~50°
$\Delta\varphi$	0	0	5°	5°	5°
R_f	0.7~0.9	0.7~0.9	0.6~0.85	0.6~0.85	0.6~1.0
K	50~200	200~500	300~1000	500~2000	300~1000
K_{ur}	3.0K	1.5~2.0K			
n	0.5~0.8	0.3~0.6	0.3~0.6	0.4~0.7	0.1~0.5
K_b	20~100	100~500	50~1000	100~2000	50~1000
m	0.4~0.7	0.2~0.5	0~0.5	0~0.5	-0.2~0.5

习 题

[4-1] 橡皮立方块放在同样大小的铁盒内，在上面用铁盖封闭，铁盖上受均布压力 q 作用，如图 4-5 所示。铁盒和铁盖可以视为刚体，而且橡皮与铁盒之间无摩擦力。试求铁盒内侧面所受的压力、橡皮块的体应变和橡皮中的最大剪应力。

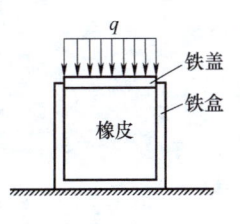

图 4-5　题 4-1 图

[4-2] 已知应力和应变之间满足广义胡克定律，证明

$$\varepsilon_x = \frac{\partial \nu_\varepsilon}{\partial \sigma_x}, \quad \varepsilon_y = \frac{\partial \nu_\varepsilon}{\partial \sigma_y}, \quad \varepsilon_z = \frac{\partial \nu_\varepsilon}{\partial \sigma_z}$$

$$\gamma_{yz} = \frac{\partial \nu_\varepsilon}{\partial \tau_{yz}}, \quad \gamma_{xz} = \frac{\partial \nu_\varepsilon}{\partial \tau_{xz}}, \quad \gamma_{xy} = \frac{\partial \nu_\varepsilon}{\partial \tau_{xy}}$$

这里，ν_ε 为应变能密度。

[4-3] 证明：对各向同性的线性弹性体来说，应力主方向与应变主方向是一致的。非各向同性体是否具有这样的性质？试举例定性说明。

第 5 章　弹性力学问题理论求解体系

在前 3 章里，我们已建立了弹性力学的基本方程和材料本构关系。在弹性体基本方程中，平衡微分方程和几何方程均是从固体的一个微分单元体出发导出的，其方程均是偏微分方程。材料本构关系是在材料试验基础上建立起来的，对于线弹性力学情形，该方程是一个线性方程。本章将在这些基本方程和边界条件基础上，构建弹性力学求解理论体系。本章将介绍位移解法和应力解法两种基本解法，介绍弹性力学的几个一般性原理，并通过实例介绍弹性力学问题的求解过程。

■ 5.1　弹性力学基本方程

弹性力学分析方法较严密，它是在 6 个基本假设且无附加假定的情况下，从物体中任意一点取微分单元体进行研究，从而得到平衡微分方程、几何方程和物理方程，并在给定边界条件下通过这些方程确定未知量。

弹性力学的未知量为：

6 个独立应力分量：$\boldsymbol{\sigma}_{ij} = (\sigma_x\ \ \sigma_y\ \ \sigma_z\ \ \tau_{yz}\ \ \tau_{xz}\ \ \tau_{xy})^{\mathrm{T}}$

6 个独立应变分量：$\boldsymbol{\varepsilon}_{ij} = (\varepsilon_x\ \ \varepsilon_y\ \ \varepsilon_z\ \ \varepsilon_{yz}\ \ \varepsilon_{xz}\ \ \varepsilon_{xy})^{\mathrm{T}}$

3 个独立位移分量：$\boldsymbol{u}_i = (u\ \ v\ \ w)^{\mathrm{T}}$

共计 15 个未知量，要进行全部求解，则需要 15 个独立方程，即弹性力学的基本方程。弹性力学的三大基本方程如下。

1. 平衡方程

$$\begin{cases} \dfrac{\partial \sigma_x}{\partial x} + \dfrac{\partial \tau_{yx}}{\partial y} + \dfrac{\partial \tau_{zx}}{\partial z} + f_x = 0 \\[2pt] \dfrac{\partial \tau_{xy}}{\partial x} + \dfrac{\partial \sigma_y}{\partial y} + \dfrac{\partial \tau_{zy}}{\partial z} + f_y = 0 \\[2pt] \dfrac{\partial \tau_{xz}}{\partial x} + \dfrac{\partial \tau_{yz}}{\partial y} + \dfrac{\partial \sigma_z}{\partial z} + f_z = 0 \end{cases} \quad (5\text{-}1\mathrm{a})$$

用张量形式表示为

$$\sigma_{ij,i} + f_j = 0 \quad (5\text{-}1\mathrm{b})$$

2. 几何方程

$$\begin{cases} \varepsilon_x = \dfrac{\partial u}{\partial x},\ \varepsilon_y = \dfrac{\partial v}{\partial y},\ \varepsilon_z = \dfrac{\partial w}{\partial z} \\ \gamma_{xy} = \dfrac{\partial v}{\partial x} + \dfrac{\partial u}{\partial y},\ \gamma_{yz} = \dfrac{\partial w}{\partial y} + \dfrac{\partial v}{\partial z},\ \gamma_{zx} = \dfrac{\partial u}{\partial z} + \dfrac{\partial w}{\partial x} \end{cases} \quad (5\text{-}2a)$$

用张量形式表示为

$$\varepsilon_{ij} = \frac{1}{2}(u_{i,j} + u_{j,i}) \quad (5\text{-}2b)$$

3. 本构方程（广义胡克定律）

用应力表示为

$$\begin{cases} \varepsilon_x = \dfrac{1}{E}[\sigma_x - \nu(\sigma_y + \sigma_z)],\ \gamma_{yz} = \dfrac{\tau_{yz}}{G} \\ \varepsilon_y = \dfrac{1}{E}[\sigma_y - \nu(\sigma_z + \sigma_x)],\ \gamma_{xz} = \dfrac{\tau_{xz}}{G} \\ \varepsilon_z = \dfrac{1}{E}[\sigma_z - \nu(\sigma_x + \sigma_y)],\ \gamma_{xy} = \dfrac{\tau_{xy}}{G} \end{cases} \quad (5\text{-}3a)$$

用应变表示为

$$\begin{cases} \sigma_x = \lambda\theta + 2\mu\varepsilon_x \\ \sigma_y = \lambda\theta + 2\mu\varepsilon_y \\ \sigma_z = \lambda\theta + 2\mu\varepsilon_z \\ \tau_{xy} = \mu\gamma_{xy} \\ \tau_{yz} = \mu\gamma_{yz} \\ \tau_{xz} = \mu\gamma_{xz} \end{cases} \quad (5\text{-}3b)$$

在具体求解时，还需用到变形协调方程

$$\begin{cases} \dfrac{\partial^2 \varepsilon_y}{\partial x^2} + \dfrac{\partial^2 \varepsilon_x}{\partial y^2} = \dfrac{\partial^2 \gamma_{xy}}{\partial x \partial y} \\ \dfrac{\partial^2 \varepsilon_z}{\partial y^2} + \dfrac{\partial^2 \varepsilon_y}{\partial z^2} = \dfrac{\partial^2 \gamma_{yz}}{\partial y \partial z} \\ \dfrac{\partial^2 \varepsilon_x}{\partial z^2} + \dfrac{\partial^2 \varepsilon_z}{\partial x^2} = \dfrac{\partial^2 \gamma_{xz}}{\partial x \partial z} \\ \dfrac{\partial}{\partial x}\left(-\dfrac{\partial \gamma_{yz}}{\partial x} + \dfrac{\partial \gamma_{xz}}{\partial y} + \dfrac{\partial \gamma_{xy}}{\partial z}\right) = 2\dfrac{\partial^2 \varepsilon_x}{\partial y \partial z} \\ \dfrac{\partial}{\partial y}\left(\dfrac{\partial \gamma_{yz}}{\partial x} - \dfrac{\partial \gamma_{xz}}{\partial y} + \dfrac{\partial \gamma_{xy}}{\partial z}\right) = 2\dfrac{\partial^2 \varepsilon_y}{\partial x \partial z} \\ \dfrac{\partial}{\partial z}\left(\dfrac{\partial \gamma_{yz}}{\partial x} + \dfrac{\partial \gamma_{xz}}{\partial y} - \dfrac{\partial \gamma_{xy}}{\partial z}\right) = 2\dfrac{\partial^2 \varepsilon_z}{\partial x \partial y} \end{cases} \quad (5\text{-}4)$$

当以位移作为基本未知量进行求解时，变形协调方程将自然满足。

在具体进行求解时，可将位移或应力作为未知量求解。两种方法均可将问题归结为在给定边界条件下求解偏微分方程（PDE）问题，其解可分为精确解和近似解。按照不同的边界条件，弹性力学有三类边值问题。

(1) **第一类边值问题**　已知弹性体内的体力分量和其表面的面力分量($\bar{f}_x$、$\bar{f}_y$、$\bar{f}_z$)，边界条件为面力边界条件。

(2) **第二类边值问题**　已知弹性体内体力分量及表面位移分量，边界条件为**位移边界条件**。

(3) **第三类边值问题**　已知弹性体内体力分量，表面的部分位移分量和部分面力分量，面力已知部分为面力边界条件，位移已知部分为位移边界条件，这种边界条件称为混合边界条件。

以上三类边值问题，代表了一些简化的实际工程问题。若不考虑物体的刚体位移，则三类边值问题的解是唯一的。

■ 5.2　弹性力学问题的基本解法

5.2.1　位移解法

位移法是将三个位移分量μ_i作为基本未知量，为此需得到三个关于位移分量的基本方程。将几何方程代入应力-应变关系式，并将应力分量用三个位移分量表示，然后代入三个平衡微分方程，最后得到三个关于位移分量的基本方程。

$$\begin{cases}(\lambda+\mu)\dfrac{\partial\theta}{\partial x}+\mu\nabla^2 u+f_x=0\\[4pt](\lambda+\mu)\dfrac{\partial\theta}{\partial y}+\mu\nabla^2 v+f_y=0\\[4pt](\lambda+\mu)\dfrac{\partial\theta}{\partial z}+\mu\nabla^2 w+f_z=0\end{cases} \quad (5\text{-}5\text{a})$$

或用张量形式表示为

$$(\lambda+\mu)\varepsilon_{kk,i}+\mu\nabla^2 u_i+f_i=0 \quad (5\text{-}5\text{b})$$

式中　∇^2——拉普拉斯算子。

式(5-5b)称为拉梅(Lame)方程。对于位移边界条件已知的情况下，其可直接通过位移形式给出，因而位移解法是十分合适的。若物体表面处面力给定，则需给出用位移表示的边界条件，其表示如下：

$$\begin{cases}\bar{f}_x=\lambda\theta l+\mu\left(\dfrac{\partial u}{\partial x}l+\dfrac{\partial u}{\partial y}m+\dfrac{\partial u}{\partial z}n\right)+\mu\left(\dfrac{\partial u}{\partial x}l+\dfrac{\partial v}{\partial x}m+\dfrac{\partial w}{\partial x}n\right)\\[4pt]\bar{f}_y=\lambda\theta m+\mu\left(\dfrac{\partial v}{\partial x}l+\dfrac{\partial v}{\partial y}m+\dfrac{\partial v}{\partial z}n\right)+\mu\left(\dfrac{\partial u}{\partial y}l+\dfrac{\partial v}{\partial y}m+\dfrac{\partial w}{\partial y}n\right)\\[4pt]\bar{f}_z=\lambda\theta n+\mu\left(\dfrac{\partial w}{\partial x}l+\dfrac{\partial w}{\partial y}m+\dfrac{\partial w}{\partial z}n\right)+\mu\left(\dfrac{\partial u}{\partial z}l+\dfrac{\partial v}{\partial z}m+\dfrac{\partial w}{\partial z}n\right)\end{cases} \quad (5\text{-}6\text{a})$$

或表示为

$$\bar{f}_i=\lambda u_{k,k}n_i+\mu u_{i,j}n_j+\mu u_{s,i}n_s \quad (5\text{-}6\text{b})$$

位移解法求解过程为：首先求出满足位移法基本方程及边界条件的位移分量u_i，通过求得的位移分量，就可以利用几何方程求出应变分量ε_{ij}，再利用应力-应变关系求得应力分量σ_{ij}。

5.2.2 应力解法

将应力作为基本未知量进行求解的方法称为应力解法。已有三个只含应力分量的平衡微分方程,为保证变形协调,需用到变形协调方程。为此,可将应力-应变关系式代入应变协调方程,并利用平衡微分方程,得到用应力分量表示的 6 个协调方程。

$$\begin{cases} \nabla^2 \sigma_x + \dfrac{1}{1+\nu}\dfrac{\partial^2 \Theta}{\partial x^2} = -\dfrac{\nu}{1-\nu}\left(\dfrac{\partial f_x}{\partial x}+\dfrac{\partial f_y}{\partial y}+\dfrac{\partial f_z}{\partial z}\right)-2\dfrac{\partial f_x}{\partial x} \\[4pt] \nabla^2 \sigma_y + \dfrac{1}{1+\nu}\dfrac{\partial^2 \Theta}{\partial y^2} = -\dfrac{\nu}{1-\nu}\left(\dfrac{\partial f_x}{\partial x}+\dfrac{\partial f_y}{\partial y}+\dfrac{\partial f_z}{\partial z}\right)-2\dfrac{\partial f_y}{\partial y} \\[4pt] \nabla^2 \sigma_z + \dfrac{1}{1+\nu}\dfrac{\partial^2 \Theta}{\partial z^2} = -\dfrac{\nu}{1-\nu}\left(\dfrac{\partial f_x}{\partial x}+\dfrac{\partial f_y}{\partial y}+\dfrac{\partial f_z}{\partial z}\right)-2\dfrac{\partial f_z}{\partial z} \\[4pt] \nabla^2 \tau_{yz} + \dfrac{1}{1+\nu}\dfrac{\partial^2 \Theta}{\partial y \partial z} = -\left(\dfrac{\partial f_y}{\partial z}+\dfrac{\partial f_z}{\partial y}\right) \\[4pt] \nabla^2 \tau_{xz} + \dfrac{1}{1+\nu}\dfrac{\partial^2 \Theta}{\partial x \partial z} = -\left(\dfrac{\partial f_x}{\partial z}+\dfrac{\partial f_z}{\partial x}\right) \\[4pt] \nabla^2 \tau_{xy} + \dfrac{1}{1+\nu}\dfrac{\partial^2 \Theta}{\partial x \partial y} = -\left(\dfrac{\partial f_y}{\partial x}+\dfrac{\partial f_x}{\partial y}\right) \end{cases} \quad (5\text{-}7)$$

上式即以应力表示的应力协调方程,又称为 Beltrami-Michell 方程。当体力为常量时,该方程可简化为

$$\begin{cases} \nabla^2 \sigma_x + \dfrac{1}{1+\nu}\dfrac{\partial^2 \Theta}{\partial x^2} = 0 \\[4pt] \nabla^2 \sigma_y + \dfrac{1}{1+\nu}\dfrac{\partial^2 \Theta}{\partial y^2} = 0 \\[4pt] \nabla^2 \sigma_z + \dfrac{1}{1+\nu}\dfrac{\partial^2 \Theta}{\partial z^2} = 0 \\[4pt] \nabla^2 \tau_{yz} + \dfrac{1}{1+\nu}\dfrac{\partial^2 \Theta}{\partial y \partial z} = 0 \\[4pt] \nabla^2 \tau_{xz} + \dfrac{1}{1+\nu}\dfrac{\partial^2 \Theta}{\partial x \partial z} = 0 \\[4pt] \nabla^2 \tau_{xy} + \dfrac{1}{1+\nu}\dfrac{\partial^2 \Theta}{\partial x \partial y} = 0 \end{cases} \quad (5\text{-}8)$$

应力解法的具体求解过程为:从 Beltrami-Michell 方程求出满足应力法基本方程和边界条件的应力分量,再利用应力-应变关系求出应变分量,最后对几何方程积分求得位移。需注意的是,应力解法适用于面力边界条件。

■ 5.3 弹性力学一般原理

5.3.1 叠加原理

在小变形条件下,弹性力学的基本方程,包括位移解法中的拉梅方程,应力解法中的平

衡微分方程和 Beltrami-Michell 方程，以及一切边界条件均为线性的，因此叠加原理是成立的。

叠加原理：在小变形线弹性条件下，作用于物体的若干组荷载产生的总效应（应力和变形等），等于每组荷载单独作用效应的总和。

通过叠加原理，就可以将复杂荷载条件下的弹性力学问题转换为简单荷载条件下的解的叠加，如图 5-1 所示。但必须指出的是，叠加原理的成立条件除了小变形线弹性假设外，还要求一种荷载的作用不会引起另一种荷载的作用发生性质上的变化，否则叠加原理也并不适用。例如，对于杆的纵横弯曲问题，横向荷载引起的弯曲变形将使轴向荷载产生附加的弯曲效应，而叠加原理却没有考虑这种效应，故并不适用。

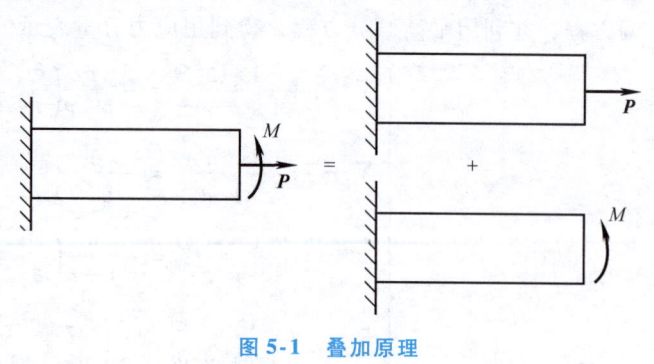

图 5-1 叠加原理

5.3.2 解的唯一性原理

假设弹性体受已知体力作用在物体边界上，或面力已知，或位移已知，或一部分面力已知、另一部分位移已知，则弹性体平衡时，体内各点应力和应变是唯一的。对于后两种情况，位移也是唯一的。

唯一性原理可通过反证法进行证明。假定两种不同的解答均满足控制方程，则两组解答相等。设问题的解不唯一，$\sigma_{ij}^{(1)}$ 和 $\sigma_{ij}^{(2)}$ 是同一问题的两组不同的应力解，与之对应的位移为 $u_i^{(1)}$，$u_i^{(2)}$，它们的差为 $\sigma_{ij}^* = \sigma_{ij}^{(1)} - \sigma_{ij}^{(2)}$，$u_i^* = u_i^{(1)} - u_i^{(2)}$。

因为应力 $\sigma_{ij}^{(1)}$ 和 $\sigma_{ij}^{(2)}$ 都满足平衡微分方程和协调方程，由于体力相同，故代入平衡微分方程式得

$$\sigma_{ji,j}^* = 0 \tag{5-9}$$

代入协调方程式，得

$$\begin{cases} \nabla^2 \sigma_x^* + \dfrac{1}{1+\nu} \dfrac{\partial^2 \Theta^*}{\partial x^2} = 0 \\ \nabla^2 \sigma_y^* + \dfrac{1}{1+\nu} \dfrac{\partial^2 \Theta^*}{\partial y^2} = 0 \\ \nabla^2 \sigma_z^* + \dfrac{1}{1+\nu} \dfrac{\partial^2 \Theta^*}{\partial z^2} = 0 \\ \nabla^2 \tau_{yz}^* + \dfrac{1}{1+\nu} \dfrac{\partial^2 \Theta^*}{\partial y \partial z} = 0 \\ \nabla^2 \tau_{xz}^* + \dfrac{1}{1+\nu} \dfrac{\partial^2 \Theta^*}{\partial x \partial z} = 0 \\ \nabla^2 \tau_{xy}^* + \dfrac{1}{1+\nu} \dfrac{\partial^2 \Theta^*}{\partial x \partial y} = 0 \end{cases} \tag{5-10}$$

因为 $\sigma_{ij}^{(1)}$ 和 $\sigma_{ij}^{(2)}$ 满足同一边界条件

$$\sigma_{ij}^{(1)} n_j = \bar{f}_i, \quad \sigma_{ij}^{(2)} n_j = \bar{f}_i \tag{5-11}$$

则必有

$$(\sigma_{ij}^{(1)} - \sigma_{ij}^{(2)}) n_j = 0 \tag{5-12}$$

由此可知，在给定的面力边界条件上

$$\sigma_{ij}^* = 0 \tag{5-13}$$

或

$$\sigma_{ij}^{(1)} = \sigma_{ij}^{(2)} \tag{5-14}$$

于是唯一性定理得证。

唯一性定理的意义在于无论用什么方法求解，只要能满足全部基本方程和边界条件，就一定是问题的解。这是线弹性问题中各种试凑法成立的理论基础，为逆解法或半逆解法提供理论依据。

逆解法是指先按照某种方法给出一组满足全部基本方程的应力分量或位移分量，然后考察对于形状和几何尺寸完全确定的物体，当其表面受什么样的面力作用或具有什么样的位移时，才能得到这组解答。

半逆解法是指对于给定的问题，根据弹性体的几何形状、受力特点或材料力学已知的初等结果，假设一部分应力分量和位移分量为已知，然后求出其他量，用这些量凑合满足已知的边界条件；或者把全部的应力分量或位移分量作为已知，然后校核这些假设的量是否满足弹性力学基本方程和边界条件。

5.3.3 圣维南原理

弹性力学解的唯一性定理说明在两组静力等效荷载分别作用于同一物体或同一边界区域时，因各自构成的边界条件不同，两种情况下物体中的应力是不同的。但是实践经验告诉我们，两组有相等合力与合力矩的力系分布在相同的边界面上所求得的应力场，只在面力作用点附近才有显著不同，而离开受力点较远的地方的应力分布基本相同。这一事实被总结为圣维南原理或局部影响原理：如果把物体的一小部分边界上的面力变换为分布不同但静力等效的面力（主矢量相同，对同一点的主矩也相同），那么近处的应力分量将有显著的改变，但远处所受的影响可以忽略不计。圣维南原理表明，在小边界上进行面力的静力等效变换后，只影响近处（局部区域）的应力，对绝大部分弹性体区域的应力没有明显影响。

对圣维南原理可进行如下推广：如果物体一小部分边界上的面力是一个平衡力系（主矢量和主矩都等于零），那么这个面力就只会使近处产生显著应力，而远处的应力可以忽略不计。

已有的研究表明，局部影响区的大小大致与外力作用区的大小相当（图 5-2 中虚线包含区域）。因此，对于薄壁构件，当荷载影响区内结构的最小几何尺寸小于荷载作用区的线性尺寸时，圣维南原理不再适用。例如，图 5-3 所示的薄壁槽钢悬臂梁，虽然外荷载在自由端与零荷载等效，但会在构件内引起显著的应力和变形。

圣维南原理

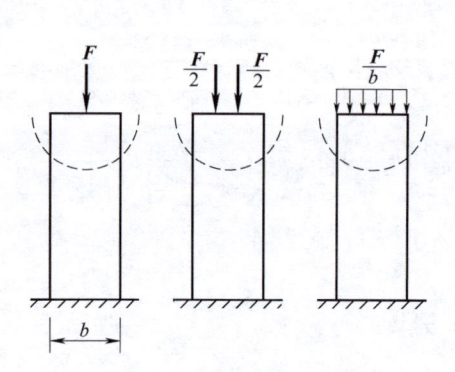

图 5-2 圣维南原理

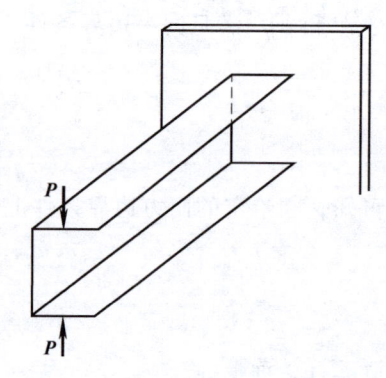

图 5-3 圣维南原理不适用的情况

■ 5.4 弹性力学简单问题求解

5.4.1 梁的纯弯曲

考察一根不计自重的梁，其两端承受大小相等方向相反的力偶矩 M 的作用，并假设这两个力偶矩作用在梁的对称平面内。取坐标轴如图 5-4 所示（这里的 Oz 轴通过截面的形心，Ox 轴与 Oy 轴为截面的形心主轴）。

按材料力学的方法，该问题的结果为

$$\begin{cases} \sigma_z = -\dfrac{Ex}{R} \\ \sigma_x = \sigma_y = \tau_{yz} = \tau_{xz} = \tau_{xy} = 0 \end{cases} \tag{5-15}$$

式中　R——弯曲后梁轴线的半径。

现校核式（5-15）是否满足平衡微分方程和应力边界条件。

根据题设，体力为零，故式（5-15）显然是满足平衡微分方程的。

再考察边界条件。首先，在梁侧面，由于

$$\bar{f}_x = \bar{f}_y = \bar{f}_z = 0, \quad n = 0 \tag{5-16}$$

图 5-4 直梁的纯弯曲

将应力表达式（5-15）一起代入上述边界条件，显然是满足的。在梁的两个端面，按与圆柱体扭转完全类似的理由，只要作用在梁的端面上各点的应力 σ_z 能简化为与 Oy 轴平行的力偶矩，则由式（5-16）给出的应力分量为本问题的解。事实上，由于 Oz 轴通过截面的形心，且 Ox 轴与 Oy 轴为形心主轴，故梁端面上各点应力 σ_z 的主矢量为

$$\iint \sigma_z \mathrm{d}x\mathrm{d}y = -\frac{E}{R}\iint x\mathrm{d}x\mathrm{d}y = 0 \tag{5-17}$$

主矩在 Ox 轴上的分量为

$$\iint \sigma_z y \mathrm{d}x\mathrm{d}y = -\frac{E}{R}\iint xy\mathrm{d}x\mathrm{d}y = 0 \tag{5-18}$$

而主矩在 Oy 轴上的分量为

$$M = -\iint \sigma_z x \mathrm{d}x\mathrm{d}y = \frac{E}{R}\iint x^2 \mathrm{d}x\mathrm{d}y = \frac{E}{R}I_y \tag{5-19}$$

由此得

$$\frac{1}{R} = \frac{M}{EI_y} \tag{5-20}$$

到此，就证明了以式（5-15）表示的应力分量确实对应于梁纯弯曲的解。当式（5-20）成立时，式（5-15）还满足端面处的放松边界条件。

为了求得位移分量，将应力表达式（5-15）代入式（5-3）后，再利用式（5-2）得到一组方程

$$\begin{cases}\dfrac{\partial u}{\partial x} = \dfrac{vx}{R} \\[4pt] \dfrac{\partial v}{\partial y} = \dfrac{vx}{R} \\[4pt] \dfrac{\partial w}{\partial z} = -\dfrac{x}{R} \\[4pt] \dfrac{\partial w}{\partial y} + \dfrac{\partial v}{\partial z} = 0 \\[4pt] \dfrac{\partial u}{\partial z} + \dfrac{\partial w}{\partial x} = 0 \\[4pt] \dfrac{\partial v}{\partial x} + \dfrac{\partial u}{\partial y} = 0\end{cases} \tag{5-21}$$

由上述方程的前三式，得

$$\begin{cases} u = \dfrac{vx^2}{2R} + f(y,z) \\[4pt] v = \dfrac{vxy}{R} + \phi(x,z) \\[4pt] w = -\dfrac{xz}{R} + \psi(x,y) \end{cases} \tag{5-22}$$

将式（5-22）代入式（5-21）的后三式，得到 f、ϕ、ψ 所满足的方程

$$\begin{cases} \dfrac{\partial \psi}{\partial y} + \dfrac{\partial \phi}{\partial z} = 0 \\[4pt] \dfrac{\partial f}{\partial z} + \dfrac{\partial \psi}{\partial x} = \dfrac{z}{R} \\[4pt] \dfrac{\partial \phi}{\partial x} + \dfrac{\partial f}{\partial y} = -\dfrac{vy}{R} \end{cases} \tag{5-23}$$

通过增高阶数，将式（5-23）变化为

$$\begin{cases} \dfrac{\partial^2 f}{\partial y^2} = -\dfrac{v}{R},\quad \dfrac{\partial^2 f}{\partial y \partial z} = 0,\quad \dfrac{\partial^2 f}{\partial z^2} = \dfrac{1}{R} \\[4pt] \dfrac{\partial^2 \phi}{\partial x^2} = 0,\quad \dfrac{\partial^2 \phi}{\partial x \partial z} = 0,\quad \dfrac{\partial^2 \phi}{\partial z^2} = 0 \\[4pt] \dfrac{\partial^2 \psi}{\partial x^2} = 0,\quad \dfrac{\partial^2 \psi}{\partial x \partial y} = 0,\quad \dfrac{\partial^2 \psi}{\partial y^2} = 0 \end{cases} \tag{5-24}$$

由此得

$$\begin{cases} f(y,z) = -\dfrac{vy^2}{2R} + \dfrac{z^2}{2R} + ay + bz + c \\ \phi(x,z) = dx + ez + g \\ \psi(x,y) = hx + iy + k \end{cases} \quad (5\text{-}25)$$

将式（5-25）代入式（5-23）得

$$\begin{cases} i + e = 0 \\ b + h = 0 \\ a + d = 0 \end{cases} \quad (5\text{-}26)$$

将式（5-25）代入式（5-22），并注意到式（5-26），于是得

$$\begin{cases} u = \dfrac{z^2}{2R} + \dfrac{v(x^2 - y^2)}{2R} - dy + bz + c \\ v = \dfrac{vxy}{R} + dx - iz + g \\ w = -\dfrac{xz}{R} - bx + iy + k \end{cases} \quad (5\text{-}27)$$

式中的一次项与常数项分别表示梁的刚体转动和平移。为使梁不能随便地平移和转动，假设

$$\begin{cases} (u)_{x=y=z=0} = 0,\ (v)_{x=y=z=0} = 0,\ (w)_{x=y=z=0} = 0 \\ \left(\dfrac{\partial u}{\partial z}\right)_{x=y=z=0} = 0,\ \left(\dfrac{\partial v}{\partial z}\right)_{x=y=z=0} = 0,\ \left(\dfrac{\partial v}{\partial x}\right)_{x=y=z=0} = 0 \end{cases} \quad (5\text{-}28)$$

将式（5-28）用于函数表示式（5-27）上，于是有

$$\begin{cases} c = g = k = 0 \\ b = d = i = 0 \end{cases} \quad (5\text{-}29)$$

故最后得

$$\begin{cases} u = \dfrac{z^2 + v(x^2 - y^2)}{2R} \\ v = \dfrac{vxy}{R} \\ w = -\dfrac{xz}{R} \end{cases} \quad (5\text{-}30)$$

对于轴线上的各点（$x = y = 0$），由式（5-30）得

$$\begin{cases} u = \dfrac{z^2}{2R} \\ v = w = 0 \end{cases} \quad (5\text{-}31)$$

这就是梁轴线弯曲后的方程。

现任取一个梁的横截面 $z = z_0$，此截面上的各点在梁变形以后的新坐标为

$$z = z_0 + w_0 \quad (5\text{-}32)$$

式中 w_0——w 在 $z = z_0$ 处的值。由式（5-30），有

$$w_0 = -\frac{xz_0}{R} \tag{5-33}$$

于是

$$z = z_0\left(1 - \frac{x}{R}\right) \tag{5-34}$$

这是一个与 Oy 轴平行的平面方程，截面 $z = z_0$ 上的各点在梁变形以后都落在这个平面上。因此，梁的横截面在梁变形后仍保持为平面。

把变形后的横截面方程[式(5-34)]变换成

$$x = -\frac{R}{z_0}z + R \tag{5-35}$$

则横截面与 Oz 轴夹角的正切，即斜率为

$$\tan\beta = \frac{dx}{dz} = -\frac{R}{z_0} \tag{5-36}$$

另外，变形后的轴线在 $z = z_0$ 处的斜率为

$$\tan\alpha = \left(\frac{du}{dz}\right)_{z=z_0} = \frac{z_0}{R} \tag{5-37}$$

由于

$$\tan\alpha \tan\beta = -1 \tag{5-38}$$

故弯曲后的横截面仍然和变形后梁的轴线垂直，如图 5-5 所示。这样，就完全证实了在材料力学里对梁的纯弯曲所做的平面假设的正确性。

现在考察矩形截面的形状改变。在梁弯曲前，矩形截面的两侧边的方程为

$$z = z_0, \quad y = \pm\frac{b}{2} \tag{5-39}$$

在梁弯曲后，其方程为

$$\begin{cases} z = z_0 + w_0 = z_0 - \frac{z_0 x}{R} = z_0\left(1 - \frac{x}{R}\right) \\ y = \pm\frac{b}{2} + v_0 = \pm\frac{b}{2} \pm \frac{vbx}{2R} \end{cases} \tag{5-40}$$

因此，两侧边仍保持为直线。

梁弯曲前，在 $z = z_0$ 处，矩形截面上下两边的方程为

$$z = z_0, \quad x = \pm\frac{h}{2} \tag{5-41}$$

在梁弯曲后，其方程为

$$\begin{cases} z = z_0 + w_0 = z_0 - \frac{xz_0}{R} = z_0\left(1 - \frac{x}{R}\right) \\ x = \pm\frac{h}{2} + u_0 = \pm\frac{h}{2} + \frac{z_0^2 + v\left(\frac{h^2}{4} - y^2\right)}{2R} \end{cases} \tag{5-42}$$

上面的第一个方程是 x 的一次式，第二个方程是 y 的二次式，因此，上下两边都变为抛物线，如图 5-6 所示。

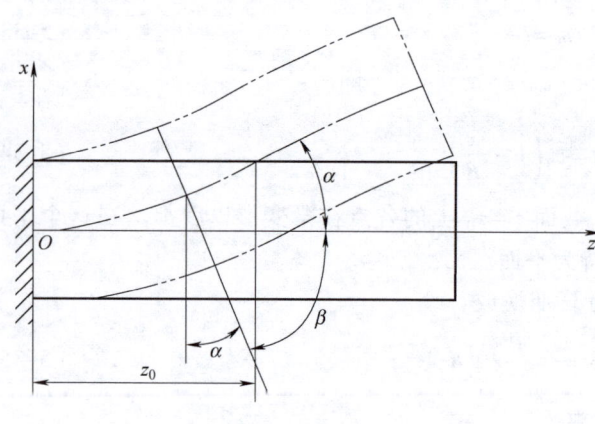

图 5-5　弯曲后的直梁（一）　　　　图 5-6　弯曲后的直梁（二）

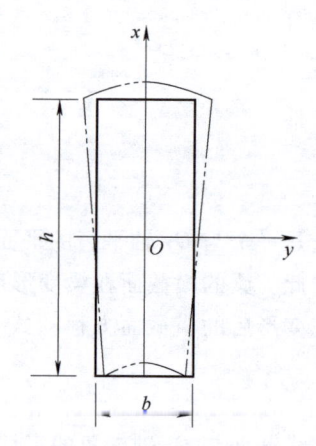

5.4.2　柱形体扭转

一圆柱体，如图 5-7 所示，不计体力，两端承受扭矩 M，试按材料力学方法求得应力分量，校核它们是否满足平衡微分方程和应力边界条件。如满足，则根据解的唯一性定理，材料力学给出的应力解即本问题的解。

按材料力学方法，当圆柱体扭转时，截面上发生与半径垂直且与点到圆心的距离成正比例的剪应力

$$\tau = \alpha G \rho \tag{5-43}$$

式中　α——单位长度的扭转角。

将 τ 向 Ox 轴和 Oy 轴方向分解，得

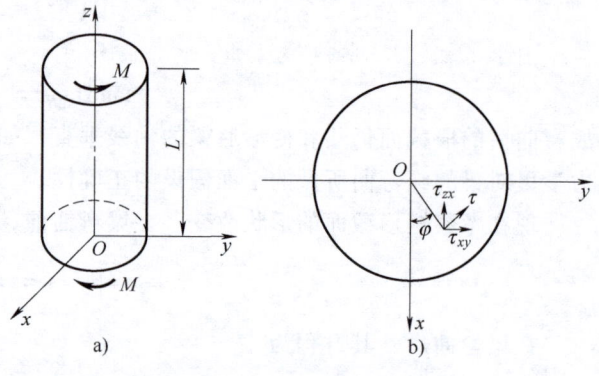

图 5-7　柱形体受扭转作用

$$\begin{cases} \tau_{xz} = -\tau\sin\varphi = -\alpha G\rho\sin\varphi \\ \tau_{yz} = \tau\cos\varphi = \alpha G\rho\cos\varphi \end{cases} \tag{5-44}$$

由图 5-7 可看出

$$\begin{cases} \cos\varphi = \dfrac{x}{\rho} \\ \sin\varphi = \dfrac{y}{\rho} \end{cases} \tag{5-45}$$

将式（5-45）代入式（5-44），并假设其余的应力分量全为零，于是得下列一组应力分量

$$\begin{cases} \tau_{xz} = -\alpha Gy, \quad \tau_{yz} = \alpha Gx \\ \sigma_x = \sigma_y = \sigma_z = \tau_{xy} = 0 \end{cases} \tag{5-46}$$

不难直接验证，在体力为零时，上面一组应力分量是满足平衡微分方程的。

现在校核它们是否满足边界条件。略去式（2-38）中为零的各项，于是边界条件可写为

$$\begin{cases} \overline{f}_x = \tau_{zx} n \\ \overline{f}_y = \tau_{zy} n \\ \overline{f}_z = \tau_{xz} l + \tau_{yz} m \end{cases} \quad (5\text{-}47)$$

将它应用到柱体的侧面上。在侧面上有

$$\begin{cases} \overline{f}_x = \overline{f}_y = \overline{f}_z = 0 \\ l = \cos\varphi = \dfrac{x}{\rho},\ m = \sin\varphi = \dfrac{y}{\rho},\ n = 0 \end{cases} \quad (5\text{-}48)$$

因此，侧面处的边界条件显然是满足的。在圆柱体的两个端面上，由于不清楚外力的具体分布情况，只知道它们静力上等效于扭矩 M，因此，只能利用圣维南原理写出它的放松边界条件，即

$$\begin{cases} \iint \tau_{zx} \mathrm{d}x\mathrm{d}y = 0 \\ \iint \tau_{zy} \mathrm{d}x\mathrm{d}y = 0 \\ M = \iint (x\tau_{zy} - y\tau_{zx}) \mathrm{d}x\mathrm{d}y \\ (\text{在 } z = 0, L \text{ 处}) \end{cases} \quad (5\text{-}49)$$

将式（5-45）代入，由于坐标原点位于横截面的形心，故式（5-49）的第一、二式自然满足，第三式变为

$$M = \alpha G \iint (x^2 + y^2) \mathrm{d}x\mathrm{d}y = \alpha G I_p \quad (5\text{-}50)$$

于是

$$\alpha = \dfrac{M}{GI_p} \quad (5\text{-}51)$$

式中 I_p——极惯性矩；

GI_p——抗扭刚度。

其证明了对于圆柱体扭转，用材料力学方法所求出的应力式（5-46）也是弹性力学的解答。

下面求位移分量。将式（5-46）代入式（5-3a）求得应变分量，再利用式（5-2a），得到

$$\begin{cases} \dfrac{\partial u}{\partial x} = 0,\ \dfrac{\partial v}{\partial y} = 0,\ \dfrac{\partial w}{\partial z} = 0 \\ \dfrac{\partial w}{\partial y} + \dfrac{\partial v}{\partial z} = \alpha x \\ \dfrac{\partial u}{\partial z} + \dfrac{\partial w}{\partial x} = -\alpha y \\ \dfrac{\partial v}{\partial x} + \dfrac{\partial u}{\partial y} = 0 \end{cases} \quad (5\text{-}52)$$

由式（5-52）的前三式可知

$$u = f(y, z),\ v = \varphi(x, z),\ w = \psi(x, y) \quad (5\text{-}53)$$

式中 f, φ, ψ——任意函数。

它们还得满足方程（5-52）的后三式。故将式（5-53）代入式（5-52）的后三式，得到

$$\begin{cases} \dfrac{\partial \psi}{\partial y} + \dfrac{\partial \varphi}{\partial z} = \alpha x \\ \dfrac{\partial f}{\partial z} + \dfrac{\partial \psi}{\partial x} = -\alpha y \\ \dfrac{\partial \varphi}{\partial x} + \dfrac{\partial f}{\partial y} = 0 \end{cases} \tag{5-54}$$

通过阶数的升高，可将式（5-54）化为

$$\begin{cases} \dfrac{\partial^2 f}{\partial y^2} = 0, \quad \dfrac{\partial^2 f}{\partial y \partial z} = -\alpha, \quad \dfrac{\partial^2 f}{\partial z^2} = 0 \\ \dfrac{\partial^2 \varphi}{\partial x^2} = 0, \quad \dfrac{\partial^2 \varphi}{\partial x \partial z} = \alpha, \quad \dfrac{\partial^2 \varphi}{\partial z^2} = 0 \\ \dfrac{\partial^2 \psi}{\partial x^2} = 0, \quad \dfrac{\partial^2 \psi}{\partial x \partial y} = 0, \quad \dfrac{\partial^2 \psi}{\partial y^2} = 0 \end{cases} \tag{5-55}$$

由此得

$$\begin{cases} f(y,z) = -\alpha yz + ay + bz + c \\ \varphi(x,z) = \alpha xz + dx + ez + g \\ \psi(x,y) = hx + iy + k \end{cases} \tag{5-56}$$

由式（5-56）表示的函数是式（5-55）的通解。但由于式（5-54）变到式（5-55）阶数增高了一次，故式（5-56）未必满足式（5-54）。现把它们代入式（5-54），于是有

$$\begin{cases} e + i = 0 \\ b + h = 0 \\ a + d = 0 \end{cases} \tag{5-57}$$

说明，当上述条件成立时，式（5-56）才是原式（5-54）的解。故最后得到

$$\begin{cases} u = f(y,z) = -\alpha yz - dy + bz + c \\ v = \varphi(x,z) = \alpha xz + dx - iz + g \\ w = \psi(x,y) = -bx + iy + k \end{cases} \tag{5-58}$$

显然，式中的一次项和常数项分别表示整个柱体的刚体转动和刚体平动。为了使柱体不能随便移动，可以假设柱体内任何一点（如坐标原点）的位移为零，即

$$(u)_{x=y=z=0} = (v)_{x=y=z=0} = (w)_{x=y=z=0} = 0 \tag{5-59}$$

将它代入式（5-58），得

$$c = g = k = 0 \tag{5-60}$$

为了使柱体不能随便转动，只要规定过坐标原点且与坐标轴平行的三条微分线段 $\mathrm{d}x$, $\mathrm{d}y$, $\mathrm{d}z$ 中的任何两条保持不动就可以了。如规定微分线段 $\mathrm{d}z$ 保持不动，则有

$$\left(\dfrac{\partial u}{\partial z}\right)_{x=y=z=0} = 0, \quad \left(\dfrac{\partial v}{\partial z}\right)_{x=y=z=0} = 0 \tag{5-61}$$

再如规定微分线段 $\mathrm{d}y$ 在 Oxy 平面内保持不动，则有

$$\left(\frac{\partial u}{\partial y}\right)_{x=y=z=0} = 0 \tag{5-62}$$

将条件（5-61）和（5-62）代入式（5-58），则有

$$b = d = i = 0 \tag{5-63}$$

故最后得

$$\begin{cases} u = -\alpha yz \\ v = \alpha xz \\ w = 0 \end{cases} \tag{5-64}$$

这里的 $w = 0$ 表示圆柱体扭转时，各横截面仍保持为平面。

5.5 空间问题的求解

对某些空间问题，采用柱坐标系或球坐标系会更加方便，即使在用有限单元法这样的数值方法求解弹性力学问题时，也会用到柱坐标系。本节将推导出柱坐标系和球坐标系形式的弹性力学基本方程，然后用这两种坐标形式的基本方程求解简单的弹性力学空间问题。

5.5.1 柱坐标系中的基本方程

如图 5-8 所示，空间中一点 M 的柱坐标 (r, θ, z) 和直角坐标 (x, y, z) 之间的关系为

$$x = r\cos\theta, \quad y = r\sin\theta, \quad z = z \tag{5-65}$$

任意一点处，沿 r 方向、θ 方向和 z 方向的三个单位矢量分别用 $\boldsymbol{e}_r$、$\boldsymbol{e}_\theta$ 和 $\boldsymbol{e}_z$ 表示，这三个单位矢量是相互正交的。容易得到

$$\nabla = \boldsymbol{e}_r \frac{\partial}{\partial r} + \boldsymbol{e}_\theta \frac{1}{r} \cdot \frac{\partial}{\partial \theta} + \boldsymbol{e}_z \frac{\partial}{\partial z}$$

$$\nabla^2 = \frac{\partial^2}{\partial r^2} + \frac{1}{r} \cdot \frac{\partial}{\partial r} + \frac{1}{r^2} \cdot \frac{\partial^2}{\partial \theta^2} + \frac{\partial^2}{\partial z^2} \tag{5-66}$$

位移矢量可以表示成

$$\boldsymbol{u} = u_r \boldsymbol{e}_r + u_\theta \boldsymbol{e}_\theta + w \boldsymbol{e}_z \tag{5-67}$$

图 5-8 柱坐标

式中 u_r——径向位移；
   u_θ——环向位移；
   w——轴向位移。

柱坐标系中的应变张量为

$$\boldsymbol{\varepsilon} = \frac{1}{2}(\nabla \boldsymbol{u} + \boldsymbol{u}\nabla) = \varepsilon_r \boldsymbol{e}_r \otimes \boldsymbol{e}_r + \varepsilon_{r\theta} \boldsymbol{e}_r \otimes \boldsymbol{e}_\theta + \varepsilon_{rz} \boldsymbol{e}_r \otimes \boldsymbol{e}_z + \varepsilon_{\theta r} \boldsymbol{e}_\theta \otimes \boldsymbol{e}_r +$$
$$\varepsilon_\theta \boldsymbol{e}_\theta \otimes \boldsymbol{e}_\theta + \varepsilon_{\theta z} \boldsymbol{e}_\theta \otimes \boldsymbol{e}_z + \varepsilon_{zr} \boldsymbol{e}_z \otimes \boldsymbol{e}_r + \varepsilon_{z\theta} \boldsymbol{e}_z \otimes \boldsymbol{e}_\theta + \varepsilon_z \boldsymbol{e}_z \otimes \boldsymbol{e}_z \tag{5-68}$$

则有

$$\nabla \boldsymbol{u} = \frac{\partial u_r}{\partial r} \boldsymbol{e}_r \otimes \boldsymbol{e}_r + \frac{\partial u_\theta}{\partial r} \boldsymbol{e}_r \otimes \boldsymbol{e}_\theta + \frac{\partial w}{\partial r} \boldsymbol{e}_r \otimes \boldsymbol{e}_z +$$
$$\left(\frac{1}{r} \cdot \frac{\partial u_r}{\partial \theta} - \frac{u_\theta}{r}\right) \boldsymbol{e}_\theta \otimes \boldsymbol{e}_r + \left(\frac{1}{r} \cdot \frac{\partial u_\theta}{\partial \theta} + \frac{u_r}{r}\right) \boldsymbol{e}_\theta \otimes \boldsymbol{e}_\theta + \frac{1}{r} \cdot \frac{\partial w}{\partial \theta} \boldsymbol{e}_\theta \otimes \boldsymbol{e}_z +$$

$$\frac{\partial u_r}{\partial z}\boldsymbol{e}_z\otimes\boldsymbol{e}_r + \frac{\partial u_\theta}{\partial z}\boldsymbol{e}_z\otimes\boldsymbol{e}_\theta + \frac{\partial w}{\partial z}\boldsymbol{e}_z\otimes\boldsymbol{e}_z \tag{5-69}$$

注意到 $\nabla \boldsymbol{u} = (\boldsymbol{u}\nabla)^{\mathrm{T}}$，可得应变分量和位移分量之间的关系为

$$\begin{cases} \varepsilon_r = \dfrac{\partial u_r}{\partial r},\ \varepsilon_\theta = \dfrac{1}{r}\cdot\dfrac{\partial u_\theta}{\partial \theta} + \dfrac{u_r}{r},\ \varepsilon_z = \dfrac{\partial w}{\partial z} \\[2mm] \gamma_{\theta z} = 2\varepsilon_{\theta z} = \dfrac{1}{r}\cdot\dfrac{\partial w}{\partial \theta} + \dfrac{\partial u_\theta}{\partial z},\ \gamma_{rz} = 2\varepsilon_{rz} = \dfrac{\partial w}{\partial r} + \dfrac{\partial u_r}{\partial z} \\[2mm] \gamma_{r\theta} = 2\varepsilon_{r\theta} = \dfrac{\partial u_\theta}{\partial r} + \dfrac{1}{r}\cdot\dfrac{\partial u_r}{\partial \theta} - \dfrac{u_\theta}{r} \end{cases} \tag{5-70}$$

在柱坐标系中，体力矢量为

$$\boldsymbol{f} = f_r\boldsymbol{e}_r + f_\theta\boldsymbol{e}_\theta + f_z\boldsymbol{e}_z$$

应力张量为

$$\begin{aligned}\boldsymbol{\sigma} =\ & \sigma_r\boldsymbol{e}_r\otimes\boldsymbol{e}_r + \tau_{r\theta}\boldsymbol{e}_r\otimes\boldsymbol{e}_\theta + \tau_{rz}\boldsymbol{e}_r\otimes\boldsymbol{e}_z + \\ & \tau_{\theta r}\boldsymbol{e}_\theta\otimes\boldsymbol{e}_r + \sigma_\theta\boldsymbol{e}_\theta\otimes\boldsymbol{e}_\theta + \tau_{\theta z}\boldsymbol{e}_\theta\otimes\boldsymbol{e}_z + \\ & \tau_{zr}\boldsymbol{e}_z\otimes\boldsymbol{e}_r + \tau_{z\theta}\boldsymbol{e}_z\otimes\boldsymbol{e}_\theta + \sigma_z\boldsymbol{e}_z\otimes\boldsymbol{e}_z \end{aligned} \tag{5-71}$$

因为 $\boldsymbol{e}_r$、$\boldsymbol{e}_\theta$ 和 $\boldsymbol{e}_z$ 相互正交，根据剪应力互等定理，有 $\tau_{rz} = \tau_{zr}$，$\tau_{r\theta} = \tau_{\theta r}$，$\tau_{z\theta} = \tau_{\theta z}$，则平衡方程可写成

$$\begin{aligned}\nabla\boldsymbol{\sigma} + \boldsymbol{f} =\ & \left(\frac{\partial \sigma_r}{\partial r} + \frac{1}{r}\cdot\frac{\partial \tau_{\theta r}}{\partial \theta} + \frac{\partial \tau_{zr}}{\partial z} + \frac{\sigma_r - \sigma_\theta}{r} + f_r\right)\boldsymbol{e}_r + \\ & \left(\frac{\partial \tau_{r\theta}}{\partial r} + \frac{1}{r}\cdot\frac{\partial \sigma_\theta}{\partial \theta} + \frac{\partial \tau_{z\theta}}{\partial z} + \frac{2\tau_{r\theta}}{r} + f_\theta\right)\boldsymbol{e}_\theta + \\ & \left(\frac{\partial \tau_{rz}}{\partial r} + \frac{1}{r}\cdot\frac{\partial \tau_{\theta z}}{\partial \theta} + \frac{\partial \sigma_z}{\partial z} + \frac{\tau_{rz}}{r} + f_z\right)\boldsymbol{e}_z = \boldsymbol{0} \end{aligned} \tag{5-72}$$

即

$$\begin{cases} \dfrac{\partial \sigma_r}{\partial r} + \dfrac{1}{r}\cdot\dfrac{\partial \tau_{\theta r}}{\partial \theta} + \dfrac{\partial \tau_{zr}}{\partial z} + \dfrac{\sigma_r - \sigma_\theta}{r} + f_r = 0 \\[2mm] \dfrac{\partial \tau_{r\theta}}{\partial r} + \dfrac{1}{r}\cdot\dfrac{\partial \sigma_\theta}{\partial \theta} + \dfrac{\partial \tau_{z\theta}}{\partial z} + \dfrac{2\tau_{r\theta}}{r} + f_\theta = 0 \\[2mm] \dfrac{\partial \tau_{rz}}{\partial r} + \dfrac{1}{r}\cdot\dfrac{\partial \tau_{\theta z}}{\partial \theta} + \dfrac{\partial \sigma_z}{\partial z} + \dfrac{\tau_{rz}}{r} + f_z = 0 \end{cases} \tag{5-73}$$

因为柱坐标系是正交坐标系，所以，柱坐标系中的胡克定律和直角坐标系中的相同，即

$$\begin{cases} \sigma_r = \lambda\theta + 2G\varepsilon_r,\ \tau_{r\theta} = G\gamma_{r\theta} \\ \sigma_\theta = \lambda\theta + 2G\varepsilon_\theta,\ \tau_{\theta z} = G\gamma_{\theta z} \\ \sigma_z = \lambda\theta + 2G\varepsilon_z,\ \tau_{zr} = G\gamma_{zr} \end{cases} \tag{5-74}$$

注意，其中的 θ 是应变张量中的第一不变量，而不是坐标，即

$$\theta = \varepsilon_r + \varepsilon_\theta + \varepsilon_z \tag{5-75}$$

如果物体的几何形状、约束和所受的外力都对称于某一轴（设为 z 轴），即通过此轴的任一平面都是对称面，由于变形的对称性，必定有 $u_\theta = 0$，$\gamma_{r\theta} = \gamma_{z\theta} = 0$，$\tau_{r\theta} = \tau_{z\theta} = 0$，其余的位移、应变和应力都与 θ 无关。这种问题称为轴对称问题。对轴对称问题，前面的表达式和方程可简化为

$$\nabla^2 = \frac{\partial^2}{\partial r^2} + \frac{1}{r} \cdot \frac{\partial}{\partial r} + \frac{\partial^2}{\partial z^2} \tag{5-76}$$

$$\begin{cases} \varepsilon_r = \dfrac{\partial u_r}{\partial r}, \varepsilon_\theta = \dfrac{u_r}{r}, \varepsilon_z = \dfrac{\partial w}{\partial z} \\ \gamma_{rz} = \dfrac{\partial w}{\partial r} + \dfrac{\partial u_r}{\partial z} \end{cases} \tag{5-77}$$

$$\begin{cases} \dfrac{\partial \sigma_r}{\partial r} + \dfrac{\partial \tau_{zr}}{\partial z} + \dfrac{\sigma_r - \sigma_\theta}{r} + f_r = 0 \\ \dfrac{\partial \tau_{rz}}{\partial r} + \dfrac{\partial \sigma_z}{\partial z} + \dfrac{\tau_{rz}}{r} + f_z = 0 \end{cases} \tag{5-78}$$

$$\begin{cases} \sigma_r = \lambda \theta + 2G\varepsilon_r \\ \sigma_\theta = \lambda \theta + 2G\varepsilon_\theta \\ \sigma_z = \lambda \theta + 2G\varepsilon_\theta \\ \tau_{zr} = G\gamma_{zr} \end{cases} \tag{5-79}$$

$$\theta = \varepsilon_r + \varepsilon_\theta + \varepsilon_z = \frac{\partial u_r}{\partial r} + \frac{u_r}{r} + \frac{\partial w}{\partial z} \tag{5-80}$$

联立以上各式，可得用位移表示的轴对称问题的平衡方程，即拉梅方程

$$\begin{cases} \dfrac{E}{2(1+\nu)} \left(\dfrac{1}{1-2\nu} \dfrac{\partial \theta}{\partial r} + \nabla^2 u_r - \dfrac{u_r}{r^2} \right) + f_r = 0 \\ \dfrac{E}{2(1+\nu)} \left(\dfrac{1}{1-2\nu} \dfrac{\partial \theta}{\partial z} + \nabla^2 w \right) + f_z = 0 \end{cases} \tag{5-81}$$

5.5.2 球坐标系中的基本方程

如图 5-9 所示，球坐标（R, θ, φ）和直角坐标系之间的关系为

$$x = R\sin\theta\cos\varphi, \quad y = R\sin\theta\sin\varphi, \quad z = R\cos\theta \tag{5-82}$$

沿 R、θ、φ 增大方向的单位矢量分别用 $\boldsymbol{e}_R$、$\boldsymbol{e}_\theta$ 和 $\boldsymbol{e}_\varphi$ 表示。这三个单位矢量是相互正交的。

球坐标系中的位移矢量可表示成

$$\boldsymbol{u} = u_R \boldsymbol{e}_R + u_\theta \boldsymbol{e}_\theta + u_\varphi \boldsymbol{e}_\varphi \tag{5-83}$$

体力矢量为

$$\boldsymbol{f} = f_R \boldsymbol{e}_R + f_\theta \boldsymbol{e}_\theta + f_\varphi \boldsymbol{e}_\varphi \tag{5-84}$$

应变张量为

$$\begin{aligned} \boldsymbol{\varepsilon} = & \varepsilon_R \boldsymbol{e}_R \otimes \boldsymbol{e}_R + \varepsilon_{R\theta} \boldsymbol{e}_R \otimes \boldsymbol{e}_\theta + \varepsilon_{R\varphi} \boldsymbol{e}_R \otimes \boldsymbol{e}_\varphi + \\ & \varepsilon_{\theta R} \boldsymbol{e}_\theta \otimes \boldsymbol{e}_R + \varepsilon_{\theta\theta} \boldsymbol{e}_\theta \otimes \boldsymbol{e}_\theta + \varepsilon_{\theta\varphi} \boldsymbol{e}_\theta \otimes \boldsymbol{e}_\varphi + \\ & \varepsilon_{\varphi R} \boldsymbol{e}_\varphi \otimes \boldsymbol{e}_R + \varepsilon_{\varphi\theta} \boldsymbol{e}_\varphi \otimes \boldsymbol{e}_\theta + \varepsilon_{\varphi\varphi} \boldsymbol{e}_\varphi \otimes \boldsymbol{e}_\varphi \end{aligned} \tag{5-85}$$

应力张量为

$$\begin{aligned} \boldsymbol{\sigma} = & \sigma_R \boldsymbol{e}_R \otimes \boldsymbol{e}_R + \sigma_{R\theta} \boldsymbol{e}_R \otimes \boldsymbol{e}_\theta + \sigma_{R\varphi} \boldsymbol{e}_R \otimes \boldsymbol{e}_\varphi + \\ & \sigma_{\theta R} \boldsymbol{e}_\theta \otimes \boldsymbol{e}_R + \sigma_{\theta\theta} \boldsymbol{e}_\theta \otimes \boldsymbol{e}_\theta + \sigma_{\theta\varphi} \boldsymbol{e}_\theta \otimes \boldsymbol{e}_\varphi + \\ & \sigma_{\varphi R} \boldsymbol{e}_\varphi \otimes \boldsymbol{e}_R + \sigma_{\varphi\theta} \boldsymbol{e}_\varphi \otimes \boldsymbol{e}_\theta + \sigma_{\varphi\varphi} \boldsymbol{e}_\varphi \otimes \boldsymbol{e}_\varphi \end{aligned} \tag{5-86}$$

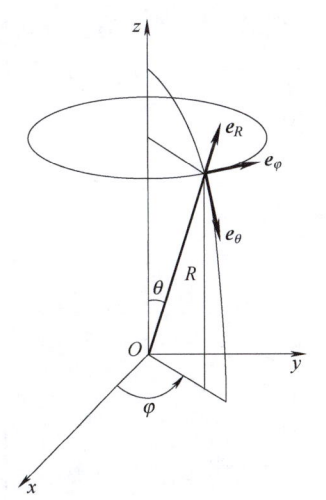

图 5-9 球坐标

有了上面这些定义之后，就容易推导出球坐标系中的基本方程（过程略）。

几何方程

$$\begin{cases} \varepsilon_R = \dfrac{\partial u_R}{\partial R}, \varepsilon_\theta = \dfrac{1}{R}\dfrac{\partial u_\theta}{\partial \theta} + \dfrac{u_R}{R} \\[6pt] \varepsilon_\varphi = \dfrac{1}{R\sin\theta}\dfrac{\partial u_\varphi}{\partial \varphi} + \dfrac{u_\theta}{R}\cot\theta + \dfrac{u_R}{R} \\[6pt] \gamma_{\theta\varphi} = \dfrac{1}{R}\left(\dfrac{\partial u_\varphi}{\partial \theta} - u_\varphi\cot\theta\right) + \dfrac{1}{R\sin\theta}\dfrac{\partial u_\theta}{\partial \varphi} \\[6pt] \gamma_{R\varphi} = \dfrac{1}{R\sin\theta}\dfrac{\partial u_R}{\partial \varphi} + \dfrac{\partial u_\varphi}{\partial R} - \dfrac{u_\varphi}{R} \\[6pt] \gamma_{R\theta} = \dfrac{\partial u_\theta}{\partial R} + \dfrac{1}{R}\dfrac{\partial u_R}{\partial \theta} - \dfrac{u_\theta}{R} \end{cases} \tag{5-87}$$

平衡方程

$$\begin{cases} \dfrac{\partial \sigma_R}{\partial R} + \dfrac{1}{R}\dfrac{\partial \tau_{\theta R}}{\partial \theta} + \dfrac{1}{R\sin\theta}\dfrac{\partial \tau_{\varphi R}}{\partial \varphi} + \dfrac{1}{R}(2\sigma_R - \sigma_\theta - \sigma_\varphi + \tau_{R\theta}\cot\theta) + f_R = 0 \\[6pt] \dfrac{\partial \tau_{R\theta}}{\partial R} + \dfrac{1}{R}\dfrac{\partial \sigma_\theta}{\partial \theta} + \dfrac{1}{R\sin\theta}\dfrac{\partial \tau_{\varphi\theta}}{\partial \varphi} + \dfrac{1}{R}\left[(\sigma_\theta - \sigma_\varphi)\cot\theta + 3\tau_{R\theta}\right] + f_\theta = 0 \\[6pt] \dfrac{\partial \tau_{R\varphi}}{\partial R} + \dfrac{1}{R}\dfrac{\partial \tau_{\theta\varphi}}{\partial \theta} + \dfrac{1}{R\sin\theta}\dfrac{\partial \sigma_\varphi}{\partial \varphi} + \dfrac{1}{R}(3\tau_{R\varphi} + 2\tau_{\theta\varphi}\cot\theta) + f_\varphi = 0 \end{cases} \tag{5-88}$$

应力-应变关系可由胡克定律表示为

$$\begin{cases} \sigma_R = \lambda\theta + 2G\varepsilon_R, & \tau_{R\theta} = G\gamma_{R\theta} \\ \sigma_\theta = \lambda\theta + 2G\varepsilon_\theta, & \tau_{\theta\varphi} = G\gamma_{\theta\varphi} \\ \sigma_\varphi = \lambda\theta + 2G\varepsilon_\varphi, & \tau_{\varphi R} = G\gamma_{\varphi R} \end{cases} \tag{5-89}$$

其中
$$\theta = \varepsilon_R + \varepsilon_\theta + \varepsilon_\varphi$$

对球对称问题，物体的几何形状、约束和受力都对称于某一点（假定是原点），则由于变形的对称性，有 $u_\theta = u_\varphi = 0$，$\gamma_{\theta\varphi} = \gamma_{\varphi R} = \gamma_{R\theta} = 0$，$\tau_{\theta\varphi} = \tau_{\varphi R} = \tau_{R\theta} = 0$，而 u_R、ε_R、ε_θ、ε_φ、ε_T、σ_R、σ_θ、σ_φ、σ_T 等都与 θ 和 φ 无关，即它们只是 R 的函数。于是，上述方程可简化为

$$\begin{cases} \varepsilon_R = \dfrac{\mathrm{d}u_R}{\mathrm{d}R} \\[6pt] \varepsilon_T = \dfrac{u_R}{R} \end{cases} \tag{5-90}$$

$$\dfrac{\mathrm{d}\sigma_R}{\mathrm{d}R} + \dfrac{2}{R}(\sigma_R - \sigma_T) + f_R = 0 \tag{5-91}$$

$$\begin{cases} \sigma_R = \dfrac{E}{(1+\nu)(1-2\nu)}\left[(1-\nu)\varepsilon_R + 2\nu\varepsilon_T\right] \\[6pt] \sigma_\theta = \dfrac{E}{(1+\nu)(1-2\nu)}(\varepsilon_T + \nu\varepsilon_R) \end{cases} \tag{5-92}$$

并可得以位移表示的平衡方程

$$\dfrac{E(1-\nu)}{(1+\nu)(1-2\nu)}\left(\dfrac{\mathrm{d}^2 u_R}{\mathrm{d}R^2} + \dfrac{2}{R}\dfrac{\mathrm{d}u_R}{\mathrm{d}R} - \dfrac{2u_R}{R^2}\right) + f_R = 0 \tag{5-93}$$

5.5.3 内外壁受均匀压力作用的空心圆球

设有一个内半径为 a、外半径为 b 的空心圆球,其内外壁分别受均布压力 q_1 和 q_2 作用,不计体力,对这个球对称问题,由于 f_R 等于零,平衡方程可简化为

$$\frac{d^2 u_R}{dR^2} + \frac{2}{R}\frac{du_R}{dR} - \frac{2u_R}{R^2} = 0 \tag{5-94}$$

这个方程的解为

$$u_R = AR + \frac{B}{R^2} \tag{5-95}$$

式中 A、B——分别为待定常数。

可得应力分量为

$$\begin{cases} \sigma_R = \dfrac{E}{1-2\nu}A - \dfrac{2E}{1+\nu}\dfrac{B}{R^3} \\ \sigma_T = \dfrac{E}{1-2\nu}A + \dfrac{E}{1+\nu}\dfrac{B}{R^3} \end{cases} \tag{5-96}$$

本问题的边界条件是

$$\begin{cases} (\sigma_R)_{R=a} = -q_1 \\ (\sigma_R)_{R=b} = -q_2 \end{cases} \tag{5-97}$$

将 σ_R 代入式(5-97),得

$$\begin{cases} A = -\dfrac{1-2\nu}{E}q_2 \\ B = \dfrac{(1+\nu)a^3(q_1-q_2)}{2E} \end{cases} \tag{5-98}$$

将 A 和 B 的表达式代入式(5-95)和式(5-96),可得

$$\begin{cases} \sigma_R = -q_1\left(\dfrac{a}{R}\right)^3 - q_2\left[1-\left(\dfrac{a}{R}\right)^3\right] \\ \sigma_T = \dfrac{q_1}{2}\left(\dfrac{a}{R}\right)^3 - \dfrac{q_2}{2}\left[\left(\dfrac{a}{R}\right)^3 + 2\right] \\ u_R = \dfrac{(1+\nu)a}{E}\left\{\dfrac{q_1}{2}\left(\dfrac{a}{R}\right)^3 - q_2\left[\dfrac{1-2\nu}{1+\nu} + \dfrac{1}{2}\left(\dfrac{a}{R}\right)^3\right]\right\} \end{cases} \tag{5-99}$$

当 $R=a$ 时,即在内壁处,由上式得

$$\begin{cases} \sigma_R = -q_1 \\ \sigma_T = \dfrac{q_1}{2} - \dfrac{3q_2}{2} \\ u_R = \dfrac{(1+\nu)a}{E}\left[\dfrac{q_1}{2} - \dfrac{3(1-\nu)}{2(1+\nu)}q_2\right] \end{cases} \tag{5-100}$$

当 R 很大时,即令 $\dfrac{a}{R} \to 0$,得

$$\sigma_R = \sigma_T = -q_2 \tag{5-101}$$

$$u_R = \frac{1-2\nu}{E} q_2 R \tag{5-102}$$

由此可见，在 $b \gg a$ 的情况下，离内壁较远处的应力状态和实心圆球各向均匀受压的情况一致。如果无内壁压力，即 $q_1 = 0$，则有圆球内壁处的应力为

$$\sigma_T = -\frac{3}{2} q_2 \tag{5-103}$$

这表明洞壁应力是无球形洞时的 1.5 倍，即应力集中系数是 1.5。

5.5.4 无限体内受集中力作用

设无限大弹性体内的一点受一个集中力 P 作用，不计自重。这是一个轴对称问题，称为开尔文（Kelvin）问题。

将集中力 P 的作用点作为坐标原点，使 z 轴正方向和力 P 的方向一致，如图 5-10 所示。由于轴对称，w 和 u_r 都与 θ 无关，即 w 和 u_r 仅是 r 和 z 的函数，故可在任意一个 rz 平面内讨论这个问题，不妨设这一平面就是 Oxz 平面。为方便起见，在 Oxz 平面中取一个极坐标系 (R, φ)，如图 5-11 所示。显然有

$$r = |x| = \begin{cases} x, & \text{当 } x \geq 0 \\ -x, & \text{当 } x < 0 \end{cases} \tag{5-104}$$

$$x = R\cos\varphi, \quad z = R\sin\varphi, \quad R = \sqrt{r^2 + z^2} = \sqrt{x^2 + z^2}$$

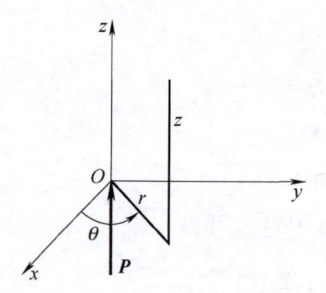

图 5-10 无限体内受集中力　　　　图 5-11 极坐标系

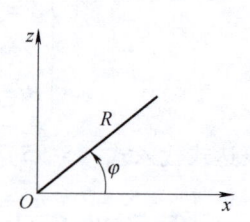

在 Oxz 平面中，用 u 表示 x 方向的位移，则有

$$u_r = \begin{cases} u, & \text{当 } x \geq 0 \\ -u, & \text{当 } x < 0 \end{cases} \tag{5-105}$$

w 和 u 都是 φ 的周期函数。变形关于 Oxy 平面反对称，w 应是 z 的偶函数，而 u 是 z 的奇函数，所以 w 和 u 可以展开成如下形式的傅里叶（Fourier）级数

$$\begin{cases} w = \sum_{n=0}^{\infty} \overline{w}_n \cos n\varphi \\ u = \sum_{n=1}^{\infty} \overline{u}_n \sin n\varphi \end{cases} \tag{5-106}$$

其中，$\overline{w}_n$ 和 $\overline{u}_n$ 都是 R 的函数。考虑到变形关于 z 轴对称，故有

$$\begin{cases} w(R, \pi-\varphi) = w(R, \varphi) \\ u(R, \pi-\varphi) = -u(R, \varphi) \end{cases} \tag{5-107}$$

因此，式（5-106）中的 n 只能是偶数。又由几何关系判断，任何 n 大于 4 对应项的应

力分量都是不合理的，故 n 只能取 0 和 2。所以

$$\begin{cases} w = \overline{w}_0 + \overline{w}_2\cos2\varphi = (\overline{w}_0 + \overline{w}_2) - 2\overline{w}_2\sin^2\varphi = w_0 + w_1\sin^2\varphi \\ u = \overline{u}_2\cos2\varphi = 2\overline{u}_2\sin\varphi\cos\varphi = u_1\sin\varphi\cos\varphi \end{cases} \quad (5\text{-}108)$$

位移应该和 P 成正比，和弹性模量 E 或和剪切弹性模量 G 成反比，即位移和 $\dfrac{P}{G}$ 成正比。所以式（5-108）中的 $w_0 w_1$ 和 u_1 可表示成 $f(R)\dfrac{P}{G}$，这里 $f(R)$ 是 R 的函数。位移的量纲是 L，$\dfrac{P}{G}$ 的量纲是 L^2，所以 $f(R)$ 必是 R 的负一次幂表达式，则上式可写成

$$\begin{cases} w = \dfrac{P}{G}\left(\dfrac{A}{R} + \dfrac{B}{R}\sin^2\varphi\right) \\ u = \dfrac{P}{G}\dfrac{C}{R}\sin\varphi\cos\varphi \end{cases} \quad (5\text{-}109)$$

式中 A、B、C——分别为量纲一的常数。

联立式（5-105）～式（5-108），式（5-109）可改写为

$$\begin{cases} w = \dfrac{P}{G}\left(\dfrac{A}{R} + \dfrac{Bz^2}{R^3}\right) \\ u_r = \dfrac{P}{G}\dfrac{Crz}{R^3} \end{cases} \quad (5\text{-}110)$$

再由 $f_r = 0$ 代入拉梅方程［式（5-81）］的第一式，可求得

$$\begin{cases} C = B \\ A = (3 - 4\nu)B \end{cases} \quad (5\text{-}111)$$

因此，式（5-110）可化成

$$\begin{cases} w = \dfrac{BP}{G}\left(\dfrac{3 - 4\nu}{R} + \dfrac{z^2}{R^3}\right) \\ u_r = \dfrac{BP}{G}\dfrac{rz}{R^3} \end{cases} \quad (5\text{-}112)$$

把式（5-112）和 $f_r = 0$ 代入拉梅方程［式（5-5a）］的第二式，可发现此方程自动满足。

将式（5-112）代入几何方程求应变分量，然后利用胡克定律可得应力分量

$$\begin{cases} \sigma_r = 2BP\left[\dfrac{(1-2\nu)z}{R^3} - \dfrac{3r^2 z}{R^5}\right] \\ \sigma_\theta = 2BP\dfrac{(1-2\nu)z}{R^3} \\ \sigma_z = 2BP\left[\dfrac{(1-2\nu)z}{R^3} + \dfrac{3z^2}{R^5}\right] \\ \tau_{rz} = -2BP\left[\dfrac{(1-2\nu)r}{R^3} + \dfrac{3rz^2}{R^5}\right] \end{cases} \quad (5\text{-}113)$$

为了确定常数 B，考虑 $z = \pm a$ 两平面上的正应力合力和集中力 P 的平衡条件，即

$$P = \int_0^\infty 2\pi r (\sigma_z)_{z=-a}\mathrm{d}r - \int_0^\infty 2\pi r (\sigma_z)_{z=a}\mathrm{d}r \quad (5\text{-}114)$$

式 (5-113) 的第三式代入式 (5-114)，可以求得

$$B = \frac{1}{16\pi(1-\nu)} \tag{5-115}$$

将式 (5-111) 回代式 (5-112) 和式 (5-113) 即得本问题的位移分量和应力分量，称为弹性力学空间问题的基本解或 Kelvin 解。

在 $z=0$ 的平面上，无正应力，剪应力为

$$\tau_{rz} = -2BP\frac{(1-2\nu)}{r^2} \tag{5-116}$$

它与离集中力 P 作用点距离的平方成反比。

5.5.5 半无限体表面受法向集中力作用

设有 $z \geqslant 0$ 的半无限体，在原点处作用有一个沿 z 轴方向的集中力，不计自重，如图 5-12 所示。这是著名的布希涅斯克（Boussinesq）问题，显然也是一个轴对称问题。这一问题的边界条件为

$$\sigma_z = 0, \quad \tau_{rz} = 0, \quad \text{当 } z=0, \ r \neq 0$$

$$\int_0^\infty 2\pi\sigma_z r\mathrm{d}r + P = 0 \tag{5-117}$$

由第 5.5.4 节的结论可知，在原点作用一个沿 z 轴方向的集中力，在 $z=0$ 的边界上作用有剪应力

$$\tau_{rz} = -2BP\frac{(1-2\nu)}{r^2} \tag{5-118}$$

其会在半无限体中产生相应的位移场和应力场。显然，如果能找到满足下述条件的解答

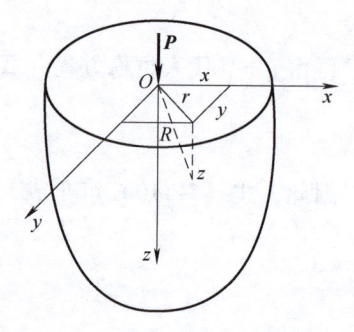

$$\sigma_z = 0, \quad \tau_{rz} = 2BP\frac{(1-2\nu)}{r^2}, \quad \text{当 } z=0, \ r \neq 0 \quad (5\text{-}119)$$

则这种解和第 5.5.4 节的解的叠加就是布希奈斯克问题的解。

图 5-12 半无限体表面受法向集中力

为了找到满足式 (5-119) 的解，假定这种解的剪应力分布为

$$\tau_{rz} = 2BP\frac{(1-2\nu)r}{R^3} \tag{5-120}$$

式 (5-120) 满足式 (5-119) 的第二个条件。将式 (5-120) 和 $f_z=0$ 代入平衡方程 [式 (2-35)] 中的第二式，得

$$\frac{\partial \sigma_z}{\partial z} = -\left(\frac{\partial \tau_{rz}}{\partial r} + \frac{\tau_{rz}}{r}\right) = -2BP(1-2\nu)\frac{2z^2-r^2}{R^5} \tag{5-121}$$

对上式积分，并让 σ_z 满足式 (5-119) 的第一个条件，得

$$\sigma_z = 2BP(1-2\nu)\frac{z}{R^3} \tag{5-122}$$

为简单起见，进一步假定 $\theta = \varepsilon_{ii} = 0$，则从胡克定律中的第三式和式 (5-118) 得

$$\frac{\partial w}{\partial z} = \frac{1}{2G}\sigma_z = \frac{BP(1-2\nu)}{G}\frac{z}{R^3} \qquad (5\text{-}123)$$

对上式积分，得

$$w = -\frac{BP(1-2\nu)}{G}\frac{1}{R} + f(r) \qquad (5\text{-}124)$$

其中，$f(r)$ 是 r 的待定函数。为使 $(w)_{z=\infty} = 0$，取 $f(r) = 0$。所以

$$w = -\frac{BP(1-2\nu)}{G}\frac{1}{R} \qquad (5\text{-}125)$$

由胡克定律中的第四式和几何关系，得

$$\gamma_{rz} = \frac{1}{G}\tau_{rz} = \frac{\partial u_r}{\partial z} + \frac{\partial w}{\partial r} \qquad (5\text{-}126)$$

利用式（5-120）和式（5-125），式（5-126）可写成

$$\frac{\partial u_r}{\partial z} = \frac{1}{G}\tau_{rz} - \frac{\partial w}{\partial r} = \frac{BP(1-2\nu)}{G}\frac{r}{R^3} \qquad (5\text{-}127)$$

对式（5-127）积分得

$$u_r = -\frac{BP(1-2\nu)}{G}\frac{r}{R(R+z)} + g(r) \qquad (5\text{-}128)$$

式中 $g(r)$——r 的待定函数。令 $(u_r)_{z=\infty} = 0$，则有 $g(r) = 0$。所以

$$u_r = -\frac{BP(1-2\nu)}{G}\frac{r}{R(R+z)} \qquad (5\text{-}129)$$

根据位移表达式（5-125）和式（5-129），可用几何关系求出应变分量，然后用胡克定律求得应力分量

$$\begin{cases} \sigma_r = -2BP(1-2\nu)\left[\dfrac{z}{R^3} - \dfrac{1}{R(R+z)}\right] \\ \sigma_\theta = -2BP\dfrac{(1-2\nu)}{R(R+z)} \\ \sigma_z = 2BP(1-2\nu)\dfrac{z}{R^3} \\ \tau_{rz} = 2BP(1-2\nu)\dfrac{r}{R^3} \end{cases} \qquad (5\text{-}130)$$

可以验证，式（5-130）表示的应力分量满足平衡方程式中的第一个方程。所以，位移（5-90）、式（5-129）和应力分量式（5-130）是满足条件式（5-119）的一个解。

将上面的位移分量式（5-125）、式（5-129）和应力分量式（5-130）分别和第 5.5.4 节中位移分量与应力分量叠加，得

$$\begin{cases} u_r = \dfrac{BP}{G}\left[\dfrac{rz}{R^3} - \dfrac{(1-2\nu)r}{R(R+z)}\right] \\ w = \dfrac{BP}{G}\left[\dfrac{z^2}{R^3} + \dfrac{2(1-\nu)}{R}\right] \end{cases} \qquad (5\text{-}131)$$

$$\begin{cases} \sigma_r = 2BP\left[\dfrac{1-2\nu}{R(R+z)} - \dfrac{3r^2z}{R^5}\right] \\ \sigma_\theta = 2BP(1-2\nu)\left[\dfrac{z}{R^3} - \dfrac{1}{R(R+z)}\right] \\ \sigma_z = -6BP\dfrac{z^3}{R^5} \\ \tau_{rz} = -6BP\dfrac{rz^2}{R^5} \end{cases} \quad (5\text{-}132)$$

式（5-132）表示的应力分量满足边界条件式（5-85）。将式（5-132）中的第三式代入条件（5-86），可以求得

$$B = \dfrac{1}{4\pi} \quad (5\text{-}133)$$

回代式（5-131）和式（5-132），即得布希奈斯克（Boussinesq）问题的解。

由应力分量表达式可以看出，当 $z=0$ 时，有

$$\begin{cases} \sigma_z = \tau_{rz} = 0 \\ \sigma_r = -\sigma_\theta = \dfrac{1-2\nu}{2\pi}\dfrac{P}{r^2} \end{cases} \quad (5\text{-}134)$$

因此，$z=0$ 的表面受纯剪作用。由位移分量表达式 [式（5-131）] 的第二式可见，半无限体表面上任意一点的法向位移（即沉降）为

$$(w)_{z=0} = \dfrac{(1-\nu^2)P}{\pi Er} \quad (5\text{-}135)$$

它与离 P 作用点的距离成反比。

习　题

[5-1] 试扼要叙述弹性力学的三类边值问题和解决问题的两种方法及其最后结论。

[5-2] 为什么说同时以应力、应变和位移 15 个量作未知函数求解时，应变协调方程自然满足？

[5-3] 图 5-13 表示一块矩形板，一对边均匀受拉，另一对边均匀受压，求应力和位移。

[5-4] 求半无限体在自重和表面均布压力作用下的应力和位移的分布情况，设单位面积的压力为 q，物体密度为 ρ。

提示：设在半无限体内距离表面的距离 h 处，$w=0$。

[5-5] 设一等截面杆受轴向拉力 F 作用，杆的截面积为 A，求应力分量和位移分量，设 z 轴与杆的轴线重合，原点取在杆长的一半处；

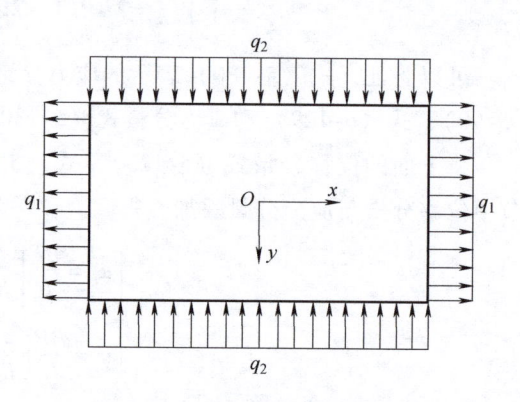

图 5-13　矩形板受均匀拉压作用

并设在 $x=y=z=0$ 处，$u=v=w=0$，且

$$\frac{\partial u}{\partial z}=\frac{\partial v}{\partial z}=\frac{\partial v}{\partial x}=0 \tag{5-136}$$

[5-6] 当体力为 0 时，应力分量为

$$\begin{cases} \sigma_x = A[y^2+\nu(x^2-y^2)], & \tau_{yz}=0 \\ \sigma_y = A[x^2+\nu(y^2-x^2)], & \tau_{xz}=0 \\ \sigma_z = A\nu(x^2+y^2), & \tau_{xy}=-2A\nu xy \end{cases} \tag{5-137}$$

式中，$A \neq 0$。试检查式（5-137）是否可能发生。

[5-7] 图 5-14 所示的矩形截面长杆偏心受压，压力为 F，偏心距为 e，求应力分量，设杆横截面积为 A。

[5-8] 矩形板 $ABCD$，厚度为 h，两对边分别受均布弯矩（单位宽度上）M_1 和 M_2 作用，如图 5-15 所示，验证应力分量

$$\sigma_x=\frac{12M_1 z}{h^3}, \quad \sigma_y=\frac{12M_2 z}{h^3}, \quad \sigma_z=\tau_{yz}=\tau_{xz}=\tau_{xy}=0 \tag{5-138}$$

是否是该问题的弹性力学空间问题的解答。

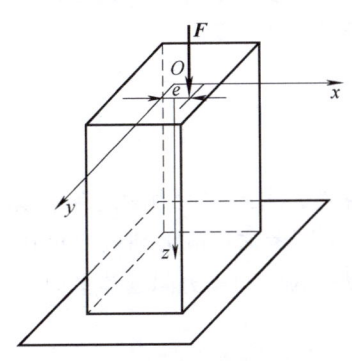

图 5-14　矩形截面长杆偏心受压

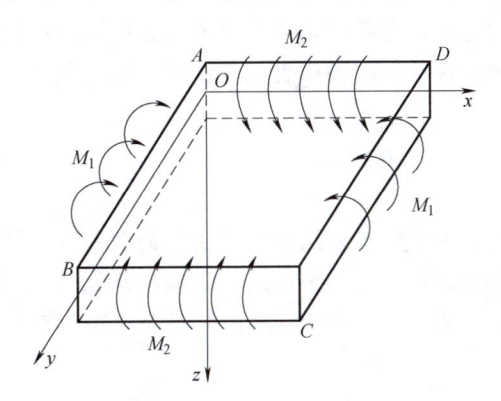

图 5-15　矩形板受均布弯矩作用

第 6 章　平面问题的应力解法

任何一个物体实际上都是三维的，承受的载荷一般也是一个空间力系。因此，严格而言，所有的弹性力学问题本质上都是一个三维空间问题，其求解将归结为一个三维偏微分方程的边值问题。然而，若分析对象具有某些特殊形状且承受的载荷具有一定特点时，可以通过简化和抽象化处理，将三维空间问题转换为平面问题进行求解。平面问题的特点在于一切现象均在一个平面内发生，在数学上属于一个二维问题，这样处理后将使得分析计算量大大减小，获得的结果仍可以满足工程精度要求。本章主要介绍弹性力学平面问题的求解，包括平面问题基本方程的建立，平面问题的应力函数解法，并通过实例介绍平面问题的直角坐标和极坐标解法，使得读者们掌握平面问题的求解方法和步骤。

■ 6.1　平面问题

在许多实际工程问题中，由于荷载和变形情况的特殊性，求解弹性力学问题的基本方程可以大大简化。三个坐标之一，如坐标 z，可在分析过程中不考虑，应力和应变可认为仅发生在 x-y 平面内，这就是所谓的平面问题。平面问题可以分为平面应力问题和平面应变问题两类。

6.1.1　平面应力问题

平面应力问题具有以下特征：

1）物体沿某坐标轴（如 z 轴）方向的尺寸远小于其他两个坐标轴方向的尺寸，就像一块平板一样，如图 6-1a 所示。

2）外力作用在周边上，且与 x-y 平面平行，板的侧面没有外力，体力也垂直于 x 轴。

3）由于板厚度很小，故面力和体力可看成沿 z 轴方向不变化。

这种情况下，物体两个侧面上有边界条件

$$(\sigma_z, \tau_{xz}, \tau_{yz})_{z=\pm\frac{t}{2}} = 0 \tag{6-1}$$

式中　t——板厚度。

由于板很薄，可近似认为沿薄板整个厚度都有

$$\sigma_z = \tau_{xz} = \tau_{yz} = 0 \tag{6-2}$$

又因为把外力看成是不沿厚度方向变化，且板很薄，薄板其他三个应力分量 σ_x、σ_y、τ_{xy} 可认为与 z 坐标无关，即有

$$\begin{cases} \sigma_x = \sigma_x(x,y) \\ \sigma_y = \sigma_y(x,y) \\ \tau_{xy} = \tau_{xy}(x,y) \end{cases} \tag{6-3}$$

式（6-2）和式（6-3）表明，应力只发生在 x-y 平面内，且与 z 坐标无关，故有平面应力之称。

许多工程问题可归结为平面应力问题，如钢板受简单拉伸（图6-1b）、平面吊钩的孔眼处应力分布（图6-1c）等。

a) 薄板　　b) 钢板受简单拉伸　　c) 吊钩孔眼处应力分布

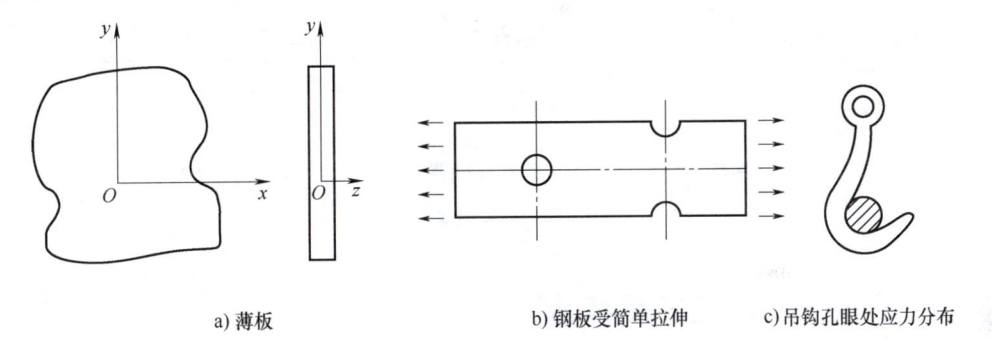

图6-1　平面应力问题

6.1.2　平面应变问题

平面应变问题具有以下特征：

1）物体沿某坐标轴（如 z 轴）的尺寸远大于其他两个坐标轴方向的尺寸，如图6-2a 所示。
2）与 z 轴垂直的各截面形状和尺寸相同。
3）所有外力与 z 轴垂直，且不随 z 坐标变化。
4）物体的约束条件也不随 z 坐标变化。

在这种情况下，物体上远离两端的各截面内，可认为没有 z 轴方向的位移，而沿 x 轴方向和 y 轴方向的位移对各截面相同，与 z 坐标无关，即有

$$\begin{cases} u = u(x,y) \\ v = v(x,y) \\ w = 0 \end{cases} \tag{6-4}$$

由几何方程，可得平面应变问题的应变分量为

$$\begin{cases} \varepsilon_x = \dfrac{\partial u}{\partial x} = \varepsilon_x(x,y) \\ \varepsilon_y = \dfrac{\partial v}{\partial y} = \varepsilon_y(x,y) \\ \gamma_{xy} = \dfrac{\partial u}{\partial y} + \dfrac{\partial v}{\partial x} = \gamma_{xy}(x,y) \\ \varepsilon_z = \dfrac{\partial w}{\partial z} = 0 \\ \gamma_{yz} = \dfrac{\partial v}{\partial z} + \dfrac{\partial w}{\partial y} = 0 \\ \gamma_{zx} = \dfrac{\partial u}{\partial z} + \dfrac{\partial w}{\partial x} = 0 \end{cases} \tag{6-5}$$

由此看出，应变只发生在 x-y 平面内，且与 z 无关，故称为平面应变。

许多工程问题都属于平面应变问题。例如，长管受内部流体压力如图 6-2b 所示，挡土墙受土压力如图 6-2c 所示。

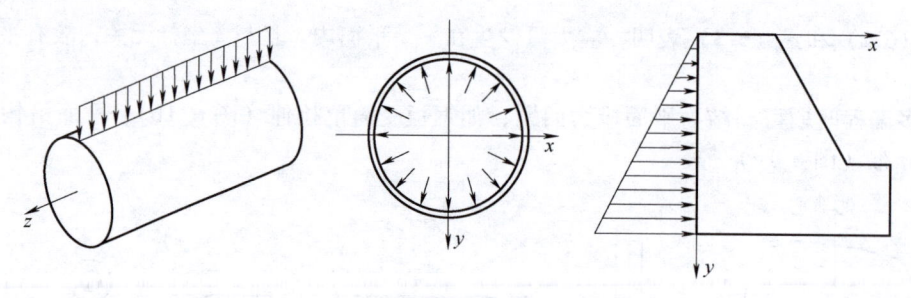

a) 长圆柱　　　　b) 长管受内部流体压力　　　　c) 挡土墙受土压力

图 6-2　平面应变问题

6.2　平面问题直角坐标解法

6.2.1　平面应力问题

1. 平衡方程

平面应力问题有 $\sigma_z = \tau_{xz} = \tau_{yz} = 0$，及 $\sigma_x = \sigma_x(x,y)$，$\sigma_y = \sigma_y(x,y)$，$\tau_{xy} = \tau_{xy}(x,y)$ 代入三维空间问题的平衡微分方程式，第三式自动满足，式（6-4）和式（6-5）变为

$$\begin{cases} \dfrac{\partial \sigma_x}{\partial x} + \dfrac{\partial \tau_{yx}}{\partial y} + f_x = 0 \\ \dfrac{\partial \tau_{xy}}{\partial x} + \dfrac{\partial \sigma_y}{\partial y} + f_y = 0 \end{cases} \tag{6-6}$$

2. 几何方程

注意到 $\gamma_{yz} = \gamma_{zx} = 0$，且不考虑非独立的应变分量 ε_z，空间问题的几何方程式简化为

$$\begin{cases} \varepsilon_x = \dfrac{\partial u}{\partial x} \\ \varepsilon_y = \dfrac{\partial v}{\partial y} \\ \gamma_{xy} = \dfrac{\partial v}{\partial x} + \dfrac{\partial u}{\partial y} \end{cases} \tag{6-7}$$

3. 本构方程

注意到 $\sigma_z = \tau_{xz} = \tau_{yz} = 0$，广义胡克定律式为

$$\begin{cases} \varepsilon_x = \dfrac{1}{E}(\sigma_x - \nu \sigma_y) \\ \varepsilon_y = \dfrac{1}{E}(\sigma_y - \nu \sigma_x) \\ \gamma_{xy} = \dfrac{\tau_{xy}}{G} = \dfrac{2(1+\nu)}{E}\tau_{xy} \end{cases} \tag{6-8}$$

或

$$\begin{cases} \sigma_x = \dfrac{E}{1-\nu^2}(\varepsilon_x + \nu\varepsilon_y) \\ \sigma_y = \dfrac{E}{1-\nu^2}(\varepsilon_y + \nu\varepsilon_x) \\ \tau_{xy} = G\gamma_{xy} = \dfrac{E}{2(1+\nu)}\gamma_{xy} \end{cases} \qquad (6\text{-}9)$$

由于 $\sigma_z = 0$，应变分量 ε_z 可由广义胡克定律［式（5-3a）］的第三式求出

$$\varepsilon_z = \dfrac{-\nu}{E}(\sigma_x + \sigma_y) \qquad (6\text{-}10)$$

4. 应变协调方程

由于 $\gamma_{yz} = \gamma_{zx} = 0$，且根据本构方程式，有

$$\begin{cases} \varepsilon_x = \varepsilon_x(x,y) \\ \varepsilon_y = \varepsilon_y(x,y) \\ \gamma_{xy} = \gamma_{xy}(x,y) \end{cases} \qquad (6\text{-}11)$$

故空间问题的应变协调方程［式（3-72）］可简化为

$$\begin{cases} \dfrac{\partial^2 \varepsilon_z}{\partial x^2} = 0 \\ \dfrac{\partial^2 \varepsilon_z}{\partial y^2} = 0 \\ \dfrac{\partial^2 \varepsilon_z}{\partial x \partial y} = 0 \end{cases} \qquad (6\text{-}12)$$

式（6-12）要求 ε_z 为 x、y 坐标的线性函数，由于 $\varepsilon_z = \dfrac{-\nu}{E}(\sigma_x + \sigma_y)$，即要求

$$\sigma_x + \sigma_y = Ax + By + C \qquad (6\text{-}13)$$

式中 A、B、C——常数。

严格来讲，对于平面应力问题，必须满足以上的线性条件，平面应力状态才存在。实际工程问题由于应力分布复杂，这一条件一般是不满足的。但对于薄板形构件，应力分量 σ_z 和面内应力分量 σ_x、σ_y、τ_{xy} 相比可以忽略不计，因而可以近似视为处于平面应力状态，即假定上式近似满足，把平面应力问题作为近似的弹性力学问题处理。基于以上分析，平面应力问题的应变协调方程只剩下式

$$\dfrac{\partial^2 \varepsilon_x}{\partial y^2} + \dfrac{\partial^2 \varepsilon_y}{\partial x^2} = \dfrac{\partial^2 \gamma_{xy}}{\partial x \partial y} \qquad (6\text{-}14)$$

在应力法中，要把式（6-14）用应力分量表示，联立广义胡克定律和平衡方程，可得

$$\left(\dfrac{\partial^2}{\partial y^2} + \dfrac{\partial^2}{\partial x^2}\right)(\sigma_x + \sigma_y) = -(1+\nu)\left(\dfrac{\partial f_x}{\partial x} + \dfrac{\partial f_y}{\partial y}\right) \qquad (6\text{-}15)$$

不计体力或体力为常数时，式（6-15）为

$$\left(\dfrac{\partial^2}{\partial y^2} + \dfrac{\partial^2}{\partial x^2}\right)(\sigma_x + \sigma_y) = 0 \qquad (6\text{-}16)$$

或

$$\nabla^2(\sigma_x + \sigma_y) = 0 \tag{6-17}$$

式中 ∇^2——拉普拉斯算子。

5. 边界条件

设在物体表面上一部分边界 S_1 上给定面力，其余部分边界 S_2 上给定位移，则边界 S_1 上的边界条件为

$$\begin{cases} \bar{f}_x = \sigma_x l_1 + \tau_{xy} l_2 \\ \bar{f}_y = \tau_{yx} l_1 + \sigma_y l_2 \end{cases} \tag{6-18}$$

式中 $\bar{f}_x$、$\bar{f}_y$——分别为面力在 x、y 方向的分量；

$l_1 = \cos(n,x)$、$l_2 = \cos(n,y)$——分别为边界外法线的方向余弦。

边界 S_2 上的边界条件为

$$\begin{cases} u = u^*(x,y) \\ v = v^*(x,y) \end{cases} \tag{6-19}$$

式中 $u^*(x,y)$、$v^*(x,y)$——分别为给定的已知函数。

6.2.2 平面应变问题

1. 本构方程

平面应变问题的平衡方程、几何方程和边界条件与平面应力问题相同，但本构方程不同，平面应变问题有 $\varepsilon_z = 0$，由广义胡克定律可得

$$\sigma_z = \nu(\sigma_x + \sigma_y) \tag{6-20}$$

将式（6-20）代入广义胡克定律［式（4-42）］得

$$\begin{cases} \varepsilon_x = \dfrac{1-\nu^2}{E}\left(\sigma_x - \dfrac{\nu}{1-\nu}\sigma_y\right) \\ \varepsilon_y = \dfrac{1-\nu^2}{E}\left(\sigma_y - \dfrac{\nu}{1-\nu}\sigma_x\right) \\ \gamma_{xy} = \dfrac{\tau_{xy}}{G} = \dfrac{2(1+\nu)}{E}\tau_{xy} \end{cases} \tag{6-21}$$

容易验证，只要把平面应力本构方程式中的 E 换成 $\dfrac{E}{1-\nu^2}$，ν 换成 $\dfrac{\nu}{1-\nu}$，即可得平面应变得本构方程式。

2. 应变协调方程

与平面应力问题不同，平面应变情况下，空间问题的应变协调方程［式（3-72）］的后五式自动满足，只剩下第一式。要得到用应力分量表示的协调方程，只需把平面应力的协调方程式的 ν 换成 $\dfrac{\nu}{1-\nu}$，有

$$\left(\dfrac{\partial^2}{\partial y^2} + \dfrac{\partial^2}{\partial x^2}\right)(\sigma_x + \sigma_y) = -\dfrac{1}{1-\nu}\left(\dfrac{\partial f_x}{\partial x} + \dfrac{\partial f_y}{\partial y}\right) \tag{6-22}$$

可见，不计体力或体力为常数时，平面应变的协调方程式与平面应力情况相同。

综上所述，平面问题的基本未知量由一般空间问题的 15 个简化为 8 个，即 3 个应力分量 σ_x、σ_y、τ_{xy}，3 个应变分量 ε_x、ε_y、γ_{xy}，2 个位移分量 u 和 v，且都是坐标 x 和 y 的函

数。基本方程也由 15 个简化为 8 个，即 2 个平衡方程，3 个几何方程和 3 个本构方程。当不计体力或体力为常数时，两类平面问题的基本方程和边界条件相同，且都不含材料常数。因此，在边界条件相同情况下，两类平面问题的应力分布是一样的，且与材料类型无关。这一结论给模型试验（如光弹试验）材料的选择提供了方便，且可用平面应力试验代替平面应变试验。需要注意的是，应力分量 σ_z、应变分量和位移与材料类型和问题类型有关。还需指出，上述结论是对单连体而言的（所谓单连体，指物体只有一条连续的边界）。对于多连体（如含孔的板），则要补充位移的单值条件，这时应力式中可能会出现弹性常数。另外，上述结论也只对第一类边值问题成立，即全部边界上给定面力。对第二类和第三类边值问题，当把位移边界条件改写为应力边界条件时，会出现材料常数，上面的结论也不成立。

6.2.3 应力函数解法

当体力为常数时，用应力法求解平面问题的基本未知量是 3 个应力分量 σ_x、σ_y、τ_{xy}，基本方程是 2 个平衡微分方程和 1 个协调方程，即

$$\begin{cases} \dfrac{\partial \sigma_x}{\partial x} + \dfrac{\partial \tau_{yx}}{\partial y} + f_x = 0 \\ \dfrac{\partial \tau_{xy}}{\partial x} + \dfrac{\partial \sigma_y}{\partial y} + f_y = 0 \\ \nabla^2 (\sigma_x + \sigma_y) = 0 \end{cases} \tag{6-23}$$

如果假设

$$\sigma_x = \frac{\partial^2 U}{\partial y^2} - f_x x, \ \sigma_y = \frac{\partial^2 U}{\partial x^2} - f_y y, \ \tau_{xy} = -\frac{\partial^2 U}{\partial x \partial y} \tag{6-24a}$$

或

$$\sigma_x = \frac{\partial^2 U}{\partial y^2}, \ \sigma_y = \frac{\partial^2 U}{\partial x^2}, \ \tau_{xy} = -\frac{\partial^2 U}{\partial x \partial y} - f_y x - f_x y \tag{6-24b}$$

则平衡方程自动满足，而协调方程变为

$$\nabla^2 (\sigma_x + \sigma_y) = \nabla^2 \left(\frac{\partial^2 U}{\partial y^2} + \frac{\partial^2 U}{\partial x^2} - f_y y - f_x x \right) = \nabla^2 \left(\frac{\partial^2 U}{\partial y^2} + \frac{\partial^2 U}{\partial x^2} \right) = 0 \tag{6-25}$$

式（6-25）可写为

$$\nabla^2 \nabla^2 U = 0 \tag{6-26}$$

或

$$\frac{\partial^4 U}{\partial x^4} + 2\frac{\partial^4 U}{\partial x^2 \partial y^2} + \frac{\partial^4 U}{\partial y^4} = 0 \tag{6-27}$$

函数 $U(x,y)$ 称为应力函数。由此可知，平面问题的应力分量可用应力函数表示，而应力函数应满足双调和方程式。显然，应力函数的选取应当使应力分量满足边界条件。采用应力函数的具体解法有逆解法和半逆解法两种。

采用逆解法时，先假定满足双调和方程的应力函数 $U(x,y)$，求得应力分量，再根据边界条件分析所得应力分量对应什么样的面力，由此判断所选应力函数可以解决什么样的问题。采用半逆解法时，可针对具体问题假定部分或全部应力分量为某形式的函数，从而求出应力函数，然后使所得应力函数满足双调和方程，最后判定由应力函数导出的应力分量是否满足边界条件，如果不满足则应重新假定。

双调和方程是四阶的，故低于四次的多项式均为双调和函数。由于应力分量是由应力函数的二阶偏导数表示的，故在应力函数中增添或除去 x 和 y 的一次式，并不影响应力分量。

采用半逆解法时，往往需要根据边界条件确定一些待定常数。这时，要先考察主要边界，主要边界上的边界条件必须精确满足；再考察次要边界，次要边界上的边界条件如果不能精确满足，则可采用圣维南原理，使其近似满足。

■ 6.3 平面问题直角坐标求解实例

6.3.1 用多项式解平面问题

上一节已把平面问题归结为在给定的边界条件下求解双调和方程的问题，现在要讨论如何去求应力函数 U。

首先用多项式逆解法来解答一些具有矩形边界且不计体力的平面问题（如矩形板或梁）。基本思想是：对不计体力的矩形梁，在给定坐标系下分别给出幂次不同并满足双调和方程的代数多项式应力函数，由此求得应力分量，然后考察这些应力对应边界上什么样的面力，从而得知该应力函数能解决什么问题。

1. 取一次多项式

$$U = a_0 + a_1 x + b_1 y \quad (6\text{-}28)$$

不论系数取何值，都能满足式（6-27）。对应的应力分量为

$$\begin{cases} \sigma_x = \dfrac{\partial^2 U}{\partial y^2} = 0 \\ \sigma_y = \dfrac{\partial^2 U}{\partial x^2} = 0 \\ \tau_{xy} = -\dfrac{\partial^2 U}{\partial x \partial y} = 0 \end{cases} \quad (6\text{-}29)$$

这对应无应力状态。因此，在任何应力函数中增减一个 x、y 的一次函数，并不影响应力分量的值。

2. 取二次多项式

$$U = a_2 x^2 + b_2 xy + c_2 y^2 \quad (6\text{-}30)$$

不论系数取何值，都能满足方程（6-27）。对应的应力分量为

$$\begin{cases} \sigma_x = \dfrac{\partial^2 U}{\partial y^2} = 2c_2 \\ \sigma_y = \dfrac{\partial^2 U}{\partial x^2} = 2a_2 \\ \tau_{xy} = -\dfrac{\partial^2 U}{\partial x \partial y} = -b_2 \end{cases} \quad (6\text{-}31)$$

其代表了均匀应力状态，如图 6-3 所示。特别地，如果 $b_2 = 0$，则代表

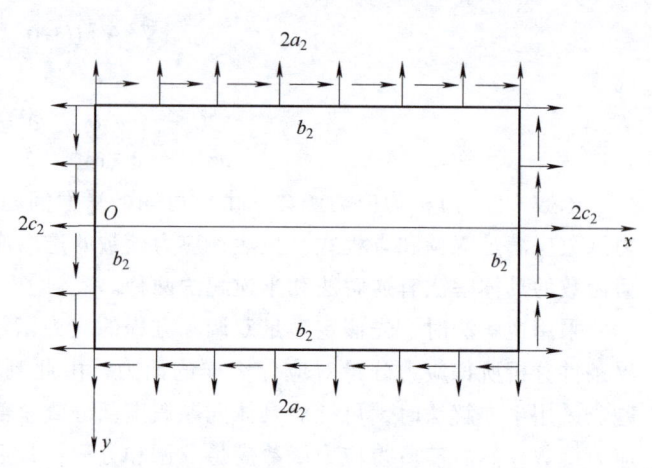

图 6-3 均匀应力状态

双向均匀拉伸，如果 $a_2 = c_2 = 0$，则代表纯剪。

3. 取三次多项式

$$U = a_3 x^3 + b_3 x^2 y + c_3 xy^2 + d_3 y^3 \qquad (6\text{-}32)$$

不论系数取何值，都能满足式（6-27）。现只考虑 $U = d_3 y^3$ 的情况（$a_3 = b_3 = c_3 = 0$），对应的应力分量为

$$\begin{cases} \sigma_x = \dfrac{\partial^2 U}{\partial y^2} = 6 d_3 y \\ \sigma_y = \dfrac{\partial^2 U}{\partial x^2} = 0 \\ \tau_{xy} = -\dfrac{\partial^2 U}{\partial x \partial y} = 0 \end{cases} \qquad (6\text{-}33)$$

如图 6-4 所示是矩形梁纯弯曲的情况。如果已知作用在矩形窄梁两端的弯矩 M，则由

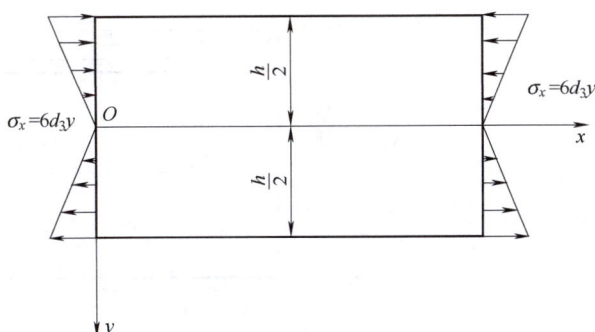

图 6-4 矩形梁纯弯曲

$$M = \int_{-\frac{h}{2}}^{\frac{h}{2}} y \sigma_x \mathrm{d}y = 6 d_3 \int_{-\frac{h}{2}}^{\frac{h}{2}} y^2 \mathrm{d}y \qquad (6\text{-}34)$$

可得

$$d_3 = \dfrac{2M}{h^3}$$

4. 取四次多项式

$$U = a_4 x^4 + b_4 x^3 y + c_4 x^2 y^2 + d_4 xy^3 + e_4 y^4 \qquad (6\text{-}35)$$

要使它满足式（6-27），各系数要满足一定的关系。将式（6-35）代入式（6-27），得

$$3 a_4 + c_4 + 3 e_4 = 0$$

于是上述四次多项式应写为

$$U = a_4 x^4 + b_4 x^3 y + c_4 x^2 y^2 + d_4 xy^3 - \left(a_4 + \dfrac{c_4}{3} \right) y^4 \qquad (6\text{-}36)$$

现在，式中的 4 个系数不论为何值，都可以满足式（6-27）。特别地，取 $a_4 = b_4 = c_4 = 0$，即

$$U = d_4 xy^3 \qquad (6\text{-}37)$$

对应的应力分量为

$$\begin{cases} \sigma_x = \dfrac{\partial^2 U}{\partial y^2} = 6 d_4 xy \\ \sigma_y = \dfrac{\partial^2 U}{\partial x^2} = 0 \\ \tau_{xy} = -\dfrac{\partial^2 U}{\partial x \partial y} = -3 d_4 y^2 \end{cases} \qquad (6\text{-}38)$$

这个应力状态由作用于矩形梁边界上的以下三部分外力产生：①在 $y = \pm \dfrac{h}{2}$ 的边界上，

有均匀分布的剪应力 $\tau_{xy} = -\dfrac{3}{4}d_4 h^2$；②在 $x = 0$ 的边界上，有按抛物线分布的剪应力 $\tau_{xy} = -3d_4 y^2$；③在 $x = L$ 的边界上（L 为梁的长度），有抛物线分布的剪应力 $\tau_{xy} = -3d_4 y^2$ 和静力上等效与弯矩的正应力 $\sigma_x = 6d_4 Ly$。四次多项式应力函数对应的边界条件如图 6-5 所示。

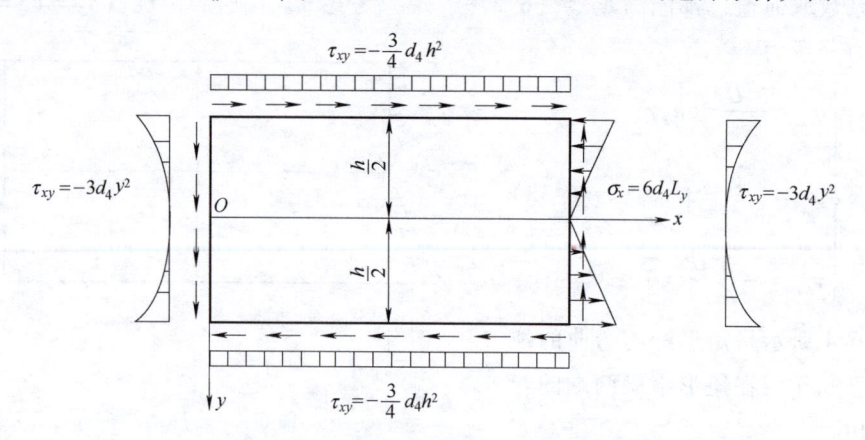

图 6-5　四次多项式应力函数对应的边界条件

5. 取五次多项式

$$U = a_5 x^5 + b_5 x^4 y + c_5 x^3 y^2 + d_5 x^2 y^3 + e_5 xy^4 + f_5 y^5 \tag{6-39}$$

代入式（6-27），得

$$(120 a_5 + 24 c_5 + 24 e_5) x + (24 b_5 + 24 d_5 + 120 f_5) y = 0 \tag{6-40a}$$

因为这个方程对于所有的 x 和 y 都成立，故必须有

$$120 a_5 + 24 c_5 + 24 e_5 = 0 \tag{6-40b}$$

$$24 b_5 + 24 d_5 + 120 f_5 = 0 \tag{6-40c}$$

将 e_5 和 f_5 用其他的系数表示

$$e_5 = -(5a_5 + c_5), \quad f_5 = -\dfrac{1}{5}(b_5 + d_5) \tag{6-40d}$$

于是，上述五次多项式为

$$U = a_5 x^5 + b_5 x^4 y + c_5 x^3 y^2 + d_5 x^2 y^3 - (5a_5 + c_5) xy^4 - \dfrac{1}{5}(b_5 + d_5) y^5 \tag{6-41a}$$

现在，式中 4 个系数不论取何值，都能满足式（6-27）。当 $a_5 = b_5 = c_5 = 0$，则

$$U = d_5 x^2 y^3 - \dfrac{1}{5} d_5 y^5 \tag{6-41b}$$

对应的应力分量为

$$\begin{cases} \sigma_x = \dfrac{\partial^2 U}{\partial y^2} = 6 d_5 x^2 y - 4 d_5 y^3 \\[4pt] \sigma_y = \dfrac{\partial^2 U}{\partial x^2} = 2 d_5 y^3 \\[4pt] \tau_{xy} = -\dfrac{\partial^2 U}{\partial x \partial y} = -6 d_5 x y^2 \end{cases} \tag{6-42}$$

在矩形梁边界上，五次多项式应力函数对应的边界条件如图 6-6 所示。

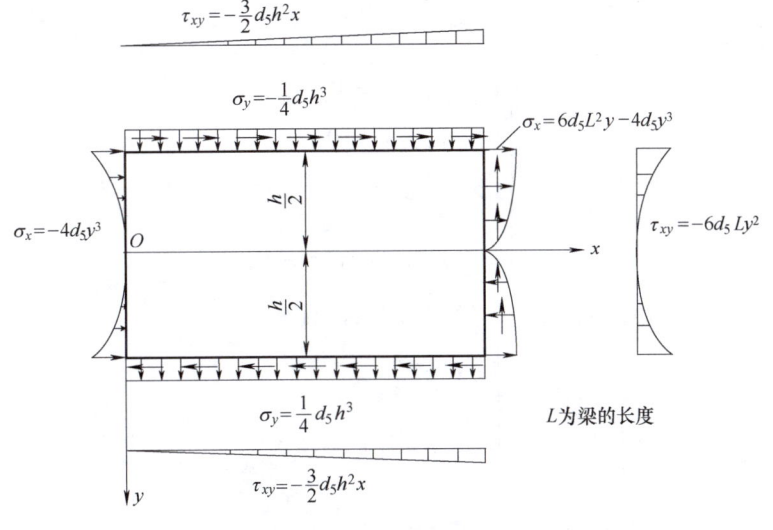

图 6-6　五次多项式应力函数对应的边界条件

6.3.2　悬臂梁一端受集中力作用

一根长为 L、高为 h 的矩形截面悬臂梁，宽度取 1 单位，如图 6-7 所示。其右端面固定、左端面上受切向分布力作用，合力为 F。不计梁的自重，试分析梁的应力和变形。

这是一个平面应力问题，可采用半逆解法求解，即逐步地凑取幂次不同的双调和多项式函数，直到由此求得的应力分量满足问题的边界条件为止。

考察与应力函数[式（6-37）]对应的应力情况，如图 6-5 所示。显然，在矩形梁两个端面上，即 $x=0$、$x=L$ 处，外力分布情况大体与本问题情况一致，但在上下边界 $y=\pm\dfrac{h}{2}$ 处，比本问题多出了 $-\dfrac{3}{4}d_4h^2$ 的剪应力。为抵消这部分剪应力，在应力函数式（6-37）上叠加一个与纯剪对应的应力函数

$$U = b_2 xy \tag{6-43}$$

于是可以得到

$$U = d_4 xy^3 + b_2 xy \tag{6-44}$$

由此得应力分量

$$\begin{cases} \sigma_x = \dfrac{\partial^2 U}{\partial y^2} = 6d_4 xy \\ \sigma_y = \dfrac{\partial^2 U}{\partial x^2} = 0 \\ \tau_{xy} = -\dfrac{\partial^2 U}{\partial x \partial y} = -b_2 - 3d_4 y^2 \end{cases} \tag{6-45}$$

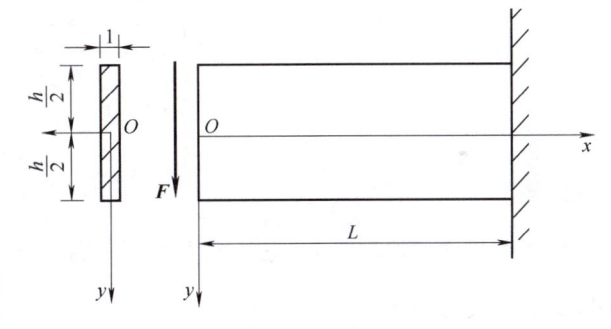

图 6-7　悬臂梁一端受集中力

进一步地,通过适当地选取任意常数 b_2 和 d_4,使应力分量方程[式(6-45)]满足问题的边界条件。

本问题的边界条件为

$$\begin{cases} (\sigma_y)_{y=\pm\frac{h}{2}} = 0 \\ (\tau_{xy})_{y=\pm\frac{h}{2}} = 0 \\ (\sigma_x)_{x=0} = 0 \\ \int_{-\frac{h}{2}}^{\frac{h}{2}} (\tau_{xy})_{x=0} \mathrm{d}y = -F \end{cases} \qquad (6\text{-}46)$$

将边界条件式(6-46)应用到式(6-45)上,有

$$\begin{cases} -b_2 - \dfrac{3}{4} d_4 h^2 = 0 \\ -b_2 h - \dfrac{d_4}{4} h^3 = -F \end{cases} \qquad (6\text{-}47)$$

解得

$$\begin{cases} b_2 = \dfrac{3F}{2h} \\ d_4 = -\dfrac{2F}{h^3} \end{cases} \qquad (6\text{-}48)$$

将式(6-48)代入式(6-45),得到应力分量

$$\begin{cases} \sigma_x = -\dfrac{12F}{h^3} xy \\ \sigma_y = 0 \\ \tau_{xy} = -\dfrac{3F}{2h} + \dfrac{6F}{h^3} y^2 \end{cases} \qquad (6\text{-}49\text{a})$$

由于梁截面的惯性矩 $I = \dfrac{h^3}{12}$,力 F 对任一截面的矩 $M = -Fx$,静力矩 $S = \left(\dfrac{h^2}{8} - \dfrac{y^2}{2}\right)$,于是应力分量又可表示为

$$\begin{cases} \sigma_x = \dfrac{My}{I} \\ \sigma_y = 0 \\ \tau_{xy} = -\dfrac{FS}{I} \end{cases} \qquad (6\text{-}49\text{b})$$

所得结果与材料力学的结果完全一致。

接下来求位移分量。先由广义胡克(Hooke)定律[式(6-8)]求得应变分量,再利用几何方程[式(6-7)]得到

$$\begin{cases} \dfrac{\partial u}{\partial x} = -\dfrac{F}{EI} xy \\ \dfrac{\partial v}{\partial y} = \dfrac{\nu F}{EI} xy \\ \dfrac{\partial u}{\partial y} + \dfrac{\partial v}{\partial x} = -\dfrac{F}{GI}\left(\dfrac{h^2}{8} - \dfrac{y^2}{2}\right) \end{cases} \qquad (6\text{-}50)$$

分别将式（6-50）中第一式和第二式积分，得

$$\begin{cases} u = -\dfrac{F}{2EI}x^2 y + f(y) \\ v = \dfrac{\nu F}{2EI}xy^2 + \varphi(x) \end{cases} \tag{6-51}$$

这里 $f(y)$ 和 $\varphi(x)$ 均为任意函数。将式（6-51）代入式（6-50）的第三式，并移项整理得

$$\left[\dfrac{\mathrm{d}\varphi(x)}{\mathrm{d}x} - \dfrac{Fx^2}{2EI}\right] + \left[\dfrac{\mathrm{d}f(y)}{\mathrm{d}y} + \dfrac{\nu F}{2EI}y^2 - \dfrac{F}{2GI}y^2\right] = -\dfrac{Fh^2}{8GI} \tag{6-52}$$

要使它恒成立，只有

$$\begin{cases} \dfrac{\mathrm{d}\varphi(x)}{\mathrm{d}x} - \dfrac{Fx^2}{2EI} = a \\ \dfrac{\mathrm{d}f(y)}{\mathrm{d}y} + \dfrac{\nu F}{2EI}y^2 - \dfrac{F}{2GI}y^2 = b \end{cases} \tag{6-53}$$

式中 a、b——分别为常数。

它们满足

$$a + b = -\dfrac{Fh^2}{8GI} \tag{6-54}$$

将式（6-53）积分，得

$$\begin{cases} \varphi(x) = \dfrac{Fx^3}{6EI} + ax + c \\ f(y) = \dfrac{Fy^3}{6GI} - \dfrac{\nu F y^3}{6EI} + by + d \end{cases} \tag{6-55}$$

式中 c、d——分别为常数。

将 $\varphi(x)$ 和 $f(y)$ 代入式（6-51），得

$$\begin{cases} u = -\dfrac{F}{2EI}x^2 y + \dfrac{Fy^3}{6GI} - \dfrac{\nu F y^3}{6EI} + by + d \\ v = \dfrac{\nu F}{2EI}xy^2 + \dfrac{Fx^3}{6EI} + ax + c \end{cases} \tag{6-56}$$

式中 a、b、c、d——分别为常数，均由悬臂梁的约束条件确定。

按梁的右端固定条件，可以假定

$$\begin{cases} (u)_{\substack{x=L\\y=0}} = (v)_{\substack{x=L\\y=0}} = 0 \\ \left(\dfrac{\partial v}{\partial x}\right)_{\substack{x=L\\y=0}} = 0 \end{cases} \tag{6-57}$$

将式（6-57）应用于式（6-56）中，有

$$\begin{cases} d = 0 \\ \dfrac{FL^3}{6EI} + aL + c = 0 \\ \dfrac{FL^2}{2EI} + a = 0 \end{cases} \tag{6-58}$$

解得

$$\begin{cases} a = -\dfrac{FL^2}{2EI} \\ c = \dfrac{FL^3}{3EI} \\ d = 0 \end{cases} \tag{6-59}$$

再由式（6-54）得

$$b = -\dfrac{Fh^2}{8GI} + \dfrac{FL^2}{2EI} \tag{6-60}$$

故最后得位移分量

$$\begin{cases} u = -\dfrac{F}{2EI}x^2y + \dfrac{Fy^3}{6GI} - \dfrac{\nu Fy^3}{6EI} - \left(\dfrac{Fh^2}{8GI} - \dfrac{FL^2}{2EI}\right)y \\ v = \dfrac{\nu F}{2EI}xy^2 + \dfrac{Fx^3}{6EI} - \dfrac{FL^2}{2EI}x + \dfrac{FL^3}{3EI} \end{cases} \tag{6-61}$$

当 $y = 0$ 时，即得到梁轴线挠曲方程

$$v(x,0) = \dfrac{Fx^3}{6EI} - \dfrac{FL^2}{2EI}x + \dfrac{FL^3}{3EI} \tag{6-62}$$

悬臂梁的自由端挠度为

$$f = \dfrac{FL^3}{3EI} \tag{6-63}$$

从式（6-63）可以看出，该计算结果与材料力学的公式完全一致。

现在考虑悬臂梁横截面的变形。设在变形前某一个横截面的方程为

$$x = x_0 \tag{6-64}$$

则在变形后，它的方程变为

$$x = x_0 + u(x_0, y) \tag{6-65}$$

或

$$x = x_0 + \dfrac{Fy^3}{6GI} - \dfrac{\nu Fy^3}{6EI} - \dfrac{Fx_0^2 y}{2EI} - \left(\dfrac{Fh^2}{8GI} - \dfrac{FL^2}{2EI}\right)y \tag{6-66}$$

这是一个三次曲面，即梁在变形后横截面将不再保持平面。

若在物体变形前过 $(L, 0)$ 点作一根与 Oy 轴平行的微分线段，它在物体变形后要转过一角度，其值为

$$\left(\dfrac{\partial u}{\partial y}\right)_{\substack{x=L \\ y=0}} = -\dfrac{Fh^2}{8GI} = -\dfrac{3F}{2Gh} < 0 \tag{6-67}$$

这里的负号表明微分线段是由 Oy 轴的正方向朝着 Ox 轴的负方向转动，如图 6-8a 所示。

上述对于悬臂梁变形的一些结论，是在梁右端按式（6-57）的固定方式得到的，现在假设梁右端按另一种方式固定，即

$$\begin{cases} (u)_{\substack{x=L \\ y=0}} = (v)_{\substack{x=L \\ y=0}} = 0 \\ \left(\dfrac{\partial u}{\partial y}\right)_{\substack{x=L \\ y=0}} = 0 \end{cases} \tag{6-68}$$

前者与条件（6-57）相同，后者表示过点 $(L, 0)$ 并与 Oy 轴平行的微分线段在物体变形后仍保持与 Oy 轴平行，如图 6-8b 所示。将式（6-68）应用于式（6-56）中，有

$$\begin{cases} d = 0 \\ \dfrac{FL^3}{6EI} + aL + c = 0 \\ -\dfrac{FL^2}{2EI} + b = 0 \end{cases} \qquad (6\text{-}69)$$

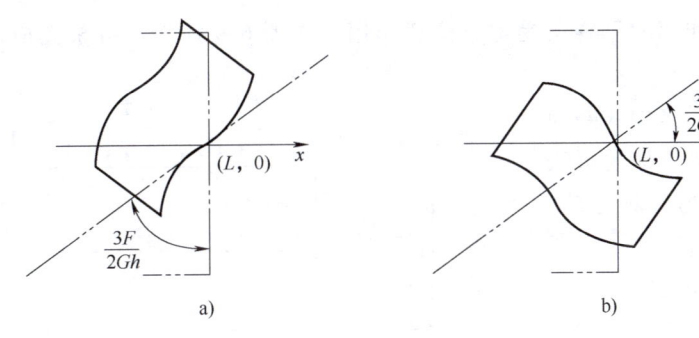

图 6-8 微分线段转动情况

将式 (6-68) 与式 (6-54) 联立,求得

$$\begin{cases} a = -\dfrac{Fh^2}{8GI} - \dfrac{FL^2}{2EI} \\ b = \dfrac{FL^2}{2EI} \\ c = \dfrac{Fh^2 L}{8GI} + \dfrac{FL^3}{3EI} \\ d = 0 \end{cases} \qquad (6\text{-}70)$$

代入式 (6-56),得

$$\begin{cases} u = -\dfrac{Fx^2 y}{2EI} + \dfrac{Fy^3}{6GI} - \dfrac{\nu F y^3}{6EI} + \dfrac{FL^2 y}{2EI} \\ v = \dfrac{\nu F x y^2}{2EI} + \dfrac{Fx^3}{6EI} - \left(\dfrac{Fh^2}{8GI} + \dfrac{FL^2}{2EI}\right) x + \dfrac{Fh^2 L}{8GI} + \dfrac{FL^3}{3EI} \end{cases} \qquad (6\text{-}71)$$

可见,所求得的位移发生改变。梁的轴线弯曲后方程为

$$v(x,0) = \dfrac{Fx^3}{6EI} - \left(\dfrac{Fh^2}{8GI} + \dfrac{FL^2}{2EI}\right) x + \dfrac{Fh^2 L}{8GI} + \dfrac{FL^3}{3EI} \qquad (6\text{-}72)$$

自由端的挠度为

$$f = \dfrac{FL^3}{3EI} + \dfrac{Fh^2 L}{8GI} = \dfrac{FL^3}{3EI} + \dfrac{3FL}{2Gh} \qquad (6\text{-}73)$$

与式 (6-63) 比较,可以发现,按第二种固定方式所得的自由端挠度较第一种固定方式得到的挠度增加了 $\dfrac{3FL}{2Gh}$,这一项表现为剪力对弯曲的影响。

过 $(L,0)$ 点并与 Ox 轴平行的微分线段在梁变形后的转角为

$$\left(\dfrac{\partial v}{\partial x}\right)_{\substack{x=L \\ y=0}} = -\dfrac{Fh^2}{8GI} = -\dfrac{3F}{2Gh} < 0 \qquad (6\text{-}74)$$

式 (6-74) 表示梁在变形后由 Ox 轴的正方向朝 Oy 轴的负方向转动,如图 6-8b 所示。

值得注意的是，除上述两种固定方式外，还可以给出多种固定方式，但在选取固定方式时，必须与实际情况接近。必须指出，弹性力学中所采用的固定方式，实际上是难以实现的，在实际工程结构中，只是近似实现这种固定方式。

6.3.3 悬臂梁受均布荷载作用

一个不计自重作用的悬臂梁受均布荷载作用，如图 6-9 所示，分析其应力分布和变形情况。

该问题也可通过多项式叠加进行求解，不过，为了展现解法的多样化，现采用另一种方法。通过分析已知弯曲应力 σ_x 主要是由弯矩产生的，剪应力 τ_{xy} 主要是由剪力 F_s 产生的，而挤压应力 σ_y 主要是由荷载 q 产生的，现因 q 为常数，故可假定对于不同的 x，σ_y 的分布相同，σ_y 仅为 y 的函数，即

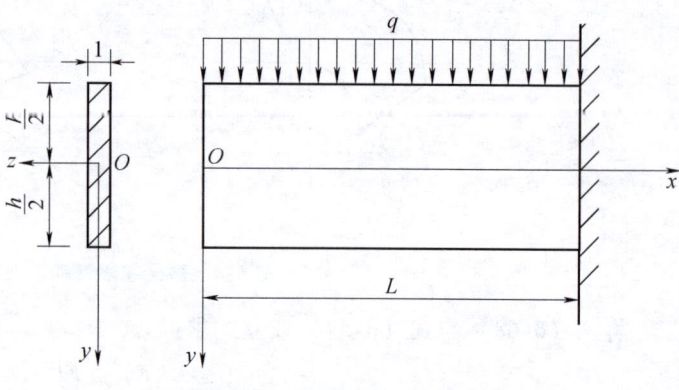

图 6-9 悬臂梁受均布荷载作用

$$\sigma_y = f(y) \tag{6-75}$$

于是有

$$\frac{\partial^2 U}{\partial x^2} = f(y) \tag{6-76}$$

而

$$\begin{cases} \dfrac{\partial U}{\partial x} = xf(y) + f_1(y) \\ U = \dfrac{x^2}{2}f(y) + xf_1(y) + f_2(y) \end{cases} \tag{6-77}$$

这里 $f_1(y)$ 和 $f_2(y)$ 是 y 的任意函数。

由于应力函数 U 须满足式 (6-27)，故将式 (6-77) 代入式 (6-27) 后，得到 $f(y)$、$f_1(y)$ 和 $f_2(y)$ 须满足的条件为

$$\frac{1}{2}\frac{d^4 f(y)}{dy^4}x^2 + \frac{d^4 f_1(y)}{dy^4}x + \frac{d^4 f_2(y)}{dy^4} + 2\frac{d^2 f(y)}{dy^2} = 0 \tag{6-78}$$

上式是 x 的二次方程，但它有无穷多个解（梁内所有 x 都满足）。因此，方程的系数和自由项均为 0，即

$$\begin{cases} \dfrac{d^4 f(y)}{dy^4} = 0 \\ \dfrac{d^4 f_1(y)}{dy^4} = 0 \\ \dfrac{d^4 f_2(y)}{dy^4} + 2\dfrac{d^2 f(y)}{dy^2} = 0 \end{cases} \tag{6-79}$$

由式（6-79）的前两个方程，有

$$\begin{cases} f(y) = Ay^3 + By^2 + Cy + D \\ f_1(y) = Ey^3 + Fy^2 + Gy \end{cases} \quad (6\text{-}80)$$

式中 A，B，$\cdots$，G——分别为常数。

其中，$f_1(y)$ 中已略去不影响应力的常数项。由式（6-79）第三个方程有

$$\frac{d^4 f_2(y)}{dy^4} = -2 \frac{d^2 f(y)}{dy^2} = -12Ay - 4B \quad (6\text{-}81)$$

积分后得

$$f_2(y) = -\frac{A}{10}y^5 - \frac{B}{6}y^4 + Hy^3 + Ky^2 \quad (6\text{-}82)$$

式中 H、K——分别为常数。

这里略去了不影响应力的一次项和常数项。将式（6-80）和式（6-82）代入式（6-77），得

$$U = \frac{1}{2}x^2(Ay^3 + By^2 + Cy + D) + x(Ey^3 + Fy^2 + Gy) - \frac{A}{10}y^5 - \frac{B}{6}y^4 + Hy^3 + Ky^2 \quad (6\text{-}83)$$

应力分量为

$$\begin{cases} \sigma_x = \dfrac{\partial^2 U}{\partial y^2} = \dfrac{1}{2}x^2(6Ay + 2B) + x(6Ey + 2F) - 2Ay^3 - 2By^2 + 6Hy + 2K \\ \sigma_y = \dfrac{\partial^2 U}{\partial x^2} = Ay^3 + By^2 + Cy + D \\ \tau_{xy} = -\dfrac{\partial^2 U}{\partial x \partial y} = -x(3Ay^2 + 2By + C) - (3Ey^2 + 2Fy + G) \end{cases} \quad (6\text{-}84)$$

这些应力分量满足平衡微分方程和协调方程。若能适当选择 A，B，$\cdots$，G，H，K，使全部边界条件都满足，则式（6-84）给出的应力分量就是问题的解答。

本问题的边界条件为

$$\begin{cases} (\sigma_y)_{y=-\frac{h}{2}} = -q \\ (\tau_{xy})_{y=-\frac{h}{2}} = 0 \\ (\sigma_y)_{y=\frac{h}{2}} = 0 \\ (\tau_{xy})_{y=\frac{h}{2}} = 0 \\ \int_{-\frac{h}{2}}^{\frac{h}{2}} (\sigma_x)_{x=0} dy = 0 \\ \int_{-\frac{h}{2}}^{\frac{h}{2}} y(\sigma_x)_{x=0} dy = 0 \\ (\tau_{xy})_{x=0} = 0 \end{cases} \quad (6\text{-}85)$$

由边界条件［式（6-85）］的第七式可知

$$E = F = G = 0 \tag{6-86}$$

由边界条件［式（6-85）］的第一～四式得

$$\begin{cases} -\dfrac{h^3}{8}A + \dfrac{h^2}{4}B - \dfrac{h}{2}C + D = -q \\ \dfrac{3h^2}{4}A - hB + C = 0 \\ \dfrac{h^3}{8}A + \dfrac{h^2}{4}B + \dfrac{h}{2}C + D = 0 \\ \dfrac{3h^2}{4}A + hB + C = 0 \end{cases} \tag{6-87}$$

解得

$$\begin{cases} A = -\dfrac{2q}{h^3} \\ B = 0 \\ C = \dfrac{3q}{2h} \\ D = -\dfrac{q}{2} \end{cases} \tag{6-88}$$

将 A，B，$\cdots$，G 的已知值代入式（6-84），得

$$\begin{cases} \sigma_x = -\dfrac{6q}{h^3}x^2 y + \dfrac{4q}{h^3}y^3 + 6Hy + 2K \\ \sigma_y = -\dfrac{2q}{h^3}y^3 + \dfrac{3q}{2h}y - \dfrac{q}{2} \\ \tau_{xy} = \dfrac{6q}{h^3}xy^2 - \dfrac{3q}{2h}x \end{cases} \tag{6-89}$$

再由边界条件［式（6-85）］的前两个条件得

$$\begin{cases} K = 0 \\ H = -\dfrac{q}{10h} \end{cases} \tag{6-90}$$

代入式（6-89），并注意 $I = \dfrac{h^3}{12}$，故最后得

$$\begin{cases} \sigma_x = -\dfrac{q}{2I}x^2 y + \dfrac{q}{2I}\left(\dfrac{2}{3}y^3 - \dfrac{h^2}{10}y\right) \\ \sigma_y = -\dfrac{q}{2}\left(1 - \dfrac{3y}{h} + \dfrac{4y^3}{h^3}\right) \\ \tau_{xy} = \dfrac{q}{2I}\left(y^2 - \dfrac{h^2}{4}\right)x \end{cases} \tag{6-91}$$

将应力表达式（6-91）与材料力学结果比较，可以发现切应力 τ_{xy} 与材料力学结果相同，正应力 σ_x 增加了一个修正项

$$\dfrac{q}{2I}\left(\dfrac{2}{3}y^3 - \dfrac{h^2}{10}y\right) \tag{6-92}$$

6.3.4　简支梁受均布荷载作用

一长为 L、高为 h 的矩形截面的窄梁（取 1 单位厚度），梁的上边界受均布荷载 q 作用（图 6-10）；梁支撑于两端，假定其支承反力是按分布于两端截面内的剪力形式作用于梁上；不计自重，选取坐标如图 6-10 所示。

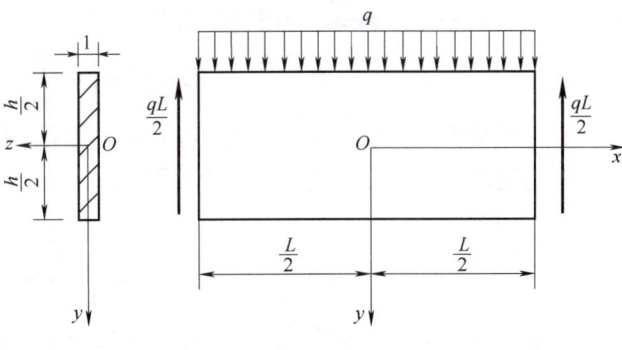

图 6-10　简支梁受均布荷载作用

这一问题可以采用前述两种方法凑取应力函数 U 求解。若通过材料力学的方法求解，可得到如下应力

$$\begin{cases} \sigma_x = \dfrac{q}{2I}\left(\dfrac{L^2}{4} - x^2\right)y \\ \tau_{xy} = -\dfrac{qx}{2I}\left(\dfrac{h^2}{4} - y^2\right) \end{cases} \quad (6\text{-}93)$$

另外，在材料力学里，认为 $\sigma_y = 0$。显然应力式（6-93）和 $\sigma_y = 0$ 的假设不能满足弹性力学的全部方程。因为在梁的上表面 $\left(y = -\dfrac{h}{2}\right)$ 有

$$\sigma_y = -q \neq 0 \quad (6\text{-}94)$$

因此，只好先抛弃 $\sigma_y = 0$ 的假定来进行满足弹性力学方程的试探。现在根据应力表达式［式（6-93）］来选取应力函数的普遍形式。先将式（6-93）写成普遍形式

$$\begin{cases} \sigma_x = Ay + Bx^2 y \\ \tau_{xy} = Cx + Dxy^2 \end{cases} \quad (6\text{-}95)$$

于是有

$$\begin{cases} \dfrac{\partial^2 U}{\partial y^2} = Ay + Bx^2 y \\ \dfrac{\partial^2 U}{\partial x \partial y} = -Cx - Dxy^2 \end{cases} \quad (6\text{-}96)$$

由式（6-96）的第一式积分，得

$$U = \dfrac{A}{6}y^3 + \dfrac{B}{6}x^2 y^3 + f_1(x)y + f_2(x) \quad (6\text{-}97)$$

式中　$f_1(x)$、$f_2(x)$——x 的任意函数。

将式（6-97）代入式（6-96）的第二式，则有

$$Bxy^2 + f_1'(x) = -Cx - Dxy^2 \quad (6\text{-}98)$$

由此得

$$\begin{cases} B = -D \\ f_1(x) = -\dfrac{C}{2}x^2 + E \end{cases} \quad (6\text{-}99)$$

式中　E——积分常数。

将式 (6-99) 代入式 (6-97)，得到

$$U = \frac{A}{6}y^3 + \frac{B}{6}x^2y^3 + \left(-\frac{C}{2}x^2 + E\right)y + f_2(x) \tag{6-100}$$

通过直接演算发现，上述函数 U 并不满足式 (6-27)，因而它并不能直接作为应力函数。为构造应力函数，在这个函数上再添加一个任意函数 $\Psi(x,y)$，并略去不影响应力的一次项 Ey，于是有

$$U = \frac{A}{6}y^3 + \frac{B}{6}x^2y^3 - \frac{C}{2}x^2y + f_2(x) + \Psi(x,y) \tag{6-101}$$

以满足式 (6-27) 为目标选择函数 $\Psi(x,y)$。为此，将式 (6-101) 代入式 (6-27)，得到要使其满足双调和函数 $\Psi(x,y)$ 需要满足的方程 [这里设 $f_2(x)$ 至多为 x 的三次函数]，即

$$\frac{\partial^4 \Psi}{\partial x^4} + 2\frac{\partial^4 \Psi}{\partial x^2 \partial y^2} + \frac{\partial^4 \Psi}{\partial y^4} = -4By \tag{6-102}$$

很容易看出，这个方程的简单解答是

$$\Psi(x,y) = \frac{F}{24}x^4y + \frac{H}{120}y^5 + \frac{K}{12}x^2y^3 \tag{6-103}$$

将式 (6-103) 代入式 (6-101) 得到

$$F + 2K + H = -4B \tag{6-104}$$

函数 $\Psi(x,y)$ 中的 $\frac{K}{12}x^2y^3$ 可以去掉，因为函数 (6-100) 已经包含相似的项，由式 (6-104) 可得

$$H = -4B - F \tag{6-105}$$

因此得到

$$U = \frac{A}{6}y^3 + \frac{B}{6}x^2y^3 - \frac{C}{2}x^2y + f_2(x) + \frac{F}{24}x^4y - \frac{4B+F}{120}y^5 \tag{6-106}$$

对应的应力分量为

$$\begin{cases} \sigma_x = \dfrac{\partial^2 U}{\partial y^2} = Ay + Bx^2y - \dfrac{4B+F}{6}y^3 \\ \sigma_y = \dfrac{\partial^2 U}{\partial x^2} = \dfrac{B}{3}y^3 - Cy + f_2''(x) + \dfrac{F}{2}x^2y \\ \tau_{xy} = -\dfrac{\partial^2 U}{\partial x \partial y} = -Bxy^2 + Cx - \dfrac{F}{6}x^3 \end{cases} \tag{6-107}$$

现利用边界条件确定常数。先考察上下两面边界条件

$$\begin{cases} (\sigma_y)_{y=-\frac{h}{2}} = -q \\ (\tau_{xy})_{y=-\frac{h}{2}} = 0 \\ (\sigma_y)_{y=\frac{h}{2}} = 0 \\ (\tau_{xy})_{y=\frac{h}{2}} = 0 \end{cases} \tag{6-108}$$

将式 (6-108) 应用于式 (6-107)，有

$$\begin{cases} -\dfrac{B}{24}h^3 + \dfrac{C}{2}h + f_2''(x) - \dfrac{F}{4}x^2 h = -q \\ \dfrac{B}{24}h^3 - \dfrac{C}{2}h + f_2''(x) + \dfrac{F}{4}x^2 h = 0 \\ -\dfrac{B}{4}xh^2 + Cx - \dfrac{F}{6}x^3 = 0 \end{cases} \tag{6-109}$$

由式（6-109）的前两项可以看出，要使它们恒成立，只有

$$\begin{cases} F = 0 \\ f_2''(x) = G \end{cases} \tag{6-110}$$

这样，式（6-109）简化为

$$\begin{cases} -\dfrac{B}{24}h^3 + \dfrac{C}{2}h + G = -q \\ \dfrac{B}{24}h^3 - \dfrac{C}{2}h + G = 0 \\ -\dfrac{B}{4}h^2 + C = 0 \end{cases} \tag{6-111}$$

解得

$$\begin{cases} B = -\dfrac{6q}{h^3} \\ C = -\dfrac{3q}{2h} \\ G = -\dfrac{q}{2} \end{cases} \tag{6-112}$$

将式（6-112）代入式（6-107），得

$$\begin{cases} \sigma_x = Ay - \dfrac{6q}{h^3}x^2 y + \dfrac{4q}{h^3}y^3 \\ \sigma_y = -\dfrac{6q}{h^3}\left(\dfrac{y^3}{3} - \dfrac{h^2}{4}y + \dfrac{h^3}{12}\right) \\ \tau_{xy} = -\dfrac{6q}{h^3}\left(\dfrac{h^2}{4} - y^2\right)x \end{cases} \tag{6-113}$$

现在考察两边的边界条件

$$\begin{cases} (\sigma_x)_{x = \pm \frac{L}{2}} = 0 \\ \int_{-\frac{h}{2}}^{\frac{h}{2}} (\tau_{xy})_{x = \pm \frac{L}{2}} \mathrm{d}y = \mp \dfrac{qL}{2} \end{cases} \tag{6-114}$$

很容易验证第二个条件已经满足，但第一个条件无法满足，因此只好利用局部性原理，将此边界条件放松，即

$$\begin{cases} \int_{-\frac{h}{2}}^{\frac{h}{2}} (\sigma_x)_{x = \frac{L}{2}} \mathrm{d}y = 0 \\ \int_{-\frac{h}{2}}^{\frac{h}{2}} y(\sigma_x)_{x = \frac{L}{2}} \mathrm{d}y = 0 \end{cases} \tag{6-115}$$

由式（6-113）的第一式可以看出，式（6-115）的第一个条件已经满足，故由第二个条件，得

$$A = \frac{12}{h^3}\left(\frac{qL^2}{8} - \frac{qh^2}{20}\right) \tag{6-116}$$

将式（6-116）代入式（6-113），整理可得

$$\begin{cases} \sigma_x = \frac{6q}{h^3}\left(\frac{L^2}{4} - x^2\right)y + \frac{qy}{h}\left(\frac{4y^2}{h^2} - \frac{3}{5}\right) \\ \sigma_y = -\frac{q}{2}\left(1 + \frac{y}{h}\right)\left(1 - \frac{2y}{h}\right)^2 \\ \tau_{xy} = -\frac{6q}{h^3}x\left(\frac{h^2}{4} - y^2\right) \end{cases} \tag{6-117}$$

简支梁应力分布沿任一截面的变化如图 6-11 所示。

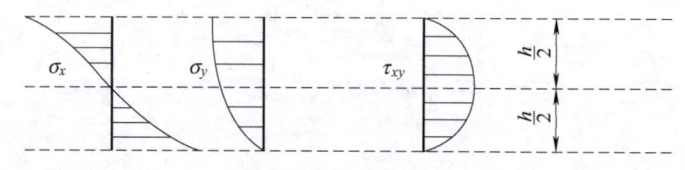

图 6-11　简支梁应力分布

将应力分量表达式（6-117）与材料力学结果式（6-93）相比，可以发现，剪应力 τ_{xy} 与材料力学结果一致；σ_y 表示纵向纤维间的挤压力，而在材料力学里假设为 0；σ_x 中第一项与材料力学结果一致，第二项表示弹性力学提出的修正项，对于通常的长而低的梁，修正项很小，可以忽略不计。对于短而高的梁，则需要注意修正项。以梁的中间截面为例，梁顶和梁底弯曲应力为

$$(\sigma_x)_{\substack{x=0\\y=\pm\frac{h}{2}}} = \pm 3q\left(\frac{L^2}{4h^2}\right)\left(1 + \frac{4h^2}{15L^2}\right) \tag{6-118}$$

后一个括号内的第一项代表主要项，第二项代表修正项。当梁的长高之比 $\frac{L}{h} = 4$ 时，修正项只占主要项的 $\frac{1}{60}$，即 1.7%；当梁的长高比 $\frac{L}{h} = 2$，修正项将占比 $\frac{1}{15}$，即 6.7%。

6.3.5　三角形截面水坝受水压力作用

有一个三角形截面水坝，左面垂直，右面与垂直面成 α 角，下端可认为伸向无穷。承受坝体自重和水压力作用，坝与水重度分别为 γ 和 γ_w，坐标选取如图 6-12 所示，分析水坝的应力状态。

该问题可作为平面应变问题进行分析。对坝体内任何一点，每个应力分量都应该由两部分组成：第一部分由重力产生，与 γ 成正比；第二部分由水压力产生，与 γ_w 成正比；另外，每一部分与 α, x, y 有关。总

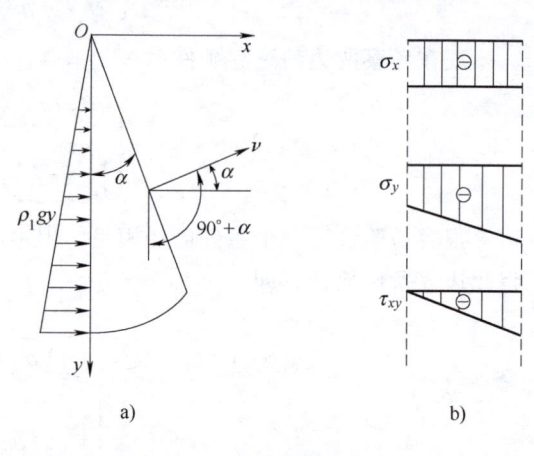

图 6-12　三角形截面水坝

之，各应力分量中包括下列形式的两部分
$$\gamma N_1(\alpha,x,y), \quad \gamma_w N_2(\alpha,x,y) \tag{6-119}$$
式中 N_1、N_2——α、x、y 按某种形式组成的数量。

现假设本问题具有多项式解，采用量纲分析法，确定 N_1 和 N_2 的幂次。

由于应力的量纲为 $MT^{-2}L^{-1}$，γ 和 γ_w 的量纲为 $MT^{-2}L^{-2}$，表示水坝几何形状的 α 为量纲一的量，而 x 和 y 的量纲为 L，故要使 $\gamma N_1(\alpha,x,y)$ 和 $\gamma_w N_2(\alpha,x,y)$ 的量纲与应力量纲一致，N_1 和 N_2 必须与 x、y 成一次幂的关系。由应力与应力函数之间的关系可知，应力函数为三次多项式，即

$$U = \frac{A}{6}x^3 + \frac{B}{2}x^2 y + \frac{C}{2}xy^2 + \frac{D}{6}y^3 \tag{6-120}$$

显然式（6-120）满足式（6-27）。由式（6-23）（令其中的 $F_x = 0$，$F_y = \gamma$），可以得到的应力分量为

$$\begin{cases} \sigma_x = \dfrac{\partial^2 U}{\partial y^2} = Cx + Dy \\[4pt] \sigma_y = \dfrac{\partial^2 U}{\partial x^2} = Ax + By \\[4pt] \tau_{xy} = -\dfrac{\partial^2 U}{\partial x \partial y} - \gamma x = -Bx - Cy - \gamma x \end{cases} \tag{6-121}$$

现利用边界条件定常数。本问题的边界条件为

$$\begin{cases} (\sigma_x)_{x=0} = -\gamma_w y \\ (\tau_{xy})_{x=0} = 0 \\ \bar{f}_x = l(\sigma_x)_{x=y\tan\alpha} + m(\tau_{xy})_{x=y\tan\alpha} = 0 \\ \bar{f}_y = l(\tau_{xy})_{x=y\tan\alpha} + m(\sigma_y)_{x=y\tan\alpha} = 0 \end{cases} \tag{6-122}$$

其中

$$\begin{cases} l = \cos(v,x) = \cos\alpha \\ m = \cos(v,y) = \cos(90° + \alpha) = -\sin\alpha \end{cases} \tag{6-123}$$

将边界条件式（6-122）用到应力分量（6-121）上，并注意到式（6-123），于是有

$$\begin{cases} Dy = -\gamma_w y \\ -Cy = 0 \\ (Cy\tan\alpha + Dy)\cos\alpha - [-Cy - (B+\gamma)y\tan\alpha]\sin\alpha = 0 \\ [-Cy - (B+\gamma)y\tan\alpha]\cos\alpha - (By + Ay\tan\alpha)\sin\alpha = 0 \end{cases} \tag{6-124}$$

消去 y，然后解得

$$\begin{cases} D = -\gamma_w \\ C = 0 \\ A = \dfrac{\gamma}{\tan\alpha} - \dfrac{2\gamma_w}{\tan^3\alpha} \\ B = \dfrac{\gamma_w}{\tan^2\alpha} - \gamma \end{cases} \tag{6-125}$$

故最后得应力分量

$$\begin{cases} \sigma_x = -\gamma_w y \\ \sigma_y = (\gamma\cot\alpha - 2\gamma_w\cot^3\alpha)x + (\gamma_w\cot^2\alpha - \gamma)y \\ \tau_{xy} = -\gamma_w x\cot^2\alpha \end{cases} \quad (6\text{-}126)$$

从式（6-126）可知，沿着任一水平截面上应力变化如图 6-12b 所示。应力 σ_x 为常数，该结果不能用材料力学中的公式求得。应力 σ_y 按直线变化，在左右面上分别等于

$$\begin{cases} (\sigma_y)_{x=0} = -(\gamma - \gamma_w\cot^2\alpha)y \\ (\sigma_y)_{x=y\tan\alpha} = -\gamma_w y\cot^2\alpha \end{cases} \quad (6\text{-}127)$$

上述结果与材料力学中偏心受压公式所得结果一致。应力 τ_{xy} 也按直线变化，在左右面上分别等于

$$\begin{cases} (\tau_{xy})_{x=0} = 0 \\ (\tau_{xy})_{x=y\tan\alpha} = -\gamma_w y\cot\alpha \end{cases} \quad (6\text{-}128)$$

然而，在材料力学中，τ_{xy} 按抛物线变化，与正确解不符。

6.4 平面问题的极坐标解法

在平面问题中，当所分析的物体是圆形、环形、扇形和楔形时，采用极坐标求解题更方便。这时，须将平面问题各基本方程改用极坐标表示。

6.4.1 极坐标系基本未知量

直角坐标系中一点的位置用坐标 x 和 y 表示，极坐标系中则用 r 和 θ 表示，如图 6-13a 所示，二者的关系为

$$\begin{cases} x = r\cos\theta \\ y = r\sin\theta \\ r^2 = x^2 + y^2 \\ \theta = \arctan\left(\dfrac{y}{x}\right) \end{cases} \quad (6\text{-}129)$$

1. 位移分量

一点的位移是个矢量，其在直角坐标系中的分量用 u、v 表示，而在极坐标系中用 u_r、u_θ 表示（图 6-13b），二者关系为

$$\begin{cases} u_r = u\cos\theta + v\sin\theta \\ u_\theta = -u\sin\theta + v\cos\theta \end{cases} \quad (6\text{-}130)$$

或

$$\begin{cases} u = u_r\cos\theta - u_\theta\sin\theta \\ v = u_r\sin\theta + u_\theta\cos\theta \end{cases} \quad (6\text{-}131)$$

2. 应力分量

平面问题一点的应力分量在直角坐标系中为 σ_x、σ_y、τ_{xy}。在极坐标系中，应力分量用

σ_r、σ_θ、$\tau_{r\theta}$表示，σ_r表示该点外法线指向 r 方向微分面上的正应力，σ_θ表示该点外法线指向 θ 方向微分面上的正应力，$\tau_{r\theta}$表示该点外法线指向 r 方向微分面上指向 θ 方向的剪应力（图6-13c）。应力分量的正负号规定与直角坐标系相同。根据应力分量的坐标变换公式，并考虑平面问题特点，有

$$\begin{cases} \sigma_r = \sigma_x\cos^2\theta + \sigma_y\sin^2\theta + 2\tau_{xy}\sin\theta\cos\theta \\ \sigma_\theta = \sigma_x\sin^2\theta + \sigma_y\cos^2\theta - 2\tau_{xy}\sin\theta\cos\theta \\ \tau_{r\theta} = (\sigma_y - \sigma_x)\sin\theta\cos\theta + \tau_{xy}(\cos^2\theta - \sin^2\theta) \end{cases} \quad (6\text{-}132)$$

或

$$\begin{cases} \sigma_x = \sigma_r\cos^2\theta + \sigma_\theta\sin^2\theta - 2\tau_{r\theta}\sin\theta\cos\theta \\ \sigma_y = \sigma_r\sin^2\theta + \sigma_\theta\cos^2\theta + 2\tau_{r\theta}\sin\theta\cos\theta \\ \tau_{xy} = (\sigma_r - \sigma_\theta)\sin\theta\cos\theta + \tau_{r\theta}(\cos^2\theta - \sin^2\theta) \end{cases} \quad (6\text{-}133)$$

a) 极坐标系 b) 极坐标中的位移分量 c) 极坐标中的应力分量

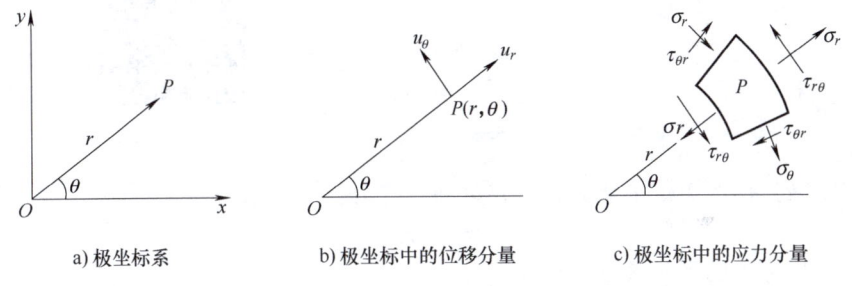

图 6-13 极坐标中一点的位移分量和应力分量

3. 应变分量

平面问题中一点的应变分量在直角坐标系中为 ε_x、ε_y、γ_{xy}。在极坐标系中，应变分量用 ε_r、ε_θ、$\gamma_{r\theta}$ 表示，ε_r 表示该点沿 r 方向微段的线应变，ε_θ 表示该点沿 θ 方向微段的线应变，$\gamma_{r\theta}$ 表示该点 r 方向和 θ 方向的剪应变。应变分量的坐标变换公式与应力分量坐标变换公式相同。只需注意 $\gamma_{r\theta} = 2\varepsilon_{r\theta}$，故需把坐标变换式中的剪应力改为剪应变的 1/2，例如

$$\varepsilon_x = \varepsilon_r\cos^2\theta + \varepsilon_\theta\sin^2\theta - \gamma_{r\theta}\sin\theta\cos\theta \quad (6\text{-}134)$$

6.4.2 极坐标系基本方程

1. 平衡方程

在物体内取一微小单元体 $abcd$，如图 6-14 所示。该单元体有两个圆柱面和两个径向平面截割而得。中心角为 $d\theta$，内半径为 r，外半径为 $r + dr$。设体力的径向和环向分量分别为 f_r 和 f_θ。

现研究该微元体的平衡条件。将微元体上所有外力投影到过微元体形心的径向轴上，得

$$\left(\sigma_r + \frac{\partial \sigma_r}{\partial r}dr\right)(r+dr)d\theta - \left(\sigma_\theta + \frac{\partial \sigma_\theta}{\partial \theta}d\theta\right)dr\sin\frac{d\theta}{2} - \sigma_\theta dr\sin\frac{d\theta}{2} +$$
$$\left(\tau_{\theta r} + \frac{\partial \tau_{\theta r}}{\partial \theta}d\theta\right)dr\cos\frac{d\theta}{2} - \tau_{\theta r}dr\cos\frac{d\theta}{2} + f_r r d\theta dr = 0 \quad (6\text{-}135)$$

由于 $d\theta$ 是微量，故有 $\sin\left(\dfrac{d\theta}{2}\right) \approx \dfrac{d\theta}{2}$，$\cos\left(\dfrac{d\theta}{2}\right) \approx 1$。式（6-135）简化为

$$\frac{\partial \sigma_r}{\partial r} + \frac{1}{r}\frac{\partial \tau_{\theta r}}{\partial \theta} + \frac{\sigma_r - \sigma_\theta}{r} + f_r = 0 \qquad (6\text{-}136)$$

同理，将微元体上所有外力投影到过微元体形心的环向轴上，得

$$\frac{\partial \tau_{r\theta}}{\partial r} + \frac{1}{r}\frac{\partial \sigma_\theta}{\partial \theta} + \frac{2\tau_{r\theta}}{r} + f_\theta = 0 \qquad (6\text{-}137)$$

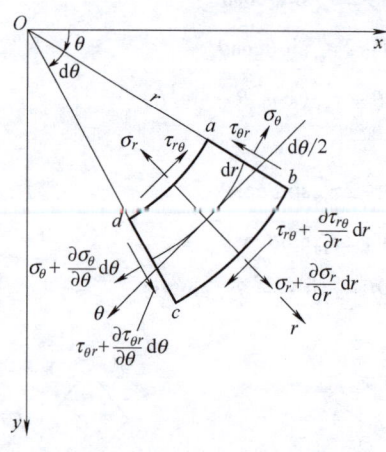

图 6-14 极坐标微元体受力分析

极坐标微元体受力分析

如果列出微元体的力矩平衡方程，将得到剪应力互等关系

$$\tau_{r\theta} = \tau_{\theta r} \qquad (6\text{-}138)$$

于是，极坐标系的平衡微分方程为

$$\begin{cases} \dfrac{\partial \sigma_r}{\partial r} + \dfrac{1}{r}\dfrac{\partial \tau_{r\theta}}{\partial \theta} + \dfrac{\sigma_r - \sigma_\theta}{r} + f_r = 0 \\ \dfrac{\partial \tau_{r\theta}}{\partial r} + \dfrac{1}{r}\dfrac{\partial \sigma_\theta}{\partial \theta} + \dfrac{2\tau_{r\theta}}{r} + f_\theta = 0 \end{cases} \qquad (6\text{-}139)$$

2. 几何方程

极坐标系的几何方程可由微元变形分析直接推导，也可采用坐标变换方法得到。这里采用第二种方法。根据直角坐标与极坐标的关系，有

$$\frac{\partial r}{\partial x} = \frac{x}{r} = \cos\theta, \quad \frac{\partial r}{\partial y} = \frac{y}{r} = \sin\theta, \quad \frac{\partial \theta}{\partial x} = -\frac{\sin\theta}{r}, \quad \frac{\partial \theta}{\partial y} = -\frac{\cos\theta}{r} \qquad (6\text{-}140)$$

将位移分量表达式代入几何方程 $\varepsilon_x = \dfrac{\partial u}{\partial x}$，得

$$\varepsilon_x = \cos^2\theta\,\frac{\partial u_r}{\partial r} + \sin^2\theta\left(\frac{1}{r}\frac{\partial u_\theta}{\partial \theta} + \frac{u_r}{r}\right) - \sin\theta\cos\theta\left(\frac{1}{r}\frac{\partial u_r}{\partial \theta} + \frac{\partial u_\theta}{\partial r} - \frac{u_\theta}{r}\right) \qquad (6\text{-}141)$$

将式 (6-141) 与应变分量表达式比较，得

$$\begin{cases} \varepsilon_r = \dfrac{\partial u_r}{\partial r} \\ \varepsilon_\theta = \dfrac{1}{r}\dfrac{\partial u_\theta}{\partial \theta} + \dfrac{u_r}{r} \\ \gamma_{r\theta} = \dfrac{1}{r}\dfrac{\partial u_r}{\partial \theta} + \dfrac{\partial u_\theta}{\partial r} - \dfrac{u_\theta}{r} \end{cases} \qquad (6\text{-}142)$$

此即极坐标的几何方程。

3. 本构方程

在极坐标中，应力与应变的关系与直角坐标情况相同，这是因为极坐标系也是正交坐标系，而材料是各向同性的。对平面应力问题，本构方程为

$$\begin{cases} \varepsilon_r = \dfrac{1}{E}(\sigma_r - \nu\sigma_\theta) \\ \varepsilon_\theta = \dfrac{1}{E}(\sigma_\theta - \nu\sigma_r) \\ \gamma_{r\theta} = \dfrac{2(1+\nu)}{E}\tau_{r\theta} \end{cases} \tag{6-143}$$

对于平面应变问题，则需把上式的 E 换成 $\dfrac{E}{1-\nu^2}$，ν 换成 $\dfrac{\nu}{1-\nu}$。

4. 应变协调方程

在直角坐标系中，当体力为常数时，用应力函数表示的协调方程为

$$\nabla^2\left(\dfrac{\partial^2 \Phi}{\partial y^2} + \dfrac{\partial^2 \Phi}{\partial x^2}\right) = 0 \tag{6-144}$$

式中　Φ——应力函数。

下面将此用极坐标表示。为此，利用复合函数求导方法，可得

$$\begin{cases} \dfrac{\partial \Phi}{\partial x} = \dfrac{\partial \Phi}{\partial r}\dfrac{\partial r}{\partial x} + \dfrac{\partial \Phi}{\partial \theta}\dfrac{\partial \theta}{\partial x} = \cos\theta\dfrac{\partial \Phi}{\partial r} - \dfrac{\sin\theta}{r}\dfrac{\partial \Phi}{\partial \theta} \\ \dfrac{\partial \Phi}{\partial y} = \dfrac{\partial \Phi}{\partial r}\dfrac{\partial r}{\partial y} + \dfrac{\partial \Phi}{\partial \theta}\dfrac{\partial \theta}{\partial y} = \sin\theta\dfrac{\partial \Phi}{\partial r} + \dfrac{\cos\theta}{r}\dfrac{\partial \Phi}{\partial \theta} \end{cases} \tag{6-145a}$$

$$\begin{cases} \dfrac{\partial^2 \Phi}{\partial x^2} = \dfrac{\partial}{\partial x}\left(\dfrac{\partial \Phi}{\partial x}\right) = \cos^2\theta\dfrac{\partial^2 \Phi}{\partial r^2} + \sin^2\theta\left(\dfrac{1}{r}\dfrac{\partial \Phi}{\partial r} + \dfrac{1}{r^2}\dfrac{\partial^2 \Phi}{\partial \theta^2}\right) + \\ \qquad 2\sin\theta\cos\theta\left(\dfrac{1}{r^2}\dfrac{\partial \Phi}{\partial \theta} - \dfrac{1}{r}\dfrac{\partial^2 \Phi}{\partial r\partial \theta}\right) \\ \dfrac{\partial^2 \Phi}{\partial y^2} = \dfrac{\partial}{\partial y}\left(\dfrac{\partial \Phi}{\partial y}\right) = \sin^2\theta\dfrac{\partial^2 \Phi}{\partial r^2} + \cos^2\theta\left(\dfrac{1}{r}\dfrac{\partial \Phi}{\partial r} + \dfrac{1}{r^2}\dfrac{\partial^2 \Phi}{\partial \theta^2}\right) - \\ \qquad 2\sin\theta\cos\theta\left(\dfrac{1}{r^2}\dfrac{\partial \Phi}{\partial \theta} - \dfrac{1}{r}\dfrac{\partial^2 \Phi}{\partial r\partial \theta}\right) \\ \dfrac{\partial^2 \Phi}{\partial x\partial y} = \dfrac{\partial}{\partial y}\left(\dfrac{\partial \Phi}{\partial x}\right) = \sin\theta\cos\theta\left(\dfrac{\partial^2 \Phi}{\partial r^2} - \dfrac{1}{r}\dfrac{\partial \Phi}{\partial r} - \dfrac{1}{r^2}\dfrac{\partial^2 \Phi}{\partial \theta^2}\right) - \\ \qquad (\cos^2\theta - \sin^2\theta)\left(\dfrac{1}{r^2}\dfrac{\partial \Phi}{\partial \theta} - \dfrac{1}{r}\dfrac{\partial^2 \Phi}{\partial r\partial \theta}\right) \end{cases} \tag{6-145b}$$

将式 (6-145b) 的前两式相加得

$$\dfrac{\partial^2 \Phi}{\partial x^2} + \dfrac{\partial^2 \Phi}{\partial y^2} = \left(\dfrac{\partial^2}{\partial r^2} + \dfrac{1}{r}\dfrac{\partial}{\partial r} + \dfrac{1}{r^2}\dfrac{\partial^2}{\partial \theta^2}\right)\Phi \tag{6-146}$$

因此，极坐标中用应力函数标识的协调方程为

$$\nabla^2\nabla^2\Phi = 0 \text{ 或 } \left(\dfrac{\partial^2}{\partial r^2} + \dfrac{1}{r}\dfrac{\partial}{\partial r} + \dfrac{1}{r^2}\dfrac{\partial^2}{\partial \theta^2}\right)^2\Phi = 0 \tag{6-147}$$

5. 应力分量

体力为零时，有

$$\sigma_x = \frac{\partial^2 \Phi}{\partial y^2} = \sin^2\theta \frac{\partial^2 \Phi}{\partial r^2} + \cos^2\theta \left(\frac{1}{r}\frac{\partial \Phi}{\partial r} + \frac{1}{r^2}\frac{\partial^2 \Phi}{\partial \theta^2}\right) - 2\sin\theta\cos\theta\left(\frac{1}{r^2}\frac{\partial \Phi}{\partial \theta} - \frac{1}{r}\frac{\partial^2 \Phi}{\partial r \partial \theta}\right) \quad (6\text{-}148)$$

比较式（6-148）与应力分量坐标变换式的第一式，可得

$$\begin{cases} \sigma_r = \dfrac{1}{r}\dfrac{\partial \Phi}{\partial r} + \dfrac{1}{r^2}\dfrac{\partial^2 \Phi}{\partial \theta^2} \\[6pt] \sigma_\theta = \dfrac{\partial^2 \Phi}{\partial r^2} \\[6pt] \tau_{r\theta} = -\dfrac{\partial}{\partial r}\left(\dfrac{1}{r}\dfrac{\partial \Phi}{\partial \theta}\right) \end{cases} \quad (6\text{-}149)$$

此即极坐标中应力分量与应力函数的关系。不难证明，体力为零时，这样的应力表达式能满足平衡方程式。

6.4.3 轴对称应力和对应的位移

现在考察应力函数 Φ 和 θ 无关的一种特殊情况，此时，式（6-147）变成常微分方程

$$\left(\frac{\mathrm{d}^2}{\mathrm{d}r^2} + \frac{1}{r}\frac{\mathrm{d}}{\mathrm{d}r}\right)\left(\frac{\mathrm{d}^2\Phi}{\mathrm{d}r^2} + \frac{1}{r}\frac{\mathrm{d}\Phi}{\mathrm{d}r}\right) = 0 \quad (6\text{-}150)$$

如将其等号左边展开，并在其等号两边同乘 r^4，则得

$$r^4 \frac{\mathrm{d}^4 \Phi}{\mathrm{d}r^4} + 2r^3 \frac{\mathrm{d}^3 \Phi}{\mathrm{d}r^3} - r^2 \frac{\mathrm{d}^2 \Phi}{\mathrm{d}r^2} + r \frac{\mathrm{d}\Phi}{\mathrm{d}r} = 0 \quad (6\text{-}151\mathrm{a})$$

这是大家熟悉的欧拉方程，对这类方程，只要引入变换

$$r = \mathrm{e}^t \quad (6\text{-}151\mathrm{b})$$

就可以将它变成如下的常系数微分方程

$$\frac{\mathrm{d}^4 \Phi}{\mathrm{d}t^4} - 4 \frac{\mathrm{d}^3 \Phi}{\mathrm{d}t^3} + 4 \frac{\mathrm{d}^2 \Phi}{\mathrm{d}t^2} = 0 \quad (6\text{-}152)$$

其通解为

$$\Phi = At + Bt\mathrm{e}^{2t} + C\mathrm{e}^{2t} + D \quad (6\text{-}153)$$

将式（6-153）代入式（6-149），得到应力表达式

$$\begin{cases} \sigma_r = \dfrac{1}{r}\dfrac{\mathrm{d}\Phi}{\mathrm{d}r} = \dfrac{A}{r^2} + B(1 + 2\ln r) + 2C \\[6pt] \sigma_\theta = \dfrac{\mathrm{d}^2 \Phi}{\mathrm{d}r^2} = -\dfrac{A}{r^2} + B(3 + 2\ln r) + 2C \\[6pt] \tau_{r\theta} = -\dfrac{\mathrm{d}}{\mathrm{d}r}\left(\dfrac{1}{r}\dfrac{\mathrm{d}\Phi}{\mathrm{d}\theta}\right) = 0 \end{cases} \quad (6\text{-}154)$$

可以看出，由式（6-154）给出的应力分量是对称于坐标原点分布的，这种应力称为轴对称应力。

现在考察与轴对称应力对应的位移。将式（6-154）代入式（6-142），并利用式（6-141）

$$\begin{cases} \dfrac{\partial u_r}{\partial r} = \dfrac{1}{E}\left[(1+\nu)\dfrac{A}{r^2} + (1-3\nu)B + 2(1-\nu)B\ln r + 2(1-\nu)C\right] \\[6pt] \dfrac{u_r}{r} + \dfrac{1}{r}\dfrac{\partial u_\theta}{\partial \theta} = \dfrac{1}{E}\left[-(1+\nu)\dfrac{A}{r^2} + (3-\nu)B + 2(1-\nu)B\ln r + 2(1-\nu)C\right] \\[6pt] \dfrac{1}{r}\dfrac{\partial u_r}{\partial \theta} + \dfrac{\partial u_\theta}{\partial r} - \dfrac{u_\theta}{r} = 0 \end{cases} \quad (6\text{-}155)$$

将式（6-155）的第一式积分，得

$$u_r = \frac{1}{E}\left[-(1+\nu)\frac{A}{r} + (1-3\nu)Br + 2(1-\nu)Br(\ln r - 1) + 2(1-\nu)Cr\right] + f(\theta) \quad (6\text{-}156)$$

式中　$f(\theta)$——θ 的任意函数。

将式（6-156）代入式（6-155）的第二式，移项并在等号两边乘以 r 得

$$\frac{\partial u_\theta}{\partial \theta} = \frac{4Br}{E} - f(\theta) \quad (6\text{-}157)$$

积分后得

$$u_\theta = \frac{4Br\theta}{E} - \int f(\theta)\,\mathrm{d}\theta + g(r) \quad (6\text{-}158)$$

式中　$g(r)$——r 的任意函数。

将式（6-156）和式（6-158）代入式（6-155）的第三式，有

$$\frac{1}{r}\frac{\mathrm{d}f(\theta)}{\mathrm{d}\theta} + \frac{\mathrm{d}g(r)}{\mathrm{d}r} - \frac{g(r)}{r} + \frac{1}{r}\int f(\theta)\,\mathrm{d}\theta = 0 \quad (6\text{-}159)$$

或者写成

$$g(r) - r\frac{\mathrm{d}g(r)}{\mathrm{d}r} = \frac{\mathrm{d}f(\theta)}{\mathrm{d}\theta} + \int f(\theta)\,\mathrm{d}\theta \quad (6\text{-}160)$$

显然，要使此式对于所有的 r 和 θ 都成立，只有

$$g(r) - r\frac{\mathrm{d}g(r)}{\mathrm{d}r} = F \quad (6\text{-}161)$$

$$\frac{\mathrm{d}f(\theta)}{\mathrm{d}\theta} + \int f(\theta)\,\mathrm{d}\theta = F \quad (6\text{-}162)$$

式中　F——任意常数。

式（6-161）的通解为

$$g(r) = Hr + F \quad (6\text{-}163)$$

式中　H——任意常数。

为了求解 $f(\theta)$，将式（6-163）求一阶导数，于是有

$$\frac{\mathrm{d}^2 f(\theta)}{\mathrm{d}\theta^2} + f(\theta) = 0 \quad (6\text{-}164)$$

它的通解为

$$f(\theta) = I\sin\theta + K\cos\theta \quad (6\text{-}165)$$

另外，由式（6-162）得

$$\int f(\theta)\,\mathrm{d}\theta = F - \frac{\mathrm{d}f(\theta)}{\mathrm{d}\theta} = F - I\cos\theta + K\sin\theta \quad (6\text{-}166)$$

将式（6-163）、式（6-165）和式（6-166）分别代入式（6-156）、式（6-158），得到位移分量的表达式

$$\begin{cases} u_r = \dfrac{1}{E}\left[-(1+\nu)\dfrac{A}{r} + (1-3\nu)Br + 2(1-\nu)Br(\ln r - 1) + 2(1-\nu)Cr\right] + \\ \qquad I\sin\theta + K\cos\theta \\ u_\theta = \dfrac{4Br\theta}{E} + Hr + I\cos\theta - K\sin\theta \end{cases} \quad (6\text{-}167)$$

式中 A、B、C、H、I、K 由边界条件和约束条件确定。

式（6-167）表示应力轴对称并不代表位移也是轴对称的。但在轴对称应力状态下，如果物体的几何形状和受力（或几何约束）是轴对称的，则位移也是轴对称的。这时，物体内各点都没有环向位移，即 $u_\theta = 0$，因此由式（6-167）的第二式，有

$$B = H = I = K = 0 \tag{6-168}$$

这时，式（6-154）简化为

$$\begin{cases} \sigma_r = \dfrac{A}{r^2} + 2C \\ \sigma_\theta = -\dfrac{A}{r^2} + 2C \\ \tau_{r\theta} = \tau_{\theta r} = 0 \end{cases} \tag{6-169}$$

而式（6-167）简化为

$$\begin{cases} u_r = \dfrac{1}{E}\left[-(1+\nu)\dfrac{A}{r} + 2(1-\nu)Cr \right] \\ u_\theta = 0 \end{cases} \tag{6-170}$$

式（6-167）和式（6-170）在应用于平面应变问题时，须将其中的 E 和 ν 分别换成 $\dfrac{E}{1-\nu^2}$ 和 $\dfrac{\nu}{1-\nu}$。

6.5 平面问题极坐标求解实例

6.5.1 厚壁圆筒受均布压力作用

设有一个内半为 a 外径为 b 的长厚壁圆筒，内外壁分别受均布压力 q_1 和 q_2 作用，如图 6-15 所示。该问题显然是应力轴对称的，若不计刚体位移，则位移也是轴对称的。

此时，应力具有式（6-169）的形式，可利用边界条件确定常数 A 和 C。

$$\begin{cases} (\sigma_r)_{r=a} = -q_1 \\ (\sigma_r)_{r=b} = -q_2 \end{cases} \tag{6-171}$$

将其应用于式（6-169），得

$$\begin{cases} \dfrac{A}{a^2} + 2C = -q_1 \\ \dfrac{A}{b^2} + 2C = -q_2 \end{cases} \tag{6-172a}$$

图 6-15 厚壁圆筒受均布压力作用

解得

$$\begin{cases} A = \dfrac{a^2 b^2 (q_2 - q_1)}{b^2 - a^2} \\ C = \dfrac{q_1 a^2 - q_2 b^2}{2(b^2 - a^2)} \end{cases} \tag{6-172b}$$

将 A 和 C 的值代入式（6-169），得到拉梅解答

$$\begin{cases} \sigma_r = \dfrac{a^2 b^2}{b^2 - a^2} \dfrac{q_2 - q_1}{r^2} + \dfrac{q_1 a^2 - q_2 b^2}{b^2 - a^2} \\ \sigma_\theta = -\dfrac{a^2 b^2}{b^2 - a^2} \dfrac{q_2 - q_1}{r^2} + \dfrac{q_1 a^2 - q_2 b^2}{b^2 - a^2} \\ \tau_{r\theta} = \tau_{\theta r} = 0 \end{cases} \tag{6-173}$$

当外壁压力 $q_2 = 0$，即圆筒只受到内壁压力的作用，此时应力为

$$\begin{cases} \sigma_r = \dfrac{a^2 q_1}{b^2 - a^2}\left(1 - \dfrac{b^2}{r^2}\right) \\ \sigma_\theta = \dfrac{a^2 q_1}{b^2 - a^2}\left(1 + \dfrac{b^2}{r^2}\right) \end{cases} \tag{6-174}$$

这里容易看出，$\sigma_r < 0$，而 $\sigma_\theta > 0$，即 σ_r 为压应力，σ_θ 为拉应力。拉应力最大值发生在内壁，即 $r = a$ 处，其值为

$$(\sigma_\theta)_{\max} = \dfrac{(a^2 + b^2) q_1}{b^2 - a^2} \tag{6-175}$$

6.5.2 曲梁纯弯曲

设有一个内半径为 a，外半径为 b 的矩形截面曲梁（截面厚度为 1 单位），两端受到弯矩 M 作用（图 6-16）。取曲率中心 O 为坐标原点，极角从曲梁的任一端量起。

由于梁的所有径向截面弯矩相同，因而可认为任意截面上应力分布相同，也即应力是轴对称的，它们应具有式（6-154）的形式

$$\begin{cases} \sigma_r = \dfrac{A}{r^2} + B(1 + 2\ln r) + 2C \\ \sigma_\theta = -\dfrac{A}{r^2} + B(3 + 2\ln r) + 2C \\ \tau_{r\theta} = 0 \end{cases} \tag{6-176}$$

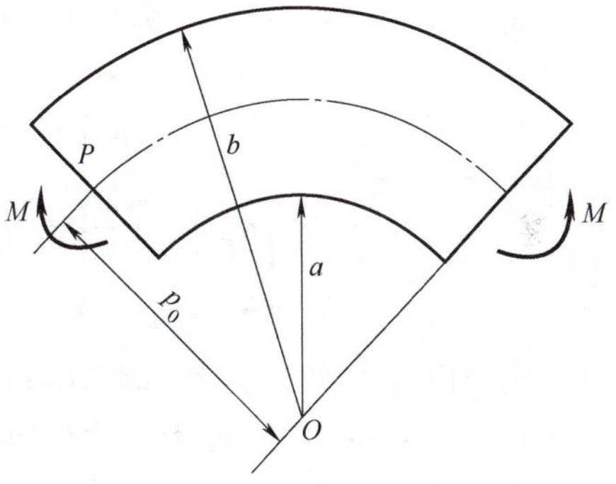

图 6-16 曲梁的纯弯曲

根据边界条件确定常数 A、B、C。

边界条件为

$$\begin{cases} (\sigma_r)_{r=a} = 0 \\ (\tau_{r\theta})_{r=a} = 0 \\ (\sigma_r)_{r=b} = 0 \\ (\tau_{r\theta})_{r=b} = 0 \\ \int_a^b \sigma_\theta \, \mathrm{d}r = 0 \\ \int_a^b r \sigma_\theta \, \mathrm{d}r = -M \end{cases} \tag{6-177}$$

将式（6-154）代入式（6-177），得到

$$\begin{cases} \dfrac{A}{a^2} + 2B\ln a + B + 2C = 0 \\ \dfrac{A}{b^2} + 2B\ln b + B + 2C = 0 \\ b\left(\dfrac{A}{b^2} + 2B\ln b + B + 2C\right) - a\left(\dfrac{A}{a^2} + 2B\ln a + B + 2C\right) = 0 \\ A\ln\dfrac{b}{a} + B(b^2\ln b - a^2\ln a) + C(b^2 - a^2) = M \end{cases} \quad (6\text{-}178)$$

不难看出，式（6-156）的第三式是它的第一式和第二式的必然结果。把其他三个方程联立求解，得到

$$\begin{cases} A = -\dfrac{4M}{N}a^2 b^2 \ln\dfrac{b}{a} \\ B = -\dfrac{2M}{N}(b^2 - a^2) \\ C = \dfrac{M}{N}[b^2 - a^2 + 2(b^2\ln b - a^2\ln a)] \end{cases} \quad (6\text{-}179)$$

其中 N 为

$$N = (b^2 - a^2) - 4a^2 b^2 \left(\ln\dfrac{b}{a}\right)^2 \quad (6\text{-}180)$$

将式（6-179）和式（6-180）代入式（6-176），得到本问题的解答为

$$\begin{cases} \sigma_r = -\dfrac{4M}{N}\left(\dfrac{a^2 b^2}{r^2}\ln\dfrac{b}{a} - b^2\ln\dfrac{b}{r} + a^2\ln\dfrac{a}{r}\right) \\ \sigma_\theta = -\dfrac{4M}{N}\left(-\dfrac{a^2 b^2}{r^2}\ln\dfrac{b}{a} + b^2\ln\dfrac{b}{r} + a^2\ln\dfrac{a}{r} + b^2 - a^2\right) \\ \tau_{r\theta} = \tau_{\theta r} = 0 \end{cases} \quad (6\text{-}181)$$

应力沿截面分布大致如图 6-17 所示。在内边界（$r = a$），弯曲应力 σ_θ 最大。中性轴（$\sigma_\theta = 0$ 所在处）靠近内边界一侧，挤压应力 σ_r 的最大值所在处比中心轴更靠近内边界一侧。

为求得曲梁弯曲后的位移，可将 A、B、C 各值代入式（6-167），其中的常数 H、K、I 由梁的约束条件确定。例如，可以假定极角从左端面量起，在 $\theta = 0$，$r = r_0 = \dfrac{a+b}{2}$ 处，有

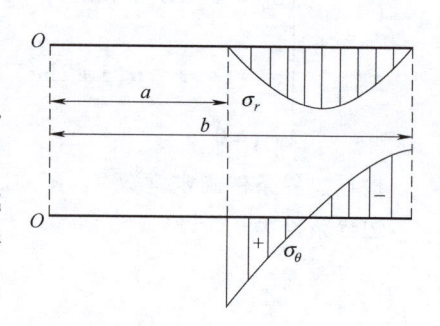

图 6-17 应力沿截面分布

$$\begin{cases} (u_r)_{\substack{\theta = 0 \\ r = r_0}} = 0 \\ (u_\theta)_{\substack{\theta = 0 \\ r = r_0}} = 0 \\ \left(\dfrac{\partial u_\theta}{\partial r}\right)_{\substack{\theta = 0 \\ r = r_0}} = 0 \end{cases} \quad (6\text{-}182)$$

即认为图 6-16 中的 P 点位移为 0，且过该点的径向微分线段向 θ 方向的转角为 0，将式（6-182）

应用于式（6-167），则可求得

$$\begin{cases} H = I = 0 \\ K = \dfrac{1}{E}\left[(1+\nu)\dfrac{A}{r_0} - 2(1-\nu)Br_0\ln r_0 + B(1+\nu)r_0 - 2C(1-\nu)r_0\right] \end{cases} \quad (6\text{-}183)$$

将式（6-183）代入式（6-167），即得所要求的位移。

现在只考虑环向位移

$$u_\theta = \dfrac{4Br\theta}{E} - K\sin\theta \quad (6\text{-}184)$$

这是 θ 的多值函数。如 θ 从 0 到 2π（在几何平面上是同一个点），则 u_θ 从 0 变为 $\dfrac{8Br\pi}{E}$，表明圆环形板中同一点将具有不同的环向位移。对于一个完整的圆环，这样的位移解并不合理，因而 B 在此情况下必须为 0。然而，在一个不完整的圆环中，u_θ 的多值性是可能的。如带小切口的不完整圆环，其所张的圆心角为 α，如图 6-18 所示，若外力使其两端压紧后焊接起来，则焊接后两端有弯矩，该弯矩维持圆环的环向位移。

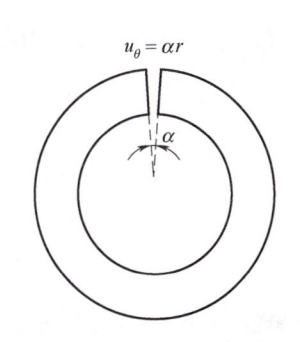

另一方面，由于张角 α 很小，若将不完整圆环一端径线作为 $\theta = 0$，当它顺时针旋转到与左端面重合时，θ 近似地增加了 2π，由式（6-184）可知，环向位移增加了

图 6-18　带小切口的不完整圆环

$$u_\theta = \dfrac{8Br\pi}{E} \quad (6\text{-}185)$$

又因为环向位移 $u_\theta = \alpha r$，故解得

$$B = \dfrac{\alpha E}{8\pi} \quad (6\text{-}186)$$

将式（6-186）代入式（6-179）的第二式，得

$$M = -\dfrac{\alpha E}{8\pi}\dfrac{(b^2 - a^2)^2 - 4a^2b^2\left(\ln\dfrac{b}{a}\right)^2}{2(b^2 - a^2)} \quad (6\text{-}187)$$

再将式（6-187）代入式（6-186），就得到图 6-18 所示的不完整圆环在其两端面被强行拼合焊接后产生的预应力。

6.5.3　曲梁一端受径向集中力作用

设有一内半径为 a，外半径为 b 的矩形截面曲梁，其一端固定，另一端面上受径向集中力作用，其厚度仍为 1 个单位，如图 6-19 所示。

根据材料力学初等理论的分析，曲梁任意一截面 m-n 处的弯矩与 $\sin\theta$ 成正比。由式（6-149）的第二式，可假设应力函数 $\varPhi$ 也和 $\sin\theta$ 成正比。因此，试取

$$\varPhi = f(r)\sin\theta \quad (6\text{-}188)$$

将式（6-188）代入式（6-147），得到 $f(r)$ 须满足的方程

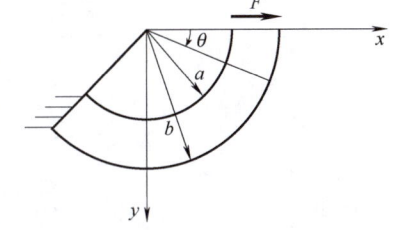

图 6-19　曲梁一端受径向集中力作用

$$\left(\frac{d^2}{dr^2} + \frac{1}{r}\frac{d}{dr} - \frac{1}{r^2}\right)\left(\frac{d^2 f}{dr^2} + \frac{1}{r}\frac{df}{dr} - \frac{f}{r^2}\right) = 0 \tag{6-189}$$

式（6-189）可化简为常系数微分方程，其通解为

$$f(r) = Ar^3 + B\frac{1}{r} + Cr + Dr\ln r \tag{6-190}$$

将式（6-190）代入式（6-188），得

$$\Phi = \left(Ar^3 + B\frac{1}{r} + Cr + Dr\ln r\right)\sin\theta \tag{6-191}$$

由式（6-149）得应力分量

$$\begin{cases} \sigma_r = \frac{1}{r}\frac{\partial \Phi}{\partial r} + \frac{1}{r^2}\frac{\partial^2 \Phi}{\partial \theta^2} = \left(2Ar - \frac{2B}{r^3} + \frac{D}{r}\right)\sin\theta \\ \sigma_\theta = \frac{\partial^2 \Phi}{\partial r^2} = \left(6Ar + \frac{2B}{r^3} + \frac{D}{r}\right)\sin\theta \\ \tau_{\theta r} = \tau_{r\theta} = -\frac{\partial}{\partial r}\left(\frac{1}{r}\frac{\partial \Phi}{\partial \theta}\right) = -\left(2Ar - \frac{2B}{r^3} + \frac{D}{r}\right)\cos\theta \end{cases} \tag{6-192}$$

现在利用边界条件确定常数 A、B、D。本问题的边界条件为

$$\begin{cases} (\sigma_r)_{r=a} = 0 \\ (\tau_{r\theta})_{r=a} = 0 \\ (\sigma_r)_{r=b} = 0 \\ (\tau_{r\theta})_{r=b} = 0 \\ (\sigma_\theta)_{\theta=0} = 0 \\ \int_a^b (\tau_{\theta r})_{\theta=0} dr = -F \end{cases} \tag{6-193}$$

将其应用于式（6-192），有

$$\begin{cases} 2Aa - \frac{2B}{a^3} + \frac{D}{a} = 0 \\ 2Ab - \frac{2B}{b^3} + \frac{D}{b} = 0 \\ -A(b^2 - a^2) + B\frac{(b^2 - a^2)}{a^2 b^2} - D\ln\frac{b}{a} = -F \end{cases} \tag{6-194}$$

解得

$$\begin{cases} A = -\frac{F}{2N} \\ B = \frac{Fa^2 b^2}{2N} \\ D = \frac{F}{N}(a^2 + b^2) \end{cases} \tag{6-195}$$

这里

$$N = a^2 - b^2 + (a^2 + b^2)\ln\frac{b}{a} \tag{6-196}$$

将式（6-195）代入式（6-192），得到本问题的应力分量

$$\begin{cases} \sigma_r = \left[-\dfrac{F}{N}r - \dfrac{Fa^2b^2}{Nr^3} + \dfrac{F}{Nr}(a^2+b^2) \right]\sin\theta \\ \sigma_\theta = \left[-\dfrac{3F}{N}r + \dfrac{Fa^2b^2}{Nr^3} + \dfrac{F}{Nr}(a^2+b^2) \right]\sin\theta \\ \tau_{\theta r} = \tau_{r\theta} = -\left[-\dfrac{F}{N}r - \dfrac{Fa^2b^2}{Nr^3} + \dfrac{F}{Nr}(a^2+b^2) \right]\cos\theta \end{cases} \quad (6\text{-}197)$$

其中 N 由式（6-196）表示。

下面求应力分量，为此，将式（6-192）代入式（6-143），并利用式（6-142）

$$\begin{cases} \dfrac{\partial u_r}{\partial r} = \dfrac{\sin\theta}{E}\left[2Ar(1-3\nu) - \dfrac{2B}{r^3}(1+\nu) + \dfrac{D}{r}(1-\nu) \right] \\ \dfrac{u_r}{r} + \dfrac{1}{r}\dfrac{\partial u_\theta}{\partial \theta} = \dfrac{\sin\theta}{E}\left[2Ar(3-\nu) + \dfrac{2B}{r^3}(1+\nu) + \dfrac{D}{r}(1-\nu) \right] \\ \dfrac{1}{r}\dfrac{\partial u_r}{\partial \theta} + \dfrac{\partial u_\theta}{\partial r} - \dfrac{u_\theta}{r} = -\dfrac{2(1+\nu)}{E}\cos\theta\left(2Ar - \dfrac{2B}{r^3} + \dfrac{D}{r} \right) \end{cases} \quad (6\text{-}198)$$

将式（6-198）的第一式积分，得

$$u_r = \dfrac{\sin\theta}{E}\left[Ar^2(1-3\nu) + \dfrac{B}{r^2}(1+\nu) + D(1-\nu)\ln r \right] + f(\theta) \quad (6\text{-}199)$$

式中 $f(\theta)$——θ 的任意函数。

将式（6-195）代入式（6-198）的第二式，移项，两边同乘以 r 后对 θ 积分，得

$$u_\theta = -\dfrac{\cos\theta}{E}\left[Ar^2(5+\nu) + \dfrac{B}{r^2}(1+\nu) - D(1-\nu)\ln r + D(1-\nu) \right] - \int f(\theta)\mathrm{d}\theta + g(r) \quad (6\text{-}200)$$

式中 $g(r)$——r 的任意函数。

将式（6-199）和式（6-200）代入式（6-198）的第三式，得

$$\int f(\theta)\mathrm{d}\theta + f'(\theta) + rg'(r) - g(r) = -\dfrac{4D\cos\theta}{E} \quad (6\text{-}201)$$

或写成

$$f'(\theta) + \int f(\theta)\mathrm{d}\theta + \dfrac{4D\cos\theta}{E} = -rg'(r) + g(r) \quad (6\text{-}202)$$

欲使此式对所有的 r 和 θ 成立，有

$$f'(\theta) + \int f(\theta)\mathrm{d}\theta + \dfrac{4D\cos\theta}{E} = 0 \quad (6\text{-}203)$$

$$-rg'(r) + g(r) = 0 \quad (6\text{-}204)$$

将式（6-203）对 θ 求导，得

$$f''(\theta) + f(\theta) = \dfrac{4D\sin\theta}{E} \quad (6\text{-}205)$$

其通解为

$$f(\theta) = -\dfrac{2D}{E}\theta\cos\theta + K\sin\theta + L\cos\theta \quad (6\text{-}206)$$

式（6-204）的通解是

$$g(r) = Hr \tag{6-207}$$

式中 H、K、L——分别为任意常数。将式（6-206）和式（6-207）代入式（6-199）和式（6-200），得位移分量

$$\begin{cases} u_r = -\dfrac{2D}{E}\theta\cos\theta + \dfrac{\sin\theta}{E}\left[Ar^2(1-3\nu) + \dfrac{B}{r^2}(1+\nu) + D(1-\nu)\ln r\right] + \\ \quad K\sin\theta + L\cos\theta \\ u_\theta = \dfrac{2D}{E}\theta\sin\theta - \dfrac{\cos\theta}{E}\left[Ar^2(5+\nu) + \dfrac{B}{r^2}(1+\nu) - D(1-\nu)\ln r\right] + \\ \quad \dfrac{D(1+\nu)\cos\theta}{E} + K\cos\theta - L\sin\theta + Hr \end{cases} \tag{6-208}$$

其中，A、B、D 的计算方法见式（6-195）；K、L、H 由约束条件确定。

现在利用式（6-208）解决两个预应力问题。

其一，假设一个内半径为 a、外半径为 b 的圆环，先在其上切一条径向细缝，再用外力强迫其两表面错开 δ（径向位移），然后焊接起来，如图 6-20a 所示。

我们很容易求出其内的预应力。取细缝的下表面坐标 $\theta=0$，则上表面的坐标为 $\theta=2\pi$，于是有

$$\delta = (u_r)_{\theta=2\pi} - (u_r)_{\theta=0} \tag{6-209}$$

利用式（6-208）的第一式，上式变为

$$\delta = -\dfrac{4D\pi}{E} \tag{6-210}$$

把式（6-210）和式（6-195）的最后一式联立，得到表面错开 δ 所需要的力

$$F = -\dfrac{NE\delta}{4\pi(a^2+b^2)} \tag{6-211}$$

其中，N 的计算方法见式（6-196）。将式（6-211）代入式（6-197），即可得到所要求应力。

其二，假设一个不完整圆环，其小切口两表面平行，距离为 δ，如图 6-20b 所示。若用外力强迫使切口两表面合拢，然后焊牢。其内力的预应力是很容易求得的。

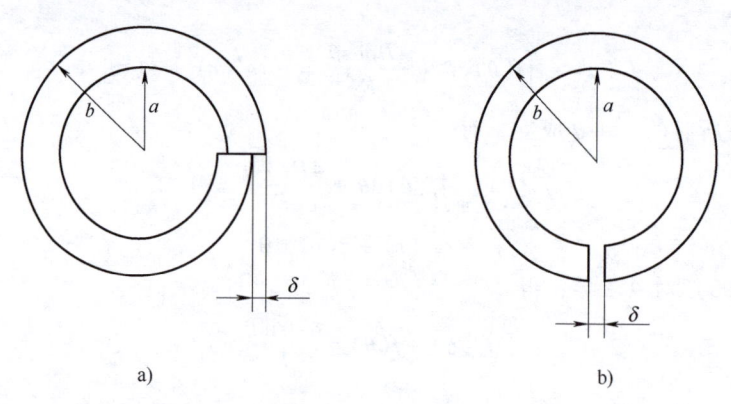

图 6-20 不完整圆环

假想在这个不完整圆环中，再切开一个图 6-20a 所示的水平径向细缝，然后将被切出的

四分之一圆环向左平移 δ，这时切口两个表面正好合拢，而新切开的水平径向细缝下表面相对于上表面向左错开了 δ。若将合拢后的切口表面焊牢，但存在水平径向细缝，这时环内无应力。为了得到完整的圆环，必须迫使水平径向细缝的下表面向右错动 δ，再焊接起来。显然，这样得到的完整圆环的内应力，就是所求问题的解，由于现在强迫水平径向细缝下表面向右错动 δ，和图 6-20a 所示的错位相差一个符号，因此所求的应力和图 6-20a 所示情况相比，只相差一个符号。

6.5.4 具有小圆孔平板的均匀拉伸

设有一个在 x 方向承受均匀拉力 q 的平板，板中有半径为 a 的小圆孔，如图 6-21 所示。小圆孔的存在必然对板内应力分布产生影响。但由圣维南原理可知，这种影响仅局限在孔附近区域，在离孔较远处，其影响显著减小。

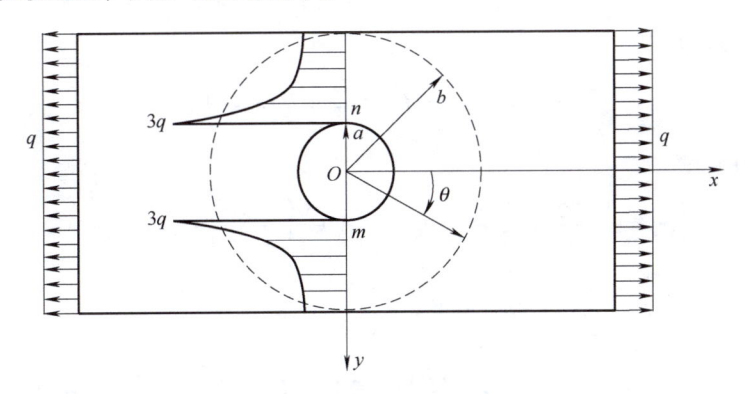

图 6-21 带小圆孔的平板

假设在离圆孔中心为 b 的地方，应力分布已经和没有圆孔的情况完全一致，于是有

$$\begin{cases} (\sigma_r)_{r=b} = q\cos^2\theta = \dfrac{q}{2}(1+\cos2\theta) \\ (\tau_{r\theta})_{r=b} = -\dfrac{q}{2}\sin2\theta \end{cases} \quad (6\text{-}212)$$

式（6-212）表示在与小孔同圆心同半径为 b 的圆周上，应力由两部分组成：一部分是沿着整个外圆周作用不变的拉应力 $\dfrac{q}{2}$，由此产生的应力可按式（6-173）计算，令其中的 $q_1=0$，$q_2=-\dfrac{q}{2}$，即

$$\begin{cases} \sigma_r = \dfrac{b^2}{b^2-a^2}\dfrac{q}{2}\left(1-\dfrac{a^2}{r^2}\right) \\ \sigma_\theta = \dfrac{a^2 b^2}{b^2-a^2}\dfrac{q}{2}\left(1+\dfrac{a^2}{r^2}\right) \\ \tau_{r\theta} = \tau_{\theta r} = 0 \end{cases} \quad (6\text{-}213)$$

另一部分是随 θ 变化的法向应力 $\dfrac{q}{2}\cos2\theta$ 和切向应力 $-\dfrac{q}{2}\sin2\theta$，由式（6-149）可看出，

由此产生的应力可由下列形式的应力函数求得

$$\Phi = f(r)\cos 2\theta \tag{6-214}$$

将式 (6-214) 代入式 (6-147)，得到 $f(r)$ 所满足的方程

$$\left(\frac{d^2}{dr^2} + \frac{1}{r}\frac{d}{dr} - \frac{4}{r^2}\right)\left(\frac{d^2 f}{dr^2} + \frac{1}{r}\frac{df}{dr} - \frac{4f}{r^2}\right) = 0 \tag{6-215}$$

或写成

$$r^4 \frac{d^4 f(r)}{dr^4} + 2r^3 \frac{d^3 f(r)}{dr^3} - 9r^2 \frac{d^2 f(r)}{dr^2} + 9r \frac{df(r)}{dr} = 0 \tag{6-216}$$

这是一个欧拉方程。进行 $r = e^t$ 的变换，就可以将式 (6-126) 变成常系数线性微分方程，求解后代回 $t = \ln r$，可以得到它的通解为

$$f(r) = Ar^2 + Br^4 + \frac{C}{r^2} + D \tag{6-217}$$

于是应力函数为

$$\Phi = \left(Ar^2 + Br^4 + \frac{C}{r^2} + D\right)\cos 2\theta \tag{6-218}$$

由此得应力分量

$$\begin{cases} \sigma_r = \frac{1}{r}\frac{\partial \Phi}{\partial r} + \frac{1}{r^2}\frac{\partial^2 \Phi}{\partial \theta^2} = -\left(2A + \frac{6C}{r^4} + \frac{4D}{r^2}\right)\cos 2\theta \\ \sigma_\theta = \frac{\partial^2 \Phi}{\partial r^2} = \left(2A + 12Br^2 + \frac{6C}{r^4}\right)\cos 2\theta \\ \tau_{\theta r} = \tau_{r\theta} = -\frac{\partial}{\partial r}\left(\frac{1}{r}\frac{\partial \Phi}{\partial \theta}\right) = \left(2A + 6Br^2 - \frac{6C}{r^4} - \frac{2D}{r^2}\right)\sin 2\theta \end{cases} \tag{6-219}$$

现在利用边界条件定常数 A、B、C、D。本问题的边界条件为

$$\begin{cases} (\sigma_r)_{r=a} = 0 \\ (\tau_{r\theta})_{r=a} = 0 \\ (\sigma_r)_{r=b} = \frac{q}{2}\cos 2\theta \\ (\tau_{r\theta})_{r=b} = -\frac{q}{2}\sin 2\theta \end{cases} \tag{6-220}$$

将边界条件方程 [式 (6-220)] 代入式 (6-219)，有

$$\begin{cases} 2A + \frac{6C}{b^4} + \frac{4D}{b^2} = -\frac{q}{2} \\ 2A + \frac{6C}{a^4} + \frac{4D}{a^2} = 0 \\ 2A + 6Bb^2 - \frac{6C}{b^4} - \frac{2D}{b^2} = -\frac{q}{2} \\ 2A + 6Ba^2 - \frac{6C}{a^4} - \frac{2D}{a^2} = 0 \end{cases} \tag{6-221}$$

求解，并注意到 $\frac{a}{b} \approx 0$，于是有

$$\begin{cases} A = -\dfrac{q}{4} \\ B = 0 \\ C = -\dfrac{a^4 q}{4} \\ D = \dfrac{a^2 q}{2} \end{cases} \qquad (6\text{-}222)$$

将式（6-222）代入式（6-219），并与式（6-213）相加（令式（6-213）中的 $\dfrac{a}{b} \approx 0$），即得本问题的解答

$$\begin{cases} \sigma_r = \dfrac{q}{2}\left(1 - \dfrac{a^2}{r^2}\right) + \dfrac{q}{2}\left(1 + \dfrac{3a^4}{r^4} - \dfrac{4a^2}{r^2}\right)\cos 2\theta \\ \sigma_\theta = \dfrac{q}{2}\left(1 + \dfrac{a^2}{r^2}\right) - \dfrac{q}{2}\left(1 + \dfrac{3a^4}{r^4}\right)\cos 2\theta \\ \tau_{\theta r} = \tau_{r\theta} = -\dfrac{q}{2}\left(1 - \dfrac{3a^4}{r^4} + \dfrac{2a^2}{r^2}\right)\sin 2\theta \end{cases} \qquad (6\text{-}223)$$

不难看出，当 r 相当大时，式（6-223）给出式（6-212）表示的应力状态；当 $r = a$ 时，有

$$\sigma_r = \tau_{r\theta} = 0, \quad \sigma_\theta = q - 2q\cos 2\theta \qquad (6\text{-}224)$$

最大环向应力发生在小圆孔边界的 $\theta = \pm\dfrac{\pi}{2}$ 处（相当于图 6-21 中的 m、n 两点），其值为

$$(\sigma_r)_{\max} = 3q \qquad (6\text{-}225)$$

这表明：如果板很大，圆孔很小，则圆孔边上的 m、n 点将发生应力集中现象。通常定义比值 K 为

$$\dfrac{(\sigma_r)_{\max}}{q} = K \qquad (6\text{-}226)$$

式中　　K——应力集中因子，$K = 3$。若上述板在 Ox 方向和 Oy 方向同时均匀受拉，则应力集中因子 $K = 2$。

6.5.5　尖劈顶端受集中力作用

设有一个尖劈，其中心角为 α，下端可认为伸向无穷，其顶端受到与尖劈中心线成 β 角的集中力作用，如图 6-22 所示。取单位厚度进行考虑，并设单位厚度上所受的力为 F，坐标选取如图 6-22 所示。

拟通过量纲分析确定应力函数的形式。根据直观分析，尖劈内任意一点应力的大小正比于力 F 的大小，并与量 α、β、r、θ 有关。由于 F 的量纲为 MT^{-2}，r 的量纲为 L，α、β、θ 是量纲一的数。因此，各个应力分量表达式只能取 $\dfrac{F}{r}N$ 的形式，这里的 N 为 α、β、θ 是量纲一的数。这表明，各应力分量中，r 只能出现负一次幂。由式（6-149）可以看出，应力函数中，r 的幂次要比各应力分量中的 r 的幂次高两次。因此，可以假设应力函数具有如下

形式
$$\Phi = rf(\theta) \tag{6-227}$$

将式（6-227）代入式（6-147），得到函数 $f(\theta)$ 满足的方程

$$\frac{1}{r^3}\left(\frac{d^4 f(\theta)}{d\theta^4} + 2\frac{d^2 f(\theta)}{d\theta^2} + f(\theta)\right) = 0 \tag{6-228}$$

两边乘以 r^3，并解得

$$f(\theta) = A\cos\theta + B\sin\theta + \theta(C\cos\theta + D\sin\theta) \tag{6-229}$$

式中 A、B、C、D——任意常数。

将式（6-229）代入式（6-227），得到

$$\Phi = Ar\cos\theta + Br\sin\theta + r\theta(C\cos\theta + D\sin\theta) \tag{6-230}$$

这里的 $Ar\cos\theta$ 和 $Br\sin\theta$ 在直角坐标系里，可改写成 Ax 和 By，它们对求应力无影响，因此可以略去。这样，应力函数可取为

$$\Phi = r\theta(C\cos\theta + D\sin\theta) \tag{6-231}$$

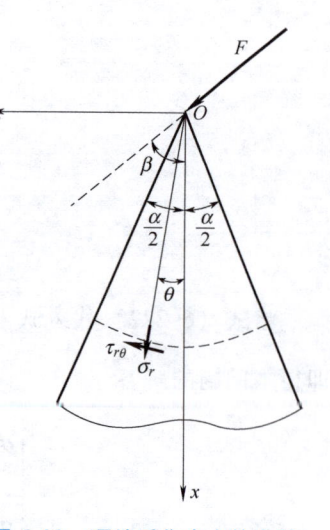

图 6-22　顶端受集中力的尖劈

由此得应力分量

$$\begin{cases} \sigma_r = \dfrac{1}{r}\dfrac{\partial \Phi}{\partial r} + \dfrac{1}{r^2}\dfrac{\partial^2 \Phi}{\partial \theta^2} = \dfrac{2}{r}(D\cos\theta - C\sin\theta) \\ \sigma_\theta = \dfrac{\partial^2 \Phi}{\partial r^2} = 0 \\ \tau_{\theta r} = \tau_{r\theta} = -\dfrac{\partial}{\partial r}\left(\dfrac{1}{r}\dfrac{\partial \Phi}{\partial \theta}\right) = 0 \end{cases} \tag{6-232}$$

本问题的边界条件为

$$(\sigma_\theta)_{\theta = \pm\frac{\alpha}{2}} = 0, \quad (\tau_{r\theta})_{\theta = \pm\frac{\alpha}{2}} = 0 \tag{6-233}$$

显然，这个条件已经满足。为了求常数 C 和 D，考虑尖劈在任意一圆柱面（图 6-22 中虚线表示）以上部分的平衡。由平衡条件 $\sum F_x = 0$ 和 $\sum F_y = 0$，得到

$$\begin{cases} \int_{-\frac{\alpha}{2}}^{\frac{\alpha}{2}} r\sigma_r \cos\theta \, d\theta + F\cos\beta = 0 \\ \int_{-\frac{\alpha}{2}}^{\frac{\alpha}{2}} r\sigma_r \sin\theta \, d\theta + F\sin\beta = 0 \end{cases} \tag{6-234}$$

将式（6-234）代入式（6-233），积分得

$$\begin{cases} D(\alpha + \sin\alpha) + F\cos\beta = 0 \\ C(-\alpha + \sin\alpha) + F\sin\beta = 0 \end{cases} \tag{6-235}$$

解得

$$C = \frac{F\sin\beta}{\alpha - \sin\alpha}, \quad D = -\frac{F\cos\beta}{\alpha + \sin\alpha} \tag{6-236}$$

将式（6-236）代入式（6-232），得到本问题的解答

$$\begin{cases} \sigma_r = -\dfrac{2F\cos\beta\cos\theta}{(\alpha+\sin\alpha)r} - \dfrac{2F\sin\beta\sin\theta}{(\alpha-\sin\alpha)r} \\ \sigma_\theta = 0 \\ \tau_{\theta r} = \tau_{r\theta} = 0 \end{cases} \qquad (6\text{-}237)$$

如取 $\beta = 0$，则得到如图 6-23a 所示受力情况，此时，由式（6-237）可看出，应力对称于 x 轴分布。如取 $\beta = \dfrac{\pi}{2}$，则得到如图 6-23b 所示的受力情况，这时，应力反对称于 x 轴分布。

若尖劈顶端受集中力偶作用，如图 6-24 所示，设单位厚度内的弯矩为 M，则通过量纲分析可知，各应力分量中只出现 r 的负二次幂，应力函数应该与 r 无关，即

$$\varPhi = f(\theta) \qquad (6\text{-}238)$$

将式（6-238）代入式（6-147），得到 $f(\theta)$ 所满足的方程。先求出其通解，由此求应力分量，再利用边界条件和平衡条件确定其任意常数，可得本问题解答

$$\begin{cases} \sigma_r = \dfrac{2M\sin 2\theta}{(\sin\alpha - \alpha\cos\alpha)r^2} \\ \sigma_\theta = 0 \\ \tau_{\theta r} = \tau_{r\theta} = -\dfrac{M(\cos 2\theta - \cos\alpha)}{(\sin\alpha - \alpha\cos\alpha)r^2} \end{cases} \qquad (6\text{-}239)$$

图 6-23　尖劈顶端受集中力作用

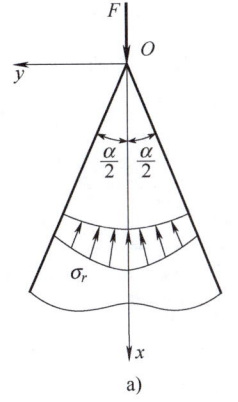

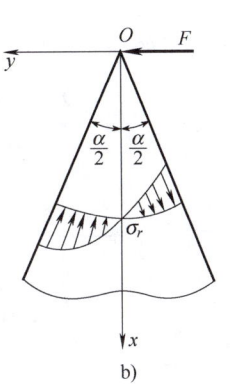

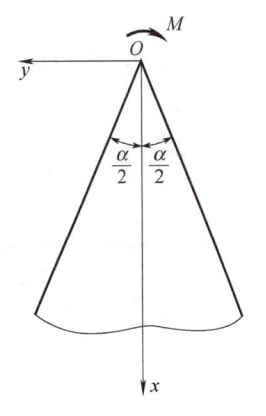

图 6-24　尖劈顶端受集中力偶作用

6.5.6　几个弹性半平面问题的解答

先介绍著名的布希奈斯克-符拉芒（Boussinesq-Flamant）问题。假设有一个垂直的集中力作用在板的水平边界上，板的下方和左右两方是无限伸长的（图 6-25），这样的板称为弹性半平面。取板的厚度为 1 单位，设集中力是沿板的厚度均匀分布的，F 便是单位厚度上的荷载。

这个问题的解很容易求得，只要令式（6-239）中的 $\alpha = \pi$，$\beta = 0$，即得

$$\sigma_r = -\dfrac{2F\cos\theta}{\pi r}, \quad \sigma_\theta = 0, \quad \tau_{\theta r} = \tau_{r\theta} = 0 \qquad (6\text{-}240)$$

从式（6-240）中可以看出，这个问题的应力分布规律有如下两个特点：①过体内任何

一点 C 并与矢径垂直的微分面均为主平面，因为这个微分面上的剪应力为 0；②直径与 x 轴重合，且过 O 点的圆周上各点（力作用点除外）的径向应力都相等，这是因为在这个圆周上各点有

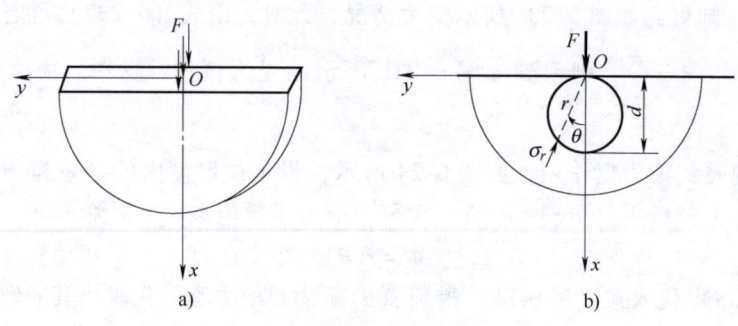

$$r = d\cos\theta \tag{6-241}$$

图 6-25　弹性半平面受集中力作用

即

$$\frac{\cos\theta}{r} = \frac{1}{d} \tag{6-242}$$

将式（6-242）代入式（6-240）的第一式，有

$$\sigma_r = -\frac{2F}{\pi d} = \text{const} \tag{6-243}$$

如果考虑上述弹性半平面内如图 6-26 所示的两个小单元体的平衡，并注意到

$$\cos\theta = \frac{x}{r} = \frac{x}{\sqrt{x^2+y^2}}, \quad \sin\theta = \frac{y}{r} = \frac{y}{\sqrt{x^2+y^2}} \tag{6-244}$$

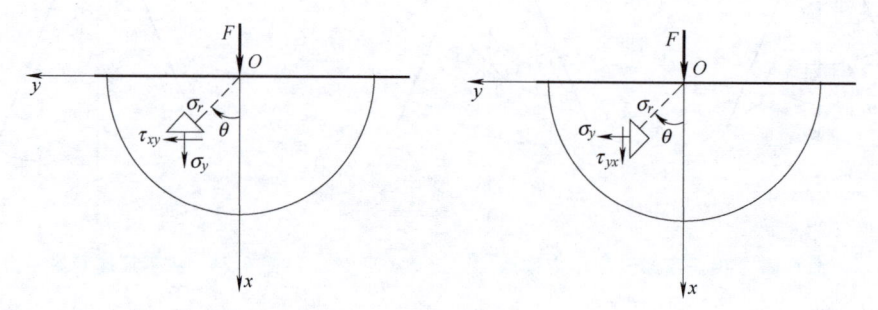

图 6-26　单元体平衡

可得该问题应力分量的直角坐标表示式为

$$\begin{cases} \sigma_x = \sigma_r \cos^2\theta = -\dfrac{2F\cos^3\theta}{\pi r} = -\dfrac{2Fx^3}{\pi(x^2+y^2)^2} \\ \sigma_y = \sigma_r \sin^2\theta = -\dfrac{2F\sin^2\theta\cos\theta}{\pi r} = -\dfrac{2Fxy^2}{\pi(x^2+y^2)^2} \\ \tau_{xy} = \tau_{yx} = \sigma_r \sin\theta\cos\theta = -\dfrac{2F\cos^2\theta\sin\theta}{\pi r} = -\dfrac{2Fx^2y}{\pi(x^2+y^2)^2} \end{cases} \tag{6-245}$$

σ_x 和 τ_{xy} 沿某一水平面 m-n 的分布情况如图 6-27 所示，σ_x 的最大值在 Ox 轴上，其

值为

$$(\sigma_x)_{\max} = \frac{2F}{\pi x} \quad (6\text{-}246)$$

最大剪应力发生在离 x 轴 $\frac{x}{\sqrt{3}}$ 处，其值为

$$(\tau_{yx})_{\max} = \frac{2F}{\pi x} \frac{9}{16\sqrt{3}} \quad (6\text{-}247)$$

现在求该问题的位移。为此，将式（6-240）代入物理方程［式（6-142）］，并利用几何方程［式（6-141）］，得

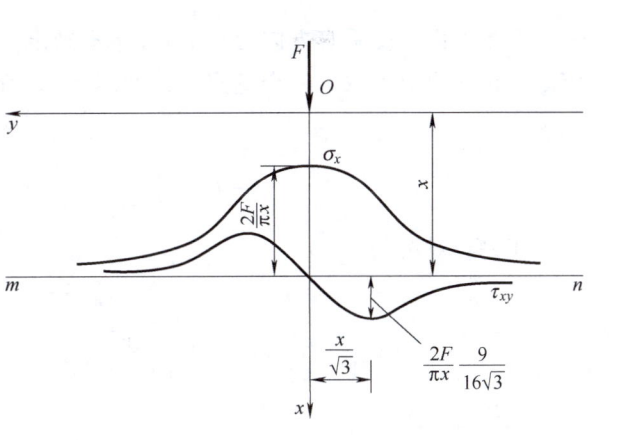

图 6-27　应力沿某一水平面分布

$$\begin{cases} \varepsilon_r = \dfrac{\partial u_r}{\partial r} = -\dfrac{2F}{\pi E}\dfrac{\cos\theta}{r} \\ \varepsilon_\theta = \dfrac{1}{r}\dfrac{\partial u_\theta}{\partial \theta} + \dfrac{u_r}{r} = \dfrac{2\nu F}{\pi E}\dfrac{\cos\theta}{r} \\ \gamma_{r\theta} = \dfrac{1}{r}\dfrac{\partial u_r}{\partial \theta} + \dfrac{\partial u_\theta}{\partial r} - \dfrac{u_\theta}{r} = 0 \end{cases} \quad (6\text{-}248)$$

进一步得到以下位移分量

$$\begin{cases} u_r = -\dfrac{2F}{\pi E}\cos\theta\ln r - \dfrac{(1-\nu)F}{\pi E}\theta\sin\theta + I\cos\theta + K\sin\theta \\ u_\theta = \dfrac{2F}{\pi E}\sin\theta\ln r + \dfrac{(1+\nu)F}{\pi E}\sin\theta - \dfrac{(1-\nu)F}{\pi E}\theta\cos\theta + Hr - I\sin\theta + K\cos\theta \end{cases} \quad (6\text{-}249)$$

式中　H、I、K——常数。

根据本问题的对称性，有

$$(u_\theta)_{\theta=0} = 0 \quad (6\text{-}250)$$

将式（6-250）代入式（6-249）中，得

$$H = K = 0 \quad (6\text{-}251)$$

于是式（6-249）简化为

$$\begin{cases} u_r = -\dfrac{2F}{\pi E}\cos\theta\ln r - \dfrac{(1-\nu)F}{\pi E}\theta\sin\theta + I\cos\theta \\ u_\theta = \dfrac{2F}{\pi E}\sin\theta\ln r + \dfrac{(1+\nu)F}{\pi E}\sin\theta - \dfrac{(1-\nu)F}{\pi E}\theta\cos\theta - I\sin\theta \end{cases} \quad (6\text{-}252)$$

不难看出，I 表示垂直方向（即 x 轴方向）的刚性位移，如果半平面不受垂直方向的约束，则常数 I 不能确定。

如果式（6-252）的第二式中 $\theta = \pm\dfrac{\pi}{2}$，则对于不同的 r（除了 $r=0$），将给出半平面表面任意一点 M 的向下垂直位移，即所谓的沉陷。注意到位移 u_θ 以沿 θ 正方向时为正，因此 M 点的沉陷为

$$-(u_\theta)_{\theta=\frac{\pi}{2}}^M = -\dfrac{2F}{\pi E}\ln r - \dfrac{(1+\nu)F}{\pi E} + I \quad (6\text{-}253)$$

在半平面不受垂直方向的约束时，I不确定，因此沉陷也不能确定。这时，只能求相对沉陷。试在边界上取定一个基点 B，如图 6-28 所示，它与力的作用点的距离为 s，该点沉陷为

$$-(u_\theta)_{\theta=\frac{\pi}{2}}^B = -\frac{2F}{\pi E}\ln s - \frac{(1+\nu)F}{\pi E} + I \tag{6-254}$$

于是相对沉陷 η 为

$$\begin{aligned}\eta &= -(u_\theta)_{\theta=\frac{\pi}{2}}^M - \left[-(u_\theta)_{\theta=\frac{\pi}{2}}^B\right]\\ &= \left[-\frac{2F}{\pi E}\ln r - \frac{(1+\nu)F}{\pi E} + I\right] - \left[-\frac{2F}{\pi E}\ln s - \frac{(1+\nu)F}{\pi E} + I\right]\end{aligned} \tag{6-255}$$

化简后得到

$$\eta = \frac{2F}{\pi E}\ln\frac{s}{r} \tag{6-256}$$

对于平面应变问题，须将 E 和 ν 分别换为 $\dfrac{E}{1-\nu^2}$ 和 $\dfrac{\nu}{1-\nu}$。

如果在弹性半平面边界上同时受几个集中荷载作用，则只要通过叠加法就能求出体内任意一点的应力和表面沉陷。

现在考虑弹性半平面 AB 一段上受法向连续分布荷载作用的情况，设荷载强度为 $q(y)$，如图 6-29 所示。为了求得弹性半平面内坐标为 (x,y) 的某点 M 的应力，在 AB 上距离坐标原点 η 处，取微分线段 $\mathrm{d}\eta$，其上所受的 $\mathrm{d}F = q\mathrm{d}\eta$ 显然可以视为集中力，由此产生的应力可以应用式（6-245）。注意到式（6-245）中的 x 和 y 分别表示欲求应力之点与集中力作用点的垂直距离和水平距离，而由图 6-29 可见，M 点与微小集中力 $\mathrm{d}F$ 的垂直距离和水平距离分别为 x 和 $y-\eta$。于是，$\mathrm{d}F = q\mathrm{d}\eta$ 在 M 点处引起的应力为

$$\begin{cases}\mathrm{d}\sigma_x = -\dfrac{2q\mathrm{d}\eta}{\pi}\dfrac{x^3}{[x^2+(y-\eta)^2]^2}\\ \mathrm{d}\sigma_y = -\dfrac{2q\mathrm{d}\eta}{\pi}\dfrac{x(y-\eta)^2}{[x^2+(y-\eta)^2]^2}\\ \mathrm{d}\tau_{xy} = -\dfrac{2q\mathrm{d}\eta}{\pi}\dfrac{x^2(y-\eta)}{[x^2+(y-\eta)^2]^2}\end{cases} \tag{6-257}$$

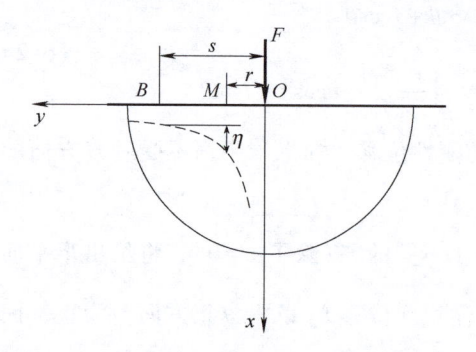

图 6-28 弹性半平面受集中荷载作用 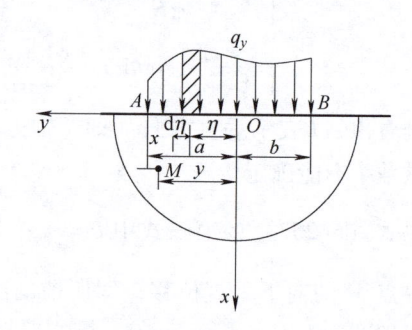　　图 6-29 弹性半平面受任意荷载作用

将式（6-257）中的三式积分，即得整个分布荷载所产生的应力

$$\begin{cases}\sigma_x = -\dfrac{2}{\pi}\int_{-b}^{a}\dfrac{x^3 q\mathrm{d}\eta}{[x^2+(y-\eta)^2]^2}\\ \sigma_y = -\dfrac{2}{\pi}\int_{-b}^{a}\dfrac{x(y-\eta)^2 q\mathrm{d}\eta}{[x^2+(y-\eta)^2]^2}\\ \tau_{xy} = -\dfrac{2}{\pi}\int_{-b}^{a}\dfrac{x^2(y-\eta) q\mathrm{d}\eta}{[x^2+(y-\eta)^2]^2}\end{cases} \quad (6\text{-}258)$$

在应用这些公式时，须将荷载强度 q 表示成 η 的函数，然后进行积分。

另外，从图 6-22 可以看出，如果式（6-227）中的 $\alpha=\pi$，则得弹性半平面在其表面处受任意方向集中力作用时的解答。如果同时令 $\beta=\dfrac{\pi}{2}$，则得弹性半平面受切向集中力作用时（图 6-30）的解答

$$\begin{cases}\sigma_r = -\dfrac{2F\cos\theta}{\pi r}\\ \sigma_\theta = 0\\ \tau_{\theta r}=\tau_{r\theta}=0\end{cases} \quad (6\text{-}259)$$

如果令式（6-229）中的 $\alpha=\pi$，则得弹性半平面受集中力偶作用时（图 6-31）的解答

$$\begin{cases}\sigma_r = \dfrac{2M\sin 2\theta}{\pi r^2}\\ \sigma_\theta = 0\\ \tau_{\theta r}=\tau_{r\theta}=-\dfrac{M(\cos 2\theta+1)}{\pi r^2}\end{cases} \quad (6\text{-}260)$$

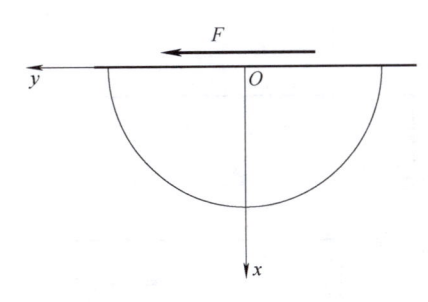

图 6-30　弹性半平面受切向集中力

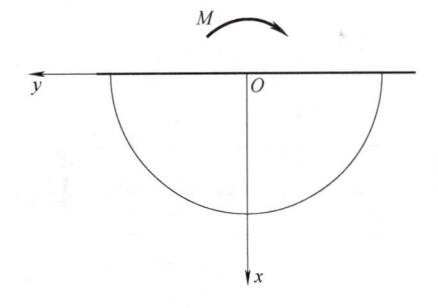

图 6-31　弹性平面受切向集中力偶

习　题

[6-1]　试比较平面应变问题和平面应力问题的异同点。

[6-2]　为什么说平面问题中的方程 $\nabla^2\nabla^2\varPhi=0$ 表示协调条件。

[6-3]　三角形悬臂梁如图 6-32 所示，只受重力，梁密度为 ρ，试求应力分量。

提示：该问题有代数多项式解，用量纲分析法确定应力函数的幂次。

[6-4]　设有矩形截面的竖柱，密度 ρ，在一个侧面上作用均匀分布剪力 q，如图 6-33 所示，求应力分量。

[6-5] 一水坝的横截面如图 6-34 所示，设水的密度 ρ_1，坝体密度 ρ，求应力分量。

提示：可以假设 $\sigma_x = yf(x)$，对非主要边界，可以用局部性原理。

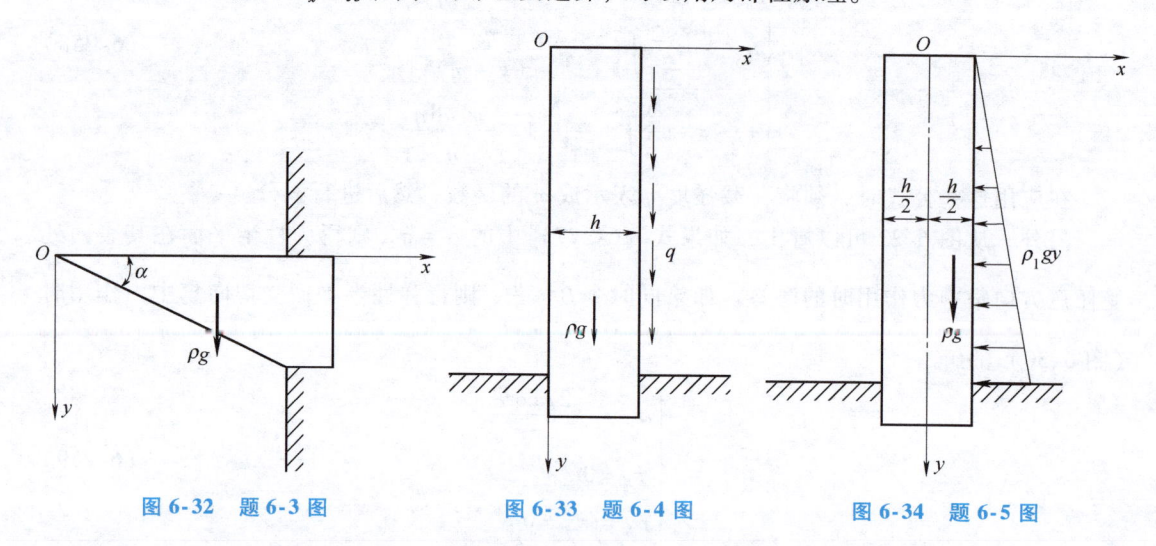

图 6-32 题 6-3 图   图 6-33 题 6-4 图   图 6-34 题 6-5 图

[6-6] 矩形截面梁如图 6-35 所示，受三角形分布荷载作用，求应力分量。

提示：试取应力函数为

$$\Phi = Ax^3y^3 + Bxy^5 + Cx^3y + Dxy^3 + Ex^3 + Fxy$$

[6-7] 矩形截面梁如图 6-36 所示，左端 O 点被支座固定，并在左端作用有力偶（力偶矩为 M），求应力分量。

提示：试取应力函数为

$$\Phi = Ay^3 + Bxy + Cxy^3$$

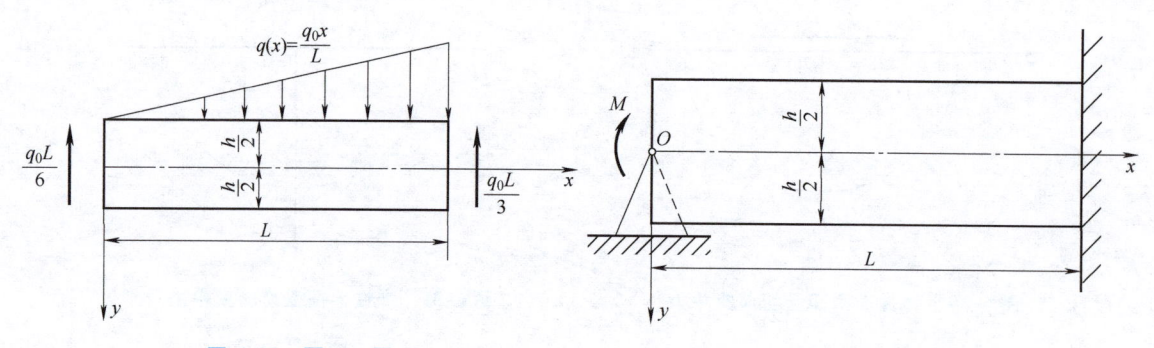

图 6-35 题 6-6 图   图 6-36 题 6-7 图

[6-8] 设有一刚体，具有半径为 b 的孔道，孔道内放置内半径为 a、外半径为 b 的厚壁圆筒，圆筒内部受均布压力 q 作用，求筒壁的应力和位移。

[6-9] 利用第 6.5.4 节的结果，求如图 6-37 所示问题的应力分量、孔边的最大正应力和最小正应力。

[6-10] 尖劈两侧作用有均匀分布剪应力 q，如图 6-38 所示，试求其应力分量。

提示：用量纲分析，或根据边界条件，设 $\tau_{\theta r}$ 只与 θ 有关。

[6-11] 一尖劈如图 6-39 所示，其一侧面受均匀分布压力 q 作用，求应力分量 σ_r、σ_θ 和 $\tau_{\theta r}$。

提示：其应力函数与上题相同。

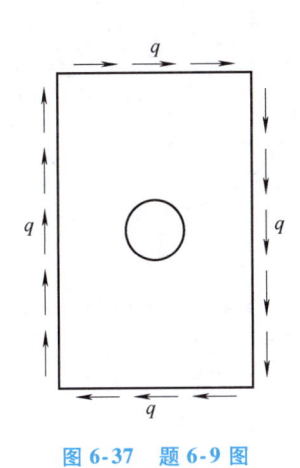

图 6-37　题 6-9 图　　　　　　图 6-38　题 6-10 图

[6-12]　试利用第 6.5.4 节的结果，即式（6-223），通过叠加法，求具有半径为 a 的小圆孔的薄板，在孔壁受均布压力 q 作用时（图 6-40）板内的应力分量。

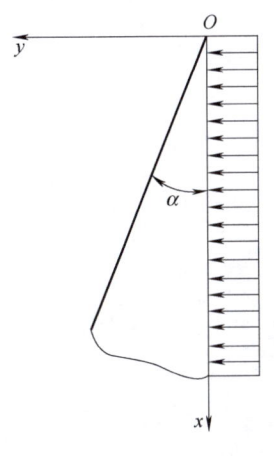

图 6-39　题 6-11 图　　　　　　图 6-40　题 6-12 图

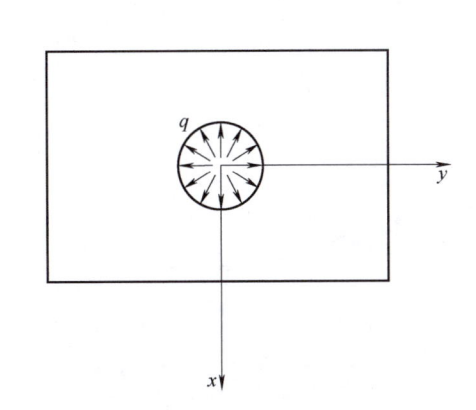

[6-13]　设有一个内半径为 a、外半径为 b 的薄圆环形板，内壁固定，外壁受均布剪力 q 作用，如图 6-41 所示，求应力和位移。

[6-14]　一无限大薄板如图 6-42 所示，板内有一小孔，孔边上受集中力 $\boldsymbol{F}$ 作用，求应力分量。

提示：取应力函数

$$\varPhi = Ar\ln r\cos\theta + Br\theta\sin\theta$$

并注意利用位移单值条件。

图 6-41　题 6-13 图

[6-15]　弹性半平面表面受几个集中力 $\boldsymbol{F}_1$，$\boldsymbol{F}_2$，…，$\boldsymbol{F}_i$，…，$\boldsymbol{F}_n$ 构成的力系作用，这些力到所设原点的距离分别为 y_1，y_2，…，y_i，…，y_n，如图 6-43 所示，求应力分量。

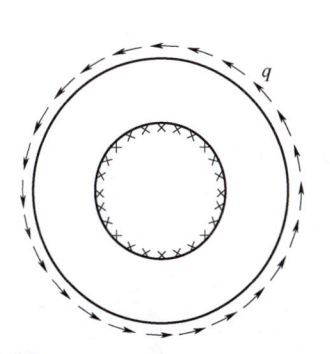

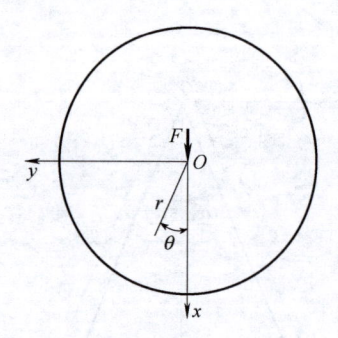

图 6-42　题 6-14 图

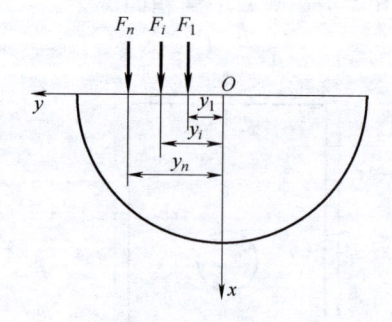

图 6-43　题 6-15 图

第 7 章　薄板小挠度弯曲问题的位移解法

板是土木工程中的一种常用构件，如房屋结构中的混凝土楼盖结构、建筑物基础等。在进行工程设计时，常需分析板内弯矩分布从而为配筋设计提供依据。根据薄板形状和受力特点，当它在弯曲变形时，属于空间问题，难以获得其精确解。在分析薄板弯曲问题时，除用到弹性力学的基本假设以外，还需引入一些关于应变和应力分布规律的附加假设，使问题得以简化求解。在这些计算假设基础上建立一套完整的薄板弯曲理论，可计算工程中的薄板问题，且精度能够满足工程要求。本章对薄板小挠度弯曲分析理论进行介绍，并介绍其求解的位移解法。

■ 7.1　薄板弯曲问题的特点

由两个平行平面和垂直于平面的柱面所组成的结构，其平面间的距离远小于平面本身的尺寸（如长度、宽度或直径）时，该结构称为薄板。若板的厚度用 t 表示，与上、下表面等距离的平面称为中面，且中面的特征尺寸（如边长或直径）为 l，则一般认为当 $(5\sim8)\leqslant \dfrac{l}{t}\leqslant(80\sim100)$ 的板可按薄板计算。厚度大于或小于该范围的板称为厚板或薄膜。厚板内部的应力状态与三维物体类似，难以采用较多的简化措施；而薄膜在变形时挠度可能很大，属于大变形情形。以上两者均不在本书讨论范围内。

作用于板上的荷载一般可分为沿中面和垂直于中面两种，前者按平面应力问题处理，后者则是薄板弯曲问题研究的内容。在横向荷载作用下，薄板将产生弯曲变形，当板的最大弯曲挠度 w 远小于板的厚度 t 时（一般要求 $w<\dfrac{t}{5}$），称为薄板小挠度问题。本章仅研究薄板在横向荷载作用下的小挠度问题。

对薄板小挠度问题，建立图 7-1 所示的坐标系，其中 y、z 轴在中面内，z 轴向下，坐标原点可取在板中央、角点或其中一边的中点。为了简化分析，引入以下基本假设（通常称为基尔霍夫假设）：

1）薄板弯曲前垂直于中面的直线在变形后仍是垂直于其中面的直线，且线段长度保持

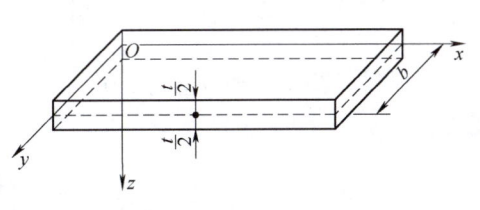

图 7-1　薄板弯曲问题

不变。

2) 薄板中面内各点没有平行于中面的位移，即中面内任一点 x、y 方向的位移 $(u)_{z=0}=0$、$(v)_{z=0}=0$，而且只有沿中面法线方向的挠度 w，在忽略挠度 w 沿板厚的变化时，可认为同一厚度上各点的挠度相同，都等于中面的挠度。

3) 应力分量 σ_z、τ_{yz}、τ_{xz} 远小于其他三个应力分量 σ_x、σ_y、τ_{xy}，它们引起的变形可忽略不计。

前两个假设是关于变形方面的，属于纯几何性质的假设，与材料性质无关，既可用于弹性状态，也可用于塑性状态。考虑到第 3 个假设，可将薄板弯曲问题的应力状态近似看作平面应力状态。采用以上假设使薄板的弯曲理论是近似解，数值计算结果表明，这一理论得出的结果与精确解很接近。因此，在实际工程结构的应力与强度计算中，广泛采用这一理论进行结构的弹性分析、弹塑性分析和塑性极限分析。

在以上假设基础上，采用位移法求解薄板弯曲问题。取中面挠度 w 作为基本未知量，建立其他未知量（另 2 个位移分量 u 和 v、6 个应力分量 σ_{ij} 和 6 个应变分量 ε_{ij}）与 w 的关系，推出关于基本未知量的基本方程，然后给出薄板弯曲问题的边界条件，从而建立矩形薄板和轴对称圆形薄板弯曲问题的求解方法。

7.2 薄板小挠度弯曲问题基本方程

7.2.1 控制方程

1. 位移分量

根据假设 1 可知 $\varepsilon_z=0$，即 $\dfrac{\partial w}{\partial z}=0$，故有

$$w=w(x,y) \tag{7-1}$$

又由于不计 τ_{xz} 和 τ_{yz} 引起的变形，有 $\gamma_{zx}=\gamma_{zy}=0$，即

$$\begin{cases}\dfrac{\partial u}{\partial z}+\dfrac{\partial w}{\partial x}=0\\[4pt]\dfrac{\partial v}{\partial z}+\dfrac{\partial w}{\partial y}=0\end{cases} \tag{7-2}$$

对式 (7-2) 积分

$$\begin{cases}u=-z\dfrac{\partial w}{\partial x}+f_1(x,y)\\[4pt]v=-z\dfrac{\partial w}{\partial y}+f_2(x,y)\end{cases} \tag{7-3}$$

考虑到假设 2，即 $(u)_{z=0}=0$、$(v)_{z=0}=0$，有 $f_1(x,y)=f_2(x,y)=0$，从而式 (7-3) 变为

$$\begin{cases}u=-z\dfrac{\partial w}{\partial x}\\[4pt]v=-z\dfrac{\partial w}{\partial y}\end{cases} \tag{7-4}$$

2. 应变分量

将式（7-4）代入几何方程可得应变分量 ε_x、ε_y 和 γ_{xy}，即

$$\begin{cases}\varepsilon_x = \dfrac{\partial u}{\partial x} = -z\dfrac{\partial^2 w}{\partial x^2} \\ \varepsilon_y = \dfrac{\partial v}{\partial y} = -z\dfrac{\partial^2 w}{\partial y^2} \\ \gamma_{xy} = \dfrac{\partial u}{\partial y} + \dfrac{\partial v}{\partial x} = -2z\dfrac{\partial^2 w}{\partial x \partial y}\end{cases} \tag{7-5}$$

从式（7-5）可看出，由于 $w = w(x,y)$，这三个应变分量与坐标 z 呈线性关系，因而在中面上为零。

根据基本假设，薄板弯曲问题的另外三个应变分量 ε_z、γ_{zx} 和 γ_{zy} 等于零。

3. 主要应力分量

根据假设 3，不计 σ_z 引起的变形，则应力-应变关系为

$$\begin{cases}\sigma_x = \dfrac{E}{1-\nu^2}(\varepsilon_x + \nu\varepsilon_y) \\ \sigma_y = \dfrac{E}{1-\nu^2}(\varepsilon_y + \nu\varepsilon_x) \\ \tau_{xy} = \dfrac{E}{2(1+\nu)}\gamma_{xy}\end{cases} \tag{7-6}$$

将应变分量代入得

$$\begin{cases}\sigma_x = \dfrac{-Ez}{1-\nu^2}\left(\dfrac{\partial^2 w}{\partial x^2} + \nu\dfrac{\partial^2 w}{\partial y^2}\right) \\ \sigma_y = \dfrac{-Ez}{1-\nu^2}\left(\dfrac{\partial^2 w}{\partial y^2} + \nu\dfrac{\partial^2 w}{\partial x^2}\right) \\ \tau_{xy} = \dfrac{-Ez}{1+\nu}\dfrac{\partial^2 w}{\partial x \partial y}\end{cases} \tag{7-7}$$

同样，这三个应力分量均为坐标 z 的线性函数，即沿板厚呈线性分布，如图 7-2 所示。需要指出的是，虽然薄板弯曲问题的应力-应变关系与平面应力问题的应力-应变关系相同，但沿板厚方向，对于平面应力问题 σ_x、σ_y 和 τ_{xy} 为均匀分布，对薄板弯曲问题则为线性分布，在中面为 0。

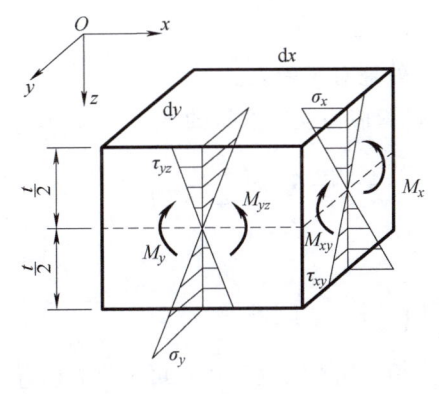

图 7-2　板微元体

板微元体分析

4. 次要应力分量

薄板弯曲问题中，应力分量 σ_z、τ_{yz}、τ_{xz} 远小于其他三个应力分量 σ_x、σ_y、τ_{xy}，它们引起的变形不计，但在平衡条件中，仍需要考虑它们的作用。下面根据平衡微分方程求出这三个次要应力分量。

对于薄板弯曲问题，要求体力分量 $f_x = f_y = 0$，体力分量 f_z 若不为零，可以等效到薄板上表面，看成分布的面力。因此，可以将薄板弯曲问题作为无体力情况处理，于是平衡方程为

$$\begin{cases} \dfrac{\partial \sigma_x}{\partial x} + \dfrac{\partial \tau_{yx}}{\partial y} + \dfrac{\partial \tau_{zx}}{\partial z} = 0 \\ \dfrac{\partial \tau_{xy}}{\partial x} + \dfrac{\partial \sigma_y}{\partial y} + \dfrac{\partial \tau_{zy}}{\partial z} = 0 \\ \dfrac{\partial \tau_{xz}}{\partial x} + \dfrac{\partial \tau_{yz}}{\partial y} + \dfrac{\partial \sigma_z}{\partial z} = 0 \end{cases} \tag{7-8}$$

由式（7-8）的第一式，有

$$\frac{\partial \tau_{zx}}{\partial z} = -\frac{\partial \sigma_x}{\partial x} - \frac{\partial \tau_{yx}}{\partial y} \tag{7-9}$$

将主要应力分量代入，得

$$\frac{\partial \tau_{zx}}{\partial z} = \frac{Ez}{1-\nu^2}\left(\frac{\partial^3 w}{\partial x^3} + \frac{\partial^3 w}{\partial x \partial y^2}\right) = \frac{Ez}{1-\nu^2}\frac{\partial}{\partial x}\nabla^2 w \tag{7-10}$$

式中　∇^2——拉普拉斯算子，$\nabla^2 = \dfrac{\partial^2}{\partial x^2} + \dfrac{\partial^2}{\partial y^2}$。

对式（7-10）积分，并考虑到 $z = \pm \dfrac{t}{2}$ 处 $\tau_{zx} = 0$，可得

$$\tau_{zx} = \frac{E}{2(1-\nu^2)}\left(z^2 - \frac{t^2}{4}\right)\frac{\partial}{\partial x}\nabla^2 w = \frac{6D}{t^3}\left(z^2 - \frac{t^2}{4}\right)\frac{\partial}{\partial x}\nabla^2 w \tag{7-11}$$

式中　D——板的抗弯刚度。

$$D = \frac{Et^3}{12(1-\nu^2)} \tag{7-12}$$

由式（7-8）的第二式，同样可得

$$\tau_{zy} = \frac{6D}{t^3}\left(z^2 - \frac{t^2}{4}\right)\frac{\partial}{\partial y}\nabla^2 w \tag{7-13}$$

τ_{zx}、τ_{zy} 沿板厚呈抛物线分布，在中面处绝对值最大。

由式（7-8）的第三式，并考虑到通过剪应力互等求得的 τ_{xz}、τ_{yz}，有

$$\frac{\partial \sigma_z}{\partial z} = -\frac{\partial \tau_{xz}}{\partial x} - \frac{\partial \tau_{yz}}{\partial y} = \frac{6D}{t^3}\nabla^4 w\left(\frac{t^2}{4} - z^2\right) \tag{7-14}$$

对式（7-14）积分，得

$$\sigma_z = \frac{6D}{t^3}\nabla^4 w\left(\frac{t^2}{4}z - \frac{z^3}{3}\right) + f_3(x,y) \tag{7-15}$$

在薄板下表面，边界条件为 $(\sigma_z)_{z=\frac{t}{2}} = 0$，代入式（7-15）可求得 $f_3(x,y)$，再将 $f_3(x,y)$ 代入式（7-15），可得

$$\sigma_z = \frac{6D}{t^3}\nabla^4 w\left[\frac{t^2}{4}\left(z-\frac{t}{2}\right)-\frac{1}{3}\left(z^3-\frac{t^3}{8}\right)\right] \qquad (7\text{-}16)$$

5. 薄板内力

以 x、$x+dx$、y、$y+dy$ 四个坐标面截出的板微元体如图 7-2 所示，将 σ_x、σ_y、τ_{xy} 简化到中面上，则得到作用于微元体侧面上的内力矩

$$\begin{cases} M_x = \int_{-\frac{t}{2}}^{\frac{t}{2}} \sigma_x z\,dz = -D\left(\frac{\partial^2 w}{\partial x^2}+\nu\frac{\partial^2 w}{\partial y^2}\right) \\ M_y = \int_{-\frac{t}{2}}^{\frac{t}{2}} \sigma_y z\,dz = -D\left(\frac{\partial^2 w}{\partial y^2}+\nu\frac{\partial^2 w}{\partial x^2}\right) \\ M_{xy} = M_{yx} = \int_{-\frac{t}{2}}^{\frac{t}{2}} \tau_{xy} z\,dz = -D(1-\nu)\frac{\partial^2 w}{\partial x\partial y} \end{cases} \qquad (7\text{-}17)$$

式中 M_x、M_y 和 M_{xy}——作用在中面上每单位长度的弯矩和扭矩。

单位长度板上的剪应力 τ_{xz}、τ_{yz} 合成为剪力 Q_x、Q_y，即

$$\begin{cases} Q_x = \int_{-\frac{t}{2}}^{\frac{t}{2}} \tau_{xz}\,dz = -D\frac{\partial}{\partial x}\nabla^2 w \\ Q_y = \int_{-\frac{t}{2}}^{\frac{t}{2}} \tau_{yz}\,dz = -D\frac{\partial}{\partial y}\nabla^2 w \end{cases} \qquad (7\text{-}18)$$

以上两式已经规定了内力的正负号。例如，使板下边受拉的弯矩是正弯矩，对于外法线指向坐标轴正方向上的面，向下的剪力为正。

6. 薄板内力与应力的关系

应力分量 σ_x、σ_y、τ_{xy} 和内力分量 M_x、M_y、M_{xy} 的关系为

$$\begin{cases} \sigma_x = \frac{12M_x}{t^3}z \\ \sigma_y = \frac{12M_y}{t^3}z \\ \tau_{xy} = \frac{12M_{xy}}{t^3}z \end{cases} \qquad (7\text{-}19)$$

在薄板的上下表面 $z=\pm\frac{t}{2}$，这三个应力绝对值最大，为

$$\begin{cases} (\sigma_x)_{\max} = \pm\frac{6M_x}{t^2} \\ (\sigma_y)_{\max} = \pm\frac{6M_y}{t^2} \\ (\tau_{xy})_{\max} = \pm\frac{6M_{xy}}{t^2} \end{cases} \qquad (7\text{-}20)$$

应力分量 τ_{xz}、τ_{yz} 与内力 Q_x、Q_y 的关系

$$\begin{cases} \tau_{xz} = \dfrac{3}{2}\dfrac{Q_x}{t}\left(1-\dfrac{4z^2}{t^2}\right) \\ \tau_{yz} = \dfrac{3}{2}\dfrac{Q_y}{t}\left(1-\dfrac{4z^2}{t^2}\right) \end{cases} \tag{7-21}$$

中面 $z=0$ 处，剪应力最大，为

$$\begin{cases} (\tau_{xz})_{\max} = \dfrac{3}{2}\dfrac{Q_x}{t} \\ (\tau_{yz})_{\max} = \dfrac{3}{2}\dfrac{Q_y}{t} \end{cases} \tag{7-22}$$

从以上应力与内力的关系可看出，这些关系与材料力学中单位宽度的矩形截面梁的应力公式相同，只不过薄板弯曲问题中还存在 τ_{xy} 及由其产生的扭矩 M_{xy}。

7. 挠曲面微分方程

在薄板的上表面，设横向荷载为 $q(x,y)$，则有边界条件

$$(\sigma_z)_{z=-\frac{t}{2}} = -q \tag{7-23}$$

将式（7-23）代入式（7-15），可得

$$D\nabla^4 w = q \tag{7-24}$$

即

$$D\left(\dfrac{\partial^4 w}{\partial x^4} + 2\dfrac{\partial^4 w}{\partial x^2 \partial y^2} + \dfrac{\partial^4 w}{\partial y^4}\right) = q \tag{7-25}$$

式（7-25）即薄板弯曲问题的基本方程，该方程也可通过板微元体的平衡条件推得。

7.2.2 边界条件

为了求解薄板弯曲的微分方程式，必须给出边界条件。现以矩形薄板为例，说明如何给出边界条件。矩形薄板 $ABCD$（长为 a，宽为 b）的边界如图 7-3 所示，$y=0$ 边为简支边，$x=0$ 边为固定边，$x=a$ 和 $y=b$ 边为自由边界。

1. 简支边界

简支边界处若无外加弯矩，则

$$\begin{cases} w_{y=0} = 0 \\ (M_y)_{y=0} = 0 \end{cases} \tag{7-26}$$

或写成

图 7-3 矩形板的边界

$$\begin{cases} w_{y=0} = 0 \\ \left(\dfrac{\partial^2 w}{\partial y^2}\right)_{y=0} = 0 \end{cases} \tag{7-27}$$

若简支边处作用有弯矩 $\overline{M}$，则式（7-27）的第二式改为 $\left(\dfrac{\partial^2 w}{\partial y^2}\right)_{y=0} = -\dfrac{\overline{M}}{D}$。

2. 固定边

固定边的边界条件为

$$\begin{cases} w_{x=0}=0 \\ \left(\dfrac{\partial w}{\partial x}\right)_{x=0}=0 \end{cases} \tag{7-28}$$

3. 自由边

自由（无支承）边界处，如 $y=b$ 边界处没有外荷载作用，有

$$\begin{cases} (M_y)_{y=b}=0 \\ (M_{yz})_{y=b}=0 \\ (Q_y)_{y=b}=0 \end{cases} \tag{7-29}$$

对于薄板边界，在一个边界上提出三个边界条件将使微分方程不能求解。为解决这一问题，可将扭矩和剪力的条件用一个边界条件来代替。如图 7-4a 所示，AB 上作用有连续分布的扭矩 $M_{yx}(x,y)$。若在宽度为 dx 的 mn 段上的扭矩为 M_{yx}dx，则在宽度为 dx 的 np 段上的扭矩为 $\left(M_{yx}+\dfrac{\partial M_{yx}}{\partial x}\mathrm{d}x\right)\mathrm{d}x$。微段 mn 上的扭矩 M_{yx}dx 可以用两个分别作用于 m 点和 n 点的横向应力 M_{yx} 代替，一个向下，另一个向上。对于作用在微段 np 上的扭矩 $\left(M_{yx}+\dfrac{\partial M_{yx}}{\partial x}\mathrm{d}x\right)\mathrm{d}x$ 也可以采用同样的变换，于是得到了如图 7-4b 所示的受力情况。注意，在两个微段的交界点 n 处，向上的横向剪力 M_{yx} 和向下的横向剪力 $M_{yx}+\dfrac{\partial M_{yx}}{\partial x}\mathrm{d}x$ 将合成一个向下的横向剪力

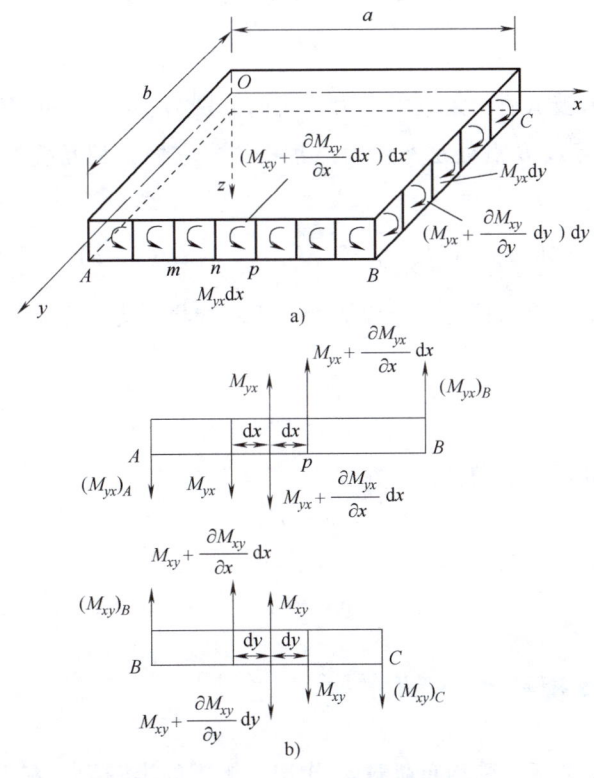

图 7-4 边界上扭矩的等效变换

$\frac{\partial M_{yx}}{\partial x}dx$。这个力又可用分布在 n 点为中心、宽度为 dx 微段上的分布剪力 $\frac{\partial M_{yx}}{\partial x}$ 来代替，这个分布剪力的方向向下。对整个边界都如此处理，该边界上的分布扭矩就变换为等效的分布剪力 $\frac{\partial M_{yx}}{\partial x}$。将它与原来的横向剪力 Q_y 相加，得到 AB 边上的总的分布剪力

$$M_{yx} + \frac{\partial M_{yx}}{\partial x}dx - M_{yx} = \frac{\partial M_{yx}}{\partial x}dx \tag{7-30}$$

而单位长度上的剪力为 $\frac{\partial M_{yx}}{\partial x}$，对于边界上任一点，其折算剪力为

$$V_y = Q_y + \frac{\partial M_{yx}}{\partial x} \tag{7-31}$$

因此，可将自由边界上的边界条件近似写为

$$\begin{cases} (M_y)_{y=b} = 0 \\ \left(Q_y + \dfrac{\partial M_{yx}}{\partial x}\right)_{y=b} = 0 \end{cases} \tag{7-32}$$

即

$$\begin{cases} \left(\dfrac{\partial^2 w}{\partial y^2} + \nu \dfrac{\partial^2 w}{\partial x^2}\right)_{y=b} = 0 \\ \left[\dfrac{\partial^3 w}{\partial y^3} + (2-\nu)\dfrac{\partial^3 w}{\partial x^2 \partial y} Q_y\right]_{y=b} = 0 \end{cases} \tag{7-33}$$

4. 角点条件

在边界的两端有未被抵消的角点集中力，它们分别为 $(M_{yx})_A$ 和 $(M_{yx})_B$，而且与 AB 边相交的边界上，在 A 点或 B 点处也产生角点集中力，它们并相互叠加成为该点的集中力。如在 B 点处有

$$R_B = (M_{yx})_B + (M_{xy})_B = 2(M_{yx})_B = -2D(1-\nu)\left(\frac{\partial^2 w}{\partial x \partial y}\right)_B \tag{7-34}$$

若 B 点悬空，此时没有支撑对薄板施加上式所示的集中力，在求解时应加上角点条件，即在 $x=a$，$y=b$ 处

$$\frac{\partial^2 w}{\partial x \partial y} = 0$$

若 B 点有支撑，此时角点条件为：在 $x=a$，$y=b$ 处

$$w = 0$$

而角点 B 处的反力大小为

$$R_B = \overline{R_B} \tag{7-35}$$

■ 7.3 椭圆形薄板挠度求解实例

边界固定的椭圆形薄板，受均布荷载 q_0 作用，椭圆的半轴为 a 和 b（图 7-5），试求板的挠度和内力。

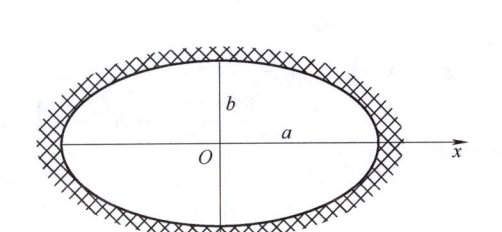

图 7-5 椭圆形薄板

由椭圆的周界方程

$$\frac{x^2}{a^2} + \frac{y^2}{b^2} - 1 = 0 \tag{7-36}$$

挠度的表达式为

$$w = A\left(\frac{x^2}{a^2} + \frac{y^2}{b^2} - 1\right)^2 \tag{7-37}$$

式中 A——任意常数。

显然，由式（7-37）所表示的挠度满足在板的边界处为零的条件。下面要证明，它还能满足在板边上转角为零的条件。

事实上，因为在板边上有

$$\begin{cases} \dfrac{\partial w}{\partial x} = \dfrac{4Ax}{a^2}\left(\dfrac{x^2}{a^2} + \dfrac{y^2}{b^2} - 1\right) = 0 \\ \dfrac{\partial w}{\partial y} = \dfrac{4Ay}{b^2}\left(\dfrac{x^2}{a^2} + \dfrac{y^2}{b^2} - 1\right) = 0 \end{cases} \tag{7-38}$$

所以，w 对椭圆板边界法线方向的导数在板边上的值为

$$\frac{\partial w}{\partial v} = \frac{\partial w}{\partial x}\frac{\partial x}{\partial v} + \frac{\partial w}{\partial y}\frac{\partial y}{\partial v} = 0 \tag{7-39}$$

总之，以式（7-37）表示的挠度能满足问题的全部边界条件。

现将式（7-37）代入式（7-25），有

$$D\left(\frac{24A}{a^4} + \frac{16A}{a^2 b^2} + \frac{24A}{b^4}\right) = q_0 \tag{7-40}$$

这是式（7-37）满足式（7-25）的条件。由此得

$$A = \frac{q_0}{8D\left(\dfrac{3}{a^4} + \dfrac{2}{a^2 b^2} + \dfrac{3}{b^4}\right)} \tag{7-41}$$

代入式（7-37），于是有

$$w = \frac{q_0\left(\dfrac{x^2}{a^2} + \dfrac{y^2}{b^2} - 1\right)^2}{8D\left(\dfrac{3}{a^4} + \dfrac{2}{a^2 b^2} + \dfrac{3}{b^4}\right)} \tag{7-42}$$

最大挠度发生在椭圆的中心，其值为

$$w_{\max} = (w)_{x=y=0} = \frac{q_0}{8D\left(\dfrac{3}{a^4} + \dfrac{2}{a^2 b^2} + \dfrac{3}{b^4}\right)} \tag{7-43}$$

如果 $a = b$，则为圆板，其最大挠度为

$$w_{\max} = \frac{q_0 a^4}{64D} \tag{7-44}$$

如将式（7-42）代入式（7-17）和式（7-25），可求得内力。现只求出其弯矩如下

$$\begin{cases} M_x = -\dfrac{q_0}{2\left(\dfrac{3}{a^4} + \dfrac{2}{a^2 b^2} + \dfrac{3}{b^4}\right)} \left[\left(\dfrac{3x^2}{a^4} + \dfrac{y^2}{a^2 b^2} - \dfrac{1}{a^2}\right) + \nu\left(\dfrac{3y^2}{b^4} + \dfrac{x^2}{a^2 b^2} - \dfrac{1}{b^2}\right) \right] \\ M_y = -\dfrac{q_0}{2\left(\dfrac{3}{a^4} + \dfrac{2}{a^2 b^2} + \dfrac{3}{b^4}\right)} \left[\left(\dfrac{3y^2}{b^4} + \dfrac{x^2}{a^2 b^2} - \dfrac{1}{b^2}\right) + \nu\left(\dfrac{3x^2}{a^4} + \dfrac{y^2}{a^2 b^2} - \dfrac{1}{a^2}\right) \right] \end{cases} \tag{7-45}$$

在板的中心，它们的值分别为

$$(M_x)_{x=y=0} = \frac{q_0 a^2 \left(1 + \nu \dfrac{a^2}{b^2}\right)}{2\left(3 + 2\dfrac{a^2}{b^2} + 3\dfrac{a^4}{b^4}\right)} \tag{7-46}$$

$$(M_y)_{x=y=0} = \frac{q_0 b^2 \left(1 + \nu \dfrac{b^2}{a^2}\right)}{2\left(3 + 2\dfrac{b^2}{a^2} + 3\dfrac{b^4}{a^4}\right)} \tag{7-47}$$

在椭圆长轴的端点

$$(M_x)_{x=\pm a, y=0} = -\frac{q_0 a^2}{3 + 2\dfrac{a^2}{b^2} + 3\dfrac{a^4}{b^4}} \tag{7-48}$$

在短轴的端点

$$(M_y)_{x=0, y=\pm b} = -\frac{q_0 b^2}{3 + 2\dfrac{b^2}{a^2} + 3\dfrac{b^4}{a^4}} \tag{7-49}$$

若 $a > b$，则式（7-47）和式（7-49）表示板中最大弯矩和最小弯矩。

当 a 趋于无穷时，则椭圆板变成跨度为 $2b$ 的平面应变情况下的两端固定的梁。此时，式（7-45）的第二式简化为

$$M_y = -\frac{q_0 b^2}{6}\left(\frac{3y^2}{b^2} - 1\right) \tag{7-50}$$

在梁的跨中和两端，弯矩值分别为

$$(M_y)_{y=0} = \frac{q_0 b^2}{6} = \frac{q_0 (2b)^2}{24} \tag{7-51}$$

$$(M_y)_{y=\pm b} = -\frac{q_0 b^2}{3} = -\frac{q_0 (2b)^2}{12} \tag{7-52}$$

这一结果与材料力学的结果相同。

7.4 矩形薄板三角级数解

7.4.1 简支边矩形薄板的纳维解

一四边简支的矩形薄板，如图 7-6 所示，边长分别为 a 和 b，受任意分布的荷载 $q(x,y)$ 作用。这一问题的边界条件为

$$\begin{cases} (w)_{x=0,a} = 0 \\ (w)_{y=0,b} = 0 \\ \left(\dfrac{\partial^2 w}{\partial x^2}\right)_{x=0,a} = 0 \\ \left(\dfrac{\partial^2 w}{\partial y^2}\right)_{y=0,b} = 0 \end{cases} \tag{7-53}$$

图 7-6 简支边矩形薄板

因为任意的荷载函数 $q(x,y)$ 总能展开成双重的三角级数，所以纳维用双重的三角级数求解了这一问题。纳维假设

$$w = \sum_{m=1}^{\infty} \sum_{n=1}^{\infty} A_{mn} \sin\frac{m\pi x}{a} \sin\frac{n\pi y}{b} \tag{7-54}$$

式中 m、n——正整数。

显然，它已满足由式（7-53）表示的全部边界条件。

现在的问题是还要使式（7-54）满足薄板弯曲的基本方程 [式（7-25）]，为此，将式（7-54）代入式（7-25），得

$$\pi^4 D \sum_{m=1}^{\infty} \sum_{n=1}^{\infty} \left(\frac{m^2}{a^2} + \frac{n^2}{b^2}\right)^2 A_{mn} \sin\frac{m\pi x}{a} \sin\frac{m\pi y}{b} = q(x,y) \tag{7-55}$$

到此，可用两种方法确定系数 A_{mn}：一种方法是将 $q(x,y)$ 展成双重三角级数，其中的系数是可以求得的，然后代入式（7-55），比较两边的系数，可求得 A_{mn}；另一种方法是把式（7-55）等号左边的级数看成是 $q(x,y)$ 的展开式，从而去求系数 A_{mn}。这里，拟采用后一种方法。为此，将式（7-55）等号两边同乘 $\sin\dfrac{i\pi x}{a}\sin\dfrac{j\pi y}{b}$，然后分别对 x 和 y 从 0 到 a 和从 0 到 b 积分，并利用三角函数的正交性

$$\begin{cases} \int_0^a \sin\dfrac{i\pi x}{a} \sin\dfrac{m\pi x}{a} \mathrm{d}x = \begin{cases} 0 & (m \neq i) \\ \dfrac{a}{2} & (m = i) \end{cases} \\ \int_0^b \sin\dfrac{j\pi y}{b} \sin\dfrac{n\pi y}{b} \mathrm{d}x = \begin{cases} 0 & (j \neq n) \\ \dfrac{b}{2} & (j = n) \end{cases} \end{cases} \tag{7-56}$$

于是

$$A_{mn} = \frac{4}{\pi^4 abD\left(\dfrac{m^2}{a^2} + \dfrac{n^2}{b^2}\right)^2} \int_0^a \int_0^b q \sin\frac{m\pi x}{a} \sin\frac{n\pi y}{b} \mathrm{d}x \mathrm{d}y \tag{7-57}$$

代入式（7-54），可得挠度表达式为

$$w = \sum_{m=1}^{\infty} \sum_{n=1}^{\infty} \frac{4\int_0^a \int_0^b q\sin\frac{m\pi x}{a}\sin\frac{n\pi y}{b}\mathrm{d}x\mathrm{d}y}{\pi^4 abD\left(\frac{m^2}{a^2}+\frac{n^2}{b^2}\right)^2}\sin\frac{m\pi x}{a}\sin\frac{n\pi y}{b} \tag{7-58}$$

式（7-58）称为纳维解，还由此可以求出内力和支反力。$\omega(x,y)$ 是一个无穷级数，在多数情况下，它收敛很快，实际计算时只需取前几项（如前三项），即可达到工程精度要求。这一解法简单，但只适用于四边简支板。同时，内力也是无穷级数，且收敛很慢，要取较多的项才能达到满意的精度。下面，举两个具体的算例。

[**例 7-1**] 边长分别为 a 和 b 的四边简支的矩形薄板，在全板上受均布荷载 q_0 作用，试求板的挠度、弯矩和扭矩。

解： 由式（7-57），算得

$$A_{mn} = \frac{16q_0}{\pi^6 Dmn\left(\frac{m^2}{a^2}+\frac{n^2}{b^2}\right)^2} \quad (m=1,3,5,\cdots;\ n=1,3,5,\cdots) \tag{7-59}$$

因此得

$$w = \frac{16q_0}{\pi^6 D}\sum_{m=1,3,5\cdots}^{\infty}\sum_{n=1,3,5\cdots}^{\infty}\frac{\sin\frac{m\pi x}{a}\sin\frac{n\pi y}{b}}{mn\left(\frac{m^2}{a^2}+\frac{n^2}{b^2}\right)^2} \tag{7-60}$$

最大挠度发生在板的中心，即 $x=\frac{a}{2}$，$y=\frac{b}{2}$ 处，为

$$w_{\max} = \frac{16q_0}{\pi^6 D}\sum_{m=1,3,5\cdots}^{\infty}\sum_{n=1,3,5\cdots}^{\infty}\frac{(-1)^{\frac{m+n}{2}-1}}{mn\left(\frac{m^2}{a^2}+\frac{n^2}{b^2}\right)^2} \tag{7-61}$$

这个级数收敛很快，例如，对于正方形板，只取级数的第一项，即 $m=n=1$，有

$$w_{\max} = 0.00416q_0\frac{a^4}{D} \tag{7-62}$$

如果取级数的前四项，即 $m=1$，$n=1,3$；$m=3$，$n=1,3$，则

$$w_{\max} = 0.00406q_0\frac{a^4}{D} \tag{7-63}$$

将式（7-60）代入式（7-17）可求得弯矩和扭矩分别为

$$\begin{cases} M_x = \dfrac{16q_0}{\pi^4}\sum_{m=1,3,5\cdots}^{\infty}\sum_{n=1,3,5\cdots}^{\infty}\dfrac{\frac{m^2}{a^2}+v\frac{n^2}{b^2}}{mn\left(\frac{m^2}{a^2}+\frac{n^2}{b^2}\right)^2}\sin\frac{m\pi x}{a}\sin\frac{n\pi y}{b} \\[2ex] M_y = \dfrac{16q_0}{\pi^4}\sum_{m=1,3,5\cdots}^{\infty}\sum_{n=1,3,5\cdots}^{\infty}\dfrac{v\frac{m^2}{a^2}+\frac{n^2}{b^2}}{mn\left(\frac{m^2}{a^2}+\frac{n^2}{b^2}\right)^2}\sin\frac{m\pi x}{a}\sin\frac{n\pi y}{b} \\[2ex] M_{xy} = -\dfrac{16(1-v)q_0}{\pi^4 ab}\sum_{m=1,3,5\cdots}^{\infty}\sum_{n=1,3,5\cdots}^{\infty}\dfrac{\cos\frac{m\pi x}{a}\cos\frac{n\pi y}{b}}{\left(\frac{m^2}{a^2}+\frac{n^2}{b^2}\right)^2} \end{cases} \tag{7-64}$$

可见，在板的中心，弯矩 M_x 和 M_y 最大，而 M_{xy} 为零；在板边，M_x 和 M_y 为零，而 M_{xy} 为最大。

[**例 7-2**] 现有一边长分别为 a 和 b 的四边简支的矩形薄板，如果在板上的一点 $M(\xi,\eta)$ 受集中力 F 作用，如图 7-7 所示，试求板的挠度。

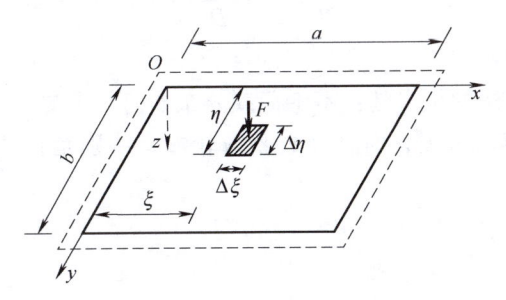

图 7-7 四边简支的矩形薄板

解： 对于集中力，可以看成作用在边长为 $\Delta x = \Delta\xi$，$\Delta y = \Delta\eta$ 的微小矩形面上的分布荷载 $q = \dfrac{F}{\Delta\xi\Delta\eta}$，在微小面 $\Delta\xi\Delta\eta$ 外，$q = 0$。于是由式（7-57），并利用积分中值定理，得

$$A_{mn} = \frac{4}{\pi^4 abD\left(\dfrac{m^2}{a^2} + \dfrac{n^2}{b^2}\right)^2} \int_{\xi-\frac{\Delta\xi}{2}}^{\xi+\frac{\Delta\xi}{2}} \int_{\eta-\frac{\Delta\eta}{2}}^{\eta+\frac{\Delta\eta}{2}} \frac{F}{\Delta\xi\Delta\eta} \sin\frac{m\pi x}{a} \sin\frac{n\pi y}{b} \mathrm{d}x\mathrm{d}y$$

$$= \frac{4F}{\pi^4 abD\left(\dfrac{m^2}{a^2} + \dfrac{n^2}{b^2}\right)^2 \Delta\xi\Delta\eta} \sin\frac{m\pi\xi}{a} \sin\frac{n\pi\eta}{b} \Delta\xi\Delta\eta$$

$$= \frac{4F}{\pi^4 abD\left(\dfrac{m^2}{a^2} + \dfrac{n^2}{b^2}\right)^2} \sin\frac{m\pi\xi}{a} \sin\frac{n\pi\eta}{b} \tag{7-65}$$

于是得板的挠度为

$$w = \frac{4F}{\pi^4 abD} \sum_{m=1}^{\infty} \sum_{n=1}^{\infty} \frac{\sin\dfrac{m\pi\xi}{a}\sin\dfrac{n\pi\eta}{b}}{\left(\dfrac{m^2}{a^2} + \dfrac{n^2}{b^2}\right)^2} \sin\frac{m\pi x}{a} \sin\frac{n\pi y}{b} \tag{7-66}$$

当荷载 F 作用在板中心（即 $\xi = \dfrac{a}{2}$，$\eta = \dfrac{b}{2}$）时，上式简化为

$$w = \frac{4F}{\pi^4 abD} \sum_{m=1,3,5\cdots}^{\infty} \sum_{n=1,3,5\cdots}^{\infty} (-1)^{\frac{m+n}{2}-1} \frac{\sin\dfrac{m\pi x}{a}\sin\dfrac{n\pi y}{b}}{\left(\dfrac{m^2}{a^2} + \dfrac{n^2}{b^2}\right)^2} \tag{7-67}$$

最大挠度发生在板的中心，即 $x = \dfrac{a}{2}$，$y = \dfrac{b}{2}$ 处，为

$$w_{\max} = \frac{4F}{\pi^4 abD} \sum_{m=1,3,5\cdots}^{\infty} \sum_{n=1,3,5\cdots}^{\infty} \frac{1}{\left(\dfrac{m^2}{a^2} + \dfrac{n^2}{b^2}\right)^2} \tag{7-68}$$

如果为正方形板，则最大挠度为

$$w_{\max} = \frac{4Fa^2}{\pi^4 D} \sum_{m=1,3,5\cdots}^{\infty} \sum_{n=1,3,5\cdots}^{\infty} \frac{1}{(m^2+n^2)^2} \qquad (7\text{-}69)$$

取级数的前四项，得

$$w_{\max} = \frac{0.01121 Fa^2}{D} \qquad (7\text{-}70)$$

它比精确值约小 3.5%。

本节所介绍的纳维解法的优点是：不论荷载分布如何，求解都比较简单易行。它的缺点是只适用于四边简支的矩形薄板，而且级数收敛较慢，特别是在计算内力时，往往要取很多项。

7.4.2　矩形薄板的莱维解

矩形薄板有一对边简支而另一对边为任意支承的情况，莱维对此提出了单重三角级数的方法。这种方法不仅适用范围比纳维解法广泛，而且收敛性比纳维解法好。

设矩形薄板的边长分别为 a 和 b，坐标选取如图 7-8 所示。现在取挠度为如下单重三角级数形式

$$w = \sum_{m=1}^{\infty} Y_m \sin \frac{m\pi x}{a} \qquad (7\text{-}71)$$

式中　　$Y_m(y)$——待定函数；

　　　　m——任意的正整数。

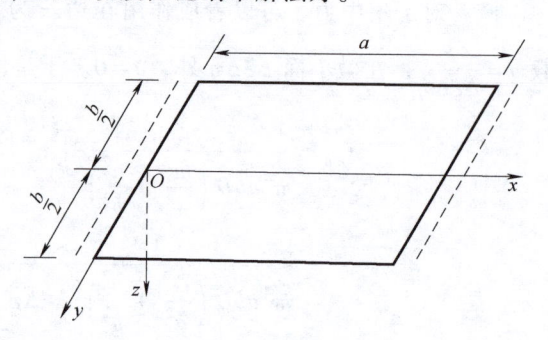

图 7-8　矩形薄板

显然，式（7-71）已经满足 $x=0$，$x=a$ 处的 $(w)_{x=0,a}=0$ 和 $\left(\dfrac{\partial^2 w}{\partial x^2}\right)_{x=0,a}=0$ 的边界条件。下面根据式（7-71）满足薄板弯曲基本方程的要求寻找 $Y_m(y)$。为此，将式（7-71）代入式（7-25），从而得

$$\sum_{m=1}^{\infty}\left[\frac{\mathrm{d}^4 Y_m}{\mathrm{d}y^4} - 2\left(\frac{m\pi}{a}\right)^2 \frac{\mathrm{d}^2 Y_m}{\mathrm{d}y^2} + \left(\frac{m\pi}{a}\right)^4 Y_m\right]\sin\frac{m\pi x}{a} = \frac{q(x,y)}{D} \qquad (7\text{-}72)$$

在式（7-72）等号两边同乘 $\sin\dfrac{n\pi x}{a}$，然后对 x 从 0 到 a 积分，并利用三角函数的正交性（如前述），于是有

$$\frac{\mathrm{d}^4 Y_m}{\mathrm{d}y^4} - 2\left(\frac{m\pi}{a}\right)^2 \frac{\mathrm{d}^2 Y_m}{\mathrm{d}y^2} + \left(\frac{m\pi}{a}\right)^4 Y_m = \frac{2}{aD}\int_0^a q\sin\frac{m\pi x}{a}\mathrm{d}x \qquad (7\text{-}73)$$

这是四阶线性常系数非齐次常微分方程，对于给定的 $q(x,y)$，非齐次项是已知的。式（7-73）的齐次通解为

$$Y_m^0 = A_m \cosh\frac{m\pi y}{a} + B_m \frac{m\pi y}{a}\sinh\frac{m\pi y}{a} + C_m \sinh\frac{m\pi y}{a} + D_m \frac{m\pi y}{a}\cosh\frac{m\pi y}{a} \qquad (7\text{-}74)$$

若以 $Y_m^*(y)$ 表示非齐次方程的任一特解，则式（7-59）的通解为

$$Y_m = A_m \cosh\frac{m\pi y}{a} + B_m \frac{m\pi y}{a}\sinh\frac{m\pi y}{a} + C_m \sinh\frac{m\pi y}{a} + D_m \frac{m\pi y}{a}\cosh\frac{m\pi y}{a} + Y_m^*(y) \qquad (7\text{-}75)$$

将式（7-75）代入式（7-71），即得挠度表达式

$$w = \sum_{m=1}^{\infty} \left[A_m \cosh\frac{m\pi y}{a} + B_m \frac{m\pi y}{a}\sinh\frac{m\pi y}{a} + \right.$$
$$\left. C_m \sinh\frac{m\pi y}{a} + D_m \frac{m\pi y}{a}\cosh\frac{m\pi y}{a} + Y_m^*(y) \right] \sin\frac{m\pi x}{a} \qquad (7\text{-}76)$$

式（7-76）称为莱维解，其中，A_m、B_m、C_m 和 D_m 应由 $y = \pm\dfrac{b}{2}$ 的边界条件确定。下面举两个例子说明莱维解的应用。

[**例 7-3**] 矩形薄板如图 7-9 所示，假设四边简支的矩形薄板受均布荷载 q_0 作用，试求挠度。

解：式（7-73）等号右边的积分为

$$\frac{2q_0}{aD}\int_0^a \sin\frac{m\pi x}{a}dx = \frac{2q_0}{\pi Dm}(1-\cos m\pi) = \frac{4q_0}{\pi Dm} \quad (m=1,3,5,\cdots) \qquad (7\text{-}77)$$

于是，式（7-73）的特解可取为

$$Y_m^* = \frac{4q_0 a^4}{\pi^5 Dm^5} \quad (m=1,3,5,\cdots) \qquad (7\text{-}78)$$

将式（7-78）代入式（7-76），并利用变形的对称性，即 $Y_m(y)$ 应是 y 的偶函数，于是有

$$w = \sum_{m=1}^{\infty}\left(A_m\cosh\frac{m\pi y}{a} + B_m\frac{m\pi y}{a}\sinh\frac{m\pi y}{a}\right)\sin\frac{m\pi x}{a} +$$
$$\frac{4q_0 a^4}{\pi^5 D}\sum_{m=1,3,5,\cdots}^{\infty}\frac{1}{m^5}\sin\frac{m\pi x}{a} \qquad (7\text{-}79)$$

利用边界条件

$$\begin{cases} (w)_{y=\pm\frac{b}{2}} = 0 \\ \left(\dfrac{\partial^2 w}{\partial y^2}\right)_{y=\pm\frac{b}{2}} = 0 \end{cases} \qquad (7\text{-}80)$$

可以得到

$$\begin{cases} \cosh\alpha_m A_m + \alpha_m\sinh\alpha_m B_m + \dfrac{4q_0 a^4}{\pi^5 Dm^5} = 0 \\ \cosh\alpha_m(A_m + 2B_m) + \alpha_m\sinh\alpha_m B_m = 0 \end{cases} (m=1,3,5,\cdots) \qquad (7\text{-}81)$$

及

$$\begin{cases} \cosh\alpha_m A_m + \alpha_m\sinh\alpha_m B_m = 0 \\ \cosh\alpha_m(A_m + 2B_m) + \alpha_m\sinh\alpha_m B_m = 0 \end{cases} (m=2,4,6,\cdots) \qquad (7\text{-}82)$$

式中 $\alpha_m = \dfrac{m\pi b}{2a}$。

分别求解上述两组方程，得

$$\begin{cases} A_m = -\dfrac{2(2+\alpha_m\tanh\alpha_m)q_0 a^4}{\pi^5 Dm^5 \cosh\alpha_m} \\ B_m = \dfrac{2q_0 a^4}{\pi^5 Dm^5 \cosh\alpha_m} \end{cases} (m=1,3,5,\cdots) \qquad (7\text{-}83)$$

和

$$A_m = B_m = 0 \quad (m = 2,4,6,\cdots) \tag{7-84}$$

将 A_m、B_m 代入式（7-79），得挠度的最后表达式为

$$w = \frac{4q_0 a^4}{\pi^5 D} \sum_{n=1,3,5\cdots}^{\infty} \frac{1}{m^5} \Bigg(1 - \frac{2 + \alpha_m \tanh\alpha_m}{2\cosh\alpha_m} \cosh\frac{2\alpha_m y}{b} +$$

$$\frac{\alpha_m}{2\cosh\alpha_m} \frac{2y}{b} \sinh\frac{2\alpha_m y}{b} \Bigg) \sin\frac{m\pi x}{a} \tag{7-85}$$

最大挠度发生在板的中心，为

$$w_{\max} = \frac{4q_0 a^4}{\pi^5 D} \sum_{m=1,3,5\cdots}^{\infty} \frac{(-1)^{\frac{m-1}{2}}}{m^5} \Bigg(1 - \frac{2 + \alpha_m \tanh\alpha_m}{2\cosh\alpha_m} \Bigg) \tag{7-86}$$

这个表达式中的级数收敛很快。例如，对于正方形板，$a = b$，$\alpha_m = \frac{m\pi}{2}$，即得

$$w_{\max} = \frac{4q_0 a^4}{\pi^5 D}(0.314 - 0.004 + \cdots) = 0.00406\frac{q_0 a^4}{D} \tag{7-87}$$

可见，在级数中仅取两项，就能得到很精确的结果。但对其他各点挠度，级数收敛则要慢一些。

[例 7-4] 现有一边长为 a 和 b、四边简支的矩形薄板，在 $y = \pm\frac{b}{2}$ 的边界上受分布弯矩作用（图 7-9），设分布弯矩为对称分布，即其集度为同一个已知函数 $f(x)$，求挠度表达式。

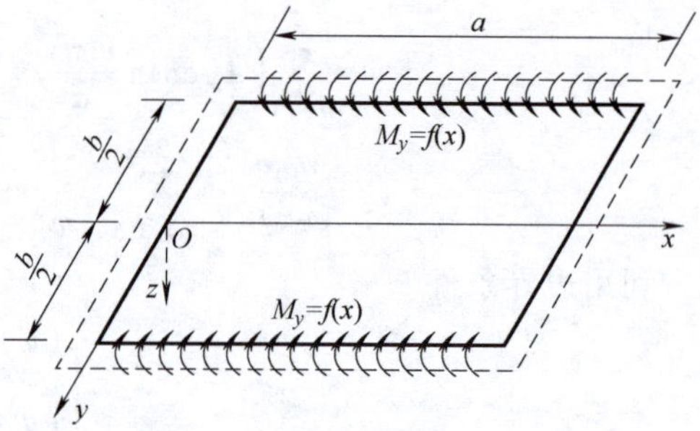

解：因板面无分布荷载作用，故基本方程 [式（7-25）] 简化为

$$\frac{\partial^4 w}{\partial x^4} + 2\frac{\partial^4 w}{\partial x^2 \partial y^2} + \frac{\partial^4 w}{\partial y^4} = 0 \tag{7-88}$$

图 7-9 四边简支的矩形薄板

本问题的边界条件为

$$\begin{cases} (w)_{x=0,a} = 0 \\ \left(\dfrac{\partial^2 w}{\partial x^2}\right)_{x=0,a} = 0 \end{cases} \tag{7-89}$$

$$\begin{cases} (w)_{y=\pm\frac{b}{2}} = 0 \\ (M_y)_{y=\pm\frac{b}{2}} = -D\left(\dfrac{\partial^2 w}{\partial y^2}\right)_{y=\pm\frac{b}{2}} = f(x) \end{cases} \tag{7-90}$$

采用莱维解，取式（7-78）中的 $Y_m^* = 0$，并由于变形的对称性，有 $C_m = D_m = 0$，于是式（7-79）变为

$$w = \sum_{m=1}^{\infty}\left(A_m \cosh\frac{m\pi y}{a} + B_m \frac{m\pi y}{a}\sinh\frac{m\pi y}{a}\right)\sin\frac{m\pi x}{a} \tag{7-91}$$

由式（7-90）的第一式，有

$$A_m \cosh\alpha_m + B_m \alpha_m \sinh\alpha_m = 0 \tag{7-92}$$

式中 $\alpha_m = \dfrac{m\pi b}{2a}$。

由此得

$$A_m = -B_m \alpha_m \tanh\alpha_m \tag{7-93}$$

将式（7-93）代入式（7-91），得

$$w = \sum_{m=1}^{\infty} B_m \left(\dfrac{m\pi y}{a}\sinh\dfrac{m\pi y}{a} - \alpha_m\tanh\alpha_m\cosh\dfrac{m\pi y}{a} \right)\sin\dfrac{m\pi x}{a} \tag{7-94}$$

利用边界条件（7-90）的第二式，有

$$-2D\sum_{m=1}^{\infty} B_m \dfrac{m^2\pi^2}{a^2}\cosh\alpha_m \sin\dfrac{m\pi x}{a} = f(x) \tag{7-95}$$

等号两边同乘 $\sin\dfrac{n\pi x}{a}$，然后，对 x 从 0 到 a 积分，注意三角函数的正交性，得

$$B_m = -\dfrac{a^2 E_m}{2Dm^2\pi^2\cosh\alpha_m} \tag{7-96}$$

这里

$$E_m = \dfrac{2}{a}\int_0^a f(x)\sin\dfrac{m\pi x}{a}\mathrm{d}x \tag{7-97}$$

将式（7-97）代回式（7-91），得挠度的表达式为

$$w = \dfrac{a^2}{2D\pi^2}\sum_{m=1}^{\infty} \dfrac{E_m}{m^2\cosh\alpha_m}\left(\alpha_m\tanh\alpha_m\cosh\dfrac{m\pi y}{a} - \dfrac{m\pi y}{a}\sinh\dfrac{m\pi y}{a} \right)\sin\dfrac{m\pi x}{a} \tag{7-98}$$

如果 $f(x) = M_0 = $ 常数，则

$$E_m = \dfrac{4M_0}{m\pi} \quad (m = 1,3,5,\cdots) \tag{7-99}$$

于是式（7-98）变为

$$w = \dfrac{2M_0 a^2}{D\pi^3}\sum_{m=1,3,\cdots}^{\infty} \dfrac{1}{m^3\cosh\alpha_m}\left(\alpha_m\tanh\alpha_m\cosh\dfrac{m\pi y}{a} - \dfrac{m\pi y}{a}\sinh\dfrac{m\pi y}{a} \right)\sin\dfrac{m\pi x}{a} \tag{7-100}$$

利用此式，可求得正方形板中心的挠度和弯矩分别为

$$\begin{cases} w = 0.0368\dfrac{M_0 a^2}{D} \\ M_x = 0.394 M_0 \\ M_y = 0.256 M_0 \end{cases} \tag{7-101}$$

这里，如果作用在 $y = \pm\dfrac{b}{2}$ 边界上的分布弯矩是反对称分布的，则边界条件式（7-90）的后一式改为

$$(M_y)_{y=\frac{b}{2}} = -(M_y)_{y=-\frac{b}{2}} = f(x) \tag{7-102}$$

式（7-76）中的 A_m 和 B_m 取为零，采用同样的做法，可求得 C_m 和 D_m，从而求得挠度 w。现将结果写在下面

$$w = \dfrac{a^2}{2\pi^2 D}\sum_{m=1}^{\infty} \dfrac{E_m}{m^2\sinh\alpha_m}\left(\alpha_m\cosh\alpha_m\sinh\dfrac{m\pi y}{a} - \dfrac{m\pi y}{a}\cosh\dfrac{m\pi y}{a} \right)\sin\dfrac{m\pi x}{a} \tag{7-103}$$

这里，如果在 $y = \pm \frac{b}{2}$ 的板边上的分布弯矩既不对称又不反对称，设分布弯矩分别为 $f_1(x)$ 和 $f_2(x)$，则可以利用叠加原理，先将这些弯矩分解为对称弯矩

$$(M'_y)_{y=\frac{b}{2}} = -(M'_y)_{y=-\frac{b}{2}} = \frac{1}{2}[f_1(x) + f_2(x)] \quad (7\text{-}104)$$

和反对称弯矩

$$(M''_y)_{y=\frac{b}{2}} = -(M''_y)_{y=-\frac{b}{2}} = \frac{1}{2}[f_1(x) - f_2(x)] \quad (7\text{-}105)$$

对于对称弯矩，可以利用式（7-98）计算挠度，而对于反对称弯矩，则可以利用式（7-103）计算挠度，其中，分别将 $\frac{1}{2}[f_1(x) + f_2(x)]$ 和 $\frac{1}{2}[f_1(x) - f_2(x)]$ 代替式（7-97）中的 $f(x)$ 并积分，分别以 E'_m 和 E''_m 表示。将上述两个结果叠加后即得要求的挠度表达式：

$$w = \frac{a^2}{2\pi^2 D} \sum_{m=1}^{\infty} \frac{1}{m^2} \Big[\frac{E'_m}{\cosh\alpha_m} \Big(\alpha_m \tanh\alpha_m \cosh\frac{m\pi y}{a} - \frac{m\pi y}{a}\sinh\frac{m\pi y}{a} \Big) +$$
$$\frac{E''_m}{\sinh\alpha_m} \Big(\alpha_m \cosh\alpha_m \sinh\frac{m\pi y}{a} - \frac{m\pi y}{a}\cosh\frac{m\pi y}{a} \Big) \Big] \sin\frac{m\pi x}{a} \quad (7\text{-}106)$$

式（7-106）适用于分布弯矩 $f_1(x)$ 和 $f_2(x)$ 完全任意的情况。特别地，如果 $f_2(x) = 0$，则 $E'_m = E''_m = \frac{E_m}{2}$，这时，式（7-106）变为

$$w = \frac{a^2}{4\pi^2 D} \sum_{m=1}^{\infty} \frac{E_m}{m^2} \Big[\frac{1}{\cosh\alpha_m} \Big(\alpha_m \tanh\alpha_m \cosh\frac{m\pi y}{a} - \frac{m\pi y}{a}\sinh\frac{m\pi y}{a} \Big) +$$
$$\frac{1}{\sinh\alpha_m} \Big(\alpha_m \cosh\alpha_m \sinh\frac{m\pi y}{a} - \frac{m\pi y}{a}\cosh\frac{m\pi y}{a} \Big) \Big] \sin\frac{m\pi x}{a} \quad (7\text{-}107)$$

习 题

[7-1] 矩形薄板 $OABC$ 的两对边 AB 与 OC 为简支，受有均布弯矩 M_y 作用，OA 和 AB 为自由边，受弯矩 vM_y 作用，板面无横向荷载作用，如图7-10所示。证明：$w = w(y)$ 可以作为此问题的解，并求挠度、弯矩和反力。

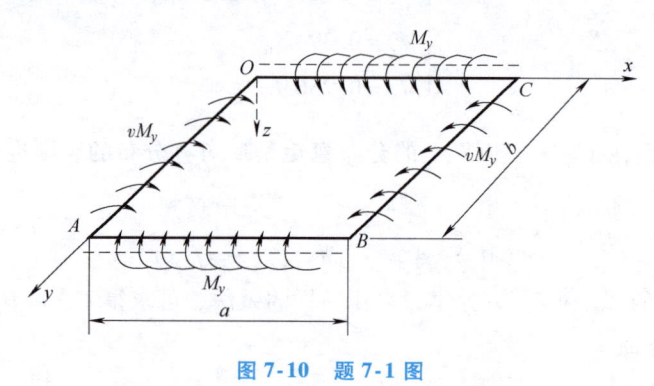

图 7-10 题 7-1 图

[7-2] 矩形薄板 OA 和 OC 为简支边，AB 边和 BC 边为自由边，在 B 点受向下的横向集

中力 F，如图 7-11 所示。证明：$w = mxy$ 可作为问题的解答，并求出常数 m，内力和反力。

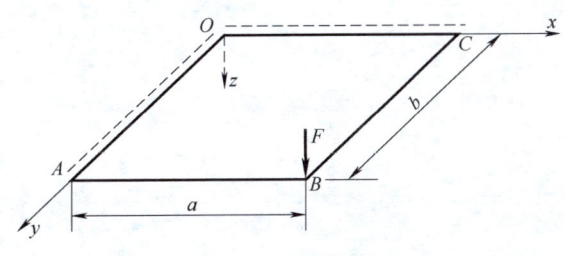

图 7-11　题 7-2 图

[7-3]　半椭圆薄板，AOB 为简支边，ACB 为固定边，承受横向荷载 $q = q\dfrac{x}{a}$，如图 7-12 所示。证明：$w = mx\left(\dfrac{x^2}{a^2} + \dfrac{y^2}{b^2} - 1\right)^2$ 可以作为该问题的解，并求最大挠度和 C 点弯矩。

[7-4]　四边简支矩形薄板，受静水压力作用，如图 7-13 所示，荷载分布规律为 $q(x,y) = \dfrac{q_0}{a}x$，求板挠度。

图 7-12　题 7-3 图

[7-5]　圆形薄板，半径为 a，边界固定，中心有连杆支座，如图 7-14 所示，设连杆支座发生沉陷 η，试求板挠度和内力。

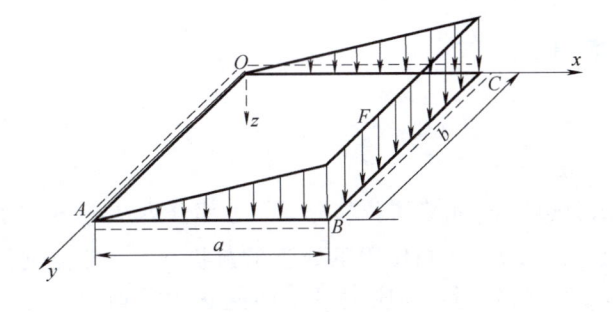

图 7-13　题 7-4 图

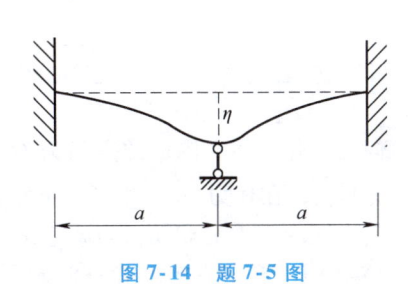

图 7-14　题 7-5 图

第 8 章　弹性力学问题的变分解法

对于边界条件较复杂的弹性力学问题，要得到精确解常常是十分困难的。一般而言，对于此类问题，可以通过近似方法进行求解。本章介绍的变分方法是近似解法中卓有成效的方法之一，变分方法的本质是把弹性力学基本方程定解问题转化为求泛函极值（或驻值）问题。在求问题的近似解时，将泛函的极值（或驻值）问题转化为函数极值（或驻值）问题，最后将问题归结为求解线性代数方程组。除贝蒂互换定理、位移变分原理、应力变分方程、最小余能原理及近似解法外，本章还将介绍两个经典的广义变分原理，并应用变分原理去求解一些简单实例。

■ 8.1　弹性体虚功原理及贝蒂互换定理

8.1.1　虚功原理

假设一弹性体，围成的空间为 Ω，部分边界 S_u 给定了位移分量 $\bar{u}_i$，部分边界 S_σ 给定了面力分量 $\bar{f}_i$，在体力 (f_1, f_2, f_3) 和面力 $(\bar{f}_1, \bar{f}_2, \bar{f}_3)$ 共同作用下处于平衡状态。对于空间问题，其未知的应力分量 σ_{ij}、应变分量 ε_{ij} 和位移分量 u_i 应满足空间问题中平衡微分方程 [式（8-1）]、几何方程 [式（8-2）] 和物理方程 [式（8-3）]；在位移已知的边界 S_u 上，位移分量 u_i 还应满足位移边界条件 [式（8-4）]；在面力已知的边界 S_σ 上，应力分量 σ_{ij} 还应满足应力边界条件 [式（8-5）]。

$$\sigma_{ij,j} + f_i = 0 \tag{8-1}$$

$$\varepsilon_{ij} = \frac{1}{2}(u_{i,j} + u_{j,i}) \tag{8-2}$$

$$\varepsilon_{ij} = \frac{1}{E}[(1+\nu)\sigma_{ij} - \nu\delta_{ij}\sigma_{kk}] \tag{8-3}$$

$$u_i = \bar{u}_i \tag{8-4}$$

$$\sigma_{ij}n_j = \bar{f}_i \tag{8-5}$$

物理方程也可用应变分量表示应力分量，得

$$\sigma_{ij} = \lambda\delta_{ij}\varepsilon_{kk} + 2G\varepsilon_{ij} \tag{8-6}$$

其中

$$\lambda = \frac{E\nu}{(1+\nu)(1-2\nu)}, \quad G = \frac{E}{2(1+\nu)} \tag{8-7}$$

假定位移分量 u_i 发生了位移边界条件所允许的微小改变，即**虚位移**或**位移变分** δu_i。根据几何方程［式（8-2）］可求得相应的虚应变分量 $\delta\varepsilon_{ij}$，从而可得到满足物理方程［式（8-6）］的应力分量 σ_{ij}。

假定弹性体在产生虚位移过程中温度恒定、速度匀速，即弹性体在虚位移过程中没有热能和动能的改变。根据能量守恒定律，弹性体内的应力在虚应变上所做的虚功（内力虚功）应等于外力在虚位移所做的虚功（外力虚功），即

$$\iiint_\Omega \sigma_{ij}\delta\varepsilon_{ij}\mathrm{d}V = \iiint_\Omega f_i\delta u_i\mathrm{d}V + \iint_{S_u}\bar{f}_i\delta u_i\mathrm{d}S + \iint_{S_\sigma}\bar{f}_i\delta u_i\mathrm{d}S \tag{8-8}$$

注意位移变分 δu_i 是允许的，因此有

$$\delta u_i = 0 \quad （在 S_u 上） \tag{8-9}$$

所以，面力在位移边界 S_u 上做的虚功为零，式（8-8）变为

$$\iiint_\Omega \sigma_{ij}\delta\varepsilon_{ij}\mathrm{d}V = \iiint_\Omega f_i\delta u_i\mathrm{d}V + \iint_{S_\sigma}\bar{f}_i\delta u_i\mathrm{d}S \tag{8-10}$$

这就是**虚功原理**，也称为**虚位移原理**或**虚功方程**。其物理意义为：如果弹性体在虚位移产生之前处于平衡状态，且在虚位移过程中没有热能和动能的改变，那么弹性体内的应力在虚应变上所做的虚功（内力虚功）应等于外力在虚位移上所做的虚功（外力虚功）。

8.1.2 贝蒂互换定理

假设弹性体在两种不同的外力和变形状态下，其体力、面力、应力、应变和位移分别为：

第一状态：$f_i^{(1)}$，$\bar{f}_i^{(1)}$，$\bar{u}_i^{(1)}$，$\sigma_{ij}^{(1)}$，$\varepsilon_{ij}^{(1)}$，$u_i^{(1)}$。

第二状态：$f_i^{(2)}$，$\bar{f}_i^{(2)}$，$\bar{u}_i^{(2)}$，$\sigma_{ij}^{(2)}$，$\varepsilon_{ij}^{(2)}$，$u_i^{(2)}$。

于是，第一状态下的外力在第二状态中的位移上所做的功为

$$W_{12} = \iiint_\Omega f_i^{(1)} u_i^{(2)}\mathrm{d}V + \iint_S p_i^{(1)} u_i^{(2)}\mathrm{d}S \tag{8-11}$$

式中　$p_i^{(1)}$——第一状态下弹性体边界上应力矢量的分量，在应力边界上等于已知面力，在位移边界上作用的是约束的面力，但在位移边界上 $u_i^{(2)}$ 是已知值。

应用式（8-5）和高斯积分公式，可得：

$$\iint_S p_i^{(1)} u_i^{(2)}\mathrm{d}S = \iint_S \sigma_{ij}^{(1)} n_j^{(1)} u_i^{(2)}\mathrm{d}S = \iiint_\Omega \sigma_{ij,j}^{(1)} u_i^{(2)}\mathrm{d}V + \iiint_\Omega \sigma_{ij}^{(1)} u_{i,j}^{(2)}\mathrm{d}V \tag{8-12}$$

将式（8-12）代入式（8-11），注意 $\sigma_{ij} = \sigma_{ji}$，并应用式（8-2），得到

$$\begin{aligned}W_{12} &= \iiint_\Omega f_i^{(1)} u_i^{(2)}\mathrm{d}V + \iiint_\Omega \sigma_{ij,j}^{(1)} u_i^{(2)}\mathrm{d}V + \iiint_\Omega \sigma_{ij}^{(1)} u_{i,j}^{(2)}\mathrm{d}V \\ &= \iiint_\Omega (\sigma_{ij,j}^{(1)} + f_i^{(1)}) u_i^{(2)}\mathrm{d}V + \iiint_\Omega \sigma_{ij}^{(1)} u_{i,j}^{(2)}\mathrm{d}V \\ &= \iiint_\Omega (\sigma_{ij,j}^{(1)} + f_i^{(1)}) u_i^{(2)}\mathrm{d}V + \iiint_\Omega \sigma_{ij}^{(1)} \varepsilon_{ij}^{(2)}\mathrm{d}V\end{aligned} \tag{8-13}$$

应用平衡微分方程［式（8-1）］，得

$$W_{12} = \iiint_\Omega \sigma_{ij}^{(1)} \varepsilon_{ij}^{(2)} \mathrm{d}V \tag{8-14}$$

同理，可得第二状态下的外力在第一状态中的位移上所做的功为

$$W_{21} = \iiint_\Omega f_i^{(2)} u_i^{(1)} \mathrm{d}V + \iint_S p_i^{(2)} u_i^{(1)} \mathrm{d}S = \iiint_\Omega \sigma_{ij}^{(2)} \varepsilon_{ij}^{(1)} \mathrm{d}V \tag{8-15}$$

式中 $p_i^{(2)}$——第二状态下弹性体边界上应力矢量的分量，在应力边界上等于已知面力，在位移边界上作用的是约束的面力，但在位移边界上 $u_i^{(1)}$ 是已知值。

通过物理方程 [式 (8-6)]，将式 (8-15) 和式 (8-16) 中的应力分量用应变分量进行表示，得到

$$W_{12} = \iiint_\Omega \sigma_{ij}^{(1)} \varepsilon_{ij}^{(2)} \mathrm{d}V = \iiint_\Omega (\lambda \delta_{ij} \varepsilon_{kk}^{(1)} + 2G\varepsilon_{ij}^{(1)}) \varepsilon_{ij}^{(2)} \mathrm{d}V$$

$$= \iiint_\Omega (\lambda \varepsilon_{kk}^{(1)} \varepsilon_{mm}^{(2)} + 2G\varepsilon_{ij}^{(1)} \varepsilon_{ij}^{(2)}) \mathrm{d}V \tag{8-16}$$

$$W_{21} = \iiint_\Omega \sigma_{ij}^{(2)} \varepsilon_{ij}^{(1)} \mathrm{d}V = \iiint_\Omega (\lambda \delta_{ij} \varepsilon_{kk}^{(2)} + 2G\varepsilon_{ij}^{(2)}) \varepsilon_{ij}^{(1)} \mathrm{d}V$$

$$= \iiint_\Omega (\lambda \varepsilon_{kk}^{(2)} \varepsilon_{mm}^{(1)} + 2G\varepsilon_{ij}^{(2)} \varepsilon_{ij}^{(1)}) \mathrm{d}V \tag{8-17}$$

因为 $\varepsilon_{kk}^{(1)} \delta \varepsilon_{mm}^{(2)} = \varepsilon_{kk}^{(2)} \delta \varepsilon_{mm}^{(1)}$，所以

$$W_{12} = W_{21} \tag{8-18}$$

将式 (8-12) 和式 (8-16) 代入式 (8-18)，得

$$\iiint_\Omega f_i^{(1)} u_i^{(2)} \mathrm{d}V + \iint_S p_i^{(1)} u_i^{(2)} \mathrm{d}S = \iiint_\Omega f_i^{(2)} u_i^{(1)} \mathrm{d}V + \iint_S p_i^{(2)} u_i^{(1)} \mathrm{d}S \tag{8-19}$$

式 (8-19) 即为贝蒂互换定理，也称功的互等定理。其物理意义为：弹性体在两种不同的外力和变形状态下，作用在弹性体上的第一状态的外力在第二状态位移上所做的功与第二状态的外力在第一状态位移上所做的功相等。

8.2 位移变分方程及最小势能原理

8.2.1 位移变分原理

根据数学中的变分法原理，变分运算与定积分运算可交换次序。结合前文第 4 章中弹性体变形过程的功和能，可把应变能密度 v_ε 看作应变分量 ε_{ij} 的泛函，可以得到弹性体在变形过程中的应变能增量为

$$\delta V_\varepsilon = \delta \iiint_\Omega v_\varepsilon \mathrm{d}V = \iiint_\Omega \delta v_\varepsilon \mathrm{d}V = \iiint_\Omega \frac{\partial v_\varepsilon}{\partial \varepsilon_{ij}} \delta \varepsilon_{ij} \mathrm{d}V \tag{8-20}$$

按照弹性体应变能密度与应力分量的关系，有

$$\sigma_{ij} = \frac{\partial v_\varepsilon}{\partial \varepsilon_{ij}} \tag{8-21}$$

将式 (8-21) 代入式 (8-20)，得到

$$\delta V_\varepsilon = \iiint_\Omega \sigma_{ij} \delta \varepsilon_{ij} dV \qquad (8\text{-}22)$$

注意式（8-10），可得

$$\delta V_\varepsilon = \iiint_\Omega f_i \delta u_i dV + \iint_{S_\sigma} \bar{f}_i \delta u_i dS \qquad (8\text{-}23)$$

这就是位移变分方程，又称拉格朗日（Lagrange）变分方程。其物理意义为：弹性体虚位移过程中应变能增量等于作用在弹性体上外力所做的功。事实上这个方程给出了弹性体平衡的充要条件。

必要性证明：若弹性体是处于平衡状态的，则位移变分方程[式（8-23）]成立。

由前面的推导可知，弹性体在已知外力作用下平衡时，应力张量 σ_{ij} 满足平衡微分方程[式（8-1）]和应力边界条件[式（8-5）]，于是对任一组位移边界条件所允许的位移变分 δu_i，有

$$\iiint_\Omega (\sigma_{ij,j} + f_i) \delta u_i dV + \iint_{S_\sigma} (\bar{f}_i - \sigma_{ij} n_j) \delta u_i dS = 0 \qquad (8\text{-}24)$$

上式左边的部分积分可改写为

$$\iiint_\Omega \sigma_{ij,j} \delta u_i dV = \iiint_\Omega (\sigma_{ij} \delta u_i)_{,j} dV - \iiint_\Omega \sigma_{ij} \delta u_{i,j} dV \qquad (8\text{-}25)$$

由于 $\sigma_{ij} = \sigma_{ji}$，可以得到

$$\sigma_{ij} \delta u_{i,j} = \sigma_{ij} \delta \varepsilon_{ij} \qquad (8\text{-}26)$$

将式（8-26）代入式（8-25），并利用高斯公式，可将式（8-25）变为

$$\iiint_\Omega \sigma_{ij,j} \delta u_i dV = \iint_{S_\sigma} \sigma_{ij} n_j \delta u_i dS - \iiint_\Omega \sigma_{ij} \delta \varepsilon_{ij} dV \qquad (8\text{-}27)$$

最后，将式（8-27）代入式（8-24），并注意式（8-22），化简即可得式（8-23）。

充分性证明：若位移变分方程[式（8-23）]成立，则弹性体是处于平衡状态，应力张量 σ_{ij} 满足平衡微分方程[式（8-1）]和应力边界条件[式（8-5）]。

根据前面的必要性证明过程，积分式（8-26）的推导仅是数学上的积分运算，因此，对于任一弹性体都是成立的。故可得

$$\iiint_\Omega \sigma_{ij} \delta \varepsilon_{ij} dV = \iint_{S_\sigma} \sigma_{ij} n_j \delta u_i dS - \iiint_\Omega \sigma_{ij,j} \delta u_i dV \qquad (8\text{-}28)$$

将式（8-28）代入式（8-22），然后代入位移变分方程[式（8-23）]，化简即得式（8-24）。由于 δu_i 在体力区域 Ω 和面力区域 S_σ 内是任意的，式（8-24）要恒成立，则式（8-24）左边的两个定积分的被积函数须等于零，这样就导出平衡微分方程[式（8-1）]和应力边界条件[式（8-5）]，于是充分性可得证。

8.2.2 最小势能原理

从位移变分方程[式（8-23）]出发，可推导出弹性力学中的最小势能原理。注意式（8-20），可将式（8-23）改写为

$$\iiint_\Omega \delta v_\varepsilon dV - \left(\iiint_\Omega f_i \delta u_i dV + \iint_{S_\sigma} \bar{f}_i \delta u_i dS \right) = 0 \qquad (8\text{-}29)$$

由于位移变分 δu_i 很小，因此在产生位移变分的过程中，可将式（8-29）括号中的外力

的方向和大小视为恒定不变的,只是作用点发生了微小位移。这样,可以将变分记号 δ 提到积分号的前面,将位移变分方程改写为

$$\delta\left(\iiint_\Omega v_\varepsilon \mathrm{d}V - \iiint_\Omega f_i u_i \mathrm{d}V - \iint_{S_\sigma} \bar{f}_i u_i \mathrm{d}S\right) = 0 \tag{8-30}$$

令

$$\Pi = \iiint_\Omega v_\varepsilon \mathrm{d}V - \iiint_\Omega f_i u_i \mathrm{d}V - \iint_{S_\sigma} \bar{f}_i u_i \mathrm{d}S \tag{8-31}$$

可以得如下变分方程

$$\delta\Pi = 0 \tag{8-32}$$

式中 Π——弹性体的总势能。考虑式(8-2),可以知道 Π 是位移矢量 u_i 的泛函。式(8-32)表示真实位移使总势能泛函的一阶变分为零,即真实位移使总势能取驻值。

真实位移使总势能取驻值说明,对于一个处于稳定平衡状态的物体而言,物体偏离平衡位置产生虚位移时,其总势能增量一定是正值。为此,令

$$u_i^* = u_i + \delta u_i \tag{8-33}$$

式中 u_i——真实位移矢量;

u_i^*——位移边界条件所允许的位移。

ε_{ij} 和 ε_{ij}^* 为对应的应变分量具有如下关系

$$\varepsilon_{ij}^* = \varepsilon_{ij} + \delta\varepsilon_{ij} \tag{8-34}$$

将 $v_\varepsilon(\varepsilon_{ij}^*)$ 展成泰勒(Taylor)级数形式,并略去三阶以上的高阶微量,可得

$$v_\varepsilon(\varepsilon_{ij}^*) = v_\varepsilon(\varepsilon_{ij}) + \frac{\partial v_\varepsilon}{\partial \varepsilon_{ij}}\delta\varepsilon_{ij} + \frac{1}{2!}\frac{\partial^2 v_\varepsilon}{\partial \varepsilon_{ij}^2}(\delta\varepsilon_{ij})^2 \tag{8-35}$$

于是,相对于真实位移下的总势能,物体在位移边界条件允许位移下的总势能增量为

$$\begin{aligned}\Delta\Pi &= \Pi(\varepsilon_{ij}^*) - \Pi(\varepsilon_{ij})\\
&= \iiint_\Omega v_\varepsilon(\varepsilon_{ij} + \delta\varepsilon_{ij})\mathrm{d}V - \iiint_\Omega f_i(u_i + \delta u_i)\mathrm{d}V - \iint_{S_\sigma}\bar{f}_i(u_i + \delta u_i)\mathrm{d}S -\\
&\quad \left[\iiint_\Omega v_\varepsilon(\varepsilon_{ij})\mathrm{d}V - \iiint_\Omega f_i(u_i)\mathrm{d}V - \iint_{S_\sigma}\bar{f}_i(u_i)\mathrm{d}S\right]\\
&= \iiint_\Omega [v_\varepsilon(\varepsilon_{ij} + \delta\varepsilon_{ij}) - v_\varepsilon(\varepsilon_{ij})]\mathrm{d}V - \iiint_\Omega f_i(\delta u_i)\mathrm{d}V - \iint_{S_\sigma}\bar{f}_i(\delta u_i)\mathrm{d}S\\
&= \iiint_\Omega \frac{\partial v_\varepsilon}{\partial \varepsilon_{ij}}\delta\varepsilon_{ij}\mathrm{d}V + \frac{1}{2!}\iiint_\Omega \frac{\partial^2 v_\varepsilon}{\partial \varepsilon_{ij}^2}(\delta\varepsilon_{ij})^2\mathrm{d}V - \iiint_\Omega f_i(\delta u_i)\mathrm{d}V - \iint_{S_\sigma}\bar{f}_i(\delta u_i)\mathrm{d}S\end{aligned} \tag{8-36}$$

根据泰勒(Taylor)级数的定义,并略去三阶以上的高阶微量,可以导出

$$\Delta\Pi = \Pi(\varepsilon_{ij}^*) - \Pi(\varepsilon_{ij}) = \delta\Pi + \frac{1}{2!}\delta^2\Pi \tag{8-37}$$

其中

$$\delta\Pi = \iiint_\Omega \frac{\partial v_\varepsilon}{\partial \varepsilon_{ij}}\delta\varepsilon_{ij}\mathrm{d}V - \iiint_\Omega f_i(\delta u_i)\mathrm{d}V - \iint_{S_\sigma}\bar{f}_i(\delta u_i)\mathrm{d}S = 0 \tag{8-38}$$

所以

$$\delta^2 \Pi = \iiint_\Omega \frac{\partial^2 v_\varepsilon}{\partial \varepsilon_{ij}^2}(\delta\varepsilon_{ij})^2 dV \tag{8-39}$$

观察式 (8-35)，当 $\varepsilon_{ij}=0$ 时，可以得到

$$v_\varepsilon(\delta\varepsilon_{ij}) = \frac{1}{2!}\frac{\partial^2 v_\varepsilon}{\partial\varepsilon_{ij}^2}(\delta\varepsilon_{ij})^2 \tag{8-40}$$

从而，使

$$\Delta\Pi = \Pi(\varepsilon_{ij}^*) - \Pi(\varepsilon_{ij}) = \frac{1}{2!}\delta^2\Pi = \iiint_\Omega v_\varepsilon(\delta\varepsilon_{ij})dV \tag{8-41}$$

而当应力-应变呈线性关系时，v_ε 是应变分量的齐二次函数，$v_\varepsilon(\delta\varepsilon_{ij}) \geq 0$ 恒成立，于是不等式 $\Pi(\varepsilon_{ij}^*) \geq \Pi(\varepsilon_{ij})$ 恒成立，即证明真实位移使物体总势能取驻值。

综上，可将最小势能原理叙述为：在给定外力作用下，在满足位移边界条件的一切位移中，真实存在一组位移使物体总势能取最小值。

通过对位移变分方程和最小势能原理的推导及证明，可知真实存在的位移除预先满足位移边界条件外，还必然满足位移变分方程或最小势能原理。此外，可从位移变分方程或最小势能原理出发，推导出平衡微分方程和应力边界条件。这就证明了位移变分方程或最小势能原理与平衡微分方程和应力边界条件是等价的。

8.2.3 应用实例

[**例 8-1**] 不计自重受分布荷载作用的简支梁，如图 8-1 所示，应用位移变分方程导出以挠度表示的平衡微分方程和静力边界条件。

解：用 $w(x)$ 表示梁任意一个截面上的挠度，$M(x)$ 表示梁任意一个截面上的弯矩，V_ε 表示梁弯曲时的应变能。忽略梁的剪切应变能，应用材料力学知识，可知梁弯曲时的应变能可近似表示为

$$V_\varepsilon = \int_l \frac{M^2}{2EI}dx = \frac{EI}{2}\int_l (w'')^2 dx \tag{8-42}$$

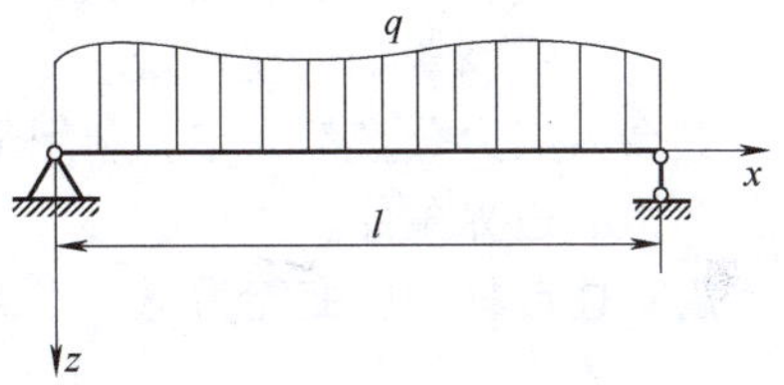

图 8-1 简支梁

梁上荷载 q 在梁变形过程中做的功表示为

$$\int_l qw\,dx \tag{8-43}$$

利用改写的变分方程 [式 (8-30)]，积分计算，可得

$$\begin{aligned}
\delta\left[\frac{EI}{2}\int_l(w'')^2 dx - \int_l qw\,dx\right] &= EI\int_l w''\delta w'' dx - \int_l q\delta w\,dx \\
&= EI\int_l w'' d(\delta w') - \int_l q\delta w\,dx \\
&= EI(w''\delta w')\Big|_0^l - EI\int_l w'''\delta w' dx - \int_l q\delta w\,dx \\
&= EI(w''\delta w' - w'''\delta w)\Big|_0^l + \int_l(EIw'''' - q)\delta w\,dx = 0
\end{aligned} \tag{8-44}$$

梁的支撑情况为简支（图 8-1）时，梁的位移边界条件为

$$\begin{cases}(w)_{x=0} = (w)_{x=l} = 0 \\ (\delta w)_{x=0} = (\delta w)_{x=l} = 0\end{cases} \tag{8-45}$$

将式 (8-45) 代入式 (8-44)，有

$$EIw''\delta w'\Big|_0^l + \int_l (EIw''' - q)\delta w \mathrm{d}x = 0 \tag{8-46}$$

由于 δw 在梁内是任意的，而在梁的两端 $\delta w'$ 也是任意且不为零的，故有

$$(EIw'')_{x=0} = (EIw'')_{x=l} = 0 \tag{8-47}$$

$$EIw''' - q = 0 \quad (0 < x < l) \tag{8-48}$$

式 (8-47) 是梁端部的静力边界条件，式 (8-48) 是梁的挠曲线平衡微分方程。

[**例 8-2**] 一横截面为任意形状的柱形杆，不计体力，两端面受大小相等、转向相反的扭矩 M 作用，如图 8-2 所示。用位移求解时，假设位移分量如下

$$\begin{cases} u = -\alpha yz \\ v = \alpha xz \\ w = \alpha\varphi(x,y) \end{cases} \tag{8-49}$$

对应的应力分量为

$$\begin{cases} \tau_{zx} = \alpha G\left(\dfrac{\partial\varphi}{\partial x} - y\right) \\ \tau_{zy} = \alpha G\left(\dfrac{\partial\varphi}{\partial y} + x\right) \end{cases} \tag{8-50}$$

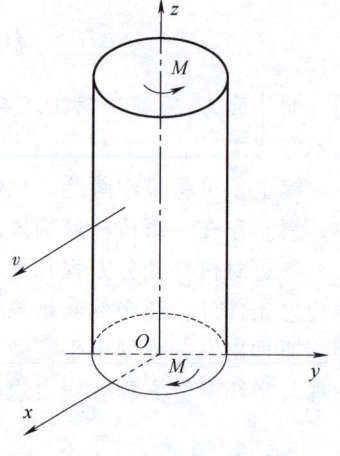

图 8-2 柱形杆扭转

式中　α——单位长度的扭转度；

　　　$\varphi(x,y)$——横截面的翘曲函数；

　　　G——材料的剪切模量。

其余的应力分量都为零。利用最小势能原理推导出用翘曲函数 $\varphi(x,y)$ 表示的平衡微分方程和力的边界条件。

解：柱形杆的应变能为

$$\begin{aligned}V_\varepsilon &= \iiint_\Omega \frac{1}{2}\sigma_{ij}\varepsilon_{ij}\mathrm{d}V = \frac{1}{2}\iiint_\Omega (\tau_{zx}\gamma_{zx} + \tau_{zy}\gamma_{zy})\mathrm{d}V = \frac{1}{2G}\iiint_\Omega (\tau_{zx}^2 + \tau_{zy}^2)\mathrm{d}V \\ &= \frac{1}{2G}\int_l \mathrm{d}z \iint_A (\tau_{zx}^2 + \tau_{zy}^2)\mathrm{d}x\mathrm{d}y = \frac{1}{2}lG\alpha^2 \iint_A \left[\left(\frac{\partial\varphi}{\partial x} - y\right)^2 + \left(\frac{\partial\varphi}{\partial y} + x\right)^2\right]\mathrm{d}x\mathrm{d}y\end{aligned} \tag{8-51}$$

式中　l——柱形杆的长度。

由式 (8-49)，可求得虚位移

$$\delta u = 0, \delta v = 0, \delta w = \alpha\delta\varphi \tag{8-52}$$

这里，虽然产生扭矩的面力 $\bar{f}_x$ 和 $\bar{f}_y$ 不为零，但是与之对应的位移的变分 $\delta u = 0, \delta v = 0$；又因为轴向位移的变分不为零，但与之对应的轴向面力 $\bar{f}_z = 0$。故不考虑体力时，外力做功为零，最小势能原理式 (8-32) 变为 $\delta\Pi = 0$，即

$$\delta\Pi = lG\alpha^2 \iint_A \left[\left(\frac{\partial\varphi}{\partial x} - y\right)\delta\left(\frac{\partial\varphi}{\partial x}\right) + \left(\frac{\partial\varphi}{\partial y} + x\right)\delta\left(\frac{\partial\varphi}{\partial y}\right)\right]\mathrm{d}x\mathrm{d}y$$

$$= lG\alpha^2 \iint_A \left\{\frac{\partial}{\partial x}\left[\left(\frac{\partial\varphi}{\partial x} - y\right)\delta\varphi\right] + \frac{\partial}{\partial y}\left[\left(\frac{\partial\varphi}{\partial y} + x\right)\delta\varphi\right]\right\}\mathrm{d}x\mathrm{d}y - lG\alpha^2 \iint_A \nabla^2\varphi\delta\varphi\mathrm{d}x\mathrm{d}y = 0 \tag{8-53}$$

利用高斯积分公式，略去 $lG\alpha^2$，上式变为

$$\oint_C \left(\frac{\partial\varphi}{\partial x}l + \frac{\partial\varphi}{\partial y}m - ly + mx\right)\delta\varphi\mathrm{d}S - \iint_A \nabla^2\varphi\delta\varphi\mathrm{d}x\mathrm{d}y = 0 \tag{8-54}$$

式中　∇^2——拉普拉斯算子，$\nabla^2 = \dfrac{\partial^2}{\partial x^2} + \dfrac{\partial^2}{\partial y^2}$。

由于 $\delta\varphi$ 是完全任意的，上式要成立须满足条件

$$\begin{cases} 在端面上 \quad \nabla^2\varphi = 0 \\ 在边界上 \quad \dfrac{\partial\varphi}{\partial x}l + \dfrac{\partial\varphi}{\partial y}m - ly + mx = 0 \end{cases} \tag{8-55}$$

显然，这是扭转函数需要满足的平衡微分方程和位移表示的应力边界条件。

■ 8.3　位移变分原理的近似解法

8.3.1　瑞利-里茨（Rayleigh-Ritz）法

最小势能原理表明，在所有满足位移边界条件的位移状态中，真实存在一组位移，使得物体总势能 Π 取最小值。此原理有一个十分明显的局限性，那就是需要找到所有满足位移边界条件的位移。但在实际问题中，找到所有满足位移边界条件的位移是很困难的，甚至是不可能的。因此，需要根据常识和经验来缩小寻找范围，在此范围找到一组位移，使总势能 Π 取最小值，这组位移就是所求问题的近似解答。

根据上述思想，可取位移分量的表达式如下

$$\begin{cases} u = u_0 + \sum_m A_m u_m \\ v = v_0 + \sum_m B_m v_m \quad (m = 1, 2, 3, \cdots, n) \\ w = w_0 + \sum_m C_m w_m \end{cases} \tag{8-56}$$

式中　u_0、v_0、w_0 和 u_m、v_m、w_m——坐标 x、y、z 的已知函数，并在约束边界 S_u 上。

令 u_0、v_0、w_0 分别等于给定的约束位移 $\overline{u}$、$\overline{v}$、$\overline{w}$，令 u_m、v_m、w_m 都等于零。这样，位移分量 u、v、w 都预先满足 S_u 上的位移边界条件。而 A_m、B_m、C_m 为互不依赖的 $3m$ 个待定系数，用来反映位移状态的变化，即位移的变分是由系数 A_m、B_m、C_m 的变分来实现的。

将式（8-56）代入几何方程［式（8-2）］，可以求出对应的应变分量，应变能密度函数 v_ε 是位移分量的齐二次函数，因此应变能密度函数 v_ε 也是待定系数 A_m、B_m、C_m 的齐二次函数，从而使总势能表达式（8-31）第一项积分变成了关于 A_m、B_m、C_m 的二次函数。根据式（8-56），由于 u、v、w 是关于 A_m、B_m、C_m 的一次函数，所以总势能表达式（8-31）后两项积分是关于 A_m、B_m、C_m 的一次函数。

综合上述分析，总势能 Π 就从原来关于 u、v、w 的泛函，变成了关于待定系数 A_m、B_m、C_m 的二次函数。这样，求解总势能 Π 的极值问题，变成了求函数的极值问题。总势能 Π 取极值满足条件

$$\dfrac{\partial \Pi}{\partial A_m} = 0, \dfrac{\partial \Pi}{\partial B_m} = 0, \dfrac{\partial \Pi}{\partial C_m} = 0 \tag{8-57}$$

即

$$\begin{cases} \dfrac{\partial}{\partial A_m}\iiint_\Omega v_\varepsilon \mathrm{d}V - \iiint_\Omega u_m f_x \mathrm{d}V - \iint_{S_u} u_m \overline{f_x}\mathrm{d}S = 0 \\ \dfrac{\partial}{\partial B_m}\iiint_\Omega v_\varepsilon \mathrm{d}V - \iiint_\Omega v_m f_y \mathrm{d}V - \iint_{S_u} v_m \overline{f_y}\mathrm{d}S = 0 \quad (m = 1,2,3,\cdots,n) \\ \dfrac{\partial}{\partial C_m}\iiint_\Omega v_\varepsilon \mathrm{d}V - \iiint_\Omega w_m f_z \mathrm{d}V - \iint_{S_u} w_m \overline{f_z}\mathrm{d}S = 0 \end{cases} \quad (8\text{-}58)$$

解出上述方程组的待定系数 A_m、B_m、C_m，就可以由表达式（8-56）求得位移的近似解答。这种方法就是瑞利-里茨（Rayleigh-Ritz）法。

[**例 8-3**] 四边固定矩形薄板如图 8-3 所示，其在只受重力作用下保持平衡。试用瑞利-里茨法求解薄板的位移。

解：设薄板位移的试解函数为

$$\begin{cases} u = \sum_m \sum_n A_{mn} \sin\dfrac{m\pi x}{a}\sin\dfrac{n\pi y}{b} \\ v = \sum_m \sum_n B_{mn} \sin\dfrac{m\pi x}{a}\sin\dfrac{n\pi y}{b} \end{cases} \quad (8\text{-}59)$$

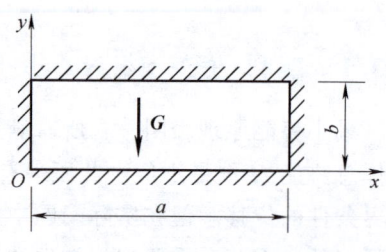

图 8-3 四边固定矩形薄板

其为齐次位移边界条件，故取 $u_0 = 0$，$v_0 = 0$。边界上，有 $\left(\sin\dfrac{m\pi x}{a}\right)_{x=0,a}=0$，$\left(\sin\dfrac{n\pi y}{b}\right)_{y=0,b}=0$，所以满足位移边界条件。

注意：薄板通常被看作平面应力问题，它是一个二维问题，所以省略式（8-58）中的最后一个等式，改写积分区域，然后将式（8-59）代入其中，得到

$$\begin{cases} \dfrac{\partial}{\partial A_{mn}}\int_0^a\int_0^b v_\varepsilon \mathrm{d}x\mathrm{d}y - \int_0^a\int_0^b f_x \sin\dfrac{m\pi x}{a}\sin\dfrac{n\pi y}{b}\mathrm{d}x\mathrm{d}y = 0 \\ \dfrac{\partial}{\partial B_{mn}}\int_0^a\int_0^b v_\varepsilon \mathrm{d}x\mathrm{d}y - \int_0^a\int_0^b f_y \sin\dfrac{m\pi x}{a}\sin\dfrac{n\pi y}{b}\mathrm{d}x\mathrm{d}y = 0 \end{cases} \quad (8\text{-}60)$$

由最小势能原理的推导过程，可以知道积分 $\int_0^a\int_0^b v_\varepsilon \mathrm{d}x\mathrm{d}y$ 表示平面应力问题的应变能，即

$$\int_0^a\int_0^b v_\varepsilon \mathrm{d}x\mathrm{d}y = \dfrac{1}{2}\int_0^a\int_0^b (\sigma_x \varepsilon_x + \sigma_y \varepsilon_y + \tau_{xy}\gamma_{xy})\mathrm{d}x\mathrm{d}y \quad (8\text{-}61)$$

注意前文平面问题中的物理方程和几何方程，计算化简，得

$$\int_0^a\int_0^b v_\varepsilon \mathrm{d}x\mathrm{d}y = \dfrac{E}{2(1-\nu^2)}\int_0^a\int_0^b \left[\left(\dfrac{\partial u}{\partial x}\right)^2 + \left(\dfrac{\partial v}{\partial y}\right)^2 + 2\nu\dfrac{\partial u}{\partial x}\dfrac{\partial v}{\partial y} + \dfrac{1-\nu}{2}\left(\dfrac{\partial v}{\partial x}+\dfrac{\partial u}{\partial y}\right)^2\right]\mathrm{d}x\mathrm{d}y \quad (8\text{-}62)$$

将式（8-59）代入式（8-62），然后代入式（8-60），可得

$$\begin{cases} \dfrac{E\pi^2 ab}{4}\left[\dfrac{m^2}{a^2(1-\nu^2)}+\dfrac{n^2}{2b^2(1+\nu)}\right]A_{mn} - \int_0^a\int_0^b f_x \sin\dfrac{m\pi x}{a}\sin\dfrac{n\pi y}{b}\mathrm{d}x\mathrm{d}y = 0 \\ \dfrac{E\pi^2 ab}{4}\left[\dfrac{n^2}{b^2(1-\nu^2)}+\dfrac{m^2}{2a^2(1+\nu)}\right]B_{mn} - \int_0^a\int_0^b f_y \sin\dfrac{m\pi x}{a}\sin\dfrac{n\pi y}{b}\mathrm{d}x\mathrm{d}y = 0 \end{cases} \quad (8\text{-}63)$$

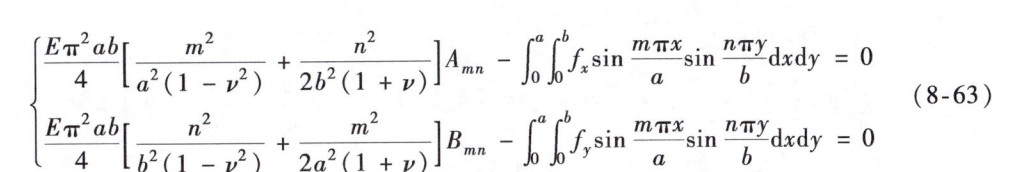

只要知道体力分布，就能由式（8-63）求解出待定系数 A_{mn} 和 B_{mn}，进而解得问题的位移解。根据题意，知道 $f_x = 0$，$f_y = -\rho g$，代入式（8-63），得

$$\begin{cases} A_{mn} = 0 \\ \dfrac{E\pi^2 ab}{4}\left[\dfrac{n^2}{b^2(1-\nu^2)}+\dfrac{m^2}{2a^2(1+\nu)}\right]B_{mn} + \rho g \dfrac{ab}{mn\pi^2}(1-\cos m\pi)(1-\cos n\pi) = 0 \end{cases} \quad (8\text{-}64)$$

当 m 或 n 等于偶数时，$(1-\cos m\pi)(1-\cos n\pi)$ 等于 0；当 m 或 n 等于奇数时，$(1-\cos m\pi)$ 或 $(1-\cos n\pi)$ 等于 2，所以

$$B_{mn} = \begin{cases} \dfrac{-16\rho g}{\pi^4 Emn\left[\dfrac{n^2}{b^2(1-\nu^2)}+\dfrac{m^2}{2a^2(1+\nu)}\right]} & (m,n = 1,3,5,\cdots) \\ 0 & (m \text{ 或 } n = 2,4,6,\cdots) \end{cases} \quad (8\text{-}65)$$

将解出的 A_{mn} 和 B_{mn} 代入式（8-59），可解得位移为

$$\begin{cases} u = 0 \\ v = \displaystyle\sum_m \sum_n \dfrac{-16\rho g}{\pi^4 Emn\left[\dfrac{n^2}{b^2(1-\nu^2)}+\dfrac{m^2}{2a^2(1+\nu)}\right]}\sin\dfrac{m\pi x}{a}\sin\dfrac{n\pi y}{b} \quad (m,n=1,3,5,\cdots) \end{cases} \quad (8\text{-}66)$$

8.3.2 伽辽金法

在前面证明位移变分方程的必要性时，我们知道对平衡状态下的物体进行一组位移边界条件所允许的位移变分 δu_i，有

$$\iiint_\Omega (\sigma_{ij,j} + f_i)\delta u_i \mathrm{d}V + \iint_{S_\sigma}(\overline{f_i} - \sigma_{ij}n_j)\delta u_i \mathrm{d}S = 0 \quad (8\text{-}67)$$

假设在上一节中选取的位移分量式（8-56）不仅满足几何方程[式（8-2）]和位移边界条件[式（8-4）]，还满足应力边界条件[式（8-5）]，故上式简化为

$$\iiint_\Omega (\sigma_{ij,j}+f_i)\delta u_i \mathrm{d}V = 0 \quad (8\text{-}68)$$

将上式展开，可得

$$\iiint_\Omega \left[\left(\dfrac{\partial \sigma_x}{\partial x}+\dfrac{\partial \tau_{yx}}{\partial y}+\dfrac{\partial \tau_{zx}}{\partial z}+f_x\right)\delta u + \left(\dfrac{\partial \tau_{xy}}{\partial x}+\dfrac{\partial \sigma_y}{\partial y}+\dfrac{\partial \tau_{zy}}{\partial z}+f_y\right)\delta v + \right. \\ \left. \left(\dfrac{\partial \tau_{xz}}{\partial x}+\dfrac{\partial \tau_{yz}}{\partial y}+\dfrac{\partial \sigma_z}{\partial z}+f_z\right)\delta w\right]\mathrm{d}V = 0 \quad (8\text{-}69)$$

位移分量式（8-56）的变分为

$$\begin{cases} \delta u = \displaystyle\sum_m u_m \delta A_m \\ \delta v = \displaystyle\sum_m v_m \delta B_m \\ \delta w = \displaystyle\sum_m w_m \delta C_m \end{cases} \quad (8\text{-}70)$$

于是，式（8-69）变为

$$\sum_m \iiint_\Omega \left[\left(\frac{\partial \sigma_x}{\partial x} + \frac{\partial \tau_{yx}}{\partial y} + \frac{\partial \tau_{zx}}{\partial z} + f_x \right) u_m \delta A_m + \left(\frac{\partial \tau_{xy}}{\partial x} + \frac{\partial \sigma_y}{\partial y} + \frac{\partial \tau_{zy}}{\partial z} + f_y \right) v_m \delta B_m + \right.$$

$$\left. \left(\frac{\partial \tau_{xz}}{\partial x} + \frac{\partial \tau_{yz}}{\partial y} + \frac{\partial \sigma_z}{\partial z} + f_z \right) w_m \delta C_m \right] dV = 0 \tag{8-71}$$

由于 δA_m、δB_m 和 δC_m 彼此独立且完全任意，故式（8-71）要成立，必满足条件

$$\begin{cases} \iiint_\Omega \left[\left(\frac{\partial \sigma_x}{\partial x} + \frac{\partial \tau_{yx}}{\partial y} + \frac{\partial \tau_{zx}}{\partial z} + f_x \right) u_m \right] dV = 0 \\ \iiint_\Omega \left[\left(\frac{\partial \sigma_x}{\partial x} + \frac{\partial \tau_{yx}}{\partial y} + \frac{\partial \tau_{zx}}{\partial z} + f_y \right) v_m \right] dV = 0 \quad (m = 1,2,3,\cdots,n) \\ \iiint_\Omega \left[\left(\frac{\partial \sigma_x}{\partial x} + \frac{\partial \tau_{yx}}{\partial y} + \frac{\partial \tau_{zx}}{\partial z} + f_z \right) w_m \right] dV = 0 \end{cases} \tag{8-72}$$

式（8-72）中的应力分量先通过空间问题中物理方程用应变分量表示，然后通过几何方程 [式（8-2）] 用位移分量表示，简化后，得

$$\begin{cases} \iiint_\Omega \left[\frac{E}{2(1+\nu)} \left(\frac{1}{1-2\nu} \frac{\partial \theta}{\partial x} + \nabla^2 u \right) + f_x \right] u_m dV = 0 \\ \iiint_\Omega \left[\frac{E}{2(1+\nu)} \left(\frac{1}{1-2\nu} \frac{\partial \theta}{\partial y} + \nabla^2 v \right) + f_y \right] v_m dV = 0 \quad (m = 1,2,3,\cdots,n) \\ \iiint_\Omega \left[\frac{E}{2(1+\nu)} \left(\frac{1}{1-2\nu} \frac{\partial \theta}{\partial z} + \nabla^2 w \right) + f_z \right] w_m dV = 0 \end{cases} \tag{8-73}$$

其中：$\theta = \varepsilon_x + \varepsilon_y + \varepsilon_z$。

将位移分量 [式（8-56）] 代入式（8-2），求得应变分量为 A_m、B_m、C_m 的一次函数，所以应力分量也为 A_m、B_m、C_m 的一次函数，即式（8-65）是一组线性非齐次代数方程组。未知参数的个数为 $3m$ 个，而式（8-73）也有 $3m$ 个，从而可解出 A_m、B_m、C_m，代回式（8-56），即可得到位移的近似解答。这种方法为伽辽金法。

[例8-4] 悬臂梁如图 8-4 所示，梁的跨度为 l，受均布荷载 q 的作用，试用伽辽金法求解最大挠度。

解：（1）选取挠曲线微分方程 梁的挠曲线微分方程常写成如下形式：

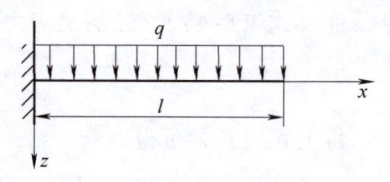

$$EIw'''' - q = 0 \tag{8-74}$$

图 8-4 悬臂梁

以及

$$EIw'' + M = 0 \quad 或 \quad EIw'' - \frac{q(l-x)^2}{2} = 0 \tag{8-75}$$

对于一个假定的试解函数，相对于真解，其导数往往具有更大的误差，阶数越高，误差越大。因此，本题采用式（8-75）能达到更高的精度。

（2）边界条件 采用伽辽金法，需要满足全部的边界条件，即

$$\begin{cases} (w)_{x=0} = 0, \quad (w')_{x=0} = 0 \\ (Q)_{x=l} = 0, \quad (w'')_{x=l} = 0 \quad 或 \quad (w''')_{x=l} = 0, \quad (M)_{x=l} = 0 \end{cases} \tag{8-76}$$

（3）试解函数 为了满足右端剪力、弯矩为零，可设

$$w'' = \delta\left[1 - \sin\left(\frac{\pi x}{2l}\right)\right] \tag{8-77}$$

式中 δ——待定参数。

对式（8-77）进行两次积分，可以求得悬臂梁的挠曲线函数的通解为

$$w = \delta\left[\frac{x^2}{2} + \left(\frac{2l}{\pi}\right)^2 \sin\frac{\pi x}{2l} + Ax + B\right] \tag{8-78}$$

由悬臂梁左端 $x = 0$ 处的边界条件，可以求得

$$\begin{cases} A = -\dfrac{2l}{\pi} \\ B = 0 \end{cases} \tag{8-79}$$

所以，式（8-78）变为

$$w = \delta\left[\frac{x^2}{2} + \left(\frac{2l}{\pi}\right)^2 \sin\frac{\pi x}{2l} - \frac{2l}{\pi}x\right] \tag{8-80}$$

由此，得加权函数 w_m

$$w_m = \frac{x^2}{2} + \left(\frac{2l}{\pi}\right)^2 \sin\frac{\pi x}{2l} - \frac{2l}{\pi}x \tag{8-81}$$

将式（8-75）和式（8-81）代入伽辽金方程［式（8-71）］，得

$$\int_0^l \left[EIw'' - \frac{q(1-x)^2}{2}\right] \cdot \left[\frac{x^2}{2} + \left(\frac{2l}{\pi}\right)^2 \sin\frac{\pi x}{2l} - \frac{2l}{\pi}x\right]dx = 0 \tag{8-82}$$

将式（8-80）代入式（8-82），积分得

$$\delta = \frac{ql^2}{2EI} \cdot \frac{\dfrac{1}{60} + \dfrac{8}{\pi^3} - \dfrac{64}{\pi^5} - \dfrac{1}{6\pi}}{\dfrac{1}{6} + \dfrac{24}{\pi^3} - \dfrac{6}{\pi^2} - \dfrac{1}{\pi}} \tag{8-83}$$

在悬臂梁右端 $x = l$ 处，$w_{\max} = 0.11598\dfrac{ql^4}{EI}$。其精确解为 $\dfrac{0.125ql^4}{EI}$，相对误差为 7.2%。

8.4 应力变分方程与最小余能原理

以在外力作用下处于平衡状态的任一弹性体为例，取 σ_{ij}、ε_{ij} 和 u_i 表示真实存在的应力张量、应变张量和位移矢量，它们满足平衡微分方程［式（8-1）］、几何方程［式（8-2）］、物理方程［式（8-3）］、位移边界条件［式（8-4）］和应力边界条件［式（8-5）］。现假设在不破坏弹性体应力平衡的前提下，给应力状态一个增量 $\delta\sigma_{ij}$，使弹性体从一种平衡状态变到另一种平衡状态。此时应力分量为 $\sigma_{ij} + \delta\sigma_{ij}$，由于弹性体施加的外力不变且仍处于平衡状态，所以应力分量 $\sigma_{ij} + \delta\sigma_{ij}$ 仍应满足平衡微分方程和应力边界条件，即

$$(\sigma_{ij} + \delta\sigma_{ij})_{,j} + f_i = 0 \tag{8-84}$$

$$(\sigma_{ij} + \delta\sigma_{ij})n_j = \bar{f_i} \tag{8-85}$$

用式（8-84）减去式（8-1），式（8-85）减去式（8-5），可得

$$\begin{cases} (\delta\sigma_{ij})_{,j} = 0 \\ \delta\sigma_{ij}n_j = 0 \end{cases} \tag{8-86}$$

因此，应力分量的变分必然满足无体力时的平衡微分方程和无面力时的应力边界条件。而在位移给定的边界上（面力不可能给定），应力分量的变分必然会引起该位移边界上应力矢量分量的变分 $\delta \bar{f}_i$，称为虚面力。根据边界上应力矢量的各个分量和应力分量的关系，应力分量的变分和虚面力在边界上必须满足

$$\delta \sigma_{ij} n_j = \delta \bar{f}_i \tag{8-87}$$

根据第 4 章中应变余能密度表达式，可知应力分量的变分必然引起应变余能的变分。把应变余能看作应力分量的函数，则整个物体应变余能的变分为

$$\delta V_C = \iiint_\Omega \varepsilon_{ij} \delta \sigma_{ij} \mathrm{d}V \tag{8-88}$$

将式（8-2）代入式（8-88），计算积分，可得

$$\delta V_C = \iiint_\Omega \frac{1}{2}(u_{i,j} + u_{j,i}) \delta \sigma_{ij} \mathrm{d}V$$

$$= \frac{1}{2}\iiint_\Omega [(u_i \delta \sigma_{ij})_{,j} + (u_j \delta \sigma_{ij})_{,i}] \mathrm{d}V - \frac{1}{2}\iiint_\Omega [u_i (\delta \sigma_{ij})_{,j} + u_j (\delta \sigma_{ij})_{,i}] \mathrm{d}V \tag{8-89}$$

由于 $\sigma_{ij} = \sigma_{ji}$，故式（8-89）可简化为

$$\delta V_C = \iiint_\Omega (u_i \delta \sigma_{ij})_{,j} \mathrm{d}V - \iiint_\Omega u_i (\delta \sigma_{ij})_{,j} \mathrm{d}V \tag{8-90}$$

利用高斯积分公式，并将式（8-86）和式（8-5）进行计算并化简，得到

$$\delta V_C = \iint_{S_\sigma} u_i \delta \sigma_{ij} n_j \mathrm{d}S = \iint_{S_u} \bar{u}_i \delta \bar{f}_i \mathrm{d}S \tag{8-91}$$

这就是应力变分方程，也称为卡斯蒂利亚诺（Castigliano）变分方程。式（8-91）等号右边表示在给定位移的边界 S_u 上，虚面力变分在实际位移上做的虚功。

如上所述，如果某一部分边界上面力是给定的，则该部分边界上的面力不能有变分，即 $\delta \bar{f}_i = 0$，则式（8-91）右边的相应积分项变为零；如果在某一部分边界上，给定的位移等于零，则式（8-91）右边的相应积分项也变为零。因此，应力变分方程［式（8-91）］右边的积分只能在这样的边界上进行：面力没有给定，且给定的位移不等于零。

由于 S_u 上位移是给定的且不为零，因此式（8-91）右边的变分号 δ 可以提到积分号的外边，再移项可得

$$\delta \left(V_C - \iint_{S_u} \bar{u}_i \bar{f}_i \mathrm{d}S \right) = 0 \tag{8-92}$$

取

$$\Pi_C = V_C - \iint_{S_u} \bar{u}_i \bar{f}_i \mathrm{d}S \tag{8-93}$$

式（8-93）表示弹性体的总余能，是应力张量的泛函。于是，式（8-92）可改写为

$$\delta \Pi_C = 0 \tag{8-94}$$

式（8-94）表示：在满足平衡微分方程和应力边界条件的所有各组应力中，真实存在一组应力使弹性体的总余能取极值。如果考虑二阶变分，则可得 $\delta^2 \Pi_C > 0$，证明这个极值是极小值，结合弹性力学解的唯一性，总余能的极小值就是最小值。这就是最小余能原理。

根据前面可知，实际存在的应力，除了满足平衡微分方程和应力边界条件以外，其相应的位移还要满足几何方程和位移边界条件。而从应力变分方程与最小余能原理的推导过程

看，实际应力除了满足平衡微分方程和应力边界条件以外，还要满足应力变分方程（或最小余能原理）。通过运算，还可从应力变分方程导出几何方程和位移边界条件，于是应力变分方程可代替几何方程和位移边界条件。

值得注意的是，以上所述只适用于单连通物体。多连通物体的位移单值条件在应力变分方程中是十分复杂的问题。

8.5 基于最小余能原理的近似方法

8.5.1 近似解法

通过最小余能原理，在满足平衡微分方程和应力边界条件的所有各组应力中，真实存在一组应力分量使总余能取最小值。实际计算时，难以列出所有满足平衡微分方程和应力边界条件的应力分量，但可以设定满足平衡微分方程和应力边界条件的应力分量的表达式（相当于缩小应力分量的寻找范围），这些应力分量中包含若干个待定系数，然后利用总余能泛函极值条件确定这些系数，从而确定应力分量。

巴博考维奇建议，将应力分量取为如下形式

$$\begin{cases} \sigma_x = (\sigma_x)_0 + \sum_m A_m (\sigma_x)_m \\ \sigma_y = (\sigma_y)_0 + \sum_m A_m (\sigma_y)_m \\ \sigma_z = (\sigma_z)_0 + \sum_m A_m (\sigma_z)_m \\ \tau_{yz} = (\tau_{yz})_0 + \sum_m A_m (\tau_{yz})_m \\ \tau_{zx} = (\tau_{zx})_0 + \sum_m A_m (\tau_{zx})_m \\ \tau_{xy} = (\tau_{xy})_0 + \sum_m A_m (\tau_{xy})_m \end{cases} \quad (m = 1,2,3,\cdots) \quad (8\text{-}95)$$

式中　　　　　　　　　　　　　　　　A_m——互不影响的待定系数；

$(\sigma_x)_0$、$(\sigma_y)_0$、$(\sigma_z)_0$、$(\tau_{yz})_0$、$(\tau_{zx})_0$、$(\tau_{xy})_0$——满足平衡微分方程和应力边界条件的设定函数；

$(\sigma_x)_m$、$(\sigma_y)_m$、$(\sigma_z)_m$、$(\tau_{yz})_m$、$(\tau_{zx})_m$、$(\tau_{xy})_m$——满足无体力的平衡微分方程和无面力的应力边界条件的设定函数。

这样设定使得待定系数 A_m 始终满足平衡微分方程和应力边界条件。因此，应力的变分就变成只由系数 A_m 的变分来实现，对于各个设定函数，则仅随坐标而改变，与应力变分完全无关。

由应变余能式（8-93）和式（8-95）可知，应变余能 V_C 是系数 A_m 的二次函数，因而式（8-93）是系数 A_m 的二次函数，于是 Π_C 取极值的条件变为

$$\frac{\partial \Pi_C}{\partial A_m} = 0 \quad (m = 1,2,3,\cdots) \quad (8\text{-}96)$$

式（8-96）是系数 A_m 的一次方程。而系数 A_m 有 m 个，关于系数 A_m 的一次方程也有

m 个,从而可求出系数 A_m 的值,然后将系数 A_m 代回式(8-95),可求解真实应力的近似解。

8.5.2 应用实例

在平面问题中,当体力为常数时,应力分量可用应力函数表示。根据前文的证明过程,可将应力分量 σ_x、σ_y、τ_{xy} 用应力函数 Φ 表示成如下形式

$$\begin{cases} \sigma_x = \dfrac{\partial^2 \Phi}{\partial y^2} - f_x x \\ \sigma_y = \dfrac{\partial^2 \Phi}{\partial x^2} - f_y y \\ \tau_{xy} = -\dfrac{\partial^2 \Phi}{\partial x \partial y} \end{cases} \tag{8-97}$$

当应用应力变分法时,可取应力函数

$$\Phi = \Phi_0 + \sum_m A_m \Phi_m \quad (m = 1, 2, 3, \cdots) \tag{8-98}$$

式中 A_m ——互不影响的 m 个待定系数。

设定 Φ_0 给出的应力分量满足实际的应力边界条件,Φ_m 给出的应力分量满足无面力时的应力边界条件。

在平面应力问题中,$\sigma_z = \tau_{yz} = \tau_{zx}$,且应力分量 σ_x、σ_y、τ_{xy} 仅是关于 x、y 的函数。在 z 方向取一个单位厚度,于是用应力分量表示的弹性体的应变余能为

$$V_C = \frac{1}{2E} \iint_A [\sigma_x^2 + \sigma_y^2 - 2\mu \sigma_x \sigma_y + 2(1+\nu)\tau_{xy}^2] \mathrm{d}x \mathrm{d}y \tag{8-99}$$

式中 A ——弹性体 Oxy 截面的面积。

对于平面应变问题,只需将上式中的 E 换为 $\dfrac{E}{1-\nu^2}$,ν 换为 $\dfrac{\nu}{1-\nu}$,得到平面应变问题中的弹性体的应变余能表达式

$$V_C = \frac{1+\nu}{2E} \iint_A [(1-\nu)(\sigma_x^2 + \sigma_y^2) - 2\nu \sigma_x \sigma_y + 2\tau_{xy}^2] \mathrm{d}x \mathrm{d}y \tag{8-100}$$

假如研究的是弹性体是单连体,则应力分量 σ_x、σ_y、τ_{xy} 与 ν 无关。这时,可取 $\nu=0$,则平面应力情况下的应变余能[式(8-99)]和平面应变情况下的应变余能[式(8-100)]都可以简化为下式

$$V_C = \frac{1}{2E} \iint_A (\sigma_x^2 + \sigma_y^2 + 2\tau_{xy}^2) \mathrm{d}x \mathrm{d}y \tag{8-101}$$

将式(8-97)代入上式,得用应力函数表示的应变余能的表达式

$$V_C = \frac{1}{2E} \iint_A \left[\left(\frac{\partial^2 \Phi}{\partial y^2} - f_x x \right)^2 + \left(\frac{\partial^2 \Phi}{\partial x^2} - f_y y \right)^2 + 2\left(\frac{\partial^2 \Phi}{\partial x \partial y} \right)^2 \right] \mathrm{d}x \mathrm{d}y \tag{8-102}$$

所以应变余能 V_C 可看作关于 A_m 的二次函数。

平面应力问题中,边界上面力已知,即面力变分为零。那么,将式(8-102)代入式(8-91),得

$$\delta V_C = \frac{\partial V_C}{\partial A_m} = \frac{1}{E} \iint_A \left[\left(\frac{\partial^2 \Phi}{\partial y^2} - f_x x \right) \frac{\partial}{\partial A_m} \left(\frac{\partial^2 \Phi}{\partial y^2} - f_x x \right) + \left(\frac{\partial^2 \Phi}{\partial x^2} - f_y y \right) \frac{\partial}{\partial A_m} \left(\frac{\partial^2 \Phi}{\partial x^2} - f_y y \right) + \right.$$
$$\left. 2 \left(\frac{\partial^2 \Phi}{\partial x \partial y} \right) \frac{\partial}{\partial A_m} \left(\frac{\partial^2 \Phi}{\partial x \partial y} \right) \right] \mathrm{d}x \mathrm{d}y = 0 \quad (m = 1, 2, 3, \cdots) \tag{8-103}$$

式(8-103)中，系数 A_m 有 m 个，而关于系数 A_m 的一次方程也有 m 个，从而可求出系数 A_m 的值，进而将系数 A_m 代入式(8-98)，最后代入式(8-97)求得平面问题中的应力分量。

[**例 8-5**] 设有矩形薄板如图 8-5 所示，薄板两边受抛物线分布的拉力，求薄板的应力。

解：边界条件可表示为

$$\begin{cases} (\sigma_x)_{x=\pm a} = q\left(1 - \frac{y^2}{b^2}\right) \\ (\tau_{xy})_{x=\pm a} = 0 \\ (\sigma_y)_{y=\pm b} = 0 \\ (\tau_{xy})_{y=\pm b} = 0 \end{cases} \tag{8-104}$$

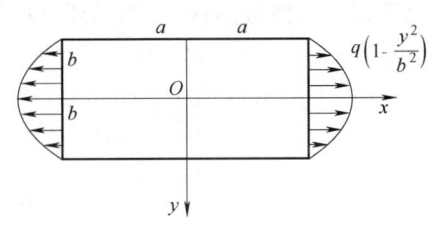

图 8-5　矩形薄板

式 (8-98) 中，Φ_0 取

$$\Phi_0 = \frac{q}{2} y^2 \left(1 - \frac{y^2}{6b^2}\right) \tag{8-105}$$

所以

$$\begin{cases} (\sigma_x)_0 = \frac{\partial^2 \Phi_0}{\partial y^2} = q\left(1 - \frac{y^2}{b^2}\right) \\ (\sigma_y)_0 = \frac{\partial^2 \Phi_0}{\partial x^2} = 0 \\ (\tau_{xy})_0 = -\frac{\partial^2 \Phi_0}{\partial x \partial y} = 0 \end{cases} \tag{8-106}$$

满足题中给出的边界条件。

为使 Φ_m 所对应的应力满足无面力时的边界条件，取 Φ_m 具有因子 $(x^2 - a^2)^2 (y^2 - b^2)^2$ 或 $\left(1 - \frac{x^2}{a^2}\right)^2 \left(1 - \frac{y^2}{b^2}\right)^2$，以使 Φ_m 对 y 的二阶导数在 $x = \pm a$ 的两对边上为零，Φ_m 对 x 的二阶导数在 $y = \pm b$ 的两对边上为零，Φ_m 对 x 和 y 各一阶的混合二阶导数在所有四边上为零。因此，取

$$\Phi = \Phi_0 + \sum_m A_m \Phi_m = \frac{q}{2} y^2 \left(1 - \frac{y^2}{6b^2}\right) + q b^2 \left(1 - \frac{x^2}{a^2}\right)^2 \left(1 - \frac{y^2}{b^2}\right)^2$$
$$\left[A_1 + A_2 \frac{x^2}{a^2} + A_3 \frac{y^2}{b^2} + A_4 \frac{x^4}{a^4} + A_5 \frac{x^2 y^2}{a^2 b^2} + A_6 \frac{y^4}{b^4} + \cdots \right] \tag{8-107}$$

在这里，因为应力分布对称于 x 轴和 y 轴，所以在级数中只取 x 和 y 的偶次幂。为了使 A_1、A_2 等系数成为无因次的，所以布置了因子 qb^2、$\frac{1}{a^2}$、$\frac{1}{b^2}$ 等。

假设取一个待定系数 A_1，即取

$$\Phi = \frac{q}{2} y^2 \left(1 - \frac{y^2}{6b^2}\right) + A_1 q b^2 \left(1 - \frac{x^2}{a^2}\right)^2 \left(1 - \frac{y^2}{b^2}\right)^2 \tag{8-108}$$

注意：Φ 是 x 和 y 的偶函数，所以式（8-103）变为

$$\frac{4}{E}\int_0^a\int_0^b\left[\frac{\partial^2\Phi}{\partial y^2}\frac{\partial}{\partial A_1}\left(\frac{\partial^2\Phi}{\partial y^2}\right)+\frac{\partial^2\Phi}{\partial x^2}\frac{\partial}{\partial A_1}\left(\frac{\partial^2\Phi}{\partial x^2}\right)+2\frac{\partial^2\Phi}{\partial x\partial y}\frac{\partial}{\partial A_1}\left(\frac{\partial^2\Phi}{\partial x\partial y}\right)\right]\mathrm{d}x\mathrm{d}y=0 \quad (8\text{-}109)$$

将式（8-108）代入式（8-109），进行积分计算，然后简化，得

$$\left(\frac{64}{7}+\frac{256b^2}{49a^2}+\frac{64b^4}{7a^4}\right)A_1=1 \quad (8\text{-}110)$$

所以，当薄板形状是正方形薄板（$a=b$）时，可解得 $A_1=0.0425$。然后将 A_1 的值代入式（8-108），再代入式（8-97），求得应力分量

$$\begin{cases}\sigma_x=\dfrac{\partial^2\Phi}{\partial y^2}=q\left(1-\dfrac{y^2}{a^2}\right)-0.170q\left(1-\dfrac{x^2}{a^2}\right)^2\left(1-\dfrac{3y^2}{a^2}\right)\\[4pt]\sigma_y=\dfrac{\partial^2\Phi}{\partial x^2}=-0.170q\left(1-\dfrac{3x^2}{a^2}\right)\left(1-\dfrac{y^2}{a^2}\right)^2\\[4pt]\tau_{xy}=-\dfrac{\partial^2\Phi}{\partial x\partial y}=-0.681q\left(1-\dfrac{x^2}{a^2}\right)\left(1-\dfrac{y^2}{a^2}\right)\dfrac{xy}{a^2}\end{cases} \quad (8\text{-}111)$$

在薄板中心，$x=y=0$，得到 $\sigma_x=0.830q$。

当然，在式（8-107）中，可以取三个待定系数 A_1、A_2、A_3，然后进行与上面相同的运算，最后得到更加精确的应力数值。

*8.6 弹性力学的广义变分方法

位移变分方程（或最小势能原理）和应力变分方程（或最小余能原理）分别以位移和应力作为独立的自变函数。前者变分的约束条件是几何方程和位移边界条件，后者变分的约束条件是平衡微分方程和应力边界条件，称为条件变分原理。本节将介绍两种减少了约束条件的变分原理，通常称这类变分原理为广义变分原理。

首先，列出上述两种条件变分原理的约束条件。最小势能原理的变分约束条件为

$$\begin{cases}\text{几何方程（在 }\Omega\text{ 内）}\quad \varepsilon_{ij}=\dfrac{1}{2}(u_{i,j}+u_{j,i})\\[4pt]\text{位移边界条件（在 }S_u\text{ 上）}\quad u_i=\bar{u}_i\end{cases} \quad (8\text{-}112)$$

最小余能原理的变分约束条件为

$$\begin{cases}\text{平衡微分方程（在 }\Omega\text{ 内）}\quad \sigma_{ij,j}+f_i=0\\[4pt]\text{应力边界条件（在 }S_\sigma\text{ 上）}\quad \sigma_{ij}n_j=\bar{f}_i\end{cases} \quad (8\text{-}113)$$

引入拉格朗日乘子 λ_{ij} 和 μ_i，并注意最小势能原理的变分约束条件，构造弹性体总势能的条件驻值泛函为

$$\Pi^*=\Pi+\iiint_\Omega\lambda_{ij}\left[\varepsilon_{ij}-\frac{1}{2}(u_{i,j}+u_{j,i})\right]\mathrm{d}V+\iint_{S_u}\mu_i(u_i-\bar{u}_i)\mathrm{d}S \quad (8\text{-}114)$$

其中

$$\Pi=\iiint_\Omega(v_\varepsilon-f_iu_i)\mathrm{d}V-\iint_{S_\sigma}\bar{f}_iu_i\mathrm{d}S \quad (8\text{-}115)$$

式（8-115）表示弹性体的总势能泛函。把 λ_{ij}、μ_i、u_i 和 ε_{ij} 都看作独立的自变函数，

取泛函 Π^* 的一阶变分，并令其等于零，有

$$\delta \Pi^* = \iiint_\Omega \left\{ \left(\frac{\partial v_\varepsilon}{\partial \varepsilon_{ij}} + \lambda_{ij} \right) \delta \varepsilon_{ij} + \left[\varepsilon_{ij} - \frac{1}{2}(u_{i,j} + u_{j,i}) \right] \delta \lambda_{ij} - f_i \delta u_i - \lambda_{ij} \cdot \frac{1}{2}(\delta u_{i,j} + \delta u_{j,i}) \right\} \mathrm{d}V -$$

$$\iint_{S_u} \bar{f}_i u_i \mathrm{d}S + \iint_{S_\sigma} \left[(\mu_i - \lambda_{ij} n_j) \delta u_i + (u_i - \bar{u}_i) \delta \mu_i \right] \mathrm{d}S = 0 \tag{8-116}$$

由于 $\delta \lambda_{ij}$、$\delta \mu_i$、δu_i 和 $\delta \varepsilon_{ij}$ 都是完全任意的，所以有

$$\frac{\partial v_\varepsilon}{\partial \varepsilon_{ij}} + \lambda_{ij} = 0 \tag{8-117}$$

$$\begin{cases} \varepsilon_{ij} - \frac{1}{2}(u_{i,j} + u_{j,i}) = 0 \\ \lambda_{ij,j} - f_i = 0 \end{cases} \quad (\text{在 } \Omega \text{ 内}) \tag{8-118}$$

$$\lambda_{ij} n_i + \bar{f}_i = 0 \quad (\text{在 } S_\sigma \text{ 上}) \tag{8-119}$$

$$\begin{cases} \mu_i - \lambda_{ij} n_j = 0 \\ u_i - \bar{u}_i = 0 \end{cases} \quad (\text{在 } S_u \text{ 上}) \tag{8-120}$$

由本章第 1 节可知，应力张量与应变能密度之间有关系式

$$\sigma_{ij} = \frac{\partial v_\varepsilon}{\partial \varepsilon_{ij}} \tag{8-121}$$

将式（8-121）代入式（8-117），得

$$\sigma_{ij} = -\lambda_{ij} \tag{8-122}$$

将式（8-122）代入式（8-120），得

$$\mu_i = \lambda_{ij} n_j = -\sigma_{ij} n_j \tag{8-123}$$

再将式（8-122）和式（8-123）代入式（8-117）~式（8-120），除去 $\mu_i - \lambda_{ij} n_j = 0$ 恒成立，其余各式变为

$$\frac{\partial v_\varepsilon}{\partial \varepsilon_{ij}} = \sigma_{ij} \tag{8-124}$$

$$\begin{cases} \varepsilon_{ij} = \frac{1}{2}(u_{i,j} + u_{j,i}) \\ \sigma_{ij,j} + f_i = 0 \end{cases} \quad (\text{在 } \Omega \text{ 内}) \tag{8-125}$$

$$\sigma_{ij} n_i = \bar{f}_i \quad (\text{在 } S_\sigma \text{ 上}) \tag{8-126}$$

$$u_i = \bar{u}_i \quad (\text{在 } S_u \text{ 上}) \tag{8-127}$$

这就是弹性力学的全部基本方程和边界条件。

将式（8-122）和式（8-123）代入式（8-114），得到一个新的总势能泛函

$$\Pi_{\mathrm{H\text{-}W}} = \iiint_\Omega \left\{ v_\varepsilon - \sigma_{ij} \left[\varepsilon_{ij} - \frac{1}{2}(u_{i,j} + u_{j,i}) \right] - f_i u_i \right\} \mathrm{d}V -$$

$$\iint_{S_\sigma} \bar{f}_i u_i \mathrm{d}S - \iint_{S_u} \sigma_{ij} n_j (u_i - \bar{u}_i) \mathrm{d}S \tag{8-128}$$

这就是著名的胡海昌-鹫津久一郎变分原理的泛函，通常称为 H-W 泛函。

如果对式（8-128）取一阶变分，并令其等于零，则立即可得到式（8-124）~式（8-127）表示的弹性力学的全部基本方程和边界条件，即以 H-W 泛函表示的变分原理是完全的无条

件的变分原理。所以在利用该原理进行求解时,假定的三类变量 σ_{ij}、u_i 和 ε_{ij} 的试解函数不需要预先满足什么条件。

如果位移 u_i 和应变 ε_{ij} 预先满足几何方程和位移边界条件,则式(8-128)就转化为弹性体总势能的泛函[式(8-115)]。

从最小余能原理出发,引入此原理的变分约束条件[式(8-113)],构造辅助泛函

$$\Pi_C^* = \Pi_C + \iiint_\Omega \lambda_i(\sigma_{ij,j} + f_i) dV + \iint_{S_\sigma} \eta_i(\sigma_{ij}n_j - \bar{f}_i) dS \tag{8-129}$$

其中

$$\Pi_C = \iiint_\Omega V_C dV - \iint_{S_u} \sigma_{ij} n_j \bar{u}_i dS \tag{8-130}$$

式(8-130)为弹性体总余能的泛函,B 为应变余能的泛函。引入拉格朗日乘子 λ_i 和 η_i,将 σ_{ij}、λ_i 和 η_i 都看作是独立的自变量,故对辅助泛函 Π_C^* 取一阶变分,并令其等于零,得

$$\delta\Pi_C^* = \iiint_\Omega \left[\frac{\partial V_C}{\partial \sigma_{ij}} \delta\sigma_{ij} + \delta\lambda_i(\sigma_{ij,j} + f_i) + \lambda_i \delta\sigma_{ij,j} \right] dV - \iint_{S_u} \bar{u}_i \delta(\sigma_{ij}n_j) dS +$$

$$\iint_{S_\sigma} \left[(\sigma_{ij}n_j - \bar{f}_i) \delta\eta_i + \eta_i \delta(\sigma_{ij}n_j) \right] dS = 0 \tag{8-131}$$

利用高斯公式,有

$$\iiint_\Omega \lambda_i \delta\sigma_{ij,j} dV = \iint_{S_u} \lambda_i \delta(\sigma_{ij}n_j) dS + \iint_{S_\sigma} \lambda_i \delta(\sigma_{ij}n_j) dS - \iiint_\Omega \delta\sigma_{ij} \lambda_{i,j} dV \tag{8-132}$$

将式(8-132)代入式(8-131),并注意 $\sigma_{ij} = \sigma_{ji}$,得

$$\delta\Pi_C^* = \iiint_\Omega \left\{ \left[\frac{\partial V_C}{\partial \sigma_{ij}} - \frac{1}{2}(\lambda_{i,j} + \lambda_{j,i}) \right] \delta\sigma_{ij} + (\sigma_{ij}n_j + f_i)\delta\lambda_i \right\} dV + \iint_{S_u} (\lambda_i - \bar{u}_i)\delta(\sigma_{ij}n_j) dS +$$

$$\iint_{S_\sigma} \left[(\sigma_{ij}n_j - \bar{f}_i)\delta\eta_j + (\eta_i + \lambda_i)\delta(\sigma_{ij}n_j) \right] dS = 0 \tag{8-133}$$

由于 $\delta\sigma_{ij}$、$\delta\lambda_i$ 在 Ω 内,$\delta(\sigma_{ij}n_j)$ 在 S_u 上,$\delta\eta_i$ 和 $\delta(\sigma_{ij}n_j)$ 在 S_σ 上,且它们都是独立的,所以得

$$\begin{cases} \frac{\partial W_C}{\partial \sigma_{ij}} - \frac{1}{2}(\lambda_{i,j} + \lambda_{j,i}) = 0 \\ \sigma_{ij,j} + f_i = 0 \end{cases} \quad (在 \Omega 内) \tag{8-134}$$

$$\lambda_i - \bar{u}_i = 0 \quad (在 S_u 上) \tag{8-135}$$

$$\begin{cases} \sigma_{ij,j}n_j - \bar{f}_i = 0 \\ \eta_i + \lambda_i = 0 \end{cases} \quad (在 S_\sigma 上) \tag{8-136}$$

根据式(8-135),可以知道 λ_i 的物理含义是 u_i,即

$$\lambda_i = u_i \quad (在 S_u 上) \tag{8-137}$$

将式(8-137)代入式(8-136),得

$$\eta_i = -u_i \quad (在 S_\sigma 上) \tag{8-138}$$

将式(8-137)和式(8-138)代入式(8-129),可以得到一个新的总余能泛函

$$\Pi_{HR} = \iiint_\Omega \left[V_C + (\sigma_{ij,j} + f_i) u_i \right] dV - \iint_{S_u} \sigma_{ij} n_j \bar{u}_i dS - \iint_{S_\sigma} u_i (\sigma_{ij} n_j - \bar{f}_i) dS \tag{8-139}$$

这就是海林格-赖斯纳(Hellinger-Reissner)变分原理的泛函,是一个两类变量 σ_{ij} 和 u_i

的变分原理。由 $\delta \Pi_{HR} = 0$，得

$$\begin{cases} \dfrac{\partial V_C}{\partial \sigma_{ij}} - \dfrac{1}{2}(\lambda_{i,j} + \lambda_{j,i}) = 0 \\ \sigma_{ij,j} + f_i = 0 \end{cases} \quad (\text{在 } \Omega \text{ 内}) \qquad (8\text{-}140)$$

$$\begin{cases} u_i = \overline{u}_i & (\text{在 } S_u \text{ 上}) \\ \sigma_{ij} n_j - \overline{f}_i = 0 & (\text{在 } S_\sigma \text{ 上}) \end{cases} \qquad (8\text{-}141)$$

在这个泛函中没有应变 ε_{ij}，但可根据 $\varepsilon_{ij} = \dfrac{\partial W_C}{\partial \sigma_{ij}}$ 求得，且因其是一个不参加变分的应力-应变关系，所以是一个非变分的约束条件。

习　题

[8-1]　试叙述位移变分方程和应力变分方程的基本思想。

[8-2]　试说明瑞利-里茨（Rayleigh-Ritz）法和伽辽金（Галёркин）法的近似性是如何表现的？

[8-3]　试用位移变分方程（或最小势能原理）分别导出图 8-6a、b 所示的悬臂梁的挠度微分方程及边界条件。

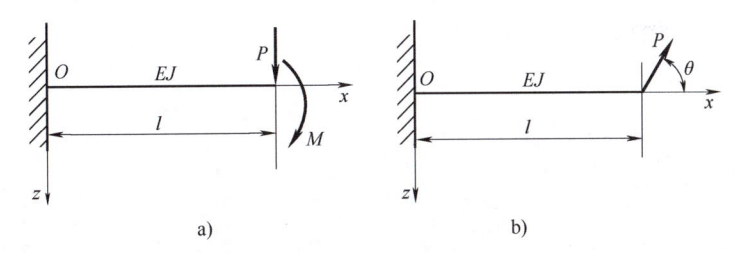

图 8-6　题 8-3 图

[8-4]　如图 8-7 所示的静不定梁，截面抗弯刚度 EI 为常数，跨度为 $2l$，两端铰支，中间支座 C，梁的上面受两个集中力 P 的作用。试用最小余能原理求梁的支座反力。

[8-5]　试用瑞利-里茨（Rayleigh-Ritz）法和伽辽金（Галёркин）法近似求解图 8-8 所示的简支梁的最大挠度，在梁中部施加的集中力 P。

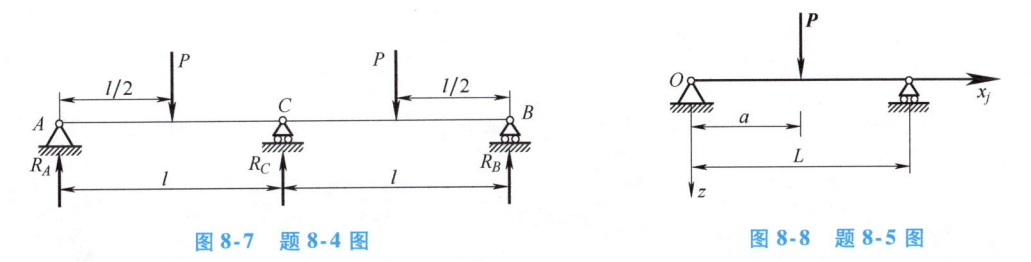

图 8-7　题 8-4 图

图 8-8　题 8-5 图

[8-6]　正方形薄板，边长为 $2a$，如图 8-9 所示，在左右两边受按抛物线分布的拉力，即 $(\sigma_x)_{x=\pm a} = q\left(\dfrac{y}{a}\right)^2$。试用应力变分法按如下的应力函数求解薄板的应力：

$$\Phi = \frac{qy^4}{12a^2} + qa^2\left(1-\frac{x^2}{a^2}\right)^2\left(1-\frac{y^2}{a^2}\right)^2\left(A_1 + A_2\frac{x^2}{a^2} + A_3\frac{y^2}{a^2} + \cdots\right) \tag{8-142}$$

[8-7] 如图 8-10 所示的矩形薄板，其三边固定，一边受有均布压力 q，试用应力变分法按如下的应力函数求解（$\mu=0$）薄板的应力：

$$\Phi = -\frac{qx^2}{2} + \frac{qa^2}{2}\left(A_1\frac{x^2y^2}{a^2b^2} + A_2\frac{y^3}{b^3}\right) \tag{8-143}$$

[8-8] 设有等截面直杆，两个大小相等而方向相反的横向压力 F_1 作用在其两端，如图 8-11 所示。试用贝蒂互换定理求出直杆的总伸长。

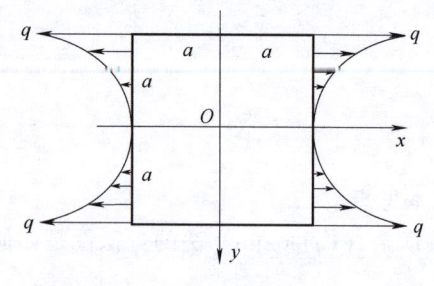

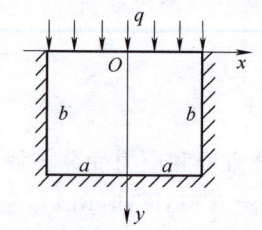

图 8-9　题 8-6 图　　　　图 8-10　题 8-7 图　　　　图 8-11　题 8-8 图

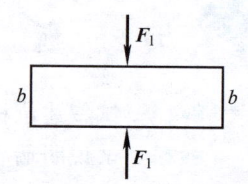

第 9 章　塑性屈服条件与硬化准则

前述章节里将变形材料的应力-应变关系视为线性弹性关系。当力增加到一定程度后，物体将由弹性变形转变为非弹性变形，此时将存在不可恢复的变形，通常可为塑性变形。对物体从自然状态开始加载，当应力达到何种程度开始产生塑性变形，以及应力如何变化才能使塑性变形继续发展，这些涉及初始屈服和后继屈服问题。本章将针对延性金属材料，着重介绍两个经典屈服条件，即特雷斯卡（Tresca）条件和米塞斯（Mises）条件，再进一步讨论后继屈服问题。

■ 9.1　简单拉伸试验中的塑性现象

在分析复杂应力状态下物体的塑性变形规律之前，先介绍一下材料的一维简单拉伸试验。假定拉伸试验中存在弹塑性现象，且材料在初始状态下是各向同性的，即对拉伸和压缩具有相同的力学性质。通过一维拉伸试验，忽略一些次要因素，可得到理想化的应力-应变曲线。一维拉伸试验结果如图 9-1 所示。该曲线能反映常温、静载下材料在受力过程中应力-应变关系的基本规律。

通过一维拉伸试验得到的应力-应变关系分为如下六个部分：

1）从荷载零点开始增加荷载，在初始变形阶段，应力 σ 和应变 ε 在直到 A 点之前呈现为直线关系

$$\varepsilon = \frac{\sigma}{E} \tag{9-1}$$

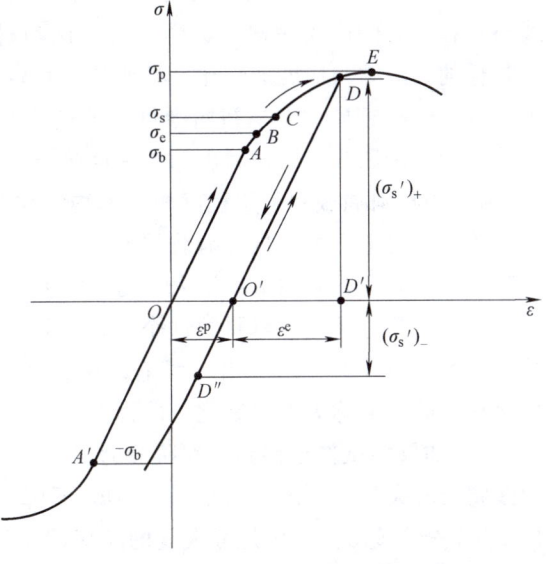

图 9-1　一维拉伸试验结果

式中　E——弹性模量，$E = \tan\alpha$。

当应力超过点 A 后，就不再保持上述的线性比例关系，故 A 点对应的应力为材料的比例极限 σ_b。若在 A 点前将荷载逐渐卸除，变形随即完全消失，所以在 OA 段内仅有弹性变形。

2）当荷载继续增加，在相同荷载增量条件下拉杆的变形增长比 A 点之前的稍大，但在未超过 B 点以前，变形仍可恢复。将与 B 点相应的应力称为材料的弹性极限 σ_e，它表示材料不产生残余变形的最大应力值。

3）继续加载至 C 点时，变形增长较快。当荷载超过 C 点后，在几乎不增加荷载的情况下，变形继续迅速增加。这时，材料发生了显著的残余变形，达到屈服阶段。与 C 点相应的应力就称为材料的屈服极限 σ_s。值得注意的是：像软钢一类材料具有明显的屈服阶段，σ-ε 曲线此时有明显的平缓部分，如图 9-2a 所示。但有些材料（如铝合金）没有明显的屈服阶段，在工程上往往以残余变形为 0.2% 时，如图 9-2a 所示作为塑性变形的开始，其相应的应力 $\sigma_{0.2}$ 作为材料的屈服应力，如图 9-2b 所示。

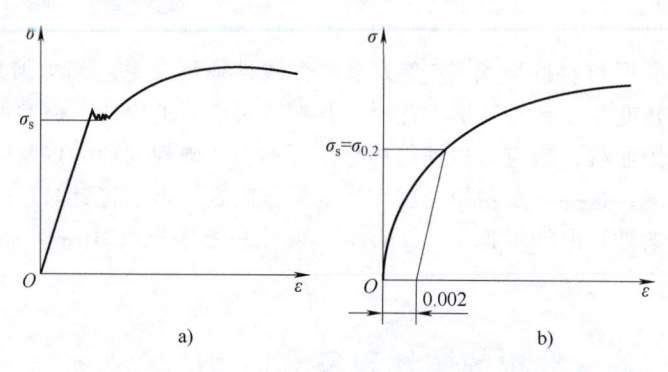

图 9-2 屈服应力的确定

由于一般材料的比例极限、弹性极限和屈服极限相差不大，为方便起见，通常不加以区分，都用屈服极限 σ_s 表示。由于材料是各向同性的，若进行压缩试验，则压缩应力-应变曲线将和拉伸时的曲线一样。这样就可以认为材料在应力到达屈服极限 σ_s 以前（$|\sigma| \leq \sigma_s$）是弹性的，应力与应变成正比，即服从胡克定律 $\sigma = E\varepsilon$，这个阶段称为初始弹性阶段。曲线上和 $|\sigma| = \sigma_s$ 相应的点是初始弹性阶段的界限，超过此界限后材料就进入塑性阶段了，故将其称为初始屈服点，材料由初始弹性阶段进入塑性的过程称为初始屈服。

4）当材料屈服到一定程度时，其内部结构由于晶体排列位置改变后又重新得到调整，使它重新获得了继续抵抗外荷载的能力。故在继续加载后，曲线在屈服后继续上升，这就说明材料在屈服后，必须继续增大应力才能使它产生新的塑性变形。这种现象称为应变硬化或加工硬化，简称硬化，材料的这个变形阶段称为硬化阶段。当曲线到达最高点 E 时，荷载达到最大值。此时，由于出现颈缩，在 E 点后荷载开始下降，直至断裂。这种应力降低、应变增加的现象称为应变软化，简称软化，和 E 点相应的应力称为强度极限 σ_p。

5）如果将试件拉伸到塑性阶段的某点，如 D 点，之后逐渐减小应力，即卸载，则 σ-ε 曲线将沿着大致与 OA 平行的直线 DO' 下降。在全部卸除荷载之后，留下残余变形 OO'。OD' 表示全应变 ε。O'D 是可恢复的应变即弹性应变 ε^e，OO' 是不能恢复的应变，即塑性应变 ε^p，则

$$\varepsilon = \varepsilon^e + \varepsilon^p \tag{9-2}$$

式（9-2）表明全应变等于弹性应变加上塑性应变。

若在卸载后重新加载，曲线基本上仍沿 O'D 上升至 D 时又开始产生新的塑性变形，好像又进入了新的屈服，然后顺着原来的 DE 线上升，就像未曾卸载一样。继续发生新的塑性

变形时材料的再次屈服称为后继屈服，相应的屈服点 D 称为后继屈服点，相应的屈服应力 σ_s' 称为后继屈服应力。由于硬化作用，使材料的后继屈服极限比初始屈服极限提高了，即 $\sigma_s' > \sigma_s$ 且和 σ_s 不同，σ_s' 不是材料常数，它的大小与塑性变形大小和历史有关。

6）如果在完全卸载后施加相反方向的应力，如由拉改为压，则曲线沿 DO' 的延长线下降，即开始是成直线关系（弹性变形），但至一定程度（D'' 点）又开始进入屈服，并有反方向应力的屈服极限降低的现象，这种现象称为包辛格（Bauschinger）效应。这个效应说明对先给出某方向的塑性变形材料，如果再加上反方向荷载，和先前相比，抵抗变形的能力减小，即一个方向的硬化引起相反方向的软化。这样，即使是初始各向同性的材料，在出现塑性变形以后，就带来各向异性。虽然多数情况下为了简化而不考虑包辛格（Bauschinger）效应，但对有反复加载的情况必须考虑。

在卸载过程中，即从 D 到 D''，表现为线性关系，但不能写为全量形式，而应写成增量关系 $\Delta\sigma = E\Delta\varepsilon$。这是因为全应变中有一部分是塑性应变，因而全量应力和全量应变并不服从弹性定律。该变形阶段称为后继弹性阶段，后继屈服点就是它的界限点，且这种界限点的位置随塑性变形大小和历史的改变而改变。若把初始屈服点和后继屈服点统称为屈服点，则在任何情况下，应力只能位于弹性范围内或位于弹性范围边界即屈服点上，否则不能维持平衡。

从这个简单的材料拉伸所观察到的现象可知，和弹性阶段不同，存在塑性变形的材料本构关系应具有以下几个重要特点。

1）首先要有一个判断材料处于弹性阶段还是已进入塑性阶段的判别准则，即屈服条件。对简单拉伸或压缩的一维应力状态，这个判别式为

$$\begin{cases} 初始屈服条件 & |\sigma| = \sigma_s \\ 后继屈服条件 & |\sigma| \leq \sigma_s' \end{cases} \quad (9\text{-}3)$$

式中　σ_s——常数；

　　　σ_s'——大小由塑性变形的大小和历史决定。

2）应力和应变之间是非线性关系。

$$\begin{cases} 弹性阶段 & |\sigma| < \sigma_s \\ 弹塑性阶段 & |\sigma| \geq \sigma_s \end{cases} \quad (9\text{-}4)$$

3）由于加载和卸载是分别服从不同规律的，因此应力和应变之间不存在弹性阶段那样的单值关系。这一点又决定了它和非线性弹性问题不同。在单向拉伸或压缩应力状态下，这些关系可表示为

$$\begin{cases} 加载 & \varepsilon = \varepsilon^e + \varepsilon^p = \dfrac{\sigma}{E} + f(\sigma) \\ 卸载 & \Delta e = \dfrac{\Delta\sigma}{E} \end{cases} \quad (9\text{-}5)$$

因为加卸载时服从不同规律，因此如果不指明变形路径，则不能由应力确定应变，如图 9-3a，或由应变确定应力，如图 9-3b。

由此可知，材料塑性变形的规律远比弹性变形的规律复杂，它是一个非线性、加卸载不同的关系。

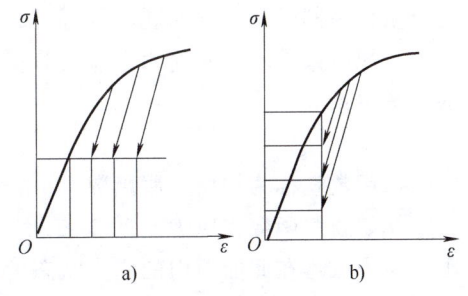

图 9-3　屈服应力的确定

在塑性力学中，为能使复杂问题得以解决，通常不得不引进一些恰当的假设。如对材料加以理想化就是其中的一个方面，一些简化的应力-应变关系如图 9-4 所示。

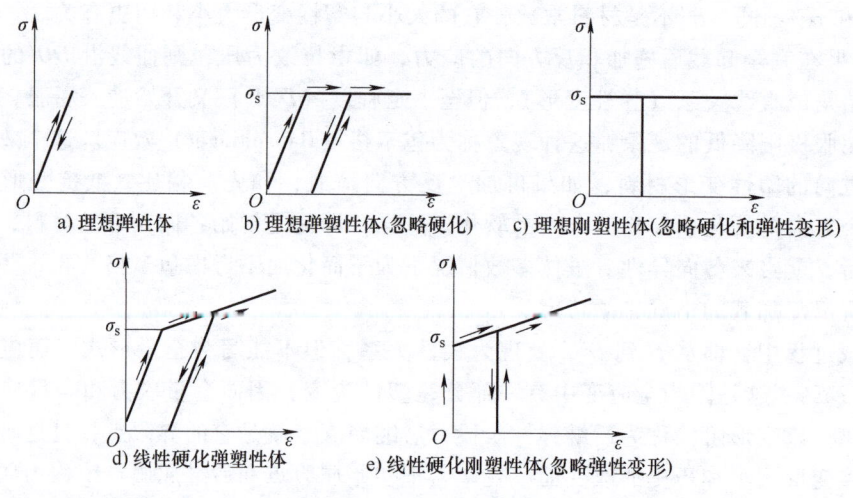

a) 理想弹性体　　b) 理想弹塑性体(忽略硬化)　　c) 理想刚塑性体(忽略硬化和弹性变形)

d) 线性硬化弹塑性体　　e) 线性硬化刚塑性体(忽略弹性变形)

图 9-4　简化的应力-应变关系

9.2　初始屈服条件

9.2.1　屈服条件的一般形式

物体受荷载作用后，最初是产生弹性变形，荷载逐渐增加到一定程度后，可能使物体内应力较大部位开始出现塑性变形，这种由弹性状态进入塑性状态是初始屈服。当应力（或变形）发展到什么程度开始屈服呢？这就要找出在物体内一点开始出现塑性变形时，其应力状态需满足的条件，即初始屈服条件或塑性条件，有时简称屈服条件。

对于简单应力状态，如简单拉伸情况，当拉应力 σ 达到材料屈服极限 σ_s 时开始屈服，即拉伸的屈服状态为

$$\sigma - \sigma_s = 0 \tag{9-6}$$

对于纯剪状态，当剪应力达到材料剪切屈服极限时开始屈服，即纯剪的屈服条件为

$$\tau - \tau_s = 0 \tag{9-7}$$

在一般情况下，应力状态是由六个独立的应力分量确定的，显然不能简单地取某一个应力分量作为判断是否开始屈服的标准，何况这六个分量还和坐标轴的选择有关。但可以肯定的是：屈服条件不仅和这六个应力分量有关，还和材料性质有关，即屈服条件可以写成下面的函数关系

$$F(\sigma_{ij}) = 0 \tag{9-8}$$

该函数就称为初始屈服函数。

初始屈服函数在应力空间中表示一个曲面，称为初始屈服面。它是初始弹性阶段的界限，应力点落在此曲面内的应力状态为初始弹性状态，若应力点落在此曲面上，则为塑性状态。这个曲面是由达到初始屈服的各种应力状态点集合而成的，它相当于简单拉伸曲线上的初始屈服点。

若材料不仅均匀，而且各向同性（即对任一点的任何方向其力学性质都相同），f 应该和应力方向无关。因此，F 应该用和坐标轴的选择无关的应力不变量来表示，如用三个主应力来表示为

$$F(\sigma_1,\sigma_2,\sigma_3)=0 \quad (9\text{-}9)$$

或用应力张量的三个不变量表示为

$$F(I_1(\sigma_{ij}),I_2(\sigma_{ij}),I_3(\sigma_{ij}))=0 \quad (9\text{-}10)$$

试验结果证明，各向均匀应力状态只产生弹性体积变化，而对材料的屈服几乎没有影响。因此，可以认为这个屈服条件和平均应力即 $I_1(\sigma_{ij})$ 无关，所以 F 又可以用应力偏张量的不变量来表示［注意 $I_1(s_{ij})=0$］

$$F(I_2(s_{ij}),I_3(s_{ij}))=0 \quad (9\text{-}11)$$

这里只是说明了初始屈服函数的一般形式。在应力空间内，该函数表示的曲面实际上是一个柱面，它的母线是平行于与坐标轴交角相等的 L 直线。既然是柱面，它在任意垂直于 L 的平面上的情况是一样的。故要研究这个柱面上各点的情况，只要研究柱面在与其垂直的 π 平面上的投影即可。该投影是一条曲线 C。这个柱面就是初始屈服曲面，它在 π 平面上的投影曲线 C 称为初始屈服曲线，简称屈服曲线，如图 9-5 所示。

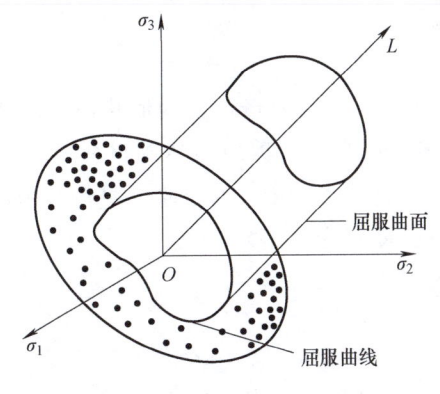

图 9-5　三维应力空间屈服面

假定材料：①均匀各向同性；②没有包辛格（Bauschinger）效应（这对单晶体金属是合理的，对多晶体金属，经过退火消除了由于晶体取向不同所引起的内应力后也是合理的）；③塑性变形与平均应力无关。在上述情况下，屈服曲线 C 应具有下列性质：

1）因为总要在应力的大小达到一定数值时才会屈服，所以 C 不会通过应力坐标原点，且 C 将把原点包围在内部。

2）材料的初始屈服只有一次，所以由 O 点向外作的直线与 C 只能相交一次，即曲线召是外凸的。如图 9-6 所示的内凹情况是不可能的。

3）既然材料是均匀各向同性的，则 σ_1、σ_2、σ_3 互换时同样也会屈服，所以曲线 C 应对称于直线 1、2、3（它们是 σ_1、σ_2、σ_3 三个轴在 π 面上的投影）。

4）由于没有包辛格（Bauschinger）效应，则当应力的符号改变时，屈服条件仍不变，而 C 必对称于原点，又对称于 1、2、3 直线轴。因此，曲线 C 必对称于直线 1、2、3 的垂线 4、5、6。

根据上面的分析可知，屈服曲线 C 可分成形状相同的 12 个部分，如图 9-7 所示。因此，

只要考虑 C 的 1/12 即可，而这 C 的 1/12 的具体形状应根据材料决定。这时只要采用代表应力状态的矢量 OP 位于某一选定幅角中的应力组合就足够了。譬如，决定应力矢量 OP 位置的应力洛德（Lode）角 θ_σ 取为 $0 \leqslant \theta_\sigma \leqslant 30°$，则根据 $\mu_\sigma = \sqrt{3}\tan\theta_\sigma$，此时应力洛德（Lode）参数为 $0 \leqslant \mu_\sigma \leqslant 1$。试验时，采用这样一个取值范围内的应力组合就能完全确定屈服曲线的形状。

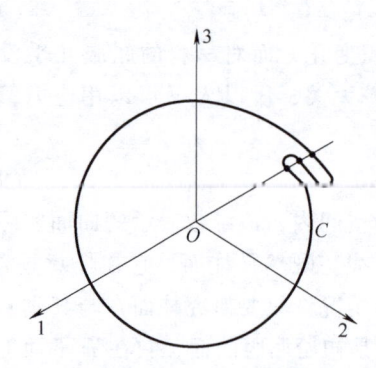

图 9-6 偏平面上屈服曲线

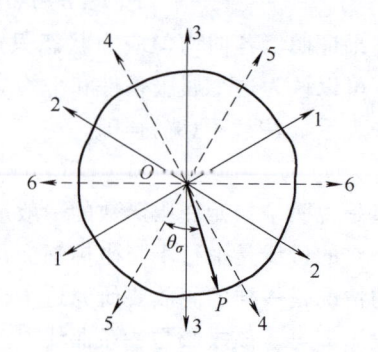

图 9-7 偏平面上的屈服曲线

9.2.2 特雷斯卡（Tresca）屈服条件

法国学者特雷斯卡（Tresca）开展了一系列韧性金属挤过不同形状模子的试验，并根据这些试验提出了一个屈服条件。该条件表述为：当最大剪应力达到材料所固有的某一数值时，材料开始进入塑性状态，即开始屈服。在材料力学中，对于塑性材料常用最大剪应力屈服条件作为强度理论来使用，通常称为第三强度理论。其数学表达式为

$$\tau_{max} = \frac{k}{2} \tag{9-12}$$

式中 k——与材料相关的常数。

式（9-12）为最大剪应力条件，又称为特雷斯卡（Tresca）条件。

当 $\sigma_1 \geqslant \sigma_2 \geqslant \sigma_3$ 时，式（9-12）可写成

$$\tau_{max} = \frac{\sigma_1 - \sigma_3}{2} = \frac{k}{2} \tag{9-13}$$

一般情况下，往往不能事先知道 σ_1、σ_2、σ_3 的大小顺序，则应写成

$$\max(|\sigma_1 - \sigma_2|, |\sigma_2 - \sigma_3|, |\sigma_1 - \sigma_3|) = k \tag{9-14}$$

或

$$[(\sigma_1 - \sigma_2)^2 - k^2][(\sigma_2 - \sigma_3)^2 - k^2][(\sigma_1 - \sigma_3)^2 - k^2] = 0 \tag{9-15}$$

在 π 平面上，特雷斯卡（Tresca）屈服面是一个正六边形，如图 9-8a 所示。因为在 $-30° \leqslant \theta_\sigma \leqslant 30°$ 范围内

$$\frac{\sqrt{2}}{2}(\sigma_1 - \sigma_3) = \frac{\sqrt{2}}{2}k = \text{const} \tag{9-16}$$

这是一条直线，将其对称开拓后就成为正六边形，在主应力空间内，这个屈服曲面是一个正六棱柱体，它由下列六个平面构成

$$\begin{cases} \sigma_1 - \sigma_2 = \pm k \\ \sigma_2 - \sigma_3 = \pm k \\ \sigma_1 - \sigma_3 = \pm k \end{cases} \quad (9-17)$$

若材料处于平面应力状态，且设 $\sigma_3 = 0$，则上式变成

$$\begin{cases} \sigma_1 - \sigma_2 = \pm k \\ \sigma_2 = \pm k \\ \sigma_1 = \pm k \end{cases} \quad (9-18)$$

在 σ_1、σ_2 平面内的屈服曲线如图 9-8b 所示。

现在说明 k 如何确定的问题。由于特雷斯卡（Tresca）条件适用于各种应力状态，故对于简单应力状态仍然是适用的。

若做纯拉伸屈服试验，则有 $\sigma_1 = \sigma_s$，$\sigma_2 = \sigma_3 = 0$，$\sigma_1 - \sigma_3 = k = \sigma_1$，得

$$k = \sigma_1 = \sigma_s \quad (9-19)$$

若做纯剪屈服试验，则有 $\sigma_1 = \tau_s$，$\sigma_2 = 0$，$\sigma_3 = -\tau_s$，$\sigma_1 - \sigma_3 = k = 2\tau_s$，得

$$k = 2\tau_s \quad (9-20)$$

比较上两式，若特雷斯卡（Tresca）屈服条件正确，则应有

$$\sigma_s = 2\tau_s \quad (9-21)$$

对多数材料而言，式（9-21）只能近似成立。

图 9-8 特雷斯卡（Tresca）屈服条件

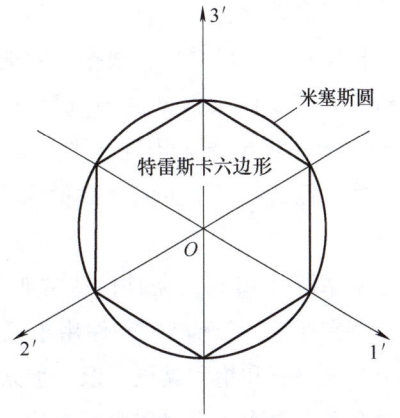

9.2.3 米塞斯（Mises）屈服条件

特雷斯卡（Tresca）屈服条件未考虑中主应力的影响，且当应力处在两个屈服面的交线上时，数学处理上存在困难，因此一些学者提出了以外接圆柱代替六棱柱的思路，如图 9-9 所示。

米塞斯（Mises）在 1913 年通过研究提出了米塞斯（Mises）屈服准则。在偏平面上，米塞斯（Mises）准则的屈服曲线是特雷斯卡（Tresca）准则的外接圆，其方程可表示为：

$$x^2 + y^2 = \left(k\sqrt{\frac{2}{3}}\right)^2 \quad (9-22)$$

由于 $x = \dfrac{\sigma_1 - \sigma_3}{\sqrt{2}}$，$y = \dfrac{2\sigma_2 - \sigma_1 - \sigma_3}{\sqrt{6}}$，则代入式（9-22）可得到由三个主应力表示的米塞斯（Mises）屈服条件

图 9-9 米塞斯（Mises）屈服条件

$$(\sigma_1 - \sigma_2)^2 + (\sigma_2 - \sigma_3)^2 + (\sigma_1 - \sigma_3)^2 = 2k^2 \qquad (9\text{-}23)$$

式（9-23）也可以表示为

$$(\sigma_x - \sigma_y)^2 + (\sigma_y - \sigma_x)^2 + (\sigma_z - \sigma_x)^2 + 6(\tau_{xy}^2 + \tau_{yz}^2 + \tau_{xz}^2) = 2k^2 \qquad (9\text{-}24)$$

或简化表示为

$$\sigma_i = k \qquad (9\text{-}25)$$

故米塞斯（Mises）准则又可表述为：当应力强度达到一定数值时，材料开始进入了塑性状态，它就称为应力强度不变条件。

值得注意的是，起初认为米塞斯（Mises）准则是近似的，只是为了克服特雷斯卡（Tresca）准则数学上的不便提出的，但后来证实该准则比特雷斯卡（Tresca）准则更接近试验结果，并能够给出合理的物理解释。

根据弹性力学理论，形状变形比能为

$$W_e = \frac{1+\nu}{6E}[(\sigma_1 - \sigma_2)^2 + (\sigma_2 - \sigma_3)^2 + (\sigma_1 - \sigma_3)^2] \qquad (9\text{-}26)$$

米塞斯（Mises）准则可以看成是形状比能达到一定数值时开始屈服。又由于应力强度 σ_i 和应力偏张量第二不变量 J_2 及八面体剪应力只相差一个倍数关系，故米塞斯（Mises）条件也可以认为是当 J_2 达到某一数值或八面体剪应力达到一定数值时开始屈服。

特雷斯卡（Tresca）条件说明材料屈服只取决于大、小主应力，米塞斯（Mises）条件则考虑了中主应力影响，说明屈服和三个主应力均有关系。不过，两个准则均没有考虑平均主应力的影响。

对于纯拉伸屈服试验

$$k = \sigma_1 = \sigma_s \qquad (9\text{-}27)$$

对于纯剪屈服试验

$$\tau_{xy} = \tau_s \qquad (9\text{-}28)$$

根据米塞斯（Mises）条件，可得

$$k = \sigma_s = \sqrt{3}\tau_s \qquad (9\text{-}29)$$

对于多数材料，相比式（9-21）而言，强度试验结果较接近于式（9-29）。

根据对比可以看出，根据特雷斯卡（Tresca）条件，材料的剪切屈服极限是拉伸屈服极限的 0.5 倍，而根据米塞斯（Mises）条件，应该是 0.577 倍。以往表明，一般工程材料 $\tau_s = (0.56 \sim 0.6)\sigma_s$。因此，米塞斯（Mises）条件比特雷斯卡（Tresca）条件更符合实际情况一些，但若在三个主应力数值大小确定的条件下，特雷斯卡（Tresca）条件应用上更加方便。

米塞斯（Mises）条件比特雷斯卡（Tresca）条件均适用于延性金属。虽然有时在工程上将特雷斯卡（Tresca）条件用于只有黏聚力的土体和岩石，以及将米塞斯（Mises）条件用于某些岩石和饱和黏土，但一般来说，这两种条件用于土体和岩石是不理想的，主要原因是没有考虑静水压力对屈服的影响。以往试验结果表明，平均应力对岩土体的屈服起着重要作用，这一影响将在第 11 章中详细讨论。

9.3 后继屈服条件及加卸载准则

9.3.1 后继屈服条件

在单向拉伸情况下,当材料进入塑性状态后卸载再重新加载时,拉伸应力和应变的变化仍然服从弹性关系,直至应力到达卸载前曾经达到的最高应力点时,材料才再次进入塑性状态,产生新的塑性变形。这个应力点就是材料在经历了塑性变形后新的屈服点,如图 9-10 所示。由于材料的硬化特性,往往比初始屈服点高。为了和初始屈服点区别,将其称为后继屈服点或硬化点。和初始屈服点不同,它在应力-应变曲线上的位置不是固定的,而是依赖于塑性变形过程即塑性变形大小和历史的。后继屈服点是材料在经历一定塑性变形后,再次加载时变形规律是按弹性还是按塑性规律变化的区分点,即后继弹性状态的界限点。

和单向应力状态相似,材料在复杂应力状态也有初始屈服和后继屈服的问题。关于初始屈服的问题前面已经进行过介绍,这里进一步介绍后继屈服的问题。在复杂应力状态下,会有各种应力状态的组合能达到初始屈服或后继屈服,在应力空间中,这些应力点的集合而成的面就称为初始屈服面和后继屈服面,它们分别相当于单向应力状态应力-应变曲线上的初始屈服点和后继屈服点。如图 9-11 所示,当代表应力状态的应力点由原点 O 移至初始屈服面 Σ_0 上一点 A 时,材料开始屈服。当荷载变化使应力点突破初始屈服面到达邻近后继屈服面 Σ_1 的 B 点时,由于加载作用,材料产生新的塑性变形。如果由 B 点卸载,应力点退回到后继屈服面内而进入弹性状态。如果重新加载,当应力点重新达到卸载开始时曾经达到过的后继屈服面 Σ_1 上的某点 C(C 不一定和 B 重合)时,重新进入塑性状态。当继续加载时,应力点又会突破原来的后继屈服面 Σ_1,而到达另一个相邻近的后继屈服面 Σ_2。

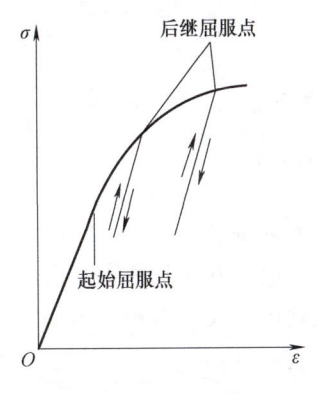

图 9-10 后继屈服点

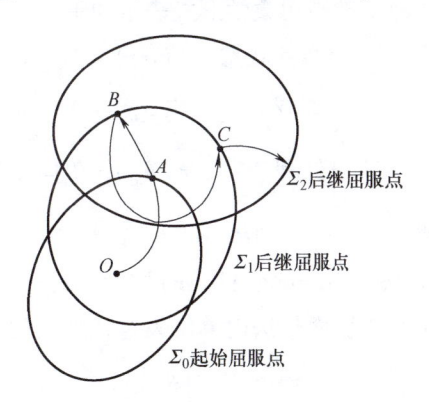

图 9-11 屈服点的演化

如果是理想塑性材料,后继屈服面和初始屈服面重合,但对于硬化材料,由于硬化效应,两者不重合。随着塑性变形的不断发展,后继屈服面不断变化,故又将后继屈服面称为硬化面或加载面,它是后继弹性阶段的界限面。确定材料是处于后继弹性状态还是塑性状态的准则就是后继屈服条件或硬化条件。表示这个条件的函数关系(即后继屈服面的方程)就称为后继屈服函数或硬化函数,或称加载函数。由于后继屈服不仅和该瞬时的应力状态有关,而且和塑性变形的大小及其历史(即加载路径)有关,因此后继屈服条件即(硬化条

件）可表示为

$$F(\sigma_{ij}, K) = 0 \tag{9-30}$$

式中　K——反映塑性变形大小及其历史的参数，称为硬化参数。

因此，后继屈服面就是以 K 为参数的一族曲面，我们的任务就是要确定后继屈服面形状及随塑性变形发展的变化规律。

9.3.2　加卸载准则

在单向应力状态下，虽然材料屈服以后，加载和卸载时变形规律是不同的，但由于只有一个应力分量不等于零，通过这个分量的大小的增减就可以判断是加载还是卸载。对于复杂应力状态，六个独立的应力分量都可增可减，如何判断是加载还是卸载，有必要提出一个准则。

1. 理想塑性材料的加卸载准则

由于理想塑性材料是无硬化的，它的后继屈服条件和初始屈服条件相同，后继屈服面和初始屈服面重合。由于屈服面是唯一的，则它与加载历史无关，由以下屈服函数表示

$$F(\sigma_{ij}) = 0 \tag{9-31}$$

在荷载变化的过程中，应力点如果保持在屈服面上，则 $dF = 0$。此时塑性变形可任意增长，称为加载。当应力点从屈服面移动到屈服面内，则 $dF < 0$，表示状态从塑性退回到弹性，此时不产生新的塑性变形，称为卸载。理想塑性材料的加卸载如图 9-12 所示。

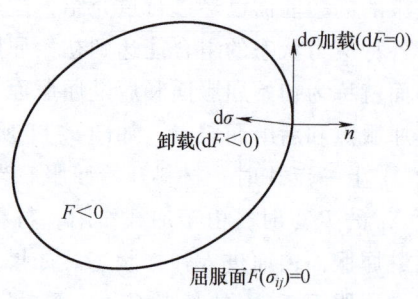

图 9-12　理想塑性材料的加卸载

加载和卸载准则用数学形式表示如下

$$\begin{cases} \text{弹性状态} & F(\sigma_{ij}) < 0 \\ \text{加载} & F(\sigma_{ij}) = 0 \text{ 且 } dF = F(\sigma_{ij} + d\sigma_{ij}) - F(\sigma_{ij}) = 0 \\ \text{卸载} & F(\sigma_{ij}) = 0 \text{ 且 } dF = \dfrac{\partial F}{\partial \sigma_{ij}} d\sigma_{ij} < 0 \end{cases} \tag{9-32}$$

为了使加载和卸载的概念更为直观，可以用几何关系来说明。如图 9-12 所示，在应力空间以矢量 $d\boldsymbol{\sigma}$ 表示 $d\sigma_{ij}$，即 $d\boldsymbol{\sigma}$ 的各个分量为 $d\sigma_{ij}$。此矢量的方向是和屈服面外法线方向一致的，设 $\boldsymbol{n}$ 为屈服面外法向单位矢量，则上述加卸载准则可用矢量乘积表示为

$$\begin{cases} \text{加载} & F(\sigma_{ij}) = 0 \text{ 且 } \boldsymbol{n} \cdot d\boldsymbol{\sigma} = 0 \\ \text{卸载} & F(\sigma_{ij}) = 0 \text{ 且 } \boldsymbol{n} \cdot d\boldsymbol{\sigma} < 0 \end{cases} \tag{9-33}$$

前者表示两矢量正交，即 $d\boldsymbol{\sigma}$ 沿屈服面切向变化，而后者表示两矢量的夹角大于 90°，亦即 $d\boldsymbol{\sigma}$ 和 $\boldsymbol{n}$ 分处于屈服面的两侧，即 $d\boldsymbol{\sigma}$ 指向屈服面内。由于屈服面不能扩大，所以 $d\boldsymbol{\sigma}$ 不可指向屈服面外。

以上讨论是假定屈服曲面是正则的，即处处是光滑的。如果屈服面是非正则的，但是由分段光滑面构成的，如特雷斯卡（Tresca）条件对应的屈服面，只要应力点保持在屈服面上就是加载，返回到屈服面内即卸载。

2. 硬化材料的加卸载准则

对于硬化材料，后继屈服面和初始屈服面不同，它是随塑性变形大小和历史的发展而不断变化的。若后继屈服面是正则的，则

$$\mathrm{d}F = \frac{\partial F}{\partial \sigma_{ij}}\mathrm{d}\sigma_{ij} + \frac{\partial F}{\partial K}\mathrm{d}K \tag{9-34}$$

若应力变化 $\mathrm{d}\sigma_{ij}$，使应力点从此瞬时状态所处的后继屈服面向内移，如图9-13所示，则变化的结果将使材料从塑性状态退回到弹性状态，即卸载状态。此时，材料将不会产生新的塑性变形，故参数 K 不变，即 $\mathrm{d}K = 0$，由此得卸载准则为

$$\begin{cases} F(\sigma_{ij}, K) = 0 \\ \dfrac{\partial F}{\partial \sigma_{ij}}\mathrm{d}\sigma_{ij} < 0 \\ \mathrm{d}\boldsymbol{\sigma} \cdot \boldsymbol{n} < 0 \end{cases} \tag{9-35}$$

这里矢量关系说明 $\mathrm{d}\boldsymbol{\sigma}$ 和 $\boldsymbol{n}$ 分处屈服面两侧，即 $\mathrm{d}\boldsymbol{\sigma}$ 指向屈服面内。

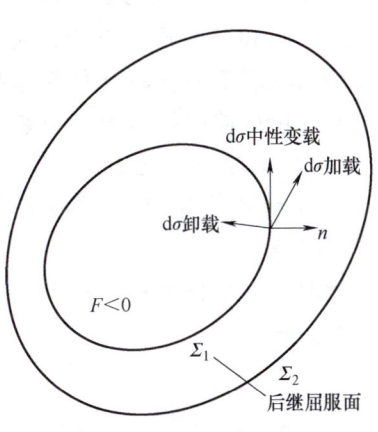

图 9-13 硬化材料的加卸载

若应力变化 $\mathrm{d}\sigma_{ij}$，使应力点沿着后继屈服面变化，此过程也不产生新的塑性变形，故参数 K 也不变，即 $\mathrm{d}K = 0$，此过程称为中性变载，则

$$\begin{cases} F(\sigma_{ij}, K) = 0 \\ \dfrac{\partial F}{\partial \sigma_{ij}}\mathrm{d}\sigma_{ij} = 0 \\ \mathrm{d}\boldsymbol{\sigma} \cdot \boldsymbol{n} = 0 \end{cases} \tag{9-36}$$

式中 $\mathrm{d}\boldsymbol{\sigma}$——和 $\boldsymbol{n}$ 正交，表示中性变载时应力点沿屈服面切向变化。

如果应力 $\sigma_{i,j}$ 和参数 K 均变化，使材料从一个塑性状态过渡到另一个塑性状态，应力点从原来的后继屈服面外移到相邻的另一个后继屈服面时，材料处于受加载状态，此时加载准则表示为

$$\begin{cases} F(\sigma_{ij}, K) = 0 \\ \dfrac{\partial F}{\partial \sigma_{ij}}\mathrm{d}\sigma_{ij} > 0 \\ \mathrm{d}\boldsymbol{\sigma} \cdot \boldsymbol{n} > 0 \end{cases} \tag{9-37}$$

两矢量的点积大于零，表示两者夹角小于90°，也即指向屈服面外侧。如果屈服面不是正则的，而是由多个正则面构成的，则上述加卸载准则的几何意义也同样成立。

9.4 硬化准则

由于后继屈服是很复杂的问题，不易完全确定后继屈服函数 F 的具体形式。特别是随着塑性变形的增长，材料的各向异效应更显著，导致问题变得更复杂，有待进一步研究。为了便于应用，通常从一些资料出发，做一些假定来建立一些简化的硬化模型，并由此给出硬化条件，即后继屈服条件。下面介绍几种常用的模型及其相应的硬化条件。

1. 单一曲线假设

单一曲线假设认为：对于塑性变形中保持各向同性的材料，在各应力分量成比例增加的简单加载情况下，其硬化特性可用应力强度 σ_i 和应变强度 ε_i 的函数关系表示，即

$$\sigma_i = \Phi(\varepsilon_i) \tag{9-38}$$

并且认为这个函数的形式和应力状态的形式无关，而只和材料特性有关，所以可根据在简单应力状态下的材料（如简单拉伸）来确定。在简单拉伸的状态 σ 正好就是拉伸应力 σ，ε 就是拉伸正应变 ε。因此，式（9-38）代表的曲线和拉伸应力-应变曲线一致，如图 9-14 所示。

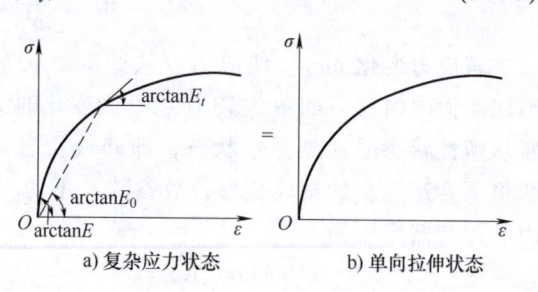

图 9-14　单一曲线硬化准则
a) 复杂应力状态　b) 单向拉伸状态

此时，材料的硬化条件为 σ_i-ε_i 曲线的切线模量为正，即

$$E_\tau = \frac{\mathrm{d}\sigma_i}{\mathrm{d}\varepsilon_i} > 0 \tag{9-39}$$

此外，要求

$$E \geqslant E_c \geqslant E_t > 0 \tag{9-40}$$

式中　E——弹性模量；

$E_c = \dfrac{\sigma_i}{\varepsilon_i}$——割线模量；

E_t——切线模量。

对于体积不可压缩材料，泊松比 $\nu = 0.5$，则弹性模量 E 和剪切弹性模量 G 之间满足

$$E = 2(1+\nu)G = 3G \tag{9-41}$$

2. 等向硬化模型

单一曲线假设可用于全量理论。对于复杂加载（非简单加载），寻找合适的描述硬化特性的数学表达式相当复杂。目前已提出了几种硬化模型，并在实际中进行了应用。这些硬化模型中最简单的一种是等向硬化模型。它既不计静水应力影响，也不考虑包辛格（Bauschinger）效应。该模型假定后继屈服面在应力空间中的形状和中心位置 O 保持不变，但随着塑性变形增加逐渐等向扩大。如采用米塞斯（Mises）条件，在 π 平面上就是一系列的同心圆，若采用特雷斯卡（Tresca）条件，就是一连串的同心正六边形。屈服面扩展过程如图 9-15 所示。

若初始屈服条件为 $F^*(\sigma_{ij}) = 0$，等向硬化后继屈服条件（即硬化条件）可表示为

$$F = F^*(\sigma_{ij}) - K(k) = 0 \tag{9-42}$$

式中　K——标量内变量 k 的函数。

如果初始屈服条件取米塞斯（Mises）条件，则相应的等向硬化条件可表示为

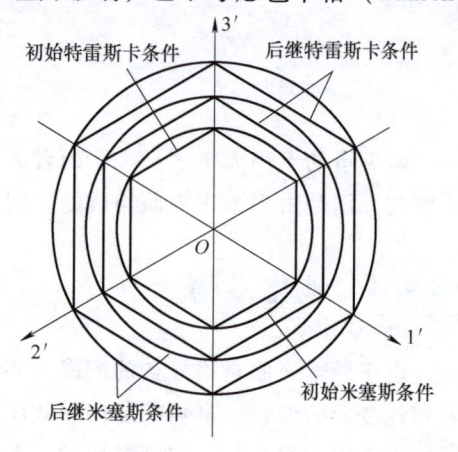

图 9-15　屈服面扩展过程

$$F = \sigma_i - K(k) = 0 \tag{9-43}$$

式（9-43）中函数 σ_i 是决定屈服面形状的，在 π 平面，它们是以 $K(k)$ 为参数的一族同心圆，而圆的半径是由函数 $K(k)$ 决定的。对初始屈服，$K(k)=$ 常数 $=\sigma_s$，式（9-43）就成为米塞斯（Mises）条件的表达式（9-22）。随着塑性变形发展和硬化程度增加，$K(k)$ 从初始值按一定的函数关系递增。关于这种函数关系，有多种表达方式。一种假设是硬化程度只是总塑性功的函数，而与应变路径无关，此时硬化条件可以写成

$$\sigma_i = f(W_p) \tag{9-44}$$

式中 W_p 是在某一有限变形过程中，单位体积上消耗的总塑性功（即塑性比功）。

$$W_p = \int dW_p = \int(\sigma_x d\varepsilon_x^p + \sigma_y d\varepsilon_y^p + \tau_{xy} d\gamma_{xy}^p + \tau_{yz} d\gamma_{yz}^p + \tau_{xz} d\gamma_{xz}^p) = \int \sigma_{ij} d\varepsilon_{ij}^p \tag{9-45}$$

上述积分是从初始状态沿真实应变路径来进行的。

函数 F 可由材料试验结果确定，如由圆杆拉伸时（直到发生颈缩为止）的应力-应变曲线来确定。这时 σ_i 正好就是拉应力 σ，全应变增量为 $\dfrac{dl}{l}$，弹性应变增量为 $\dfrac{d\sigma}{E}$，两者之差就是塑性应变增量 $d\varepsilon^p = \dfrac{dl}{l} - \dfrac{d\sigma}{E}$，此时

$$W_p = \int \sigma\left(\dfrac{dl}{l} - \dfrac{d\sigma}{E}\right) = \int_{l_0}^{l} \dfrac{\sigma dl}{l} - \dfrac{\sigma^2}{2E} \tag{9-46}$$

式中 l——杆的瞬时长度；
l_0——杆的初始长度。
于是

$$\sigma = f\left(\int_{l_0}^{l} \dfrac{\sigma dl}{l} - \dfrac{\sigma^2}{2E}\right) \tag{9-47}$$

若以 σ 和 $\ln\dfrac{l}{l_0} - \dfrac{\sigma}{E}$ 为坐标画曲线，则 f 中的增量只是到 σ 为止的曲线下围成的面积。

关于 $K(k)$ 关系，另一个假设是定义一个量度塑性变形的量，用它来量度硬化程度。为此，根据应变强度的定义，即

$$\varepsilon_i = \sqrt{\dfrac{2}{3}}\sqrt{e_x^2 + e_y^2 + e_z^2 + \dfrac{1}{2}(\gamma_{xy}^2 + \gamma_{yz}^2 + \gamma_{xz}^2)} \tag{9-48}$$

考虑到塑性的不可压缩性有 $d\varepsilon_m^p = 0$，则 $de_x^p = d\varepsilon_x^p$，类似地定义

$$d\varepsilon_i^p = \sqrt{\dfrac{2}{3}}\sqrt{de_x^{p2} + de_y^{p2} + de_z^{p2} + \dfrac{1}{2}(d\gamma_{xy}^{p2} + d\gamma_{yz}^{p2} + d\gamma_{xz}^{p2})} = \sqrt{\dfrac{2}{3}}\sqrt{d\varepsilon_{ij}^p d\varepsilon_{ij}^p} \tag{9-49}$$

为塑性应变增量强度，必须注意的是，$d\varepsilon_i^p$ 并不是塑性应变强度 ε_i^p 的全微分。除简单加载的情况外，一般情况下并不能由 $d\varepsilon_i^p$ 积分而得到 ε_i^p。$d\varepsilon_i^p$ 沿应变路径的积分 $\int d\varepsilon_i^p$ 只是一个量度畸变的量，可以用这个量反映硬化程度。因此，关于硬化条件的这一假设是将 σ_i 和 $\int d\varepsilon_i^p$ 联系起来，即设

$$\sigma_i = H\left(\int d\varepsilon_i^p\right) \tag{9-50}$$

式中 H——与材料相关的某一函数。

式（9-50）可通过受简单应力状态的材料来确定，如简单拉伸确定。以下就这一点进行具体说明。

简单拉伸时，$\sigma_x = \sigma$，其余应力分量为零。此时 $\sigma_i = \sigma$。另外 $\varepsilon_x = \varepsilon$，$\varepsilon_y = \varepsilon_z = -\dfrac{\varepsilon}{2}$，其余应变分量为零。此时 $d\varepsilon_i^p = d\varepsilon^p$，变形微小且主方向保持不变，则 $\int d\varepsilon_i^p = \int d\varepsilon^p = \varepsilon^p$。因此，在简单拉伸时的硬化条件写成 $\sigma = H(\varepsilon^p)$。这就证明了曲线 $\sigma_i = H(\int d\varepsilon_i^p)$ 和简单拉伸试验的曲线 $\sigma = H(\varepsilon_p)$ 是一致的（当 $v = 0.5$）。然而，给出的只能是 $\sigma = \varphi(\varepsilon)$ 曲线（图 9-16a），而不是 $\sigma = H(\varepsilon^p)$ 曲线（图 9-16b）。

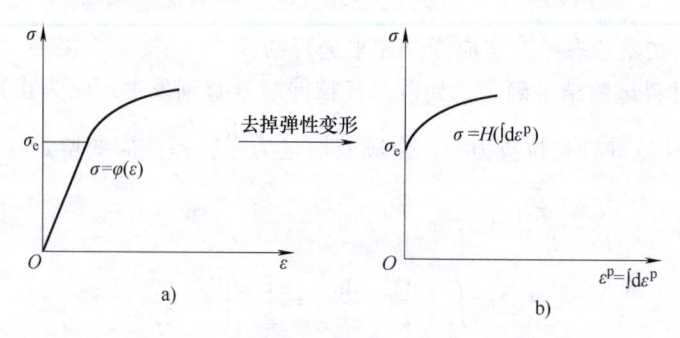

图 9-16 硬化曲线

接下来分析这些曲线的斜率。不难证明，由 $\sigma = \varphi(\varepsilon)$ 曲线的斜率可以求出 $\sigma_i = H(\int d\varepsilon_i^p)$ 曲线的斜率。因为

$$\varepsilon = \varepsilon^e + \varepsilon^p = \frac{\sigma}{E} + \varepsilon^p \tag{9-51}$$

所以

$$\sigma = \varphi(\varepsilon) = \varphi\left(\frac{\sigma}{E} + \varepsilon^p\right) \tag{9-52}$$

其全微分

$$d\sigma = \varphi' \frac{1}{E} d\sigma + \varphi' d\varepsilon^p \tag{9-53}$$

所以

$$H' = \frac{d\sigma}{d\varepsilon^p} = \frac{E\varphi'}{E - \varphi'} \tag{9-54}$$

式中 φ'——曲线 $\sigma = \varphi(\varepsilon)$ 的斜率，可由曲线确定；

H'——曲线 $\sigma = H(\int \varepsilon^p)$ 的斜率。

如材料硬化程度不大，即 $E \gg \varphi'$ 时，则 $H' \approx \varphi'$，对理想塑性材料，$H' = 0$。显然可用 W_p 和 $\int d\varepsilon_i^p$ 来度量硬化程度，这两个条件均可用于塑性增量理论。等向硬化模型在数学处理上比较容易，所以被广为采用。然而，塑性变形过程本身具有各向异性的性质，甚至对初始各向同性材料也是如此，因此实际上不能认为后继屈服曲线也像初始屈服曲线那样具有对称

性。另一方面，包辛格（Bauschinger）效应当屈服曲线在某一方向增长（硬化）时，其相对的一方收缩（软化），所以屈服曲线形状应当是逐渐改变的，而并非均匀扩大。为了考虑这些因素，其他一些硬化模型得以提出。

3. 随动硬化模型

随动硬化模型是考虑包辛格（Bauschinger）效应的简化模型。如图9-17所示，该模型假定材料将在塑性变形方向 OP_+ 上被硬化（即屈服值增大），而在其相反方向 OP_- 上被同等地软化（即屈服值减小）。这样，在加载过程中，随着塑性变形的发展，屈服面的大小和形状都不变，只是整体地在应力空间中做平移。因此，这个模型可在一定程度上反映包辛格（Bauschinger）效应。

如初始屈服条件为 $F^*(\sigma_{ij}) - C = 0$，则随动硬化模型的后继屈服条件即硬化条件可表示为

$$F = F^*(\sigma_{ij} - \hat{\sigma}_{ij}) - C = 0 \tag{9-55}$$

式中 $\hat{\sigma}_{ij}$ ——初始屈服面在应力空间内的位移；
　　　C——常数。

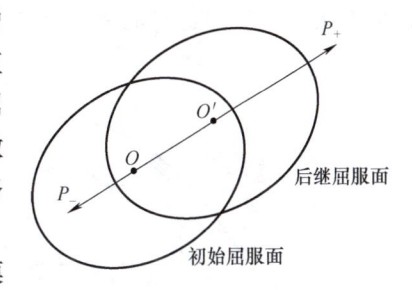

图 9-17　随动硬化模型屈服面变化

如选中心点 O 作为参考点，则 $\hat{\sigma}_{ij}$ 就是中心点的位移，它的大小反映了硬化程度，就是表示硬化程度的参数，是 $d\varepsilon_{ij}^p$ 的函数。若令

$$d\hat{\sigma}_{ij} = \alpha d\varepsilon_{ij}^p \tag{9-56}$$

式中 α——材料常数。

式（9-56）即为线性随动硬化模型。

4. 组合硬化模型

为更好地反映材料的包辛格（Bauschinger）效应，可将随动硬化模型和等向硬化模型结合起来，即认为后继屈服面的形状、大小和位置一起随塑性变形发展而变化，如图9-18所示。这种模型称为组合硬化模型。虽然该模型可以更好地去符合结果，但由于十分复杂，并不便于工程应用。

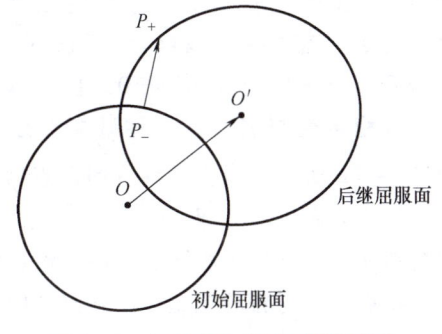

图 9-18　组合硬化模型屈服面变化

9.5　德鲁克（Drucker）公设

本节将要介绍一个关于材料硬化的假设——德鲁克（Drucker）公设。在该公设基础上，不但可导出屈服面的一个重要而普遍的几何性质，即屈服面必定是外凸的，而且根据这个公设，可以建立材料在塑性状态下的塑性变形规律即塑性本构关系。在具体介绍德鲁克（Drucker）公设前，首先定义稳定性材料和不稳定性材料的概念。

材料的拉伸应力-应变曲线有可能呈现为图9-19所示的几种形式。如图9-19a所示的材料，随着加载，应力有增量 $\Delta\sigma > 0$ 时，产生相应的应变增量 $\Delta\varepsilon > 0$，材料是硬化的。在这一变形过程中，$\Delta\varepsilon\Delta\sigma > 0$ 表明应力增量 $\Delta\sigma$ 在应变增量 $\Delta\varepsilon$ 上做正功，具有这种特性的材料

称为稳定材料或硬化材料。如图 9-19b 所示的材料，应力-应变曲线在 D 点以后有一段是下降的，随着应变增加 $\Delta\varepsilon>0$，应力减小 $\Delta\sigma<0$。此时，虽然总的应力仍做正功，但应力增量做负功，即 $\Delta\varepsilon\Delta\sigma<0$。这样的材料称为不稳定材料或软化材料，曲线下降部分称为软化阶段。如图 9-19c 所示的材料，在 D 点以后的区段内，应变会随应力的增加而减小，这表明一悬挂重物的吊杆，当增加悬挂物的重量时，重物反而上升，即重物可以从系统中"自由"提取有用功，显然这与能量守恒定律矛盾，故是不可能的。

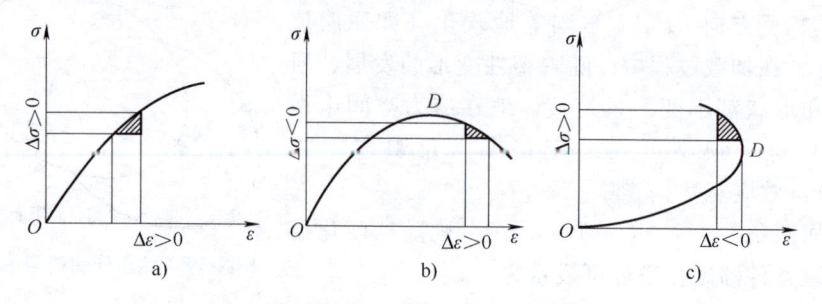

图 9-19 拉伸应力-应变曲线

若将弹塑性材料进行一维压缩试验，可得到图 9-20 所示的两种类型试验曲线。在图 9-20a 中，当 $\Delta\sigma \geqslant 0$ 时，$\Delta\varepsilon \geqslant 0$；这时附加应力 $\Delta\sigma$ 对附加应变 $\Delta\varepsilon$ 做功非负，即 $\Delta\varepsilon\Delta\sigma \geqslant 0$。德鲁克（Drucker）称这种材料为稳定性材料。显然，应变硬化材料是一种稳定性材料。对于理想塑性材料，当屈服时，$\Delta\sigma=0$，$\Delta\varepsilon>0$，故 $\Delta\varepsilon\Delta\sigma=0$，也应属于一种稳定性材料。另一种试验曲线

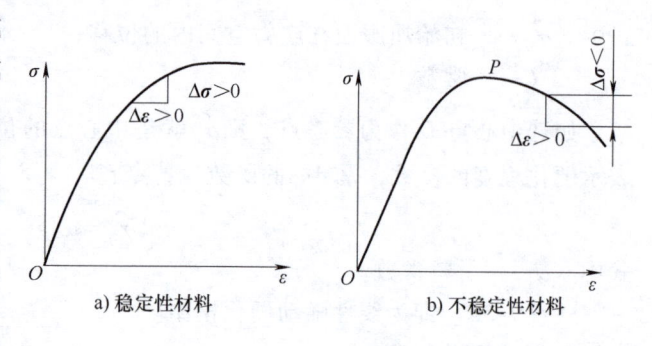

图 9-20 材料的稳定性

如图 9-20b 所示，当应力点达到 P 点后，附加应力 $\Delta\sigma<0$，而附加应变 $\Delta\varepsilon>0$，故附加应力对附加应变做负功，即 $\Delta\varepsilon\Delta\sigma<0$，这种材料称为不稳定性材料。显然，具有应变软化特性的材料在应变软化阶段属于不稳定性材料。

将稳定性材料的概念推广到复杂应力状态和一个完整的弹塑性加卸载循环过程，就可以得到德鲁克（Drucker）公设。德鲁克（Drucker）公设可叙述为，对于稳定性材料而言，在常温和缓慢加卸载条件下，一个完整的加卸载循环过程有：①在加载过程中，附加应力做功非负；②若加载产生塑性变形，则在整个加卸载循环过程中，附加应力做功非负；若加载不产生塑性变形（即纯弹性应力循环），附加应力做功为零。

德鲁克（Drucker）公设的①实际上就是关于稳定性材料的定义，说明德鲁克（Drucker）公设是针对稳定性材料而言的。以下进一步针对②进行说明。如图 9-21a 所示为稳定性材料在应力-应变关系上的加卸载循环过程，图 9-21b 为主应力空间的加载面与应力循环过程。

设某材料单元在加载前处于 A 点，相应初始应力为弹性应力，为 σ_{ij}^0，当加载至截面上的 B 点时，相应的应力为 σ_{ij}。在由 A 至 B 的弹性加载过程中，材料只产生弹性变形。在加载应力为 σ_{ij} 的基础上，再增加一个微小应力增量 $d\sigma_{ij}$ 至 C 点。由 B 至 C 为塑性加载，相应

地将产生弹性与塑性应变增量。然后由 C 点弹性卸载至原来的应力状态 A 点,这样就完成了一个完整的应力循环过程。假设在这一应力循环中产生的弹性应变为 $\mathrm{d}\varepsilon_{ij}^{\mathrm{e}}$,塑性应变为 $\mathrm{d}\varepsilon_{ij}^{\mathrm{p}}$,则总应变增量为 $\mathrm{d}\varepsilon_{ij} = \mathrm{d}\varepsilon_{ij}^{\mathrm{e}} + \mathrm{d}\varepsilon_{ij}^{\mathrm{p}}$。由于在应力循环过程中,弹性功是可逆的,故弹性功变化为零。因此,德鲁克(Drucker)公设的②可通过数学形式表达为

$$\mathrm{d}W_{\mathrm{p}} = \left(\sigma_{ij} + \frac{1}{2}\mathrm{d}\sigma_{ij} - \sigma_{ij}^{0}\right)\mathrm{d}\varepsilon_{ij}^{\mathrm{p}} \geq 0 \tag{9-57}$$

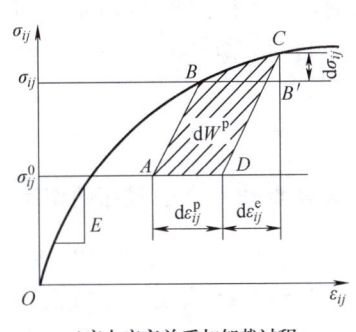

图 9-21 德鲁克(Drucker)公设

德鲁克(Drucker)公设

式(9-57)在几何上代表了图 9-21a 中 $ABCD$ 的面积。它说明在一个完整的应力循环中,塑性功不可逆,即外力所做的塑性功被材料产生的塑性应变吸收,不能再释放出来。从式(9-57)可推导出以下两个重要的不等式。

1)若 σ_{ij}^{0} 在原来的加载面内,即 $\sigma_{ij}^{0} < \sigma_{ij}$,且 $\mathrm{d}\sigma_{ij}^{0}$ 为一个任选的无限小应力增量,与 σ_{ij} 相比可忽略不计,故由式(9-57)有

$$(\sigma_{ij} - \sigma_{ij}^{0})\mathrm{d}\varepsilon_{ij}^{\mathrm{p}} \geq 0 \tag{9-58}$$

式中　σ_{ij}——产生 $\mathrm{d}\varepsilon_{ij}^{\mathrm{p}}$ 时的加载应力。

式(9-58)也是德鲁克(Drucker)公设②的数学表达式。

2)当 σ_{ij}^{0} 位于原来的加载面 B 点时,即 $\sigma_{ij}^{0} = \sigma_{ij}$,由式(9-57)有

$$\mathrm{d}\sigma_{ij}\mathrm{d}\varepsilon_{ij}^{\mathrm{p}} \geq 0 \tag{9-59}$$

式(9-59)对于应变硬化材料,大于号表示塑性加载,等号表示中性变载;对于理想塑性材料,等号表示加载,大于号无实际意义。如果考虑加载过程中产生的弹性变形,则弹塑性功增量为

$$\mathrm{d}\sigma_{ij}\mathrm{d}\varepsilon_{ij} \geq 0 \tag{9-60}$$

式(9-59)就是德鲁克(Drucker)公设①关于稳定性定义的数学表达式。

对于不稳定性材料,如应变软化材料,德鲁克(Drucker)公设不是绝对成立的,而是有条件成立的。现以图 9-22 为例进行说明,在应力-应变曲线的 P 点以后,当 σ_{ij}^{0} 点 A 远离屈服曲线时,式(9-58)仍然成立,但式(9-59)不成立。这说明在一个大的应力循环中,德鲁克(Drucker)公设的②

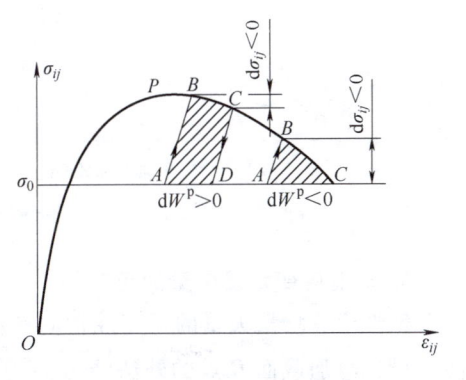

图 9-22 应变软化材料

仍成立。当 σ_{ij}^0 点 A 取得非常接近屈服曲线时，由于应变软化作用，完不成应力循环过程（只有加载，没有卸载），从而式（9-58）及式（9-60）均不成立。这种情况说明德鲁克（Drucker）公设不适应于不稳定性材料。因此，对于应变软化材料而言，只有在完成加卸载循环条件下，德鲁克（Drucker）公设的②才能成立。

进一步地，通过由德鲁克（Drucker）公设可推出以下几条重要的结论。

1. 屈服面或加载面处处外凸

如果将应力空间与塑性应变空间重合，并使相应的 σ_{ij} 与 ε_{ij} 轴重合，如图9-23所示。同时 σ_{ij}^0 及 σ_{ij} 分别以矢量 OA 和 OB 表示，将 $\mathrm{d}\sigma_{ij}$ 及 $\mathrm{d}\varepsilon_{ij}^p$ 分别以矢量 $\mathrm{d}\boldsymbol{\sigma}$ 和 $\mathrm{d}\boldsymbol{\varepsilon}^p$ 表示。这时式（9-59）可用矢量点积的形式表示为

$$\boldsymbol{AB} \cdot \mathrm{d}\boldsymbol{\varepsilon}^p \geq 0 \tag{9-61}$$

这说明 $(\sigma_{ij} - \sigma_{ij}^0)$ 与 $\mathrm{d}\varepsilon_{ij}^p$ 之间的夹角 $\theta \leq \dfrac{\pi}{2}$。如果过应力空间的 B 点作一个加载面的切平面 T，由于 $\mathrm{d}\boldsymbol{\varepsilon}^p$ 永远指向加载面外侧，且沿着加载面的外法线方向。因此，要使式（9-58）或式（9-59）成立，A 点必位于与 $\mathrm{d}\boldsymbol{\varepsilon}^p$ 相反的切平面的另一侧，这只有加载面处处外凸或没有拐点的情况下才能成立。如果加载面是内凹的或具有拐点，如图9-23b所示。A 点就可能选在切平面 T 与 $\mathrm{d}\boldsymbol{\varepsilon}^p$ 同一侧，使得 $\boldsymbol{AB}$ 与 $\mathrm{d}\boldsymbol{\varepsilon}^p$ 之夹角 $\theta > \dfrac{\pi}{2}$，从而导致式（9-58）和式（9-59）或德鲁克（Drucker）公设不能成立。因此，只要材料满足德鲁克（Drucker）公设，屈服面或加载面就处处外凸。

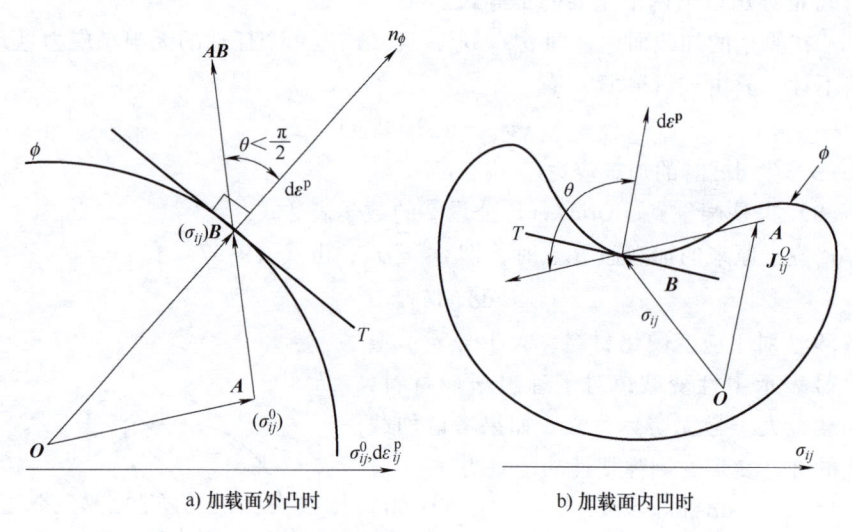

a) 加载面外凸时　　b) 加载面内凹时

图 9-23　加载面的外凸性

2. 塑性应变增量矢量的正交性

塑性应变增量矢量的正交性指的是塑性应变增量的方向与加载面正交并指向其外法线方向。设光滑加载面 B 点的外法线方向为 $\boldsymbol{n}_\phi$，则它必垂直于过 B 点的切平面 T，如图9-23a所示。如果 $\mathrm{d}\boldsymbol{\varepsilon}^p$ 与 $\boldsymbol{n}_\phi$ 不重合，如图9-24所示，则总可以找到一个 A 点使得 $\theta > \dfrac{\pi}{2}$，从而使式（9-58）或式（9-61）不成立。因此，只要德鲁克（Drucker）公设成立，塑性应变增量

的方向就一定指向加载面的外法线方向或加载面的梯度方向。故可将塑性应变增量 $d\varepsilon_{ij}^p$ 表示为

$$d\varepsilon_{ij}^p = d\lambda \frac{\partial \phi}{\partial \sigma_{ij}} \quad (9\text{-}62)$$

式中　$d\lambda$——非负的标量塑性因子，它反映 $d\varepsilon_{ij}^p$ 的绝对值大小。

这就是下面要介绍的正交流动法则。

3. $d\varepsilon_{ij}^p$ 与 $d\sigma_{ij}$ 的线性相关性

式（9-62）说明 $d\varepsilon_{ij}^p$ 各分量之间的比值或大小与 $d\lambda$ 有关。而 $d\varepsilon_{ij}^p$ 或 $d\lambda$ 的大小又是由于应力增量而产生的，故可以假设

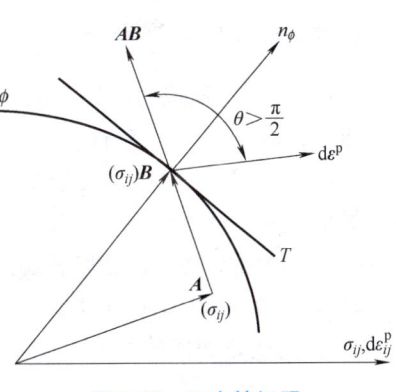

图 9-24　正交性证明

$$d\lambda = h d\phi = h \frac{\partial \phi}{\partial \sigma_{ij}} d\sigma_{ij} \quad (9\text{-}63)$$

将式（9-63）代入式（9-62）后得

$$d\varepsilon_{ij}^p = h \frac{\partial \phi}{\partial \sigma_{ij}} \left(\frac{\partial \phi}{\partial \sigma_{mn}} d\sigma_{mn} \right) \quad (9\text{-}64)$$

式中　h——硬化模量或硬化函数，取决于当前的 σ_{ij}、ε_{ij} 与加载历史，但是 h 与 $d\sigma_{ij}$ 无关。

因此，式（9-63）及式（9-64）说明 $d\varepsilon_{ij}^p$ 或 $d\lambda$ 与 $d\sigma_{ij}$ 线性相关。这样的硬化就称为线性硬化。

除上述结论外，从德鲁克（Drucker）公设还可以推论出加载面的连续性、边值问题解的唯一性和塑性最大功原理等重要结论，这里不再赘述。

习　题

[9-1] 物体内某点的应力为 $\sigma_x = 100\text{MPa}$，$\sigma_z = \tau_{xy} = \tau_{yz} = \tau_{xz} = 0$，试分别根据特雷斯卡（Tresca）条件和米塞斯（Mises）条件确定该点达到屈服时 σ_y 的大小（$\sigma_s = 275\text{MPa}$）。

[9-2] 证明按照米塞斯（Mises）条件，屈服时的主偏应力分量为

$$S_1 = \frac{2}{3}\sigma_s \cos\left(\theta_\sigma + \frac{\pi}{6}\right)$$
$$S_2 = \frac{2}{3}\sigma_s \sin(\theta_\sigma) \quad (9\text{-}65)$$
$$S_3 = -\frac{2}{3}\sigma_s \cos\left(\theta_\sigma - \frac{\pi}{6}\right) \quad (9\text{-}66)$$

式中　σ_s——拉伸屈服应力；
　　　θ_σ——应力洛德（Lode）角。

[9-3] 试证明：米塞斯（Mises）圆的半径为 $r = \sqrt{s_1^2 + s_2^2 + s_3^2}$

[9-4] 对 z 方向受约束的平面应变状态（取 $\nu = 0.5$），证明其屈服条件为

米塞斯（Mises）条件　$\frac{1}{4}(\sigma_x - \sigma_y)^2 + \tau_{xy}^2 = \frac{1}{3}\sigma_s^2 \quad (9\text{-}67)$

特雷斯卡（Tresca）条件 $\quad \dfrac{1}{4}(\sigma_x - \sigma_y)^2 + \tau_{xy} = \dfrac{1}{4}\sigma_s^2$ \hfill (9-68)

[9-5] 对平面应力问题，$\sigma_z = \tau_{yz} = \tau_{xz} = 0$，试用 σ_x、σ_y、τ_{xy} 表示特雷斯卡（Tresca）条件和米塞斯（Mises）条件。

[9-6] 对硬化材料，处于平面应力状态，先施加 $\sigma_1 = \sigma_2 = \sigma_s$ 正好开始屈服，然后施加无限小应力增量 $d\sigma_1$ 和 $d\sigma_2$，并使 $d\sigma_1 = -d\sigma_2$，试分别按特雷斯卡（Tresca）和米塞斯（Mises）条件考察此过程是加载还是卸载。

[9-7] 如材料简单拉伸曲线为 $\sigma = \Phi(\varepsilon)$，根据单一曲线假设并假设 $\nu = 0.5$，此时 $\sigma_x = f(\varepsilon_z)$ 曲线是如何的？

第 10 章　经典塑性本构关系

由于塑性变形规律复杂，虽然百余年来不少力学工作者提出了各种理论或假设来描述塑性本构关系，但该问题仍没有得到满意的解决。描述塑性变形规律的理论大致可分为两大类。一类理论认为，在塑性状态下它仍是应力和应变全量间的关系，建立在这个关系上的理论称为全量理论，又称为形变理论。属于形变理论的主要有 1924 年 Hencky 提出的理论，该理论不计弹性变形，也不计硬化；1938 年 Nadai 提出的理论，考虑了有限变形和硬化，但总变形中仍不计弹性变形；1943 年依留申（Ilyushin）提出的理论是对 Hencky 理论的系统化，考虑了弹性变形和硬化。另一类理论认为，塑性状态下它是塑性应变增量（或应变率）和应力及应力增量（或应力率）之间的关系。这类理论称为增量理论，又称为流动理论。属于这类理论的主要有莱维-米塞斯（Levy-Mises）理论和普朗特-罗伊斯（Prandtl-Reuss）理论。本章将讨论变形体在塑性状态时的本构关系，着重介绍目前广为采用的依留申理论、莱维-米塞斯（Levy-Mises）理论及普朗特-罗伊斯（Prandtl-Reuss）理论，然后从塑性势的概念以更一般的方法来讨论塑性本构关系。

■ 10.1　塑性全量理论

10.1.1　全量理论的适用范围

通过应力和全量应变建立的本构关系称为全量理论。由于塑性本构关系较复杂，一般与应力或应变路径有关，应力和应变之间不存在唯一的对应关系，因而在一般加载条件下难以建立起全量型本构关系。在规定了具体的应力或应变路径后，就可以沿应力或应变路径积分，从而建立相应的全量型本构关系。

全量理论只是在一定条件下反映了塑性变形规律，该理论在小变形且简单加载条件下与结果接近。简单加载是指在加载过程中物体内每一点各个应力分量按比例增长。在简单加载时，各应力分量与一个共同的参数成正比，即

$$\sigma_{ij} = \alpha(t) \sigma_{ij}^0 \tag{10-1}$$

式中　$\alpha(t)$——一个单调增加的参数；

σ_{ij}^0——某一非零参考应力状态。

在简单加载情况下，物体内每一点的应力和应变的主方向都保持不变，其主值之比也不改变。此时 μ_σ = 常数，即 θ_σ = 常数，应力点在应力空间的轨迹是直线。通常只知道外部

荷载的变化情况，物体内的应力是不能事先确定的。那么，如何判断加载过程是否是属于简单加载呢？依留申指出，在小变形情况下，符合下列三个条件时，可根据平衡方程、全量理论本构关系及边界条件，证明物体内所有各点处于简单加载状态。

1）荷载（包括体力）按比例增长。如有位移边界条件，只能是零位移边界条件。

2）材料是不可压缩的，即平均应变 $\varepsilon_m = 0$。因为 $\varepsilon_m = \dfrac{1-2\nu}{E}\sigma_m$，$\varepsilon_m = 0$，相当于取 $\nu = 0.5$。

3）应力强度 σ_i 与应变强度 ε_i 间有幂函数关系，即 $\sigma_i = A\varepsilon_i^m$，此处 A 和 m 均为常数。

上述三个条件就是依留申简单加载定律。这三个条件是实现简单加载的充分条件，但是否是必要条件还没有得到证明。对于绝大多数工程材料，只要满足第1个条件就可以了，但这一点也没有得到理论上的证明。

10.1.2 全量型本构方程

依留申在1943年提出了一个硬化材料在弹塑性小变形情况下的塑性本构关系。这是一个全量型的关系，在问题的提法上和广义胡克（Hooke）定律相似。对照广义胡克（Hooke）定律，在小变形情况下，做出下列关于基本要素的假定。

1）体积变化是弹性的，即应变球张量和应力球张量成正比。

$$\varepsilon_{ii} = \dfrac{1-2\nu}{E}\sigma_{ii} \tag{10-2}$$

2）应变偏张量和应力偏张量成比例。

$$e_{ij} = \psi S_{ij} \tag{10-3}$$

式中　ψ——比例系数。

这就是应变和应力间的定性关系，即方向关系应是应变主轴和应力主轴重合，而分配关系是应变偏量分量和应力偏量分量成比例。不过，这只是在形式上和广义胡克（Hooke）定律相似。和广义胡克（Hooke）定律表达式不同，这里的比例系数 ψ 并非常数，它和点的位置及荷载水平有关。对物体内不同的点，在不同荷载水平下，ψ 都不相同，但对于同一点，在同一荷载水平下，ψ 是常数。因此，这是一个非线性关系。

因为

$$\sigma_i = \sqrt{\dfrac{3}{2}}\sqrt{S_{ij}S_{ij}} \tag{10-4}$$

$$\varepsilon_i = \sqrt{\dfrac{2}{3}}\sqrt{e_{ij}e_{ij}} \tag{10-5}$$

将式（10-3）代入式（10-5），并考虑到式（10-4），则得

$$\psi = \dfrac{3\varepsilon_i}{2\sigma_i} \tag{10-6}$$

将式（10-6）代回式（10-3），则式（10-3）改写成

$$e_{ij} = \dfrac{3\varepsilon_i}{2\sigma_i}S_{ij} \tag{10-7}$$

3）应力强度是应变强度的确定函数。

$$\sigma_i = \Phi(\varepsilon_i) \tag{10-8}$$

此即按单一曲线假定确立的硬化条件，该条件是和米塞斯（Mises）条件对应的。

综上所述，全量型塑性本构方程为

$$\varepsilon_{ii} = \frac{1-2\nu}{E}\sigma_{ii} \tag{10-9}$$

$$e_{ij} = \frac{3\varepsilon_i}{2\sigma_i}S_{ij} \tag{10-10}$$

$$\sigma_i = \Phi(\varepsilon_i) \tag{10-11}$$

需注意的是，式（10-9）~式（10-11）只描述了加载过程中的弹塑性变形规律。加载的标志是应力强度 σ_i 单调增长。而 σ_i 下降时为卸载过程，它是服从弹性规律的。

在加载情况下，应力和应变之间有一一对应关系。因此，在已知应变分量时，不难由式（10-9）~式（10-11）求出应力分量。反之，已知应力分量后，可以由该式求得相应的应变分量。但对理想塑性材料，由于塑性状态时，ε_i 可取任意值，故不能由应力分量确定应变分量，而只能求得其相互的比值。

为便于应用，现将该全量型本构关系改写成矩阵形式。如令割线模量为

$$E_c = \frac{\sigma_i}{\varepsilon_i} \tag{10-12}$$

不难证明，由式（10-9）和式（10-10），可得

$$\begin{cases}
\varepsilon_x = \frac{1}{E}[\sigma_x - \nu(\sigma_y+\sigma_z)] + \frac{1}{E_c^p}\left[\sigma_x - \frac{1}{2}(\sigma_y+\sigma_z)\right] \\
\varepsilon_y = \frac{1}{E}[\sigma_y - \nu(\sigma_z+\sigma_x)] + \frac{1}{E_c^p}\left[\sigma_y - \frac{1}{2}(\sigma_z+\sigma_x)\right] \\
\varepsilon_z = \frac{1}{E}[\sigma_z - \nu(\sigma_x+\sigma_y)] + \frac{1}{E_c^p}\left[\sigma_z - \frac{1}{2}(\sigma_x+\sigma_y)\right] \\
\gamma_{yz} = \frac{1}{G}\tau_{yz} + \frac{3}{E_c^p}\tau_{yz} \\
\gamma_{xz} = \frac{1}{G}\tau_{xz} + \frac{3}{E_c^p}\tau_{xz} \\
\gamma_{xy} = \frac{1}{G}\tau_{xy} + \frac{3}{E_c^p}\tau_{xy}
\end{cases} \tag{10-13}$$

式中

$$\frac{1}{E_c^p} = \frac{1}{E_c} - \frac{1}{3G} \tag{10-14}$$

记

$$\{\varepsilon\} = (\varepsilon_x \quad \varepsilon_y \quad \varepsilon_z \quad \gamma_{yz} \quad \gamma_{xz} \quad \gamma_{xy})^T \tag{10-15}$$

$$\{\sigma\} = (\sigma_x \quad \sigma_y \quad \sigma_z \quad \tau_{yz} \quad \tau_{xz} \quad \tau_{xy})^T \tag{10-16}$$

式（10-13）可写成矩阵形式

$$\{\varepsilon\} = [E_{ep}]^{-1}\{\sigma\} \tag{10-17}$$

式中

$$[E_{\text{ep}}]^{-1} = \frac{1}{E}\begin{pmatrix} (1+t) & -\left(\nu+\dfrac{t}{2}\right) & -\left(\nu+\dfrac{t}{2}\right) & 0 & 0 & 0 \\ & (1+t) & -\left(\nu+\dfrac{t}{2}\right) & 0 & 0 & 0 \\ & & (1+t) & 0 & 0 & 0 \\ & & & 2(1+\nu)+3t & 0 & 0 \\ & & & & 2(1+\nu)+3t & 0 \\ & & & & & 2(1+\nu)+3t \end{pmatrix}$$

(10-18)

这里

$$t = \frac{E}{E_c^p} \tag{10-19}$$

10.1.3 全量理论边值问题的提法

设在物体 V 内给定体力 f_i, 在应力边界 S_σ 上给定面力 $\overline{f_i}$, 在位移边界 S_u 上给定位移 $\overline{u_i}$ (图10-1), 要求确定物体内处于塑性变形状态的各点的应力 σ_i、应变 ε_i 和位移 u_i (图10-1)。按全量理论, 确定这些基本未知的基本方程有

平衡方程

$$\sigma_{ij,j} + f_i = 0 \tag{10-20}$$

几何方程

$$\varepsilon_{ij} = \frac{1}{2}(u_{i,j} + u_{j,i}) \tag{10-21}$$

本构方程

$$\begin{cases} \varepsilon_{ii} = \dfrac{1-2\nu}{E}\sigma_{ii} \\ e_{ij} = \dfrac{3\varepsilon_i}{2\sigma_i}S_{ij} \\ \sigma_i = \Phi(\varepsilon_i) \end{cases} \tag{10-22}$$

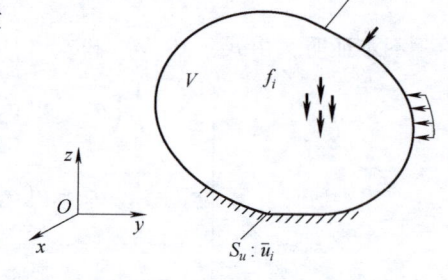

图 10-1 全量理论的边值问题

式中

$$\sigma_i = \sqrt{\frac{3}{2}}\sqrt{S_{ij}S_{ij}} \tag{10-23}$$

$$\varepsilon_i = \sqrt{\frac{2}{3}}\sqrt{e_{ij}e_{ij}} \tag{10-24}$$

这里基本方程共有 15 个, 求解时还要用到边界条件

$$\sigma_{ij}l_j = \overline{f_i} \quad (\text{在 } S_\sigma \text{ 上}) \tag{10-25}$$

$$u_i = \overline{u_i} \quad (\text{在 } S_u \text{ 上}) \tag{10-26}$$

因此, 对塑性力学的全量理论而言, 塑性力学边值问题归结为在上述边界条件下求解 15 个基本方程, 从而确定 15 个基本物理量。关于求解方法, 和弹性力学相似, 可以采用两

种基本解法，即按位移求解和按应力求解。当然，要比弹性力学求解困难得多，因为式（10-22）是非线性的，所以解题时会遇到数学上的困难。

当然上述是针对塑性区而言的，对弹性区或卸载区应按弹性力学求解，且弹塑性区交界面上应满足适当的连续条件。

10.2 塑性增量理论

10.2.1 加卸载定律

在卸载过程中，只是使弹性变形得到恢复，而塑性变形保持不变。按单一曲线假设，卸载在这里是指物体内一点 σ_i 减小的情况。这可能是由于外荷载减小引起的，或者外荷载虽没有减小，但随着塑性区发展，引起应力重新分布，使局部区域可能引起 σ_i 下降。根据对简单拉伸的分析，可知屈服后全应变包括弹性应变和塑性应变两部分，即

$$\varepsilon = \varepsilon^e + \varepsilon^p \tag{10-27}$$

在卸载过程中，只有弹性变形得到恢复，而塑性变形保持不变，并且荷载是服从线性关系的。现在可以用简单拉伸来说明卸载过程的计算方法。

如图 10-2 所示，若应力连续增长到超过弹性极限，其相应的应变为 $\tilde{\varepsilon}$，然后下降到 σ，其相应的应变为 ε。如果在卸载过程中应力改变量为 σ'，应变改变量为 ε'，则卸载后的应力与应变应等于卸载前的应力与应变分别减去它们的改变量，即

$$\begin{cases} \sigma = \tilde{\sigma} - \sigma' \\ \varepsilon = \tilde{\varepsilon} - \varepsilon' \end{cases} \tag{10-28}$$

因为卸载是服从弹性规律的，故式（10-28）中的 σ' 和 ε' 呈线性关系，即

$$\sigma' = \varepsilon' E \tag{10-29}$$

它们在数值上应等于由卸载而引起的荷载改变量 $P' = (\tilde{P} - P)$ 按弹性计算所得。

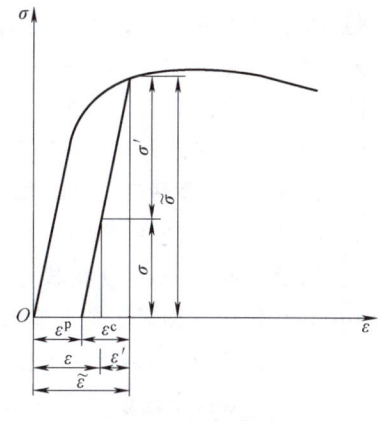

图 10-2 加卸载过程

上述结论可推广到复杂应力状态的卸载（即 σ_i 减小的情况），可得到关于卸载的定律：

卸载后的应力或应变等于卸载前的应力或应变减去以卸载时的荷载改变量 $P' = (\tilde{P} - P)$ 为假想荷载按弹性计算得到的应力或应变（即卸载过程应力或应变的改变量）。

使用上述计算方法时必须注意两点：

1）卸载过程必须是简单卸载，即卸载过程中各点的各应力分量是按比例减少的。

2）卸载过程中不发生第二次塑性变形，即卸载不应引起应力改变符号而达到新的屈服，否则会产生新的塑性变形，并且要考虑到包辛格（Bausehinger）效应，这样就不能使用上述计算方法了。

由卸载定律可看出，在全部卸载后，即外荷载等于零的情况下，在物体内不仅会留下残余变形，还会有残余应力。因为应力的改变量是按弹性计算的，而卸载前的应力是按塑性计算的，所以它们不会完全相等。因此，两者相减以后就得到残余应力。如从变形角度来看，

也可说明有残余应力存在。虽然荷载卸除了，但各点处要恢复的弹性变形不同，各点之间因变形协调会产生相互约束，所以不但留下残余变形，还可能留下残余应力。

10.2.2 流动法则

在塑性变形阶段，由于变形的不可逆性，塑性区变形不仅取决于其最终状态的应力，而且和加载路径（即变形路径）有关。作为描述塑性变形规律的塑性本构关系应该是它们增量间的关系。一般来说，对塑性力学问题，只有按增量式建立起来的理论才能追踪整个加载路径并求解。这就是增量理论的出发点。

1. 莱维-米塞斯（Levy-Mises）流动法则

历史上对塑性变形规律进行探讨是从1870年由法国科学家圣维南（Saint Venant）对平面应变的处理开始的。他从对物理现象的深刻理解提出了应变增量（而不是应变全量）主轴和应力主轴重合的假设。1871年，莱维（Levy）引用了圣维南（Saint-Venant）的这个关于方向的假设，并进一步提出了分配关系，即应变增量分量与相应的应力偏量各分量成比例。这一关系可表示为

$$d\varepsilon_{ij} = d\lambda S_{ij} \quad (d\lambda \geq 0) \tag{10-30}$$

式（10-30）中的比例系数 $d\lambda$ 决定于质点位置和荷载水平。这一假设在塑性力学的发展过程中有重要意义，但在当时并没有引起人们的重视。40多年后，米塞斯（Mises）在1913年独立地提出了相同的关系式以后，式（10-30）才广泛地作为塑性力学的基本关系式。后来表明，这个关系式并不包括弹性变形部分，因此现在认为这个关系式是适用于刚塑性体的，并把它称为莱维-米塞斯（Levy-Mises）流动法则。

2. 普朗特-罗伊斯（Prandtl-Reuss）流动法则

1924年，普朗特（Prandtl）将莱维-米塞斯（Levy-Mises）关系式推广应用于塑性平面应变问题。他考虑了塑性状态变形中的弹性变形部分，并认为弹性变形服从广义胡克（Hooke）定律。而对于塑性变形部分，假定塑性应变增量张量和应力偏张量相似且同轴线。1930年罗伊斯（Reuss）又把普朗特（Prandtl）应用在平面应变上的这个假设推广到一般三维问题。根据这个假设建立起来的关系称为普朗特-罗伊斯（Prandtl-Reuss）流动法则，其关系式可表示为

$$d\varepsilon_{ij}^{p} = d\lambda S_{ij} \quad (d\lambda \geq 0) \tag{10-31}$$

由于比例系数也和质点位置和荷载水平有关，所以其是一个非线性的关系式。

考虑到塑性的不可压缩性，即 $d\varepsilon_{ii}^{p} = 0$，则

$$de_{ij}^{p} = d\varepsilon_{ij}^{p} \tag{10-32}$$

因此，普朗特-罗伊斯（Prandtl-Reuss）流动法则又可表示为

$$de_{ij}^{p} = d\lambda S_{ij} \tag{10-33}$$

即塑性应变增量偏张量和应力偏张量成比例。

由于弹性变形是服从广义胡克（Hooke）定律的，所以弹性应变增量偏张量和应力增量偏张量为线性关系

$$de_{ij}^{e} = \frac{1}{2G} dS_{ij} \tag{10-34}$$

根据应变的可加性原理，总应变增量由弹性应变增量和塑性应变增量这两部分组成，即

$$de_{ij} = de_{ij}^e + de_{ij}^p \qquad (10\text{-}35)$$

将式（10-33）和式（10-34）代入上式，得到

$$de_{ij} = \frac{1}{2G}dS_{ij} + d\lambda S_{ij} \qquad (10\text{-}36)$$

又由塑性的不可压缩性，则体积变化是弹性的，即

$$d\varepsilon_{ii} = \frac{1-2\nu}{E}d\sigma_{ii} \qquad (10\text{-}37)$$

式（10-37）即由普朗特-罗伊斯（Prandtl-Reuss）流动法则推导出的增量型的本构关系式。该式考虑了弹性变形部分，故可用于弹塑性材料。

10.2.3 理想刚塑性材料的增量型本构方程

对理想刚塑性材料，按莱维-米塞斯（Levy-Mises）流动法则，得到

$$d\varepsilon_{ij} = d\lambda S_{ij} \qquad (10\text{-}38)$$

这里的比例系数仍根据屈服条件确定。如采用米塞斯（Mises）条件，有

$$\sigma_i = \sqrt{\frac{3}{2}}\sqrt{S_{ij}S_{ij}} = \sigma_s \qquad (10\text{-}39)$$

将式（10-38）代入式（10-39），得

$$\frac{1}{d\lambda}\sqrt{\frac{3}{2}}\sqrt{d\varepsilon_{ij}d\varepsilon_{ij}} = \sigma_s \qquad (10\text{-}40)$$

现定义应变增量强度为

$$d\varepsilon_i = \sqrt{\frac{2}{3}d\varepsilon_{ij}d\varepsilon_{ij}} \qquad (10\text{-}41)$$

因此，由式（10-40）得

$$d\lambda = \frac{3d\varepsilon_i}{2\sigma_s} \qquad (10\text{-}42)$$

将式（10-42）代入式（10-40），得到

$$d\varepsilon_{ij} = \frac{3d\varepsilon_i}{2\sigma_s}S_{ij} \qquad (10\text{-}43)$$

式（10-43）即理想刚塑性材料的增量型本构方程。值得注意的是，对刚塑性体，材料是不可压缩的，即体积变形为零。在已知应变增量时，由式（10-43）可确定应力偏量。但由于体积的不可压缩性，不能确定应力球张量，所以尚不能确定应力张量。反之，如果已知应力分量，就可以知道应力偏量，但由式（10-43）只能求得应变增量各分量之间的比值，而不能确定应变增量各分量的实际大小。

10.2.4 理想弹塑性材料的增量型本构方程

对理想弹塑性材料，后继屈服面和初始屈服面重合。若采用米塞斯（Mises）条件，则应有

$$\sigma_i = \sqrt{\frac{3}{2}S_{ij}S_{ij}} = \sigma_s \qquad (10\text{-}44)$$

将该式求微分，有

$$S_{ij}dS_{ij} = 0 \tag{10-45}$$

又因为应变比能增量为

$$\begin{aligned}dW &= \sigma_{ij}d\varepsilon_{ij} \\ &= (\sigma_m\delta_{ij} + S_{ij})(d\varepsilon_m\delta_{ij} + de_{ij}) \\ &= \sigma_m d\varepsilon_m\delta_{ij}\delta_{ij} + d\varepsilon_m S_{ij}\delta_{ij} + \sigma_m de_{ij}\delta_{ij} + S_{ij}de_{ij}\end{aligned} \tag{10-46}$$

而

$$\begin{cases}\delta_{ij}\delta_{ij} = 3 \\ S_{ij}\delta_{ij} = S_{ii} = 0 \\ de_{ij}\delta_{ij} = de_{ii} = 0\end{cases} \tag{10-47}$$

所以

$$dW = 3\sigma_m d\varepsilon_m + S_{ij}de_{ij} \tag{10-48}$$

显然，式（10-48）右边第一项是体积应变比能增量，第二项为形状变形比能，表示为

$$dW_d = S_{ij}de_{ij} \tag{10-49}$$

将式（10-36）代入式（10-49），得

$$dW_d = S_{ij}\left(\frac{1}{2G}dS_{ij} + d\lambda S_{ij}\right) = \frac{1}{2G}S_{ij}dS_{ij} + d\lambda S_{ij}S_{ij} \tag{10-50}$$

考虑到式（10-38）和式（10-39），则由上式可得

$$d\lambda = \frac{3dW_d}{2\sigma_s^2} \tag{10-51}$$

将式（10-51）代回式（10-36）及式（10-37），得

$$\begin{cases}d\varepsilon_{ii} = \dfrac{1-2\nu}{E}d\sigma_{ii} \\ de_{ij} = \dfrac{1}{2G}dS_{ij} + \dfrac{3dW_d}{2\sigma_s^2}S_{ij}\end{cases} \tag{10-52}$$

或写成

$$d\varepsilon_{ij} = \frac{1-2\nu}{E}d\sigma_m\delta_{ij} + \frac{1}{2G}dS_{ij} + \frac{3dW_d}{2\sigma_s^2}S_{ij} \tag{10-53}$$

式（10-53）即理想弹塑性材料的增量型本构方程。

若应力和应变增量已知，则从式（10-49）计算得到 dW_d，再代入式（10-52），即可求出应力增量偏张量的各个分量和平均应力增量 $d\sigma_m$，最后可求得各个应力增量。将它们叠加到原有应力中，即得新的应力，即产生新的塑性应变以后的各个应力分量。但另一方面，在已知应力及应力增量时，不能由式（10-52）或式（10-53）确定应变增量，只能确定其各个分量间的比值。只有当变形受到适当约束的情况下，才可能确定其应变大小。这是因为对理想弹塑性材料，在一定应力下应变可取无数值。

10.2.5　硬化材料的增量型本构方程

对于弹塑性硬化材料，若采用等向硬化模型，取米塞斯（Mises）条件，式（10-31）的比例系数 $d\lambda$ 就可由如下硬化条件确定

$$\sigma_i = H\left(\int \mathrm{d}\varepsilon_i^\mathrm{p}\right) \tag{10-54}$$

为此，先计算塑性应变增量强度 $\mathrm{d}\varepsilon_i^\mathrm{p}$。将式（10-31）代入 $\mathrm{d}\varepsilon_i^\mathrm{p}$ 的定义式，得

$$\mathrm{d}\varepsilon_i^\mathrm{p} = \frac{2}{3}\mathrm{d}\lambda \sqrt{\frac{3}{2}}\sqrt{S_{ij}S_{ij}} \tag{10-55}$$

考虑到

$$\sigma_i = \sqrt{\frac{3}{2}S_{ij}S_{ij}} \tag{10-56}$$

则

$$\mathrm{d}\lambda = \frac{3\mathrm{d}\varepsilon_i^\mathrm{p}}{2\sigma_i} \tag{10-57}$$

由式（10-54），得到

$$H' = \frac{\mathrm{d}\sigma_i}{\mathrm{d}\varepsilon_i^\mathrm{p}} \tag{10-58}$$

上式表示 $\sigma_i - \int\mathrm{d}\varepsilon_i^\mathrm{p}$ 曲线的斜率，如图 10-3 所示。

将式（10-58）代入式（10-57），得

$$\mathrm{d}\lambda = \frac{3\mathrm{d}\sigma_i}{2H'\sigma_i} \tag{10-59}$$

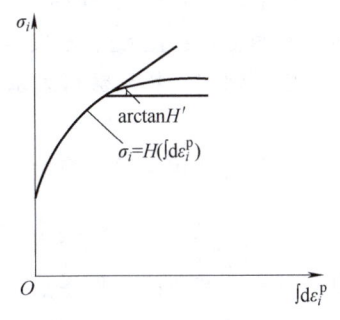

图 10-3　应力-应变关系的斜率

将式（10-59）代入式（10-36）和式（10-37），得

$$\begin{cases} \mathrm{d}\varepsilon_{ii} = \dfrac{1-2\nu}{E}\mathrm{d}\sigma_{ii} \\ \mathrm{d}e_{ij} = \dfrac{1}{2G}\mathrm{d}S_{ij} + \dfrac{3}{2H'}\dfrac{\mathrm{d}\sigma_i}{\sigma_i}S_{ij} \end{cases} \tag{10-60}$$

或写成

$$\mathrm{d}\varepsilon_{ij} = \frac{1-2\nu}{E}\mathrm{d}\sigma_m\delta_{ij} + \frac{1}{2G}\mathrm{d}S_{ij} + \frac{3}{2H'}\frac{\mathrm{d}\sigma_i}{\sigma_i}S_{ij} \tag{10-61}$$

这就是弹塑性硬化材料的增量型本构方程。若给定某一瞬时的应力及应力增量，则由式（10-61）可以确定应变增量，沿应变路径依次叠加这些应变增量，即得到总应变。

10.3　塑性位势理论

前述的讨论基本上是由米塞斯（Mises）条件和普朗特-罗伊斯（Prandtl-Reuss）流动法则［或莱维-米塞斯（Levy-Mises）法则］建立的塑性本构关系。本节将应用塑性势的概念，以更一般的方式来讨论屈服和塑性流动的问题。在早期的塑性力学中，屈服条件、硬化条件及塑性应变增量 $\mathrm{d}\varepsilon_{ij}^\mathrm{p}$ 曾被看作是彼此无关的，直到 1928 年米塞斯（Mises）把弹性势的概念推广于塑性力学后，才将它们建立了有机的联系。

10.3.1 塑性势

在弹性力学中，应变和弹性应变比能有下列关系式，即卡斯蒂利亚诺（Castigliano）公式

$$\varepsilon_{ij} = \frac{\partial v_0(\sigma_{ij})}{\partial(\sigma_{ij})} \tag{10-62}$$

式中 $v_0(\sigma_{ij})$——弹性应变比能。

对理想弹性体，它是正定的势函数，称为弹性势。若把 $v_0(\sigma_{ij}) = C$（C 为常数）看作应力空间中的一个等势面，则式（10-62）可以理解为应变矢量的方向与弹性势的梯度方向（即等势面的外法方向）一致。

类似地，米塞斯（Mises）于 1928 年提出了塑性势理论。如果引进塑性势函数 Q，由于塑性变形的特点，函数 Q 不仅和应力状态有关，而且和加载历史有关，用硬化参量 K 表示加载历史，则塑性势函数可表示为

$$Q = Q(\sigma_{ij}, K) \tag{10-63}$$

类似于式（10-62），有

$$d\varepsilon_{ij}^{p} = d\lambda \frac{\partial Q}{\partial \sigma_{ij}} \tag{10-64}$$

式中 $d\lambda$——非负的比例系数，是个标量。

如果令 $Q = C$（C 为常数），它在应力空间中表示的面就是等势面。式（10-64）即表示塑性应变增量矢量的方向与塑性势的梯度方向（即等势面外法向）一致。

在德鲁克（Drucker）公设成立的前提下，可取屈服函数 F 作为塑性势函数 Q（屈服面和塑性势面重合），即令

$$Q = F \tag{10-65}$$

则可以得到

$$d\varepsilon_{ij}^{p} = d\lambda \frac{\partial F}{\partial \sigma_{ij}} \tag{10-66}$$

这样就把屈服条件和塑性本构关系联系起来考虑，所得到的流动法则称为联合流动法则（Associated Flow Rule）。而 $Q \neq F$ 时则称为非联合流动法则（Unassociated Flow Rule）。

10.3.2 与特雷斯卡（Tresca）条件关联的流动法则

以特雷斯卡（Tresca）条件表示的屈服曲面是一个正六棱柱体。如以特雷斯卡（Tresca）条件为塑性势，则相应的塑性应变增量，对棱柱面上的各点是用垂直于该面的矢量来给定的纯剪变形。而对棱线上的各点，塑性应变增量并不唯一，可用位于棱线两边的两个棱面法线方向之间的任意矢量给定，如图 10-4 所示。这样处理起来就非常复杂，作为一种最简单的处理办法，Prager 和 Koiter 建议处于角点状态的塑性应变增量为角点两侧棱面状态的塑性应变增量的线性组合。以图 10-4 中的 AB 面、BC 面及角点 B 的状态为例，此两面对应的屈服函数分别为

$$\begin{cases} F_1 = \sigma_2 - \sigma_1 - \sigma_s = 0 & (AB \text{ 面}) \\ F_2 = \sigma_3 - \sigma_1 - \sigma_s = 0 & (BC \text{ 面}) \end{cases} \tag{10-67}$$

相应的塑性势函数取为

$$\begin{cases} Q_1 = F_1 = \sigma_2 - \sigma_1 - \sigma_s = 0 \\ Q_2 = F_2 = \sigma_3 - \sigma_1 - \sigma_s = 0 \end{cases} \quad (10\text{-}68)$$

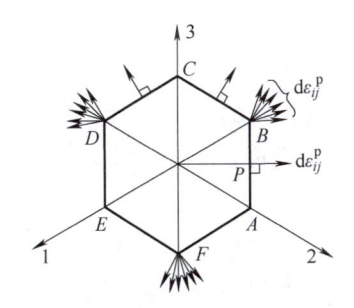

图 10-4　基于特雷斯卡（Tresca）屈服准则的塑性应变增量

基于特雷斯卡（Tresca）屈服准则的塑性应变增量

对 AB 面，有

$$\begin{cases} d\varepsilon_1^p = d\lambda_1 \dfrac{\partial Q_1}{\partial \sigma_1} = -d\lambda_1 \\ d\varepsilon_2^p = d\lambda_1 \dfrac{\partial Q_1}{\partial \sigma_2} = d\lambda_1 \\ d\varepsilon_3^p = d\lambda_1 \dfrac{\partial Q_1}{\partial \sigma_3} = 0 \end{cases} \quad (10\text{-}69)$$

即

$$d\varepsilon_1^p : d\varepsilon_2^p : d\varepsilon_3^p = (-1) : 1 : 0 \quad (10\text{-}70)$$

同理，对 BC 面有

$$d\varepsilon_1^p : d\varepsilon_2^p : d\varepsilon_3^p = (-1) : 0 : 1 \quad (10\text{-}71)$$

将式 (10-70) 的比值乘以任意系数 $\mu(0 \leqslant \mu \leqslant 1)$，式 (10-71) 的比值乘以 $(1-\mu)$，相加作为角点 B 的塑性应变增量各分量的比值。角点 B 的流动法则表示为

$$d\varepsilon_1^p : d\varepsilon_2^p : d\varepsilon_3^p = (-1) : \mu : (1-\mu) \quad (10\text{-}72)$$

显然，由该式可见，$\mu = 1$ 就是式 (10-70)，即 AB 面状态。$\mu = 0$ 就是式 (10-71)，即 BC 面状态。在角点上，取 $0 < \mu < 1$，具体数值需在计算过程中加以确定，因为处于角点状态的点的变形应和相邻部分的变形相协调。

由此导出了与特雷斯卡（Tresca）条件相关联的流动法则，它除了在一些特殊问题中有应用外，一般而言采用较少。

10.3.3　与米塞斯（Mises）条件关联的流动法则

对服从米塞斯（Mises）条件的理想塑性材料，如取米塞斯（Mises）屈服函数作为塑性势函数，即令

$$Q = F = \sigma_i^2 - \sigma_s^2 = 0 \quad (10\text{-}73)$$

这里

$$\sigma_i^2 = \frac{3}{2} S_{ij} S_{ij} \tag{10-74}$$

则得

$$\frac{\partial Q}{\partial \sigma_{ij}} = \frac{\partial F}{\partial \sigma_{ij}} = 3 S_{ij} \tag{10-75}$$

将式（10-75）代入式（10-66），得

$$d\varepsilon_{ij}^p = 3 d\lambda S_{ij} \tag{10-76}$$

因为 $d\lambda \geq 0$，将系数 3 归入 $d\lambda$，所以式（10-76）仍可表示为

$$d\varepsilon_{ij}^p = d\lambda S_{ij} \tag{10-77}$$

式（10-77）即普朗特-罗伊斯（Prandtl-Reuss）流动法则。因此，普朗特-罗伊斯（Prandtl-Reuss）流动法则可由米塞斯（Mises）屈服函数作为塑性势函数导出。当然，塑性应变增量矢量方向是垂直于米塞斯（Mises）圆的，如图 10-5 所示。

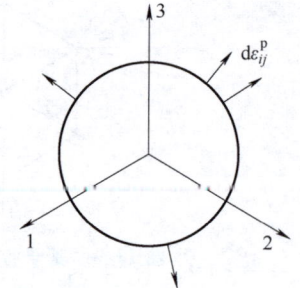

图 10-5 基于米塞斯（Mises）屈服准则的塑性应变增量

习 题

[10-1] 在 $\sigma_1 = \frac{\sigma_s}{\sqrt{3}}$，$\sigma_2 = \frac{-\sigma_s}{\sqrt{3}}$ 的平面应力状态，求在变形为 $d\varepsilon_i^p = C$（常数）时的塑性应变增量强度 $d\varepsilon_i^p$ 及塑性功增量 dW_p。

[10-2] 分别求下列两种情况下塑性应变 $d\varepsilon_1^p$、$d\varepsilon_2^p$、$d\varepsilon_3^p$ 的比值：①$\sigma_1 = \sigma_s$ 的单向拉伸；②$\tau_{xy} = \frac{\sigma_s}{\sqrt{3}}$ 的纯剪切。

[10-3] 有一薄壁圆管，先施加轴向拉应力 $\sigma_z = \frac{\sigma_s}{2}$，然后加扭矩。使管屈服时（按米塞斯（Mises）条件）必须要加多大的剪应力？并试求此时的塑性应变增量的比值。

[10-4] 试通过普朗特-罗伊斯（Prandtl-Reuss）法则，证明：①单位体积的塑性功增量 $dW_p = \sigma_i d\varepsilon_i^p$；②塑性应变增量 $d\varepsilon_{ij}^p = \frac{3}{2} \frac{dW_p}{\sigma_i^2} S_{ij}$。

[10-5] 如果材料服从普朗特-罗伊斯（Prandtl-Reuss）法则，而且是等向硬化的，硬化条件如式（10-43）所示，试证明：在此情况下，$\sigma_i = H'/F'$（式中 F' 和 H' 是硬化函数对它们各自自变量的导数）。

[10-6] 一薄壁圆管，平均直径 50mm，薄壁 5mm，长度 100mm。受拉、扭联合作用，使拉应力 σ 和扭转剪应力 τ 之比为 1。在 σ 为 147MPa 时，管的伸长和扭转角各为多少？设材料是不可压缩的，$\sigma_i = 490 \varepsilon_i^{0.5}$ MPa。

[10-7] 已知由不可压缩理想弹塑性材料制成的薄壁圆筒，承受轴向拉力和扭矩的作用，材料服从米塞斯（Mises）条件。若先使筒的剪应变 $\gamma = \frac{\sigma_s}{\sqrt{3} G}$，让筒进入屈服状态，再拉

伸使拉应变 $\varepsilon = \dfrac{\sigma_s}{E}$，试求此时筒中的应力 σ 和 τ。

[10-8] 一圆杆，材料是不可压缩的，且服从米塞斯（Mises）条件，若先将杆拉至屈服，然后在保持拉伸应变不变的情况下，将杆扭至扭转角 $\theta = \dfrac{\tau_s}{GR}$，式中 R 为圆杆的半径，τ_s 为材料的剪切屈服极限。试求此时圆杆中的应力。

[10-9] 对 $\sigma_i = 600(\varepsilon_i + 0.03)^{0.2}$，$E = 200000 \mathrm{MPa}$，$\nu = 0.3$ 的材料，求当应力状态为 $\begin{pmatrix} 200 & 60 & 100 \\ 60 & 40 & -80 \\ 100 & -80 & 0 \end{pmatrix} \mathrm{MPa}$ 时的 $[D]_{\mathrm{ep}}$。

第 11 章　岩土体屈服条件与本构关系

岩土体屈服条件与应力-应变关系一直是具有重大理论意义和应用价值的研究课题。近几十年来，随着大型岩土工程如深大基坑、隧道、大坝及高层建筑基础等的建设，出现了大量复杂应力路径及高应力条件下地基强度及稳定性问题。传统或经典的土力学理论已不能满足工程设计和研究的需要，需要采用先进的材料模型和数值计算方法来代替常规的经验公式进行设计。要采用先进的数值分析方法，其关键问题就是对土体力学特性进行模拟，这引起了人们对土体本构模型研究的极大关注。

■ 11.1　岩土体屈服条件

本节首先介绍屈服条件与破坏条件的一般形式和特点，然后介绍适于岩土材料的屈服与破坏准则，并对这些准则从理论与实践方法上进行评价。

11.1.1　岩土材料的屈服和破坏特性

1. 基本概念

有关屈服、后继屈服及破坏的概念已在第 9 章中进行过详细阐述，本节将结合岩土体的屈服和破坏特性进行进一步描述。典型岩土体的应力-应变关系曲线如图 11-1 所示。

（1）**初始屈服**　土体第一次从弹性状态进入塑性状态的标志。如图 11-1 中 A 点所示，初始屈服点对应的应力 σ_s 称为初始屈服应力。理想塑性材料的屈服应力在材料变形过程中始终不变，一般简称为屈服。

（2）**后继屈服**　当土体初始屈服之后，随着应力和变形的增加，屈服应力不断提高（这种现象称为应变硬化或强化）或提高到一定程度后降低（这种现象称为应变软化），这种变化后的屈服现象称为后继屈服，如图 11-1 中 ABCD 及 ABCE 线所示。相应的屈服应力称为后继屈服应力，如图 11-1 中 B 点

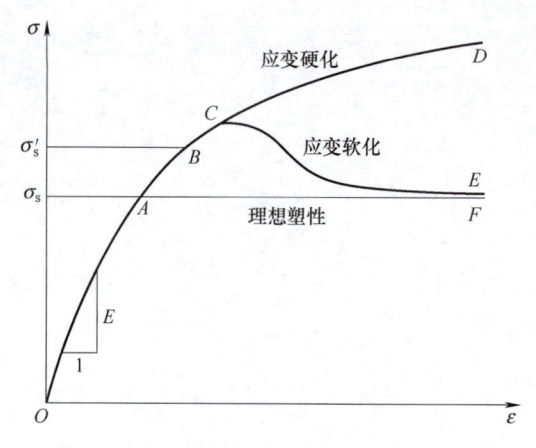

图 11-1　典型岩土体的应力-应变关系曲线

的 σ'_s 就是后继屈服应力。由于后继屈服只在塑性加载过程中才会出现，故后继屈服又称为加载屈服，相应的屈服应力称为加载（屈服）应力。

(3) **强度与破坏** 当土体由于变形过大或丧失对外力的抵抗能力时称为破坏，破坏时的应力称为破坏应力或强度。对于理想塑性材料，当材料产生无限制的塑性流动时称为破坏。显然，理想塑性材料没有后继屈服阶段，屈服就意味着破坏，只不过屈服与破坏的变形不同而已。对于应变硬化材料，后继屈服或加载应力达到一定程度后，屈服应力不再增加，材料产生无限制的塑性变形，这时称为破坏，如图 11-1 中 D 点所示。正常固结黏土、松砂及软岩就属于这种类型。而对于另一类具有应变软化性质的材料，如密砂、超固结黏土等，当后继屈服或加载应力达到某一数值（如图中 ACE 曲线的 C 点）后，随着变形继续增加，屈服应力不但不增加反而下降，即产生应变软化。当屈服应力下降到一定程度后，就不再下降，C 点的应力就称为峰值应力。实际上，当屈服应力达到峰值应力时就意味着材料强度破坏，故峰值应力又称为峰值强度或简称强度，软化后保持不变的应力称为残余应力或残余强度。

2. 屈服、加载、破坏条件

在简单应力条件如单向拉伸时，屈服条件、加载条件与破坏条件明确，它们分别可用屈服应力 σ_s、加载应力 σ'_s 与破坏应力 σ_f 表示。在复杂应力条件下，屈服条件一般是应力（或应变）状态的函数，加载条件一般是加载应力（或应变）与硬化参量的函数，而破坏条件一般是破坏应力（或应变）与破坏参量的函数。因此，屈服条件、加载条件与破坏条件一般又称为屈服准则（或屈服函数）、加载准则（或加载函数）及破坏准则（或破坏函数）。

屈服条件、加载条件与破坏条件可分别表示为

屈服条件 $$F(\sigma_{ij}) = 0 \qquad (11-1)$$
加载条件 $$\phi(\sigma_{ij}, H_\alpha) = 0 \qquad (11-2)$$
破坏条件 $$F_f(\sigma_{ij}) = 0 \qquad (11-3)$$

式中 σ_{ij}——应力状态；

H_α——与塑性应变有关的硬化参量，它反映材料内部微结构的变化程度，其个数可不止一个。

3. 屈服曲面、加载曲面、破坏曲面

若将屈服函数、加载函数及破坏函数对应的图形表示在应力空间中，它们将是三个曲面，分别称为屈服曲面、加载曲面及破坏曲面。将它们表示在三个主应力或三个应力不变量组成的三维应力空间中，可以清楚地看到屈服曲面的几何形状，如图 11-2 所示。屈服曲面将应力空间分成两部分：当应力点落在屈服曲面内时，材料处于弹性状态；当应力点落到屈服曲面上时，材料处于塑性状态；应力点不可能超出屈服曲面以外。对于应变硬化材料，屈服曲面可以平移、转动与扩大，这时屈服曲面就是后继屈服曲面或加载曲面。破坏曲面一般是加载曲面的极限。对于应变软化材料，加载曲面还可由破坏曲面内缩，但仍是加载曲面，材料仍处于塑性状态。

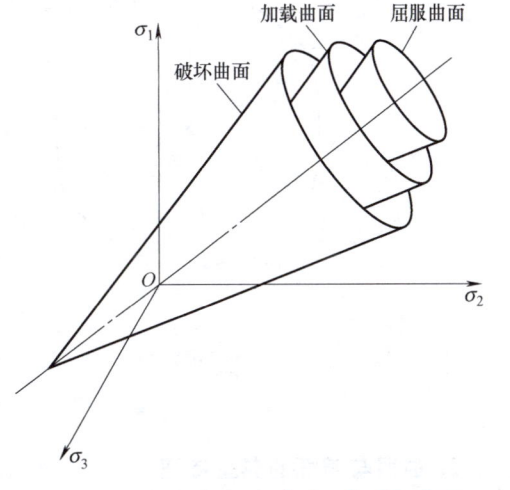

图 11-2 屈服曲面、加载曲面与破坏曲面

对于岩土类材料，静水压力不仅影响剪切屈服与破坏，而且也可以导致屈服。因此，岩土材料的屈服曲面与破坏曲面可能不止一个，可有两个或两个以上。一般来说，剪切破坏曲面和加载曲面与剪切屈服曲面相似，静水压力加载曲面与静水压力屈服曲面相似，而单纯的静水压力不可能使材料"压"坏，因此没有单纯的压缩破坏曲面。

4. 偏平面上屈服曲线的性质

屈服曲面（包括加载曲面）及破坏曲面与偏平面或子午面）的交线分别称为屈服曲线或破坏曲线。在岩土体塑性力学中，研究偏平面或子午面上的屈服曲线或破坏曲线对研究材料屈服与破坏规律具有重要意义，因为偏平面上的屈服曲线或破坏曲线只与 J_2 和 J_3 有关，而子午面上的这些曲线只与 I_1 和 J_2 有关。金属类材料和岩土类材料在偏平面上的屈服曲线形状如图11-3所示，偏平面或 π 平面上的屈服曲线具有以下重要特征：

1）屈服曲线是一条封闭曲线。材料在初始屈服曲线以内，处于弹性状态。如果屈服曲线不封闭，在不封闭处材料将出现永不屈服的状态，然而这是不可能的。对于岩土类材料，在纯静水压力屈服时，屈服曲线就是静水压力线，投影到偏平面就是偏平面上的坐标原点一个点。

2）屈服曲线相对于坐标原点为外凸曲线。

3）对拉压屈服曲线相同的金属类材料，屈服曲线为12个30°的扇形对称图形，而对于拉、压屈服曲线不同的岩土类材料，屈服曲线为6个60°的扇形对称图形。对各向同性材料，屈服与三个应力主轴的取向及排列顺序无关，屈服曲线在平面上是三个120°的扇形对称图形。对于金属类材料，拉、压屈服极限相等，这时屈服曲线为6个60°的扇形对称图形。进一步地，由于屈服函数是 σ_1、σ_2、σ_3 或 J_2 的偶函数，故屈服曲线对三个坐标轴的正负方向均对称。即对称于 AA'、BB' 及 CC' 的直线 DD'、EE' 及 FF'，即在12个30°扇形内具有相同形状。因此，对于金属类材料，只需研究 π 平面上30°范围内的屈服曲线即可。对于拉压、强度不同的岩土类材料，就只能在6个60°扇形范围内对称。因此，对于岩土类材料，只要研究平面上在一个60°扇形内的屈服曲线即可。

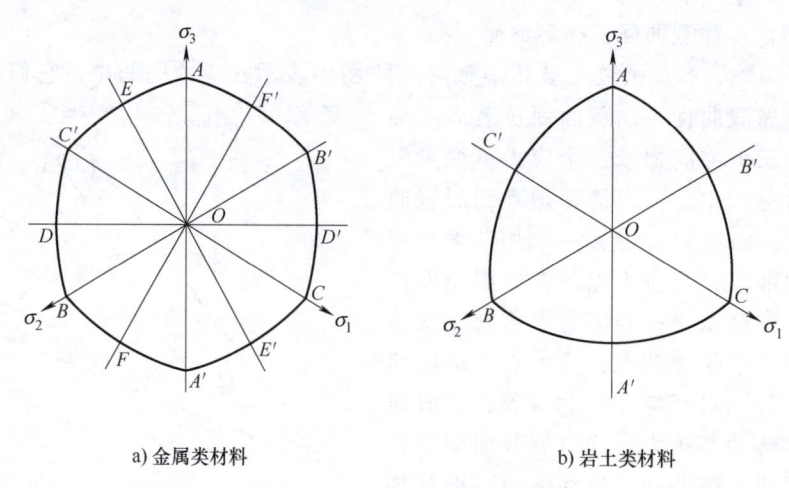

a) 金属类材料　　　　　　b) 岩土类材料

图11-3　偏平面上的屈服曲线形状

5. 屈服与破坏的典型特征

要研究与建立岩土类材料的屈服与破坏准则，首先要了解岩土类材料的屈服与破坏特征。不同于金属类材料，岩土类材料的屈服和破坏主要有如下特点：

1）岩土类材料常具有应变硬化或软化特性，故屈服函数与破坏函数不同。

2）三个主应力或三个应力不变量对土体屈服和破坏均有影响，即不但代表剪应力的 $\sqrt{J_2}$ 影响屈服与破坏，且静水压力 p 及 σ_2 或偏应力第三不变量 J_3 对屈服和破坏都有影响。

3）单纯静水压力也可产生屈服。

4）拉、压条件下的屈服和破坏强度均不同。

5）高压下屈服及破坏与静水压力呈非线性关系。

6）除坚硬的岩块、混凝土等可承受一定拉力破坏之外，一般的岩土体破坏都属于剪切破坏，如岩石和土的无侧限抗压试验实际上是剪切破坏。

7）存在初始各向异性和应力导致的各向异性。

较好的岩土类材料屈服与破坏准则不但应当尽量满足或反映上述岩土类材料的屈服与破坏特性，还应当满足屈服曲面外凸性的要求，同时还需具有材料参数较少且易于测定的特征，建立的屈服或强度准则的数学表达式应尽量符合简单、实用等方面的要求。

11.1.2 摩尔-库仑（Mohr-Coulomb）屈服条件

对于一般受力条件下的岩土类材料，其极限抗剪强度一般可用库仑定律表示，即摩尔-库仑（Mohr-Coulomb）准则。该条件是一种剪应力屈服条件，当岩土体材料在某平面上剪应力 τ_n 达到某特定值时，就进入屈服状态。与特雷斯卡（Tresca）条件不同，这一特定值并非常数，而是和该平面上的正应力 σ_n 有关，其表达式为

$$\tau_n = F(c, \varphi, \sigma_n) \tag{11-4}$$

式中 c——岩土体的黏聚强度；

φ——内摩擦角。

一般情况下，可假定在 τ_n-σ_n 平面上呈双曲线、抛物线等关系，统称为摩尔（Mohr）条件，如图 11-4a 所示。对于 σ_n 不太大的情况下，式（11-4）可取线性关系，称为库仑（Coulomb）条件，如图 11-4b 所示。

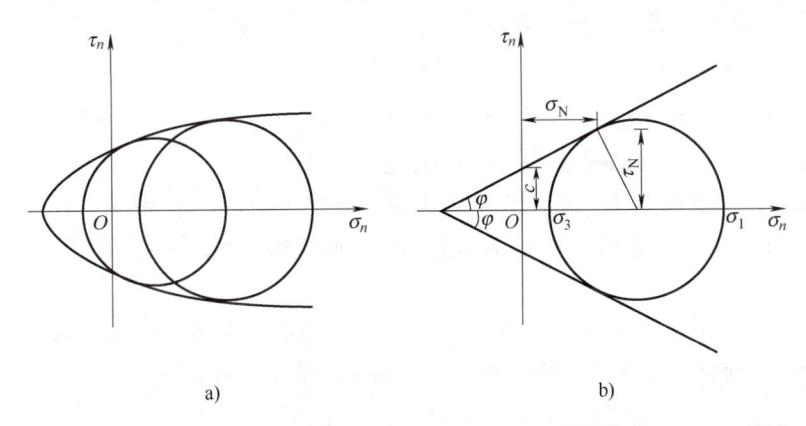

图 11-4 摩尔-库仑（Mohr-Coulomb）屈服条件

由图 11-4b 可见，直线型的摩尔-库仑（Mohr-Coulomb）条件可表示为

$$\tau_n = c + \sigma_n \tan(\varphi) \tag{11-5}$$

设主应力大小次序为 $\sigma_1 \geqslant \sigma_2 \geqslant \sigma_3$（按岩土力学的习惯，以受压为正），式（11-5）还可用主应力表示为

$$\frac{1}{2}(\sigma_1 - \sigma_3) = \frac{1}{2}(\sigma_1 + \sigma_3)\sin\varphi + c\cos\varphi \tag{11-6}$$

若不考虑材料的内摩擦角，令 $\varphi = 0$，式（11-6）变成

$$\frac{1}{2}(\sigma_1 - \sigma_3) = c \tag{11-7}$$

这就是特雷斯卡（Tresca）条件。由此可见，摩尔-库仑（Mohr-Coulomb）条件是考虑材料内摩擦情况下特雷斯卡（Tresca）条件的推广。

在单向拉伸条件下，$\sigma_1 = \sigma_2 = 0$，$\sigma_3 = -\sigma_s^+ < 0$，由式（11-6）可得

$$\sigma_3 = -\frac{2c\cos\varphi}{1 + \sin\varphi} \tag{11-8a}$$

即

$$\sigma_s^+ = \frac{2c\cos\varphi}{1 + \sin\varphi} \tag{11-8b}$$

在单向压缩条件下，$\sigma_1 = \sigma_s^-$，$\sigma_2 = \sigma_3 = 0$，由式（11-6）可得

$$\sigma_1 = \frac{2c\cos\varphi}{1 - \sin\varphi} \tag{11-9a}$$

即

$$\sigma_s^- = \frac{2c\cos\varphi}{1 - \sin\varphi} \tag{11-9b}$$

式中 σ_s^+、σ_s^-——单向拉伸和单向压缩时材料的屈服应力，都取绝对值。

比较式（11-8）和式（11-9）可知 $\sigma_s^- > \sigma_s^+$，这是符合岩土材料的特性的。

式（11-6）可写成屈服条件的一般形式

$$F = \frac{1}{2}(\sigma_1 - \sigma_3) - \frac{1}{2}(\sigma_1 + \sigma_3)\sin\varphi - c\cos\varphi = 0 \tag{11-10}$$

如果不限定主应力大小次序，式（11-10）中的主应力应分别用三个主应力轮换，就可得到6个表达式。这6个表达式也可写成一个统一表达式

$$\begin{aligned} F = &\{(\sigma_1 - \sigma_3)^2 - [2c\cos\varphi + (\sigma_1 + \sigma_3)\sin\varphi]^2\} \\ &\{(\sigma_2 - \sigma_3)^2 - [2c\cos\varphi + (\sigma_2 + \sigma_3)\sin\varphi]^2\} \\ &\{(\sigma_3 - \sigma_1)^2 - [2c\cos\varphi + (\sigma_3 + \sigma_1)\sin\varphi]^2\} = 0 \end{aligned} \tag{11-11}$$

摩尔-库仑（Mohr-Coulomb）条件在应力空间的屈服曲面是一个不规则的六棱锥面，其中心线和 L 线重合，如图11-5a所示。相应地，在 π 平面上的屈服曲线为一封闭的非正六边形，如图11-5b所示。

若将特雷斯卡（Tresca）条件推广，即在特雷斯卡（Tresca）条件中考虑静水应力，即应力张量第一不变量 I_1 的影响，同样可得到广义特雷斯卡（Tresca）条件，则有

$$\begin{aligned} F = &\{(\sigma_1 - \sigma_2)^2 - [k + \alpha I_1]^2\}\{(\sigma_2 - \sigma_3)^2 - [k + \alpha I_1]^2\} \\ &\{(\sigma_3 - \sigma_1)^2 - [k + \alpha I_1]^2\} = 0 \end{aligned} \tag{11-12}$$

其屈服曲面为一正六棱锥面，如图11-5所示，摩尔-库仑（Mohr-Coulomb）条件也可视为一种广义的特雷斯卡（Tresca）条件。

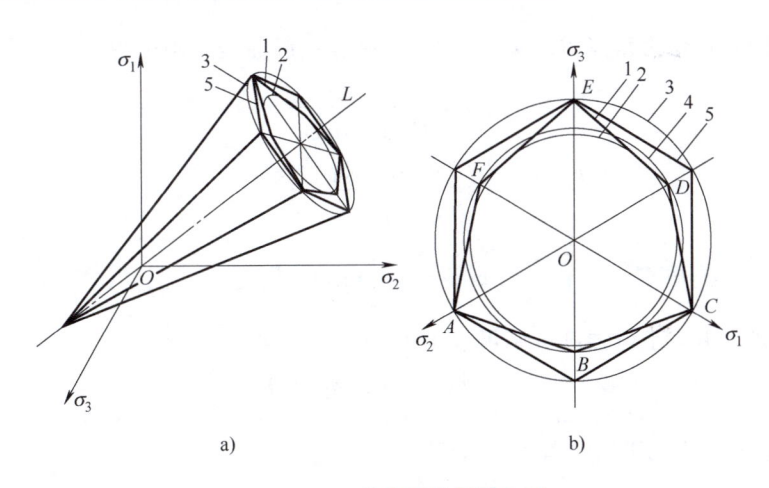

图 11-5　几种典型的屈服准则

1—摩尔-库仑（Mohr-Coulomb）条件　2—德鲁克-普拉格（Drucker-Prager）条件（内切圆）
3—广义米塞斯（Mises）条件（外接圆）　4—广义米塞斯（Mises）条件（交接圆）
5—广义特雷斯卡（Tresca）条件

11.1.3　德鲁克-普拉格（Drucker-Prager）屈服条件

试验研究表明，摩尔-库仑（Mohr-Coulomb）条件是比较符合岩土材料的屈服和破坏特性的。但由于它的屈服面存在尖点，故形成奇异性。Drucker 和 Prager 在 1952 年提出德鲁克-普拉格（Drucker-Prager）准则，该准则内切于摩尔-库仑（Mohr-Coulomb）六棱锥的圆锥形屈服面，如图 11-5a 所示，显然它是摩尔-库仑（Mohr-Coulomb）屈服条件的下限。德鲁克-普拉格（Drucker-Prager）条件可表示为

$$\bar{f} = \alpha I_1 + \sqrt{J_2} - k = 0 \tag{11-13}$$

式中　α、k——分别为材料常数。

$$\begin{cases} \alpha = \dfrac{\sqrt{3}\sin\varphi}{\sqrt{3+\sin^2\varphi}} \\ k = \dfrac{\sqrt{3}c\cos\varphi}{\sqrt{3+\sin^2\varphi}} \end{cases} \tag{11-14}$$

若不计静水应力影响，在式（11-13）中令 $I_1 = 0$，则有

$$\sqrt{J_2} = k \tag{11-15}$$

这就是米塞斯（Mises）条件，故德鲁克-普拉格（Drucker-Prager）条件实际上是考虑静水应力影响的米塞斯（Mises）条件的推广。

若考虑圆锥形屈服面与摩尔-库仑（Mohr-Coulomb）屈服面的其他解法，即在式（11-13）中取不同的 α、k 值，可得大小不同的圆锥形屈服面。如圆锥面外接于六棱锥，即在 π 平面上屈服曲线取通过不规则六角形外角点 A、C、E 的外接圆，如图 11-5b 所示，即得

$$\begin{cases} \alpha = \dfrac{2\sin\varphi}{\sqrt{3}(3-\sin\varphi)} \\ k = \dfrac{6c\cos\varphi}{\sqrt{3}(3-\sin\varphi)} \end{cases} \tag{11-16}$$

如取不规则六角形内角点 B、D、F 的交接圆为屈服曲线，则可得

$$\begin{cases} \alpha = \dfrac{2\sin\varphi}{\sqrt{3}(3+\sin\varphi)} \\ k = \dfrac{6c\cos\varphi}{\sqrt{3}(3+\sin\varphi)} \end{cases} \quad (11\text{-}17)$$

11.1.4 三维化的摩尔-库仑（Mohr-Coulomb）准则

三维应力状态下，土体强度准则可表示为

$$F = F(p, q, \theta_\sigma, \varphi_f) = 0 \quad (11\text{-}18)$$

式中　p——有效平均应力，$p = \dfrac{I_1}{3}$；

　　q——广义剪应力，$q = \sqrt{3J_2}$，$J_2 = \dfrac{S_{ij}S_{ij}}{2}$，$S_{ij} = \sigma_{ij} - \delta_{ij}p$；

　　θ_σ——应力洛德（Lode）角，$\theta_\sigma = \dfrac{1}{3}\sin^{-1}\left(-\dfrac{3\sqrt{3}}{2}\dfrac{J_3}{J_2^3}\right)$，$J_3 = \dfrac{\sqrt{S_{ij}S_{jk}S_{kl}}}{3}$；

　　φ_f——峰值内摩擦角。

洛德（Lode）角与中主应力比 $b\left(b = \dfrac{\sigma_2 - \sigma_3}{\sigma_1 - \sigma_3}\right)$ 的转换关系为

$$b = \dfrac{1 - \sqrt{3}\tan\theta_\sigma}{2} \quad -\dfrac{\pi}{6} \leqslant \theta_\sigma \leqslant \dfrac{\pi}{6} \quad (11\text{-}19)$$

考虑到第三应力不变量对强度的影响，引入描述偏平面上屈服曲线形状的角隅函数后，三维摩尔-库仑（Mohr-Coulomb）准则可表示为

$$F = F(p, q, \theta_\sigma) = q - M_f g(\theta_\sigma) p = 0 \quad (11\text{-}20)$$

其中

$$M_f = \dfrac{6\sin\varphi_C}{3 - \sin\varphi_C} \quad (11\text{-}21)$$

式中　φ_C——常规三轴压缩试验得到的峰值内摩擦角。

由强度准则式（11-20）得到的三维摩尔-库仑（Mohr-Coulomb）准则空间形状如图 11-6 所示。

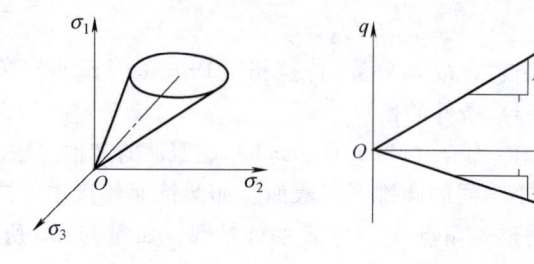

a）空间破坏形状　　　　b）p-q 面上破坏面形状

图 11-6　三维摩尔-库仑（Mohr-Coulomb）准则空间形状

注：M_f^{TC}、M_f^{TE} 分别为三轴压缩、三轴拉伸状态下土体达到破坏状态时的应力比 q/p。

角隅函数 $g(\theta_\sigma)$ 为破坏面在偏平面上的角隅函数，它需满足边界条件、连续性和外凸性条件，即

$$\begin{cases} g\left(-\dfrac{\pi}{6}\right) = \beta \\ g\left(\dfrac{\pi}{6}\right) = 1 \\ g_{\theta_\sigma}\left(\pm\dfrac{\pi}{6}\right) = 0 \\ \dfrac{\mathrm{d}^2 g}{\mathrm{d}^2 \theta_\sigma} < g + \dfrac{2}{g}g_{\theta_\sigma}^2 \end{cases} \qquad (11\text{-}22)$$

$g(\theta_\sigma)$ 实际上起到了通过三轴压缩（中主应力比 $b=0$）和三轴拉伸（$b=1$）试验得到的土体强度值插值计算当 b 在 $(0,1)$ 间强度的作用。

将摩尔-库仑（Mohr-Coulomb）准则根据对称性拓展后，得到强度准则，其角隅函数为

$$g(\theta_\sigma) = \dfrac{\sqrt{3}\beta}{(1+\beta)\cos\theta_\sigma + \sqrt{3}(\beta-1)\sin\theta_\sigma} \qquad (11\text{-}23)$$

其中

$$\beta = \dfrac{3-\sin\varphi_C}{3+\sin\varphi_E} \qquad (11\text{-}24)$$

由于采用线性插值，式（11-23）的角隅函数在 π 平面上是一个六边形，存在尖点。偏平面上的形状如图 11-7 所示。为了避免尖点给数值计算带来的困难，可通过高阶插值进行光滑处理，这里采用椭圆插值的角隅函数，为

$$g(\theta_\sigma) = \dfrac{2(1-\beta^2)\cos\left(\dfrac{\pi}{6}+\theta_\sigma\right) + (2\beta-1)\sqrt{4(1-\beta^2)\cos^2\left(\dfrac{\pi}{6}+\theta_\sigma\right) + \beta(5\beta-4)}}{4(1-\beta^2)\cos^2\left(\dfrac{\pi}{6}+\theta_\sigma\right) + (2\beta-1)^2} \qquad (11\text{-}25)$$

$g(\theta_\sigma)$ 满足条件式（11-22）。式（11-25）在砂土真三轴试验模拟中的适用性已得到验证。

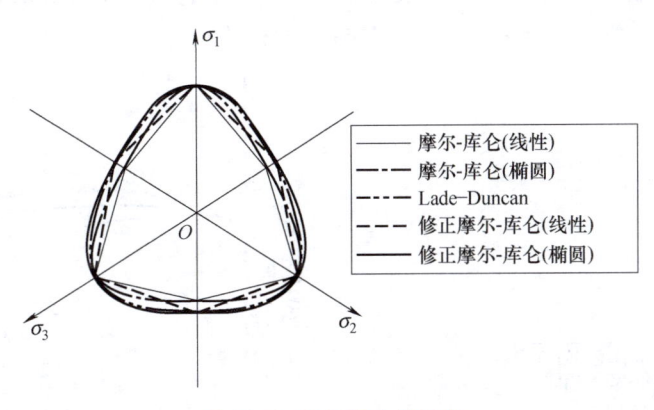

图 11-7　偏平面上的形状

由于三轴拉伸和压缩状态下土体强度参数存在差异，为考虑这种差异，可将式（11-24）修正为

$$\beta = \frac{(3-\sin\varphi_C)\sin\varphi_E}{(3+\sin\varphi_E)\sin\varphi_C} \tag{11-26}$$

式（11-26）与式（11-24）的比值为

$$\delta = \frac{(3+\sin\varphi_C)\sin\varphi_E}{(3+\sin\varphi_E)\sin\varphi_C} \tag{11-27}$$

式中 φ_E——通过三轴拉伸（$b=1.0$）试验得到的峰值摩擦角。

β 也可通过在平均应力相同的条件下，三轴拉伸和三轴压缩状态试验得到的峰值剪应力之比 $\dfrac{(q^f)_{\theta_\sigma=-\frac{\pi}{6}}}{(q^f)_{\theta_\sigma=\frac{\pi}{6}}}$ 直接得到。修正后的准则在偏平面上的形状如图 11-7 所示。

接下来，进一步分析三种强度准则预测的土体峰值摩擦角与中主应力比的关系。令真三维状态下土体峰值摩擦角正弦值为

$$\sin\varphi_b = \frac{\sigma_1-\sigma_3}{\sigma_1+\sigma_3} \tag{11-28}$$

联立式（11-19）、式（11-20）和式（11-28），得

$$\sin\varphi_b = \frac{\sigma_1-\sigma_3}{\sigma_1+\sigma_3} = \frac{M_f g(\theta_\sigma)}{\dfrac{\sqrt{3}}{\cos\theta_\sigma}+\dfrac{M_f}{\sqrt{3}}g(\theta_\sigma)\tan\theta_\sigma} \tag{11-29}$$

由式（11-29）可看出，峰值内摩擦角 φ_b 实际上是与洛德（Lode）角相关的。以 $\varphi_C=30°$ 为例，内摩擦角随 b 的变化预测结果如图 11-8 所示。由图可看出，采用线性插值角隅函数的摩尔-库仑（Mohr-Coulomb）准则预测到的在任何 b 值状态都保持为定值。采用椭圆插值角隅函数时，预测的 φ_b 在 $b=0$ 和 1 状态最小，在 $0<b<1$ 间较高，在 $0<b<0.27$ 时，φ_b 随着 b 的增大而增大，当 $b=0.27$ 时，达到最大值，$0.27<b<1$ 时，φ_b 随着 b 的增大而减小。拉德-邓肯（Lade-Duncan）准则预测的 φ_b 在 $b=0$ 状态最小，随着 b 的增大而增大，当 b 接近 0.5 时，达到最大值，其后随着 b 的继续增大 φ_b 将减小。

通过式（11-26）修正准则预测的内摩擦角随 b 的变化如图 11-9 所示，从图中可看出，当 δ 取一个合适值时，修正摩尔-库仑（Mohr-Coulomb）准则预测的强度与 Lade-Duncan 准则基本相同。由于新参数 δ 的引入，改进后的摩尔-库仑（Mohr-Coulomb）准则比 Lade-Duncan 准则更具灵活性，更适合于三维土体强度的描述。

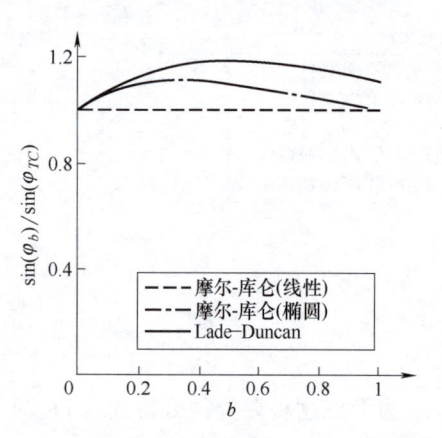

图 11-8 内摩擦角随 b 的变化

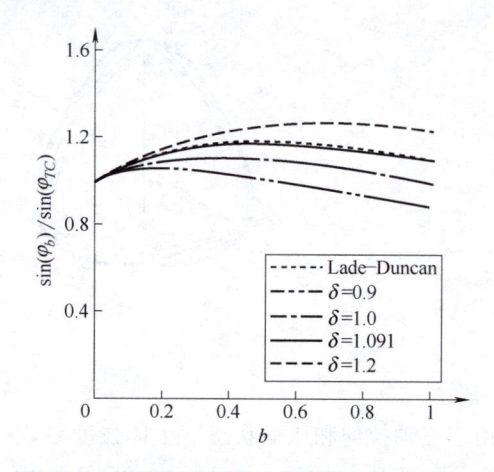

图 11-9 修正准则预测的内摩擦角随 b 的变化

11.2　基于德鲁克-普拉格（Drucker-Prager）准则的理想弹塑性模型

德鲁克-普拉格（Drucker-Prager）（简称 D-P）模型最早在 1952 年提出，它是在考虑静水压力的广义米塞斯（Mises）屈服准则或 D-P 屈服准则的基础上建立起来的，因此也称广义米塞斯（Mises）模型。D-P 模型属于理想摩擦塑性模型，适用于岩土类材料的本构模拟。它的最大优点是采用简单的方法考虑了静水压力 p 对屈服与强度的影响，而且模型参数少，计算也比较简单。同时，该模型考虑了岩土类材料的剪胀性，许多岩土类材料的等向与非等向塑性模型都是在它的基础上经过修改与扩充而发展起来的。

本构方程推导如下：

根据前述的 D-P 屈服准则有

$$F = \sqrt{J_2} + 3\alpha p + k = 0 \tag{11-30}$$

式中　α、k——材料常数。

按相关联流动法则，塑性应变增量为

$$d\varepsilon_{ij}^p = d\lambda \frac{\partial F}{\partial \sigma_{ij}} = d\lambda \left(\frac{\partial F}{\partial p}\frac{\partial p}{\partial \sigma_{ij}} + \frac{\partial F}{\partial \sqrt{J_2}}\frac{\partial \sqrt{J_2}}{\partial \sigma_{ij}} \right)$$

$$= d\lambda \left(\alpha \delta_{ij} + \frac{1}{2\sqrt{J_2}} S_{ij} \right) \tag{11-31}$$

由于 $S_{ii} = 0$，故

$$d\varepsilon_v^p = d\varepsilon_{ii}^p = 3\alpha d\lambda \tag{11-32}$$

弹性应变分量服从增量广义胡克（Hooke）定律，联合式（10-31）可得

$$d\varepsilon_{ij} = \frac{dp}{3K}\delta_{ij} + \frac{1}{2G}dS_{ij} + d\lambda\left(\alpha\delta_{ij} + \frac{1}{2\sqrt{J_2}}S_{ij}\right) \tag{11-33}$$

或写成以应变增量表示的逆形式

$$d\sigma_{ij} = k d\varepsilon_{kk}\delta_{ij} + 2G e_{ij} - d\lambda\left(3k\alpha\delta_{ij} + \frac{G}{\sqrt{J_2}}S_{ij}\right) \tag{11-34}$$

这就是 D-P 模型本构关系的张量表示式，其中 $d\lambda$ 的确定方法上一章类似。最终可得

$$d\lambda = \frac{\left(3K\alpha\delta_{ij} + \frac{G}{\sqrt{J_2}}S_{ij}\right)d\varepsilon_{ij}}{9\alpha^2 K + G} = \frac{3K\alpha d\varepsilon_v + \frac{G}{\sqrt{J_2}}S_{ij}de_{ij}}{9\alpha^2 K + G} \tag{11-35}$$

式（11-35）说明，D-P 模型的塑性因子 $d\lambda$ 与弹性常数 K、G，塑性参数 α、k，应变增量 $d\varepsilon_{ij}$ 和屈服应力 S_{ij} 有关。

经过整理可得到如下形式的本构关系

$$d\sigma_{ij} = D_{ijkl}^{ep} d\varepsilon_{kl} = (D_{ijkl}^e - D_{ijkl}^p) d\varepsilon_{kl} \tag{11-36}$$

其中弹塑性矩阵为

$$D_{ijkl}^{ep} = \left(K - \frac{2}{3}G\right)\delta_{ij}\delta_{kl} + 2G\delta_{ik}\delta_{jl} - \frac{G\frac{1}{\sqrt{J_2}}S_{ij} - 3\alpha K\delta_{ij}}{9K\alpha^2 + G}\left(G\frac{1}{\sqrt{J_2}}S_{kl} - 3K\alpha\delta_{kl}\right) \tag{11-37}$$

D-P模型共有K、G、α、k四个材料参数。K、G为弹性常数，由卸载试验确定。塑性参数α、k采用与摩尔-库仑（Mohr-Coulomb）准则的不同拟合方法，由摩尔-库仑（Mohr-Coulomb）准则的材料常数φ与c换算而得。

需要指出的是：D-P模型没有反映材料三轴拉、压强度不同和纯静水压力可以引起岩土类材料的屈服与破坏，以及应力洛德（Lode）角对塑性流动的影响。这些缺点在后面介绍的各种模型中都得到不同程度的修正与克服。

按照经典塑性力学规定的以拉为正，式（10-32）中的正号说明了在剪切的过程中产生了剪胀。由于观测到的剪胀量并没有式（10-32）那么大，这一点可通过非相关联流动法则进行修正。根据式（10-32），塑性体积应变增量与系数α成比例，而系数α又和内摩擦角φ有关。它都表明φ越小，$d\varepsilon_v^p$也越小。因此，要使$d\varepsilon_v^p$减小，可以这样构造塑性势函数，即将塑性势函数取成和这些屈服函数同样的函数形式，但将其中的φ改用较小的ψ，即令$0 \leqslant \psi \leqslant \varphi$（可根据试验选取适当的值），并采用非相关联流动法则，就可减小$d\varepsilon_v^p$值。但是经过这样的修正之后，弹塑性矩阵将会变得不对称。因此，采用非相关联流动法则虽然可以带来比较合理的塑性体积应变增量值，但也带来了数值求解上的困难。

■ 11.3 基于摩尔-库仑（Mohr-Coulomb）准则的三维弹塑性硬化模型

11.3.1 本构方程的建立

以三维摩尔-库仑（Mohr-Coulomb）强度准则为基础，建立偏硬化模型的三维屈服函数和塑性势函数

$$\begin{cases} F = q - M(\kappa)g(\theta_\sigma)p = 0 \\ Q = q - M_c g(\theta_\sigma) p \ln\left(\dfrac{p}{p_0}\right) = 0 \end{cases} \tag{11-38}$$

式中　　κ——硬化参数；

p_0——大气压力；

$g(\theta_\sigma)$——角隅函数。

增量型应力-应变关系表示为

$$\dot{\sigma}_{ij} = D_{ijkl}^{ep} \dot{\varepsilon}_{kl} \tag{11-39}$$

弹塑性模量张量D_{ijkl}^{ep}可表示为

$$D_{ijkl}^{ep} = D_{ijkl}^{e} - D_{ijkl}^{p} = D_{ijkl}^{e} - \dfrac{D_{ijmn}^{e}\dfrac{\partial Q}{\partial \sigma_{mn}}\left(\dfrac{\partial F}{\partial \sigma_{pq}}\right)^{T} D_{pqkl}^{e}}{\left(\dfrac{\partial F}{\partial \sigma_{uv}}\right)^{T} D_{uvst}^{e} \dfrac{\partial Q}{\partial \sigma_{st}} + H_p} \tag{11-40}$$

$$D_{ijkl}^{e} = \left(K - \dfrac{2}{3}G\right)\delta_{ij}\delta_{kl} + G(\delta_{ik}\delta_{jl} + \delta_{il}\delta_{jk}) \tag{11-41}$$

$$H_p = -\dfrac{\partial F}{\partial \kappa}\dfrac{\partial \kappa}{\partial \lambda} \tag{11-42}$$

式中　　D_{ijkl}^{e}——弹性模量张量；

D_{ijkl}^{p}——塑性模量张量；

K——体积弹性模量；

G——剪切模量；

H_p——塑性硬化模量；

λ——塑性乘子。

一般地，取广义塑性剪应变 $\varepsilon_{ep} = \dfrac{\sqrt{2e_{ij}^{ep}e_{ij}^{ep}}}{3}$（偏应变 $e_{ij}^p = \varepsilon_{ij}^p - \dfrac{\delta_{ij}\varepsilon_{kk}^p}{3}$）为硬化参数，即 $\kappa = \varepsilon_{ep}$。采用 Pietruszczazk 和 Stolle 提出的全量双曲线形式的硬化准则，即

$$M = \dfrac{\varepsilon_{ep}}{A + \varepsilon_{ep}} M_f \tag{11-43}$$

式中　M_f——峰值应力比，$M_f = \dfrac{6\sin\varphi_C}{3 - \sin\varphi_C}$；

φ_C——由 $b = 0.0$ 常规三轴压缩试验得到；

A——材料常数。

由式（11-38）和式（11-43），得

$$\dfrac{\partial F}{\partial \varepsilon_{ep}} = \dfrac{\partial F}{\partial M} \dfrac{\partial M}{\partial \varepsilon_{ep}} = -g(\theta_\sigma) p M_f \dfrac{A}{(A + \varepsilon_{ep})^2} \tag{11-44}$$

由式（11-38）得

$$\begin{cases} \dfrac{\partial F}{\partial p} = -Mg(\theta_\sigma) \\ \dfrac{\partial F}{\partial q} = 1 \\ \dfrac{\partial F}{\partial \theta_\sigma} = -Mp \dfrac{\partial g(\theta_\sigma)}{\partial \theta_\sigma} \end{cases} \tag{11-45}$$

$$\begin{cases} \dfrac{\partial p}{\partial \sigma_{ij}} = \dfrac{\delta_{ij}}{3} \\ \dfrac{\partial q}{\partial \sigma_{ij}} = \dfrac{3S_{ij}}{2q} \\ \dfrac{\partial \theta_\sigma}{\partial \sigma_{ij}} = \dfrac{\sqrt{6}S_{ij}}{2q\cos3\theta_\sigma}\left(-\dfrac{\sqrt{3}}{3}\delta_{ij} - \dfrac{\sqrt{3}S_{ij}}{2q}\sin3\theta_\sigma + 3\sqrt{3}\dfrac{S_{ik}S_{kj}}{2q^2}\right) \end{cases} \tag{11-46}$$

由式（11-38）、式（11-45）得

$$\dfrac{\partial F}{\partial \sigma_{ij}} = -\dfrac{\delta_{ij}}{3}\eta g(\theta_\sigma) + \dfrac{3S_{ij}}{2q} + \left(-\dfrac{\sqrt{3}}{3}\delta_{ij} - \dfrac{\sqrt{3}S_{ij}}{2q}\sin3\theta_\sigma - 3\sqrt{3}\dfrac{S_{ik}S_{kj}}{2q^2}\right)\dfrac{\sqrt{6}S_{ij}\eta p}{2q\cos3\theta_\sigma}\dfrac{\partial g(\theta_\sigma)}{\partial \theta_\sigma} \tag{11-47}$$

其中

$$\dfrac{\partial g}{\partial \theta_\sigma} = \dfrac{2(1-\beta^2)\sin\left(\dfrac{\pi}{6} - \theta_\sigma\right) + \dfrac{2(2\beta-1)(1-\beta^2)\sin\left(\dfrac{\pi}{3} - 2\theta_\sigma\right)}{\sqrt{4(1-\beta^2)\cos^2\left(\dfrac{\pi}{6} - \theta_\sigma\right) + \beta(5\beta-4)}}}{4(1-\beta^2)\cos^2\left(\dfrac{\pi}{6} - \theta_\sigma\right) + (2\beta-1)^2} -$$

$$\frac{4(1-\beta^2)\sin\left(\frac{\pi}{3}-2\theta_\sigma\right)}{\left[4(1-\beta^2)\cos^2\left(\frac{\pi}{6}-\theta_\sigma\right)+(2\beta-1)^2\right]^2} - \left[2(1-\beta^2)\cos\left(\frac{\pi}{6}-\theta_\sigma\right) + \right.$$

$$\left. (2\beta-1)\sqrt{4(1-\beta^2)\cos^2\left(\frac{\pi}{6}-\theta_\sigma\right)+\beta(5\beta-4)}\right] \tag{11-48}$$

由式 (11-38) 得

$$\begin{cases} \dfrac{\partial Q}{\partial p} = M_c g(\theta_\sigma) - \dfrac{q}{p} \\ \dfrac{\partial Q}{\partial q} = 1 \\ \dfrac{\partial Q}{\partial \theta_\sigma} = -\dfrac{q}{g(\theta_\sigma)} \dfrac{\partial g(\theta_\sigma)}{\partial \theta_\sigma} \end{cases} \tag{11-49}$$

由式 (11-46) 和式 (11-49) 得

$$\frac{\partial Q}{\partial \sigma_{ij}} = \frac{\delta_{ij}}{3}\frac{\partial F}{\partial p} + \frac{3S_{ij}}{2q}\frac{\partial F}{\partial q} - \left(-\frac{\sqrt{3}}{3}\delta_{ij} - \frac{\sqrt{3}S_{ij}}{2q}\sin 3\theta_\sigma + 3\sqrt{3}\frac{S_{ik}S_{kj}}{2q^2}\right)\frac{q}{g(\theta_\sigma)}\frac{\partial g(\theta_\sigma)}{\partial \theta_\sigma}\frac{\sqrt{6}S_{ij}}{2q\cos 3\theta_\sigma} \tag{11-50}$$

由式 (11-42) 和式 (11-43) 可得硬化模量

$$H_p = -\frac{\partial F}{\partial \varepsilon_{ep}}\frac{\partial Q}{\partial q} = g(\theta_\sigma)pM_f\frac{A}{(A+\varepsilon_{ep})^2} \tag{11-51}$$

将式 (11-47)、式 (11-50)、式 (11-51) 代入式 (11-40) 即可得到弹塑性模量矩阵表达式,将所得矩阵代入式 (11-39) 即可得到增量形式应力-应变关系具体表达式。

11.3.2 本构方程数值积分

率型本构方程的数值积分一般来说归结为常微分方程的初值问题,表述为

$$\begin{cases} \dot{x}(t) = f[x(t)] \\ x(0) = x_n \end{cases} \tag{11-52}$$

式 (11-52) 积分有多种方法,最简单且常用的方法为欧拉 (Euler) 法。若 $x(t_{n+1})$ 为式 (11-52) 在 $t_n + \Delta t$ 时刻的精确解,数值近似解 x_{n+1} 为

$$x_{n+1} = x_n + \Delta t f(x_{n+\vartheta}) \tag{11-53}$$

其中

$$x_{n+\vartheta} = \vartheta x_{n+1} + (1-\vartheta)x_n \tag{11-54}$$

根据 ϑ 取值的不同,欧拉 (Euler) 法又可分为

$$\begin{cases} \vartheta = 0 & (欧拉(Euler)向前) \\ \vartheta = \dfrac{1}{2} & (欧拉(Euler)中点法) \\ \vartheta = 1 & (欧拉(Euler)向后) \end{cases} \tag{11-55}$$

用欧拉 (Euler) 方法积分率形式的本构方程。将率形式的本构方程写为

$$\begin{cases} \dot{\boldsymbol{\sigma}} = \boldsymbol{D}^e : \dot{\boldsymbol{\varepsilon}}^e \\ \dot{\boldsymbol{\varepsilon}} = \dot{\boldsymbol{\varepsilon}}^e + \dot{\boldsymbol{\varepsilon}}^p \\ \dot{\boldsymbol{\varepsilon}}^p = \dot{\lambda} \dfrac{\partial Q}{\partial \boldsymbol{\sigma}} = \dot{\lambda} \boldsymbol{m}^* \\ \dot{\kappa} = h(\dot{\boldsymbol{\varepsilon}}^p) \\ F \leqslant 0, \dot{\lambda} \geqslant 0, \dot{\lambda} F = 0 \end{cases} \tag{11-56}$$

率型本构方程数值积分的根本任务是要在时间步 $[t_n, t_{n+1}]$ 内，根据 t_n 时刻已知的各量结合式 (11-56) 计算 t_{n+1} ($t_{n+1} = t_n + \Delta t$) 时刻的各量。具体为：总应变 ε_n、塑性应变 ε_n^p、应力 $\boldsymbol{\sigma}_n$、内变量 κ_n 均已知，在施加应变增量 $\Delta \boldsymbol{\varepsilon}$ 后，计算 t_{n+1} 时刻 ($\boldsymbol{\varepsilon}, \boldsymbol{\varepsilon}_{n+1}^p, \boldsymbol{\sigma}_{n+1}, \kappa_{n+1}$) 的值，即

$$(\boldsymbol{\varepsilon}_n, \boldsymbol{\varepsilon}_n^p, \boldsymbol{\sigma}_n, \kappa_n) \xrightarrow{\Delta \boldsymbol{\varepsilon}} (\boldsymbol{\varepsilon}_{n+1}, \boldsymbol{\varepsilon}_{n+1}^p, \boldsymbol{\sigma}_{n+1}, \kappa_{n+1}) \tag{11-57}$$

在 t_{n+1} 时刻，应力率 $\dot{\boldsymbol{\sigma}}$ 可写为

$$\dot{\boldsymbol{\sigma}} = \dfrac{\boldsymbol{\sigma}_{n+1} - \boldsymbol{\sigma}_n}{\Delta t} \tag{11-58}$$

弹性试应力增量为

$$\dot{\boldsymbol{\sigma}}^{\text{tr}} = \dfrac{\boldsymbol{\sigma}_{n+1}^{\text{tr}} - \boldsymbol{\sigma}_n}{\Delta t} \tag{11-59}$$

其中，弹性试应力定义为

$$\boldsymbol{\sigma}_{n+1}^{\text{tr}} = \boldsymbol{\sigma}_n + \Delta t \boldsymbol{D}^e : \dot{\boldsymbol{\varepsilon}}, \quad \dot{\boldsymbol{\varepsilon}}^p = 0 \tag{11-60}$$

弹性极限应力与应力增量的关系为

$$\boldsymbol{\sigma}_A = \boldsymbol{\sigma}_n + \xi \dot{\boldsymbol{\sigma}}^{\text{tr}} \quad (0 \leqslant \xi \leqslant 1) \tag{11-61}$$

将式 (11-58)、式 (11-59) 代入式 (11-56)，得到

$$\boldsymbol{\sigma}_{n+1} = \boldsymbol{\sigma}_{n+1}^{\text{tr}} - \Delta \lambda_{n+1} \boldsymbol{D}^e : \boldsymbol{m}^* \tag{11-62}$$

式中　$\Delta \lambda_{n+1} = \dot{\lambda}_{n+1} \Delta t$；

　　　$\boldsymbol{m}^*$——塑性势的梯度。

通过一致性条件求得 $\Delta \lambda_{n+1}$ 后，塑性应变增量和内变量增量可表示为

$$\begin{cases} \Delta \boldsymbol{\varepsilon}_{n+1}^p = \Delta \lambda_{n+1} \boldsymbol{m}^* \\ \kappa_{n+1} = \kappa_n + \Delta \kappa_{n+1} = \kappa_n + \Delta \lambda_{n+1} h(\boldsymbol{m}^*) \end{cases} \tag{11-63}$$

通过时间离散的加卸载准则为

$$\begin{cases} \boldsymbol{\sigma}_{n+1}^{\text{tr}} \in A_n, \Delta \lambda_{n+1} = 0, F_{n+1} < 0 \text{ (弹性)} \\ \boldsymbol{\sigma}_{n+1}^{\text{tr}} \notin A_n, \Delta \lambda_{n+1} > 0, F_{n+1} = 0 \text{ (塑性)} \end{cases} \tag{11-64}$$

式中　A_n——弹性极限应力 $\boldsymbol{\sigma}_A$ 以内的范围。

最后，率形式的本构方程式 (11-56) 变为

$$\begin{cases} \boldsymbol{\sigma}_{n+1} = \boldsymbol{\sigma}_{n+1}^{\text{tr}} - \Delta \lambda_{n+1} \boldsymbol{D}^e : \boldsymbol{m}^* \\ \kappa_{n+1} = \kappa_n + \Delta \kappa_{n+1} = \kappa_n + \Delta \lambda_{n+1} h(\boldsymbol{m}^*) \\ F_{n+1} \leqslant 0, \Delta \lambda_{n+1} \geqslant 0, F_{n+1} \Delta \lambda_{n+1} = 0 \end{cases} \tag{11-65}$$

其中，m^* 与应力有关。在进行数值积分时，根据计算 m^* 时采用的应力的不同，分为不同的积分格式，比较常用的两种积分格式为：欧拉向前（Forward-Euler）积分和欧拉向后（Backward-Euler）积分。下面将详细介绍这两种积分格式。

1. 欧拉向前（Forward-Euler）积分

欧拉向前（Forward-Euler）积分是一种显式积分格式，在施加一个应变增量后，通过修正应力以满足一致性条件。计算时，令 $m^* = m^*(\boldsymbol{\sigma}_n) = m^*(\boldsymbol{\sigma}_A)$，即用 t_n 时刻的应力状态 $\boldsymbol{\sigma}_n$ 和硬化参数 κ_n 来计算 t_{n+1} 时刻的应力增量

$$\Delta \boldsymbol{\sigma} = \boldsymbol{D}^{ep}(\boldsymbol{\sigma}_n, \kappa_n) \Delta \boldsymbol{\varepsilon} \tag{11-66}$$

对每一个应变增量 $\Delta \boldsymbol{\varepsilon}$，先用弹性刚度矩阵试算得到弹性试应力，即

$$\boldsymbol{\sigma}_{n+1}^{tr} = \boldsymbol{\sigma}_n + \boldsymbol{D}^e \cdot \Delta \boldsymbol{\varepsilon} \tag{11-67}$$

式中 $\boldsymbol{\sigma}_{n+1}^{tr}$——按弹性状态计算的当前步试应力。

应力状态从 $\boldsymbol{\sigma}_n$ 增加到 $\boldsymbol{\sigma}_{n+1}^{tr}$ 时，需要做一次状态判断，可能出现以下三种情形（图11-10）。

(1) **弹性卸载** t_n 时刻应力状态在屈服面上（或屈服面内），t_{n+1} 时刻应力状态在屈服面内，即

$$\begin{cases} F(\boldsymbol{\sigma}_n, \kappa_n) \leq 0 \\ F(\boldsymbol{\sigma}_{n+1}^{tr}, \kappa_n) < 0 \end{cases} \tag{11-68}$$

此时

$$\boldsymbol{\sigma}_{n+1} = \boldsymbol{\sigma}_{n+1}^{tr} \tag{11-69}$$

(2) **纯塑性加载** t_n 时刻应力状态在屈服面上，t_{n+1} 时刻的应力状态在屈服面外，即

$$\begin{cases} F(\boldsymbol{\sigma}_n, \kappa_n) = 0 \\ F(\boldsymbol{\sigma}_{n+1}^{tr}, \kappa_n) > 0 \end{cases} \tag{11-70}$$

此时

$$\boldsymbol{\sigma}_A = \boldsymbol{\sigma}_n \tag{11-71}$$

此时，无须计算弹性极限应力。

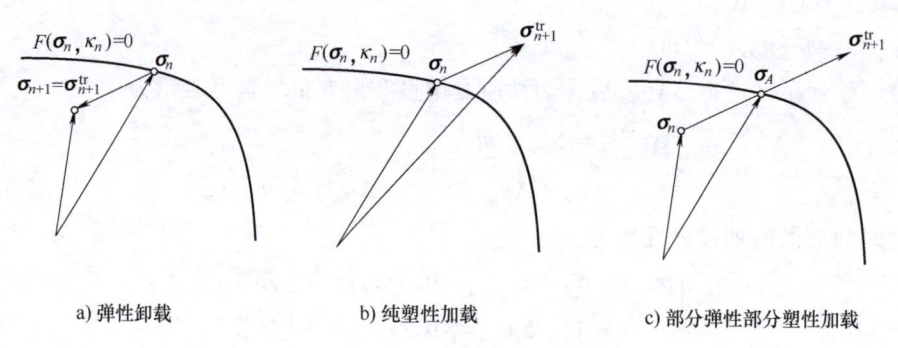

a) 弹性卸载   b) 纯塑性加载   c) 部分弹性部分塑性加载

图 11-10 加卸载状态决定示意图

(3) **部分弹性部分塑性加载** t_n 时刻应力状态在屈服内，t_{n+1} 时刻的应力状态在屈服面外，即

$$\begin{cases} F(\boldsymbol{\sigma}_n, \kappa_n) < 0 \\ F(\boldsymbol{\sigma}_{n+1}^{tr}, \kappa_n) > 0 \end{cases} \tag{11-72}$$

这时，须确定弹性加载和塑性加载的比例。须确定应力状态 $\boldsymbol{\sigma}_A$，设在应变增量中，塑性部分为

$$\Delta \boldsymbol{\varepsilon}^{\mathrm{p}} = \xi \Delta \boldsymbol{\varepsilon} \tag{11-73}$$

弹性应变为

$$\Delta \boldsymbol{\varepsilon}^{\mathrm{e}} = (1-\xi)\Delta \boldsymbol{\varepsilon} \tag{11-74}$$

因此，有

$$\boldsymbol{\sigma}_A = \boldsymbol{\sigma}_n + \boldsymbol{D}^{\mathrm{e}}(1-\xi)\Delta \boldsymbol{\varepsilon} \tag{11-75}$$

其中，ξ 可通过令 $F(\boldsymbol{\sigma}_A, H_n) = 0$，并采用牛顿-拉夫森（Newton-Raphson）迭代求得。纯塑性加载可看作 $\xi = 0$ 的一个特例。

最后，t_{n+1} 时刻的应力可通过下式计算

$$\boldsymbol{\sigma}_{n+1} = \boldsymbol{\sigma}_A + \boldsymbol{D}^{\mathrm{ep}}(\boldsymbol{\sigma}_A, \kappa_n)\xi \Delta \boldsymbol{\varepsilon} \tag{11-76}$$

然后通过式（11-73）计算并更新得到 t_{n+1} 时刻的硬化参数 κ_{n+1}。一般情况下，这样得到的 $\boldsymbol{\sigma}_{n+1}$ 和 κ_{n+1} 并不严格满足 $f(\boldsymbol{\sigma}_{n+1}, \kappa_{n+1}) = 0$，可再通过牛顿-拉夫森（Newton-Raphson）迭代得到修正后的 $\boldsymbol{\sigma}_{n+1}^*$，从而保证 $f(\boldsymbol{\sigma}_{n+1}^*, \kappa_{n+1}) = 0$。

欧拉向前（Forward-Euler）积分如图 11-11 所示，由于其原理简单，易于编制程序，故其是本构方程积分较多采用的方法。

然而，在采用显式积分时，虽经校正后的 $\boldsymbol{\sigma}_{n+1}^*$ 是位于屈服面上的，但总应变、塑性应变增量及内变量仍保持不变，因而所得到的各量之间并非是完全一致的。当每步加载采用的应变增量很小，且计算精度要求不高时，显式积分格式仍是可以接受的，然而这种各量间的不一致性将随着增量步长增加而增加，特别是在进行有限元计算时，误差的过度累积将导致解的漂移。为了减小误差，也可结合子增量法进行计算，在子增量数足够多时，数值解能逼近精确解，然而子增量数的增加又会导致计算量的过大增加。由于显式积分存在以上缺点，在有限元计算时常采用精度更高的欧拉向后（Backward-Euler）积分算法。

2. 欧拉向后（Backward-Euler）积分

欧拉向后（Backward-Euler）积分是一种隐式积分格式，与显式积分格式最大的不同是它采用 t_{n+1} 时刻的应力来计算塑性势梯度，即 $\boldsymbol{m}^* = \boldsymbol{m}^*(\boldsymbol{\sigma}_{n+1})$，直接令 t_{n+1} 时刻的一致性条件满足，得到

$$F[\boldsymbol{\sigma}_{n+1}, \kappa_{n+1}(\Delta \lambda_{n+1})] = 0 \tag{11-77}$$

式（11-77）经过迭代即可计算出塑性乘子 $\Delta \lambda_{n+1}$，从而可求得应力 $\boldsymbol{\sigma}_{n+1}$、塑性应变 $\boldsymbol{\varepsilon}_{n+1}^{\mathrm{p}}$ 和内变量 κ_{n+1}。

欧拉向后（Backward-Euler）积分如图 11-12 所示。与欧拉向前（Forward-Euler）积分比较，其优点在于精度较高，可采用较大的增量步以节约计算耗时，且不需进行中间点 $\boldsymbol{\sigma}_A$ 的计算。

11.3.3 真三轴试验验证

采用建立的修正三维摩尔-库仑（Mohr-Coulomb）模型对 Shapiro 和 Yamamuro 的松砂真三轴试验结果进行模拟。试验采用 Nevada 砂，相对密实度 $D_\mathrm{r} = 33\%$，试验围压为 50kPa。采用的三维本构模型参数见表 11-1。

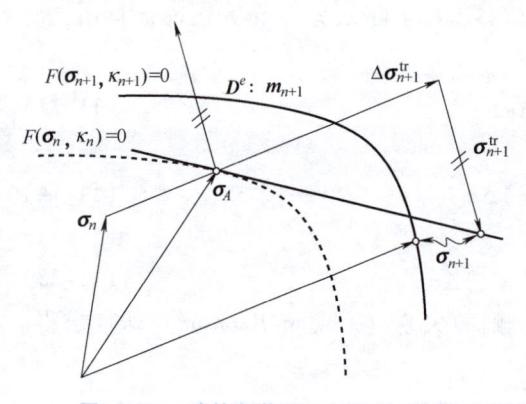

图 11-11　欧拉向前（Forward-Euler）
积分示意图

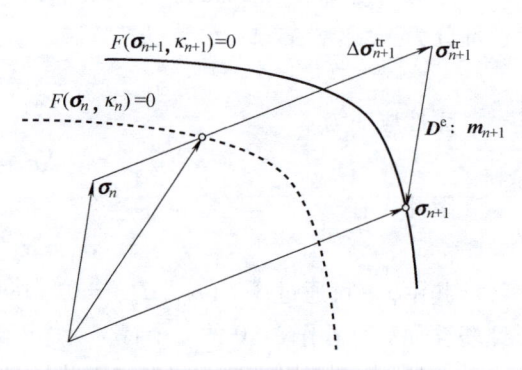

图 11-12　欧拉向后（Backward-Euler）
积分示意图

表 11-1　三维本构模型参数

弹性参数	塑性参数
$E = 15\,\text{MPa}$	$M_\text{f} = 1.42$
$\nu = 0.35$	$M_\text{c} = 1.32$
	$\beta = 0.75$
	$A = 0.0045$

试验所得的偏平面上的破坏线和通过强度准则得到的预测结果如图 11-13 所示，从图中可看出，三维摩尔-库仑（Mohr-Coulomb）准则，由于采用的是线性插值的角隅函数（式 11-25），其预测结果只在三轴压缩（$b=0$）状态下与试验结果符合，在 $0<b\leqslant1$ 状态下，特别是在三轴拉伸（$b=1$）状态时，预测强度较低。采用椭圆插值角隅函数并经过修正的三维摩尔-库仑（Mohr-Coulomb）准则预测的结果和试验结果符合得较好，并与和 Lade-Duncan 的预测结果接近。

对一系列中主应力比 b 值条件下的应力-应变关系进行模拟结果如图 11-14 所示。当 $b=0$ 时，采用线性插值的三维摩尔-库仑（Mohr-Coulomb）模型与修正椭圆插值的三维摩尔-库仑（Mohr-Coulomb）模型的模拟结果完全相同，如图 11-14a 所示；随着 b 值的增大，线性插值模型模拟结果偏低；当 $b=1$ 时，偏离最明显，如图 11-14e 所示。而修正椭圆插值模型在所有 b 值条件下，特别是 $b=1$ 条件下与试验结果符合较好。这说明在本构模型参数选取时，合理描述峰值内摩擦角随中主应力变化是很重要的。上述模拟表明，修正后的模型能较好地模拟土体的应力-应变关系和体积变形。

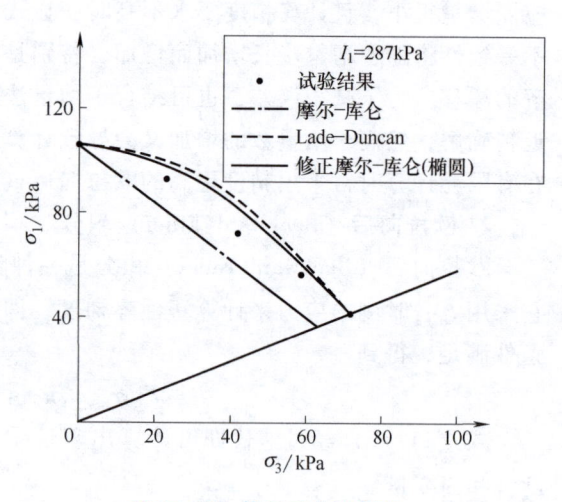

图 11-13　偏平面上破坏线

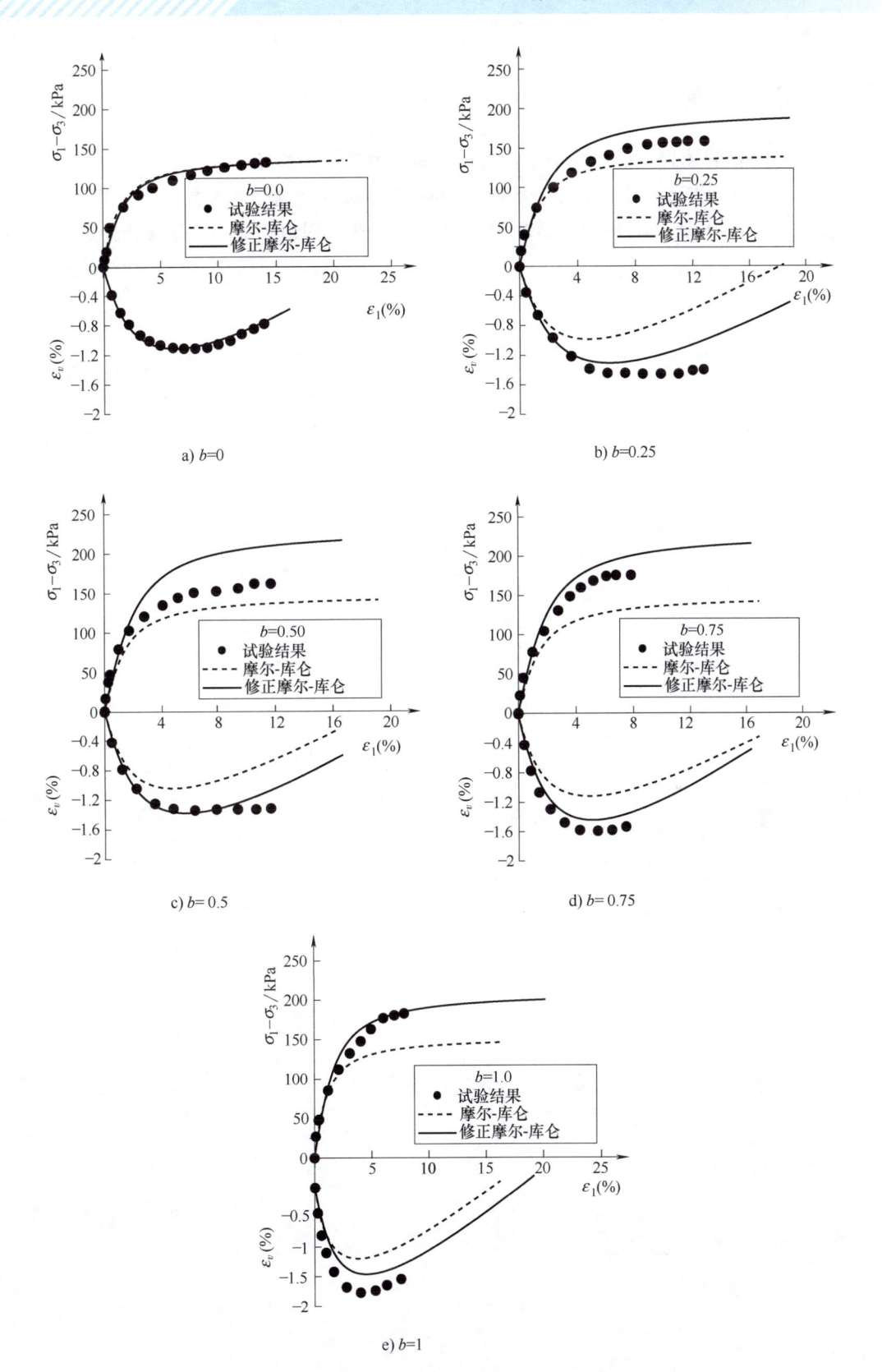

图 11-14　应力与大主应变及体积应变与大主应变的关系

习 题

[11-1] 试叙述岩土材料与金属材料的弹塑性力学特性差异。

[11-2] 试分析 Drucker-Prager 准则与 Mohr-Coulomb 准则强度参数的转换关系。

[11-3] 试分析三轴拉伸和三轴压缩条件下砂土破坏时应力比与内摩擦角的关系。

第 12 章　理想刚塑性体的平面应变问题

对于许多具有重大实际意义的问题，由于其复杂性，要获得准确解常比较困难。因此，在具体求解时，不得不引入某些假设，使问题得到适当简化，然后找出近似解。忽略弹性变形，将材料看成是刚塑性的，就是一种材料方面的简化。当塑性变形可自由地发展，这种简化是合理的。但在弹性区特别是弹塑性区交界处的过渡区域内，这样的简化带来的误差就比较大。引入刚塑性假设以后，可使很多具有实际意义的问题得到很好的近似解。

若忽略弹性变形且不计硬化，这样的材料就是理想刚塑性材料。本章按照增量理论解决理想刚塑性体的平面应变问题，并主要介绍利用滑移线场特性的求解方法。

■ 12.1　滑移线的概念

在平面应变状态下，选取的坐标如图 12-1 所示，其上每一点皆与最大剪应力面相切的线定义为滑移线。由于剪应力的成对性，过 Oxy 平面内的每一点可以作两条正交的曲线。因此，在整个 Oxy 平面内滑移线有两族正交的曲线，分别称为 α 族和 β 族，如图 12-1b 所示。规定 α、β 的正方向成右手坐标系，并使 τ 在该坐标系内成正方向。α 的切线与 x 轴夹角用 θ 表示，由 x 轴的正方向按逆时针算起，如图 12-1b 和 c 所示。据此规定，最大主应力 σ_1 的方向必在 α-β 坐标系的第一、三象限，故由 σ_1 方向顺时针转过 $\dfrac{\pi}{4}$ 就是 α 方向，逆时针转 $\dfrac{\pi}{4}$ 就是 β 方向，这种关系使我们很易通过最大主应力方向确定滑移线方向。

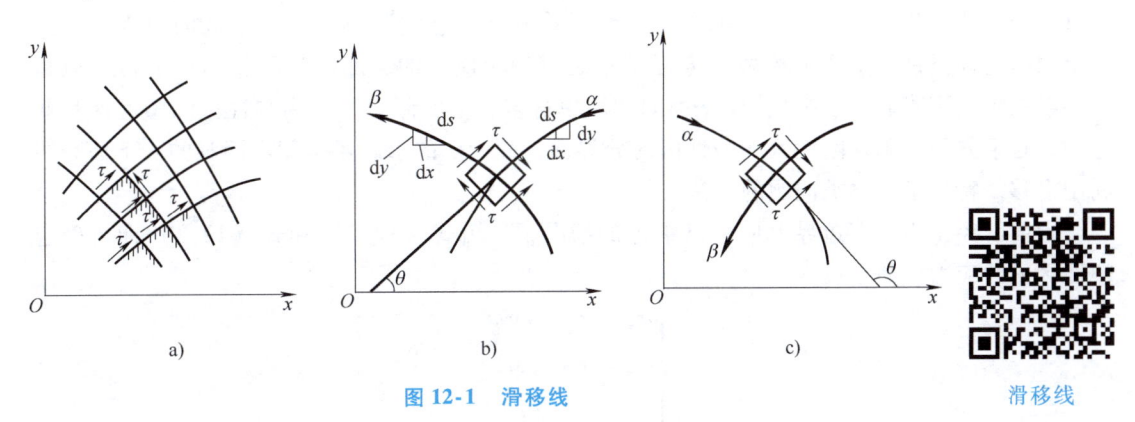

图 12-1　滑移线

滑移线

关于 α 和 β 曲线的方程，由图 12-1b 所示，结合导数的几何意义，很容易得到两族滑移线的微分方程，分别为

$$\begin{cases} \alpha \text{ 线}: \dfrac{dy}{dx} = \tan\theta \\ \beta \text{ 线}: \dfrac{dy}{dx} = -\cot\theta \end{cases} \tag{12-1}$$

滑移线以正交网络布满塑性区，称为滑移线场。由滑移线分割成的无限小的单元体的受力情况如图 12-2 所示。

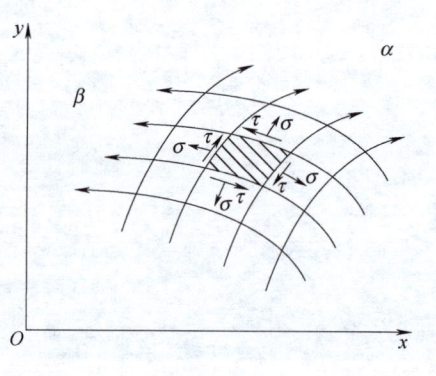

图 12-2　滑移线分割的单元

12.2　基本方程

12.2.1　控制方程

不计体力的情况下，平面应变问题的平衡微分方程为

$$\begin{cases} \dfrac{\partial \sigma_x}{\partial x} + \dfrac{\partial \tau_{yx}}{\partial y} = 0 \\ \dfrac{\partial \tau_{xy}}{\partial x} + \dfrac{\partial \sigma_y}{\partial y} = 0 \end{cases} \tag{12-2}$$

对理想刚塑性体，在塑性区内的应力应满足屈服条件。根据特雷斯卡（Tresca）条件及米塞斯（Mises）屈服条件，可得到平面应变问题的屈服条件为

$$(\sigma_x - \sigma_y)^2 + 4\tau_{xy}^2 = 4k^2 \tag{12-3}$$

其中

$$k = \begin{cases} \dfrac{1}{2}\sigma_s & \text{（按特雷斯卡条件）} \\ \dfrac{1}{\sqrt{3}}\sigma_s & \text{（按米塞斯条件）} \end{cases} \tag{12-4}$$

若塑性区边界条件均给定应力边界条件，则可不考虑变形，直接根据式（12-2）和式（12-3）即可确定应力状态，那么该问题可看成是"静定"的。若塑性区的边界条件还给定位移边界条件，单用上述两组方程是不足以确定应力的，那么问题就不可能再看成是"静定"的。问题看似比弹性力学平面问题简单得多，但实际上物体内弹性区和塑性区是共存的，且事先无法确定刚性区和塑性区的分界面，故问题的求解还是相当困难的。下面介绍利用滑移线特性求解这类问题的方法。

上面已经指出，在边界上应力已给定的情况下，由式（12-2）和式（12-3）即可确定塑性区内的应力。如果设

$$\begin{cases} \sigma_x = \sigma - k\sin 2\theta \\ \sigma_y = \sigma + k\sin 2\theta \\ \tau_{xy} = k\cos 2\theta \end{cases} \tag{12-5}$$

则屈服条件［式（12-3）］将被满足。将式（12-5）再带入平衡方程［式（12-2）］，则得到包含对未知函数 $\sigma(x,y)$，$\theta(x,y)$ 的一阶偏导数的非线性微分方程组

$$\begin{cases} \dfrac{\partial \sigma}{\partial x} - 2k\left(\cos2\theta \dfrac{\partial \theta}{\partial x} + \sin2\theta \dfrac{\partial \theta}{\partial y}\right) = 0 \\ \dfrac{\partial \sigma}{\partial y} - 2k\left(\sin2\theta \dfrac{\partial \theta}{\partial x} - \cos2\theta \dfrac{\partial \theta}{\partial y}\right) = 0 \end{cases} \tag{12-6}$$

如果在各点使 x 和 y 的方向与 α 和 β 滑移线的方向重合，于是在该点处角 $\theta = 0$。这样 x、y 就成为流动坐标，而对 x、y 的导数就相当于对 S_α、S_β 的导数，即 $\dfrac{\partial}{\partial S_\alpha}$、$\dfrac{\partial}{\partial S_\beta}$，分别表示对 α 和 β 方向的导数，则式（12-6）可改写成

$$\begin{cases} \dfrac{\partial}{\partial S_\alpha}(\sigma - 2k\theta) = 0 \\ \dfrac{\partial}{\partial S_\beta}(\sigma + 2k\theta) = 0 \end{cases} \tag{12-7}$$

因此，沿同一 α 线，$\sigma - 2k\theta =$ 常数；沿同一 β 线，$\sigma + 2k\theta =$ 常数。即

$$\begin{cases} 沿同一\ \alpha\ 线,\ \dfrac{\sigma}{2k} - \theta = \xi \\ 沿同一\ \beta\ 线,\ \dfrac{\sigma}{2k} + \theta = \eta \end{cases} \tag{12-8}$$

式中 ξ、η——沿同一条滑移线的常数。若沿不同滑移线，一般来说是不同的数值。

式（12-8）称为 Hencky 方程，它表征了沿滑移线的静力平衡关系。由式（12-8）解得

$$\begin{cases} \sigma = k(\xi + \eta) \\ \theta = \dfrac{1}{2}(\eta - \xi) \end{cases} \tag{12-9}$$

由此可见，如果已知滑移线场中每一点的参数 ξ、η，则可由式（12-9）确定各点的 σ 和 θ 值，而整个滑移场内的应力分量可由式（12-5）确定。由此即知滑移线对求解问题的重要性。

12.2.2 边界条件

前面指出，当给定力的边界条件时，从平衡方程和屈服条件就可以确定应力。现在具体讨论力的边界条件问题。如图 12-3 所示，若在物体的 C 边界上给定应力的法向分量 σ_N 和切向分量 τ_N，且 $|\tau_N| \leq k$（由于现只限于讨论理想刚塑性体，故最大剪应力不能超过 k 值）。因此，C 边力的边界条件可写为

$$\begin{cases} \sigma_N = \sigma_x \cos^2\varphi + \sigma_y \sin^2\varphi + \tau_{xy}\sin2\varphi \\ \tau_N = \dfrac{1}{2}(\sigma_y - \sigma_x)\sin2\varphi + \tau_{xy}\cos2\varphi \end{cases} \tag{12-10}$$

式中 φ——边界 C 的外法线 N 和 x 轴的夹角。

若边界处于塑性区，则应力分量应满足屈服条件。根

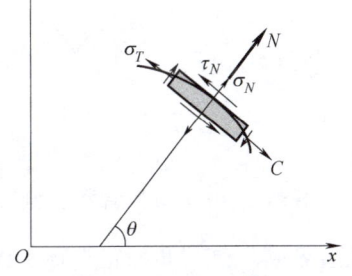

图 12-3 力的边界条件

据平面应变问题的屈服条件，将式（12-5）代入式（12-10），得到

$$\begin{cases} \sigma_N = \sigma - k\sin2(\theta - \varphi) \\ \tau_N = k\cos2(\theta - \varphi) \end{cases} \quad (12\text{-}11)$$

上述边界条件也可写为

$$\begin{cases} \theta = \varphi \pm \dfrac{1}{2}\arccos\dfrac{\tau_N}{k} + m\pi \\ \sigma = \sigma_N + k\sin2(\theta - \varphi) \end{cases} \quad (12\text{-}12)$$

根据上述分析可知，通过边界条件即能确定边界上各点的 σ、θ 值，从而定出滑移场中任一点的 σ、θ 值。

式（12-12）中的 $\arccos\dfrac{\tau_N}{k}$ 应为它的主值，而 m 是任意整数。一般来讲，可选取任一点取一个 m 值，而场内其他各点的 m 值应根据滑移线场的整体性决定，而不能任意取值。式中的正负号应结合具体问题的力学概念来决定。如可根据边界各点的切向正应力 σ_T 的性质确定。考虑到平均应力为 $\sigma = \dfrac{\sigma_T + \sigma_N}{2}$，变换后可得

$$\sigma_T = 2\sigma - \sigma_N \quad (12\text{-}13)$$

有时 σ_T 的正负号是可以判断的。这样，由式（12-13）就能确定 σ 的正负号，进而确定了式（12-12）中的正负号。或者由最大主应力 σ_1 的方向来确定 α 方向，即决定 θ 角。

[例 12-1] 现以自由直线边界为例（图 12-4），此时 $\varphi = \dfrac{\pi}{2}$，$\sigma_N = \tau_N = 0$。由式（12-12）和式（12-13）应有

$$\begin{cases} \theta = \dfrac{\pi}{2} \pm \dfrac{\pi}{4} + m\pi \\ \sigma = \pm k \\ \sigma_T = \pm 2k \end{cases} \quad (12\text{-}14)$$

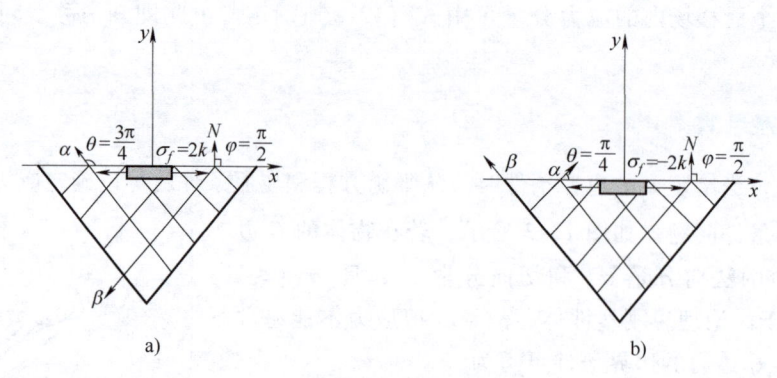

图 12-4　例 12-1 图

既然 σ 和 θ 均为常数，则在自由直线边界附近是均匀应力状态，相应的滑移线场是由和边界成 $\dfrac{\pi}{4}$ 和 $\dfrac{3\pi}{4}$ 角的正交直线族组成的均匀场。下面来确定正负号，即决定 α 和 β 的方向。若边界受拉（图 12-4a），σ_T 应取正号，则 σ 和 θ 式中也取正号。或者，由 $\sigma_1 = \sigma_T$，$\sigma_3 = $

σ_N。从 σ_T 方向顺时针转 $\dfrac{\pi}{4}$ 即为 α 方向，则 $\theta = \dfrac{3\pi}{4}$。反之，如边界受压（图 12-4b），σ_T 应取负号，而 σ 和 θ 式中也应取负号。或者，根据 $\sigma_1 = \sigma_N$，$\sigma_3 = \sigma_T$，从法向顺时针转 $\dfrac{\pi}{4}$ 定出 α 方向，则 $\theta = \dfrac{\pi}{4}$。

若图 12-4 所示的直线边界不是自由的，但只受法向分布力作用，即 $\sigma_N \ne 0$，$\tau_N = 0$，由式（12-12）和式（12-13）有

$$\begin{cases} \theta = \dfrac{\pi}{2} \pm \dfrac{\pi}{4} + m\pi \\ \sigma = \sigma_N \pm k \\ \sigma_T = \sigma_N \pm 2k \end{cases} \tag{12-15}$$

若此时 σ_N 和 σ_T 异号，则很易确定 σ_1 和 σ_3 的方向，并进而确定 α 方向，但如果 σ_N 和 σ_T 同号，则不易确定哪一个是最大主应力。此时我们根据分析大致确定边界的切向还是法向为 σ_1 方向，以此决定 α 方向并计算相应的极限荷载。若由此确定的荷载和给定的外荷载一致，则说明开始确定的方向是正确的。若两者性质不一致，如实际外荷载是压力，而计算确定的荷载为拉力，此时只要修改另一方向为 σ_1 方向，重新进行计算即可。

12.2.3 速度场

上述分析了应力，现在来分析一下沿滑移线的变形情况。对刚塑性材料，按照莱维-米塞斯（Levy-Mises）方程，并取 x、y 直角坐标系与 α、β 曲线坐标系方向一致，在平面应变的情况下，沿滑移线 α 和 β 方向的应变增量为

$$\begin{cases} d\varepsilon_\alpha = S_\alpha d\lambda \\ d\varepsilon_\beta = S_\beta d\lambda \\ d\gamma_{\alpha\beta} = 2\tau_{\alpha\beta} d\lambda \end{cases} \tag{12-16}$$

因为沿 α、β 方向

$$\sigma_\alpha = \sigma_\beta = \sigma_m = 0 \quad \tau_{\alpha\beta} = \tau_{\max} = \tau \tag{12-17}$$

因此，由式（12-16），即得到

$$d\varepsilon_\alpha = d\varepsilon_\beta = 0 \tag{12-18}$$

这就说明沿滑移线方向的正应变增量为零。

式（12-18）也可写成下列形式

$$\begin{cases} \dot\varepsilon_\alpha = 0 \\ \dot\varepsilon_\beta = 0 \end{cases} \tag{12-19}$$

式（12-19）表明沿滑移线的正应变率为零，即滑移线具有刚性性质，滑移线没有长度上的伸缩，这与理想刚塑性的假设相符。塑性区的变形只有沿滑移线方向的剪切流动。式（12-19）表明了沿滑移线割取的单元的变形特征。现将式（12-19）改写成方便的形式。如图 12-5 所

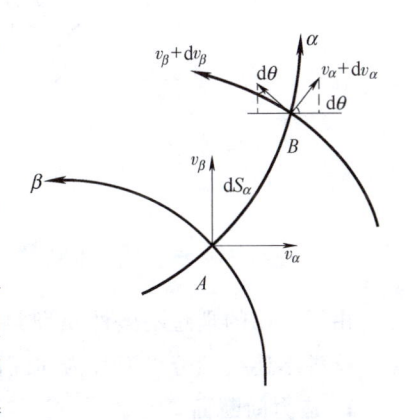

图 12-5　滑移线特性

示，考察 α 线的无限小线段 $AB = dS_\alpha$，A 点的速度分量为 v_α 和 v_β，则 B 点的速度分量为 $v_\alpha + dv_\alpha$ 和 $v_\beta + dv_\beta$。略去高阶微量，沿 α 方向的速度变化为

$$[(v_\alpha + dv_\alpha)\cos d\theta - (v_\beta + dv_\beta)\sin d\theta] - v_\alpha \approx dv_\alpha - v_\beta d\theta \tag{12-20}$$

沿 α 方向的线应变率为

$$\dot\varepsilon_\alpha = \frac{\partial v_\alpha}{\partial S_\alpha} = \frac{dv_\alpha - v_\beta d\theta}{dS_\alpha} \tag{12-21}$$

同理

$$\dot\varepsilon_\beta = \frac{\partial v_\beta}{\partial S_\beta} = \frac{dv_\beta + v_\alpha d\theta}{dS_\beta} \tag{12-22}$$

这样，式 (12-19) 改写为

$$\begin{cases} 沿\ \alpha\ 线 & dv_\alpha - v_\beta d\theta = 0 \\ 沿\ \beta\ 线 & dv_\beta + v_\alpha d\theta = 0 \end{cases} \tag{12-23}$$

这就是著名的盖林格（Geiringer）方程。

速度场可采用两种方法确定，一种是解析方法，如上文所描述。另外一种是作图法，如图 12-6a 所示。选取物体塑性区 α 线上相邻的两点 A_1 和 A_2，如图 12-6a 所示，假设这两点的速度分别为 v_1 和 v_2。将 α 线映像，即将真实滑移线旋转 $\frac{\pi}{2}$ 形成 α'。同理，对 β 线旋转 $\frac{\pi}{2}$ 形成 β'，如图 12-6b 所示。然后以 v_x 和 v_y 为坐标轴，在该坐标系作矢量 $O\alpha_1$ 和 $O\alpha_2$ 表示 v_1 和 v_2，它们分别和所代表的速度大小相等，则矢量 $\alpha_1\alpha_2$ 就是 A_1 和 A_2 两点间的速度增量。因为沿滑移线正应变率为零，此速度增量沿此滑移线的分量应为零，所以总速度增量 $\alpha_1\alpha_2$ 应垂直于 α 线。这样沿矢端 α_1、α_2、…连成的光滑曲线 α' 作为 α 线的映像是真实滑移线旋转 $\frac{\pi}{2}$ 而成的，对 β 线亦如此。图 12-6b 就称为速端图，利用速端图可以用图解法确定速度场，其将在后面的实例中介绍。

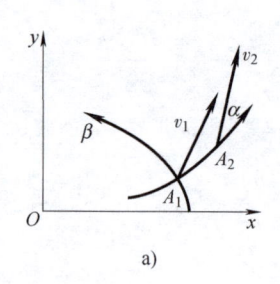

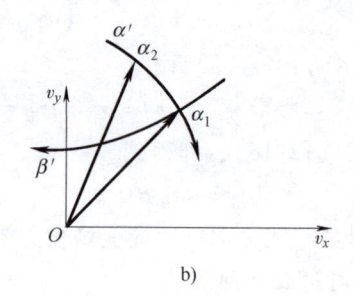

图 12-6 速度场

12.2.4 应力和速度的间断面

由于采用的理想刚塑性模型是一种近似，在解答中常常会出现应力或速度的不连续现象，这种不连续的分界面称为间断面。

1. 应力间断面

如图 12-7 所示，设 L 为应力间断面，L 的两侧分别称为（1）区和（2）区。设 N 和 T

为 L 上任一点处的法线和切线，则该点处的应力分量用 σ_N、σ_T 和 τ_N 表示，在该点附近（1）区和（2）区内相应应力分量分别表示为 $\sigma_N^{(1)}$、$\sigma_T^{(1)}$、$\tau_N^{(1)}$ 和 $\sigma_N^{(2)}$、$\sigma_T^{(2)}$、$\tau_N^{(2)}$。作用于 L 面两侧的应力分量 $\sigma_N^{(1)}$、$\sigma_N^{(2)}$ 和 $\tau_N^{(1)}$、$\tau_N^{(2)}$ 是作用与反作用的关系，所以它们应该相等，即法向正应力 σ_N 和剪应力 τ_N 是连续无间断的。而作用于垂直间断面 L 的微分面上的应力分量 σ_T 由（1）区横过 L 至（2）区时将有突变，所以，在应力间断面上各点只有应力分量 σ_T 有间断，L 是应力间断线的充要条件为 $|\tau_N| < k$，而且可以证明应力间断面与滑移线不一致。

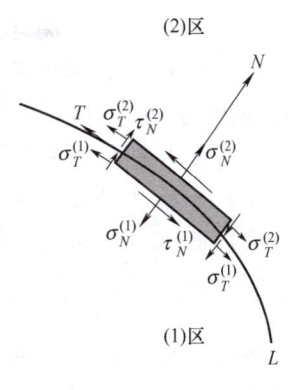

图 12-7 应力间断面

2. 速度间断面

如图 12-8 所示，设 L 为速度间断面。为了保证材料的连续性，即不发生材料的堆积或裂缝，L 上各点的法向速度 v_N 必须保持连续，只有切向速度 v_T 可能有间断。因此，速度的不连续是指切向速度的不连续，且两侧切向速度的不连续量为 $\Delta v_T = v_T^{(2)} - v_T^{(1)}$，参见图 12-8b。可以证明，速度间断面必为滑移线或滑移线族的包络线，且沿同一速度间断面各处切向速度的不连续量相等。

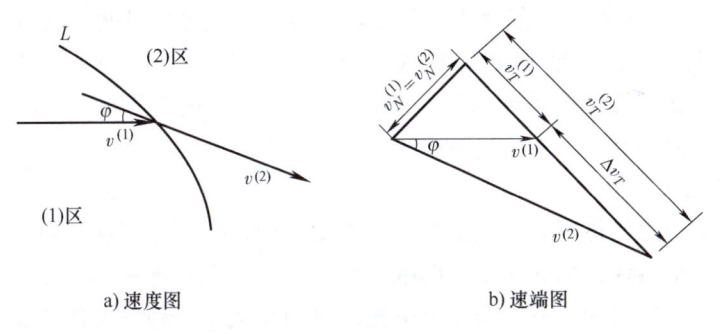

a) 速度图　　　　　b) 速端图

图 12-8 速度间断面

12.3 滑移线场解的性质

对理想刚塑性体，其完全解的条件是什么？什么情况下解是唯一的？当利用滑移线场求解时，能否对所得的结果做出估计？本节将对这些问题进行讨论。

1. 完全解的条件

一理想刚塑性体 V 的总表面为 $S = S_P + S_v$。设在 S_P 上受给定的表面力 $\overline{P}_N$ 作用，而在其余表面 S_v 上给定速度 $\overline{v}_N$，在某一时刻，V 中的一部分变为塑性区 V_d；其余仍是刚性区 V_r。理想刚塑性体速度如图 12-9 所示。下面的内容虽然是结合平面应变问题来叙述的，但这些结论对所有理想刚塑性的问题都是适用的。

对理想刚塑性体，完全解须满足下列条件：

1）应力在 V 内满足平衡方程（12-2）。

2）在塑性区内应力应满足屈服条件 $(\sigma_x - \sigma_y)^2 + 4\tau_{xy}^2 = 4k^2$（在 V_d 内），而在刚性区内应力应满足 $(\sigma_x - \sigma_y)^2 + 4\tau_{xy}^2 \leq 4k^2$（在 V_r 内）。

3）应力在 S_P 上满足力的边界条件式（12-10）。

4）在 V_d 内，速度及应变速度是连续的。而在 V_r 内，速度为零或为常量（即刚体运动）。

5）体积是不变的（即不可压缩的）。

6）在 S_v 上满足速度边界条件。

7）在 S_P 上，外力所做功的功率

$$\int_{S_P} P_N v_N \mathrm{d}s > 0 \qquad (12\text{-}24)$$

8）在 V_d 内，应力和应变率（或增量）满足莱维-米塞斯（Levy-Mises）方程。

上述各项之中的1）~3）只和应力有关，只满足这三个条件的应力就称为静力学上可能的应力，简称为可能应力。满足 Hencky 方程和力的边界条件的滑移线场，显然是一种静力学上可能的应力场。同样地，因为4）~7）只和速度有关，只满足这些条件的速度称为

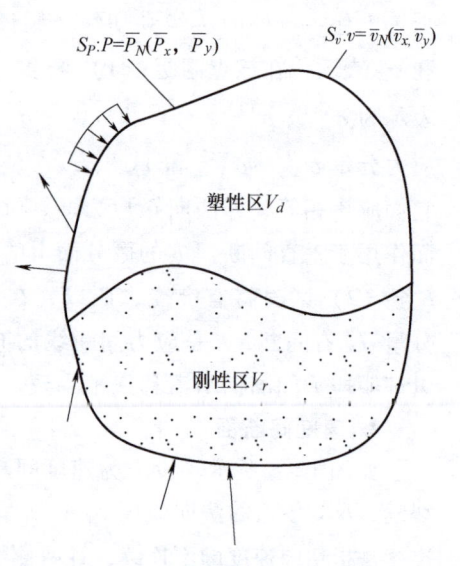

图12-9　理想刚塑性体速度

运动学上可能的速度，简称为可能速度。显然，满足这些条件的盖林格（Geiringer）方程［式（12-15）］的解也只是一种运动学上可能的速度场。由8）可知，只有当静力学上可能的应力和运动学上可能的速度满足莱维-米塞斯（Levy-Mises）方程时，它们才是完全解。如果上述各点只是在塑性区内得到满足，而在刚性区则不一定满足的解是不完全解（特别是要证明在刚塑性内满足2）、4）是困难的）。

2. 关于解的唯一性

即使对完全解，除物体所有区域都发生塑性变形的情况外，刚性区的应力分布一般是不确定的，因此不能证明应力场和速度场的唯一性，从而完全解不一定是唯一的。如果是完全解，就可以唯一地确定使物体开始塑性变形流动时的荷载。此外，即使可证明应力场是唯一的，但只要在物体整个边界上没有给定速度，那么速度场仍不能唯一确定。

3. 极限荷载的上限和下限

利用滑移线场求解所得的发生初始塑性流时的极限荷载，往往只是一个不完全解。可以证明，在简单加载情况下，与静力学上可能的应力场相应的荷载是真正解 P 的下限 P^-，而与运动学上可能的速度场相应的荷载是 P 的上限 P^+，即

$$P^- \leqslant P \leqslant P^+ \qquad (12\text{-}25)$$

如果能从对多种可能的滑移线场和速度场的分析所得的结果中，选择足够接近的 P^- 和 P^+，则取它们的平均值作为 P，不会产生较大的误差。若能得到 $P^- = P^+$，则结果就是 P 了。

12.4　应用实例

12.4.1　平冲头压入半平面的极限荷载

为说明如何利用滑移线求解问题，作为一个典型的例子，接下来分析一个刚性平冲头压入半平面的问题（图12-10）。

首先分析塑性变形的发展过程。当加在冲头上的压力 P 逐渐增加时，塑性区域将首先在点 A 和 B 处开始形成。但按照刚塑性假设，处于这两个局部塑性区域之间的材料是刚性的，它阻止了在塑性区域内发生任何的塑性流动，也阻止冲头的压入。只有在塑性区域扩展至整个冲头的底部后，才有可能压入。这时，在塑性区内开始发生塑性流动，自由表面处于要变形而没有变形的状态。当冲头压入以后，材料被从两边向上挤出，塑性变形可不受限制地发展。研究塑性变形的这种相继发展的阶段是非常困难的，故这里只限于研究刚开始发生的塑性流动，即所谓初始塑性流动，它所需要满足的是未变形表面处的边界条件。

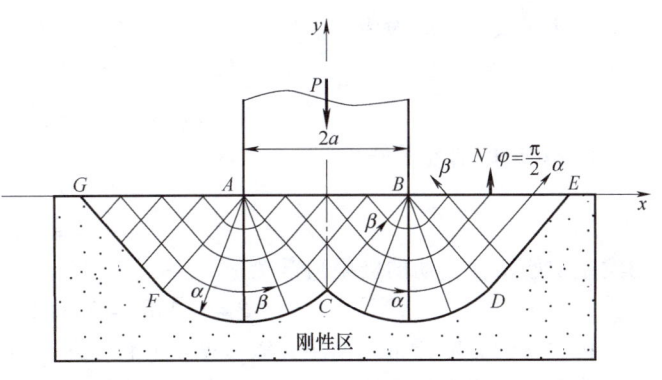

图 12-10 平冲头压入问题

不计接触面之间的摩擦，设在发生初始塑性流动的极限状态下，冲头下面的压力是均匀分布的。冲头两边是自由的直线边界。根据分析，可以设想现时的滑移线场为：在冲头的下面和两边的塑性区是均匀应力状态的三角形均匀场，而三个三角形的均匀场之间可用两个简单应力状态的中心场连接起来（图 12-10）。

先考虑三角形区域 BED。因为 BE 边是自由直线表面，$\sigma_N = \tau_N = 0$，$\varphi = \dfrac{\pi}{2}$，根据直观分析，在开始产生无限制塑性流动时，冲头向下运动，使 $CBED$ 部分受到向右的挤压，所以假定 σ_T 是压应力（即 BE 边受压）。这样 $\sigma_N = \sigma_1$，$\sigma_T = \sigma_3$，由 σ_1 方向（BE 的法向）顺时针旋转 $\dfrac{\pi}{4}$ 就是 α 方向，即 α 指向第一象限，$\theta_{\triangle BED} = \dfrac{\pi}{4}$ 由式（12-12），得到平均应力为

$$\sigma_{\triangle BED} = \sigma_N + k\sin2(\theta - \varphi) = 0 + k\sin2\left(\dfrac{\pi}{4} - \dfrac{\pi}{2}\right) = -k \qquad (12\text{-}26)$$

沿 α 线

$$\xi_{\triangle BED} = \left(\dfrac{\sigma}{2k} - \theta\right)_{\triangle BED} = -\dfrac{k}{2k} - \dfrac{\pi}{4} = -\dfrac{1}{2} - \dfrac{\pi}{4} \qquad (12\text{-}27)$$

在三角形区域 ABC 中，α 的方向可以由 $\triangle BED$ 中的 α 方向来决定（因为 α 线是连续的），α 线由 $\triangle BED$ 顺时针转过 $\dfrac{\pi}{2}$ 后到达 $\triangle ABC$ 区，这时 θ 角的变化为（注意 θ 以逆时针为正）$\Delta\theta = -\dfrac{\pi}{2}$，则

$$\theta_{\triangle ABC} = \theta_{\triangle BED} + \Delta\theta = \dfrac{\pi}{4} - \dfrac{\pi}{2} = -\dfrac{\pi}{4} \qquad (12\text{-}28)$$

$$\xi_{\triangle ABC} = \dfrac{\sigma_{\triangle ABC}}{2k} + \dfrac{\pi}{4} \qquad (12\text{-}29)$$

因为沿同一条 α 线，$\xi = $ 常数，则 $\xi_{\triangle ABC} = \xi_{\triangle BED}$，由此得

$$\sigma_{\triangle ABC} = -k(1 + \pi) \qquad (12\text{-}30)$$

在该区域内的应力为

$$\begin{cases} (\sigma_x)_{\triangle ABC} = -k\pi \\ (\sigma_y)_{\triangle ABC} = -k(2+\pi) \end{cases} \quad (12\text{-}31)$$

由 AB 边的边界条件

$$\sigma_y = -\frac{P}{2a} \quad (12\text{-}32)$$

则发生初始塑性流动的极限荷载为

$$P = -2a\sigma_y = 2ak(2+\pi) \quad (12\text{-}33)$$

接下来求速度分布。设冲头以速度 v（绝对值）向下运动，在 AB 上，$v_y = -v$，$v_x = 0$。

将 $\triangle ABC$ 看作是和冲头一起以 v 向下运动，则在该区域内沿 α 滑移线和 β 滑移线的速度分量为

$$\begin{cases} v_\alpha = \dfrac{v}{\sqrt{2}} \\ v_\beta = -\dfrac{v}{\sqrt{2}} \end{cases} \quad (12\text{-}34)$$

在中心场 BCD 中，因为 CD 下面是刚性区，阻止塑性区 BCD 向下运动，则沿 CD 的法向速度应为零。而根据式（12-23）的第二式，沿直滑移线的速度是常数，所以在中心场 BCD 内，沿 β 线速度分量 $v_\beta = 0$。这时，由式（12-23）的第一式，沿 α 线的速度分量 $v_\alpha = $ 常数。因为在 BC 边上 $v_\alpha = \dfrac{v}{\sqrt{2}}$，所以 BCD 内沿 α 的速度分量 $v_\alpha = \dfrac{v}{\sqrt{2}}$。

同理，在 $\triangle BED$ 中，根据式（12-23），沿滑移线速度应为常量。又因为沿 DE 边的法向速度分量为零，沿 BD 边的法向速度分量为 $\dfrac{v}{\sqrt{2}}$，则在该区域内

$$\begin{cases} v_\beta = 0 \\ v_\alpha = \dfrac{v}{\sqrt{2}} \end{cases} \quad (12\text{-}35)$$

以上是用盖林格（Geiringer）方程确定速度场的。利用速端图并结合边界条件和连续条件也可用图解方法确定速度场。如图 12-11a 所示为其速端图。整个塑性区内的速度分布如图 12-11b 所示。

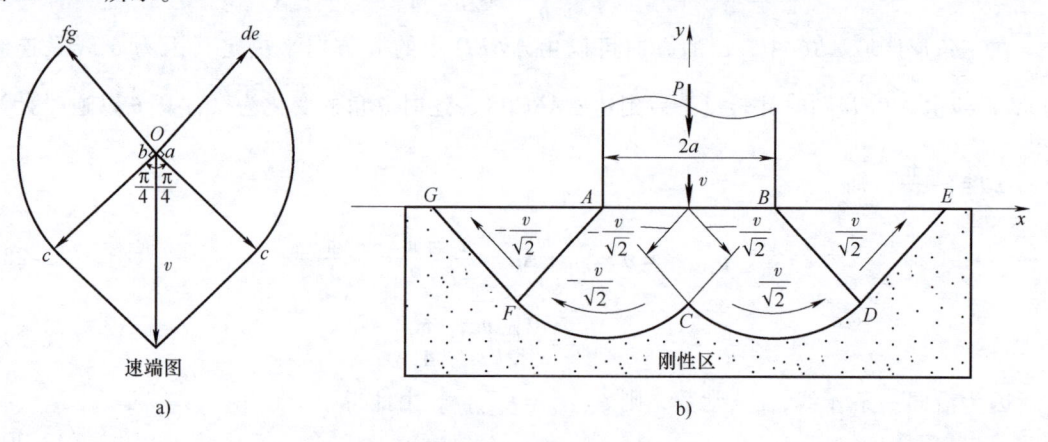

图 12-11 速度场

综上所述，三角形区域 ABC 正好如刚体一样以速度 v 向下运动。扇形区域 BCD 及三角区域 BED 沿 α 线以速度 $\dfrac{v}{\sqrt{2}}$ 移动。对左半部分的分析也是相同的。以上分析说明了与图 12-11 所示的滑移线场相应的速度场是存在的。但 ACDE 和 BCFG 线是速度的不连续线，因为沿这些线的切向速度是不连续的。

对这个问题，还可以作出另一种滑移场，如图 12-12 所示。极限荷载也得到式（12-33）的结果，其推导过程建议读者自己完成。现证明后一种情况比较符合实际。这是因为在图 12-10 上所示的滑移场中，塑性区延展得比图 12-12 的远，必然使冲头发生了相当大的压入和表面变形，显然这已经不是初始塑性流动的情况了。但在冲头面粗糙的情况下，前一种是适用的。

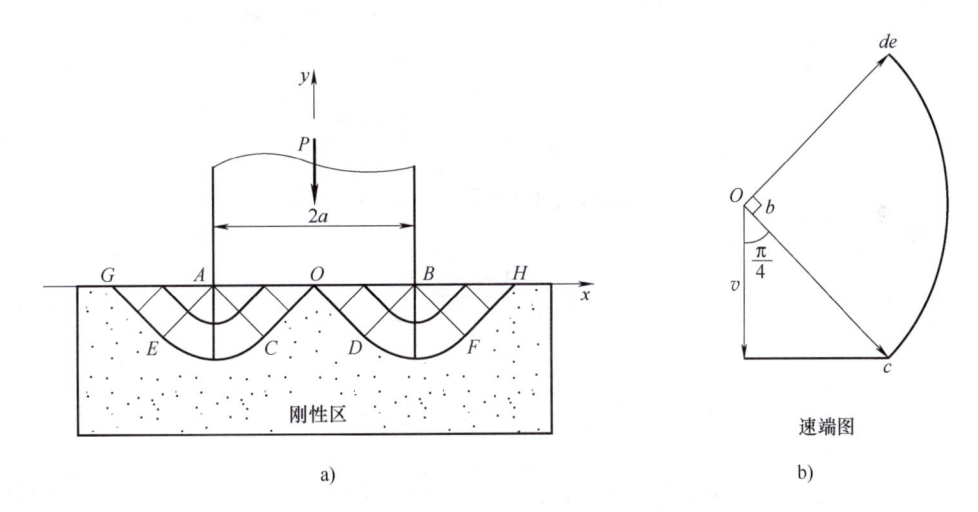

图 12-12 滑移场

虽然两种滑移场得到相同的极限荷载值，但两者的滑移场不同，且速度场也不同。从这里可以看出，以刚塑性假设为依据，利用滑移线得到的解答不是唯一的。这是因为滑移场往往是根据经验得出的，是一种可能的状态，但不一定就是正确的解答。事实上，我们只是提出了解的建议，然后证明它满足边界条件，因而得到的解并不是唯一的。

12.4.2 单边受压的楔形体

现在对右边边界有均匀压力 q 作用的楔形体，研究其极限荷载的求解问题，如图 12-13 所示。钝角楔体 $\left(2\gamma > \dfrac{\pi}{2}\right)$ 的 OD 边施加均布压力 q，$\tau_{xy} = 0$。OA 边为自由边。

根据边界受力特点，显然在 AO 和 OD 边附近是三角形的均匀场 AOB 和 DOC，这两个均匀场可以用中心场 BOC 连起来。

在 △AOB 中，自由边界 AO 上有 $\sigma_N = \tau_N = 0$，边界 AO 的外法线和 x 轴的夹角 $\varphi = \pi - \gamma$。如把楔形体看成一悬臂梁，则 AO 边是受压缩的，σ_T 是压应力，所以法向是最大主应力方向，顺时针旋转 $\dfrac{\pi}{4}$，就是 α 方向，则

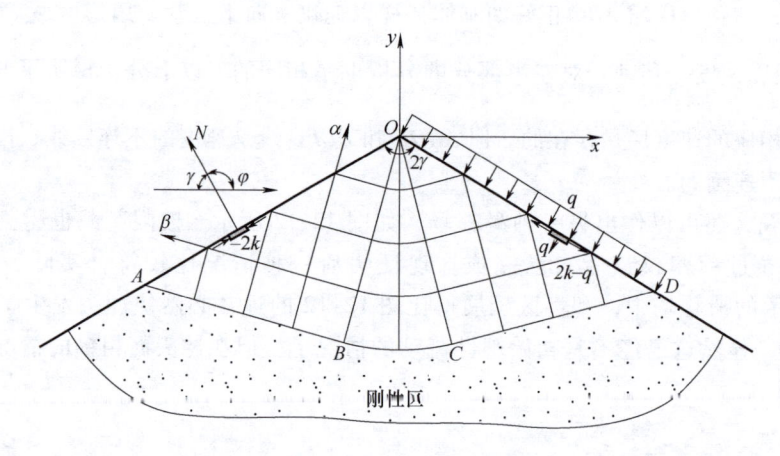

图 12-13 单边受压的楔形体

$$\theta_{\triangle AOB} = \varphi - \frac{\pi}{4} = \pi - \gamma - \frac{\pi}{4} = \frac{3\pi}{4} - \gamma \tag{12-36}$$

$$\sigma_{\triangle AOB} = \sigma_N + k\sin 2(\theta - \varphi) = -k \tag{12-37}$$

沿 β 线

$$\eta_{\triangle AOB} = \frac{3\pi}{4} - \gamma - \frac{1}{2} \tag{12-38}$$

而在 △DOC 中

$$\theta_{\triangle DOC} = \left(\frac{3\pi}{4} - \gamma\right) + \left(2\gamma - \frac{\pi}{2}\right) = \frac{\pi}{4} + \gamma \tag{12-39}$$

$$\sigma_{\triangle DOC} = k - q \quad \eta_{\triangle DOC} = \frac{k-q}{2k} + \frac{\pi}{4} + \gamma \tag{12-40}$$

因为沿同一 β 线，参数 η 是常数，所以 $\eta_{\triangle AOB} = \eta_{\triangle DOC}$，由此即得极限荷载

$$q = 2k\left(2\gamma + 1 - \frac{\pi}{2}\right) \tag{12-41}$$

若直角楔顶角 $\gamma = \frac{\pi}{4}$，中心场退化成直线，则楔顶附近都是均匀场，处处为均匀的单向压缩（图 12-14a）。但当 $\gamma < \frac{\pi}{4}$（锐角楔）时，三角形 AOB 和 DOC 互相有一部分重叠，这时就不能有连续的应力场。OO' 线是应力的间断线，在间断线两侧仍是均匀应力状态，在间断线上与间断线方向平行的正应力发生跳跃（图 12-14b）。

12.4.3 两侧带切口的板条拉伸

对于两侧被不同形状的对称切口削弱的板条的拉伸问题，也可以用滑移线方法解决。因为这里是讨论平面应变问题，作为分析对象的板条实际上是从厚度方向取出的单位厚度的一片。假定板条具有足够的长度，这样，板两端的固定的性质就不影响被削弱的截面中的塑性流动。

先考虑最简单的一种情况，即切口是无限小的。在极限状态情况下，板条在中间截面的两边沿垂直方向以速度 v 伸长。滑移线场如图 12-15 所示。它由四个均匀场和四个中心场所

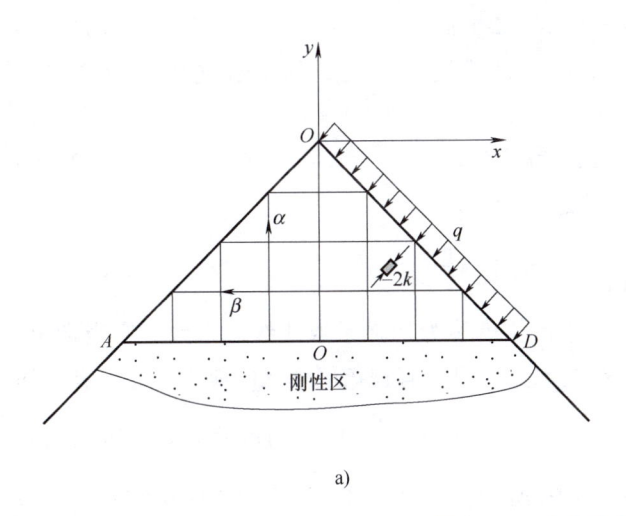

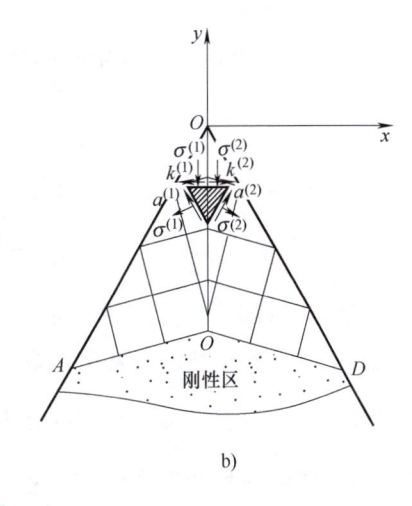

组成。

在 $\triangle OAB$ 中,沿自由边界 OA,$\varphi = -\dfrac{\pi}{2}$,$\sigma_N = \sigma_T = 0$。根据受力特点,此边界 AO 受拉。这时,切向为 σ_1 方向,α 方向指向第四象限

$$\begin{cases} \theta_{\triangle OAB} = -\dfrac{\pi}{4} \\ \sigma_{\triangle OAB} = k \end{cases} \quad (12\text{-}42)$$

与区域 OAB 相连接的是中心场 OBC,而后又与均匀场的 $OCDC'$ 相连接。这样,塑性区的边界线 $ABCD$ 是 β 线,在所有的区域中参数 η 应是常数。但在 $\triangle OAB$ 中,将式(12-42)代入式(12-8),则

$$\eta_{\triangle OAB} = \dfrac{1}{2} - \dfrac{\pi}{4} \quad (12\text{-}43)$$

而在 $OCDC'$ 中 σ 是不知道的,但 $\theta = -\dfrac{3\pi}{4}$,由式(12-8),得

$$\eta_{\triangle ODC} = \dfrac{\sigma}{2k} - \dfrac{3\pi}{4} \quad (12\text{-}44)$$

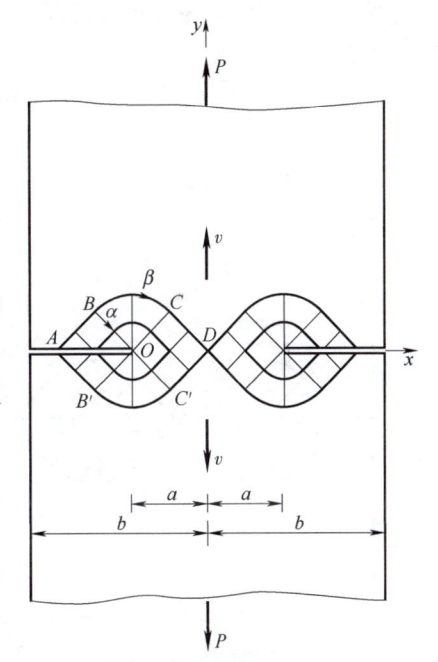

图 12-15 滑移线场

由式(12-43)和式(12-44),令力 $\eta_{\triangle ODC} = \eta_{\triangle OAB}$,则得平均应力

$$\sigma_{OCDC'} = k(1+\pi) \quad (12\text{-}45)$$

在 $OCDC'$ 中的应力分量为

$$\begin{cases} \sigma_x = k\pi \\ \sigma_y = k(2+\pi) \end{cases} \quad (12\text{-}46)$$

因此,板条的极限拉力为

$$P = 2a\sigma_y = 2ak(2+\pi) \tag{12-47}$$

按初等解法，不计板条切口部分的影响，只计最小截面处的承载能力，则极限荷载为

$$P^0 = 2a \cdot 2k = 4ak \tag{12-48}$$

式（12-46）和式（12-47）的极限荷载之比为

$$\frac{P}{P^0} = \frac{2ak(2+\pi)}{4ak} = \left(1 + \frac{\pi}{2}\right) > 1 \tag{12-49}$$

说明切口部分对板条确有加强作用，这个比值就称为加强系数或约束系数。应当指出，以上分析是假定塑性区只发生在截面最狭小的地方，也没有校核刚性区的应力，这只有在切口足够深时才符合。进一步分析表明，$\frac{b}{a} > 8.62$，式（12-47）所示的解才有效，否则两侧边界将对滑移线场产生影响。速度场如图12-16所示，建议读者自己完成，图中箭头是指速度的实际方向，而数值为其绝对值。

以上分析是针对无限狭小的切口开展的，这只是一种理想的情况。实际上，切口总是有一定宽度的。在切口为尖角的情况下，可以画出图12-17所示的滑移线场，其相应的拉伸极限荷载为

$$P = 2ak(2+\pi-2\gamma) \tag{12-50}$$

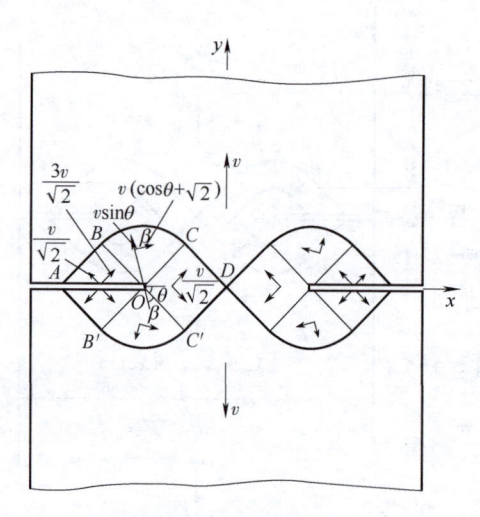

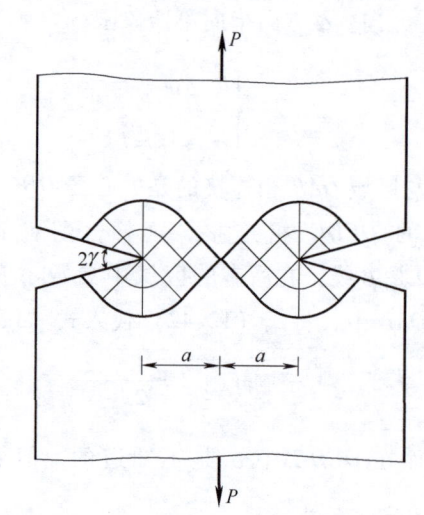

图12-16 速度场　　图12-17 无限狭小的切口对应的滑移线场

如果切口具有圆弧形底边，在圆弧附近滑移线为对数螺线形，而整个滑移线场的形式随宽度 $2a$ 和圆弧半径 r 的比值变化而变化。当 $\frac{a}{r} \leqslant 3.81$ 时，滑移线场如图12-18所示。其相应的极限荷载为

$$P = 4ak\left(1 + \frac{r}{a}\right)\ln\left(1 + \frac{a}{r}\right) \tag{12-51}$$

当 $\frac{a}{r} > 3.81$ 时，滑移线场就要复杂得多。

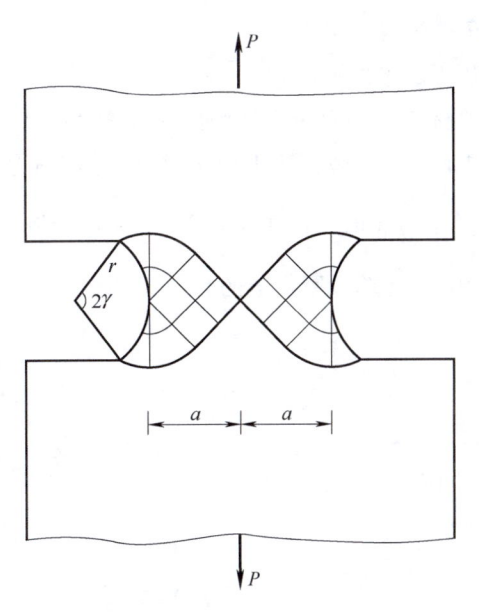

图 12-18　切口具有圆弧形底边的滑移线场

习　题

[12-1]　一顶角为 $\left(2\gamma<\dfrac{\pi}{2}\right)$ 的刚性楔挤入理想刚塑性材料的 V 形凹槽时，试就如下两种情况，从图 12-19 所示的滑移线场计算挤压力 P：（1）楔顶是光滑的（即摩擦系数 $\mu=0$）（图 12-19a）；（2）楔顶是完全粗糙的（即与楔接触面上剪应力为 k）（图 12-19b）。

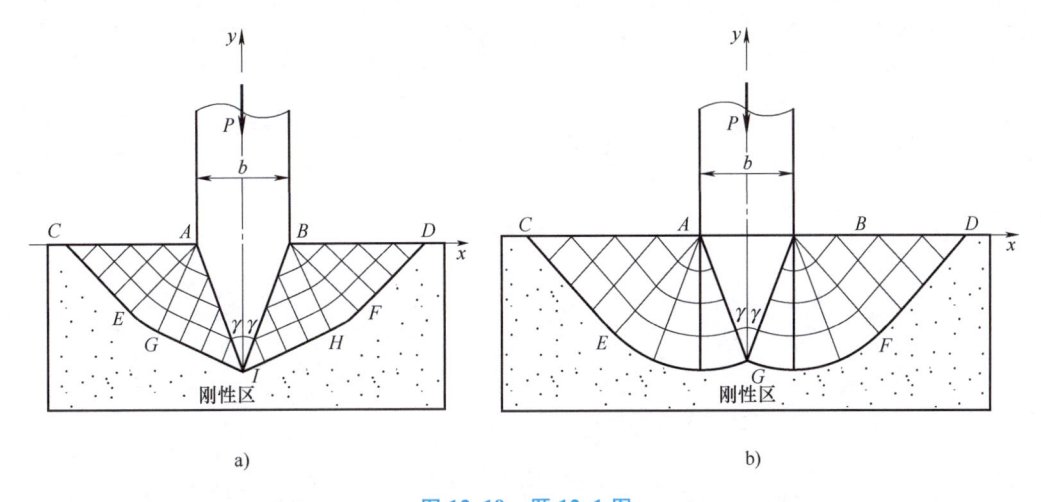

图 12-19　题 12-1 图

[12-2]　上题中如果楔向下挤入速度为 v，求场内的速度分布。

[12-3]　根据图 12-12a 的情况，求 P。

[12-4]　计算如图 12-16 所示的速度场。

[12-5] 根据图 12-17 的情况，求 P。

[12-6] 求如图 12-20 所示平顶楔的 q。

[12-7] 一理想刚塑性材料的平面应变切削问题如图 12-21 所示。(1) 从图示三角形滑移场 ABC，求作用于刀具面上的单位面积上的压力 P_N 和切向力 P_T。当刀具与材料之间的摩擦系数为 $\mu = \tan v$，刀具倾角为 λ 时，图中 $\gamma = \dfrac{\pi}{4} - v$ 及 $\psi = \dfrac{\pi}{4} - v + \lambda$。(2) 求作用于刀具上的总的水平力 P_x 和垂直力 P_y（单位厚度上的）。

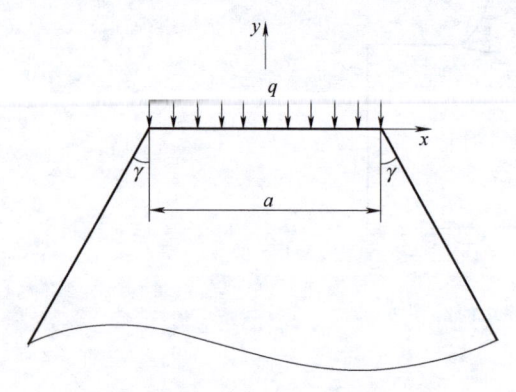

图 12-20 题 12-6 图

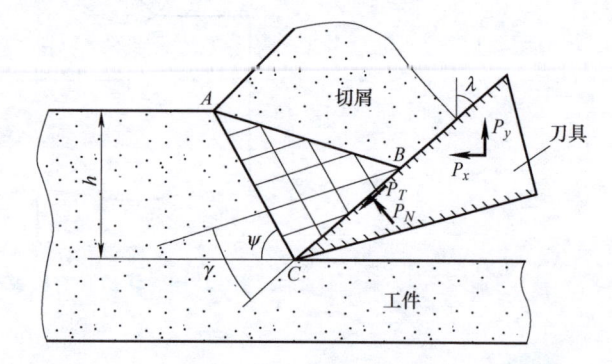

图 12-21 题 12-7 图

第 13 章　理想刚塑性体的极值原理及应用

本章主要介绍理想刚塑性体的增量理论的极值原理。首先介绍虚功率原理、下限定理、上限定理及解的唯一性问题,然后结合平面应变问题的初始塑性流动介绍这些原理的运用。这些原理在结构极限分析等方面也得到了广泛的应用,但限于篇幅关系,这里没有介绍这方面的内容,可以参考有关专著。另外,为了叙述简便,本章结合平面应变问题进行叙述,但所得的结论均具有普遍性。

■ 13.1　虚功率原理

首先回顾一下大家熟知的虚功率原理,它是本章极值原理的出发点。考虑一由表面 S 所围的物体 V(处于平面应变状态),设分别在表面 S 上的一部分 S_σ 上给定面力 $\bar{f}(\bar{f}_x,\bar{f}_y)$,在剩下的 S_v 上给定速度 $\bar{v}(\bar{v}_x,\bar{v}_y)$。考虑在 V 中满足平衡方程(设体力为零),在 S_σ 上满足力的边界条件的应力分布 σ_x^s,σ_y^s 及 τ_{xy}^s,这是静力学上可能的应力场。另一方面,考虑在 S_v 上满足速度边界条件的速度分布 v_x^k 和 v_y^k,它是运动学上可能的速度场。其相应的应变速率为 $\dot{\varepsilon}_x^k$,$\dot{\varepsilon}_y^k$ 及 $\dot{\gamma}_{xy}^k$。这样,虚功率原理可表示为(不计体力)

$$\int_V (\sigma_x^s \dot{\varepsilon}_x^k + \sigma_y^s \dot{\varepsilon}_y^k + \tau_{xy}^s \dot{\gamma}_{xy}^k) \mathrm{d}V = \int_{S_\sigma} (\bar{f}_x v_x^k + \bar{f}_y v_y^k) \mathrm{d}S + \int_{S_v} (\bar{f}_x \bar{v}_x + \bar{f}_y \bar{v}_y) \mathrm{d}S \qquad (13\text{-}1)$$

现证明如下:
在小变形情况下

$$\begin{cases} \dot{\varepsilon}_x^k = \dfrac{\partial v_x^k}{\partial x} \\[2pt] \dot{\varepsilon}_y^k = \dfrac{\partial v_y^k}{\partial y} \\[2pt] \dot{\varepsilon}_{xy}^k = \dfrac{\partial v_y^k}{\partial x} + \dfrac{\partial v_x^k}{\partial y} \end{cases} \qquad (13\text{-}2)$$

则式(13-1)的左边为

$$\int_V \left[\sigma_x^s \frac{\partial v_x^k}{\partial x} + \sigma_y^s \frac{\partial v_y^k}{\partial y} + \tau_{xy}^s \left(\frac{\partial v_y^k}{\partial x} + \frac{\partial v_x^k}{\partial y} \right) \right] \mathrm{d}V$$

$$= \int_V \left[\frac{\partial (\sigma_x^s v_x^k)}{\partial x} + \frac{\partial (\sigma_y^s v_y^k)}{\partial y} + \frac{\partial (\tau_{xy}^s v_y^k)}{\partial x} + \frac{\partial (\tau_{xy}^s v_x^k)}{\partial y} \right] \mathrm{d}V - \int_V \left[v_x^k \left(\frac{\partial \sigma_x^s}{\partial x} + \frac{\partial \tau_{xy}^s}{\partial y} \right) + v_y^k \left(\frac{\partial \tau_{xy}^s}{\partial x} + \frac{\partial \sigma_y^s}{\partial y} \right) \right] \mathrm{d}V$$

$$\begin{aligned}
&= \int_V \left[v_x^k \left(\frac{\partial \sigma_x^s}{\partial x} + \frac{\partial \tau_{xy}^s}{\partial y} \right) + v_y^k \left(\frac{\partial \sigma_y^s}{\partial y} + \frac{\partial \tau_{xy}^s}{\partial x} \right) \right] \mathrm{d}V \\
&= \int_V \left[\frac{\partial (\sigma_x^s v_x^k + \tau_{xy}^s v_y^k)}{\partial x} + \frac{\partial (\sigma_y^s v_y^k + \tau_{xy}^s v_x^k)}{\partial y} \right] \mathrm{d}V \\
&= \int_S \left[(\sigma_x^s v_x^k + \tau_{xy}^s v_y^k) l_x + (\sigma_y^s v_y^k + \tau_{xy}^s v_x^k) l_y \right] \mathrm{d}S \\
&= \int_S \left[v_x^k (\sigma_x^s l_x + \tau_{xy}^s l_y) + v_y^k (\sigma_y^s l_y + \tau_{xy}^s l_x) \right] \mathrm{d}S \\
&= \int_{S_\sigma} (\bar{f}_x v_x^k + \bar{f}_y v_y^k) \mathrm{d}S + \int_{S_v} (f_x^s \overline{v_x} + f_y^s \overline{v_y}) \mathrm{d}S
\end{aligned} \tag{13-3}$$

式中 l_x、l_y——边界外法线 N 的方向余弦。

式（13-3）右边显然与式（13-1）右边相等。式（13-1）左边表示物体内部的功率（应变能的变化率），右边代表表面力因表面上的速度所做的功率。因此，虚功率原理就表示这两部分的功率是相等的。需注意的是，这里的应力和速度除了上述条件以外，并不要求它们之间有何关系，所以它们彼此是独立的。既然和材料特性无关，虚功率原理既可以用于弹性体，也可以用于弹塑性体。

若存在应力或速度的不连续面，下面来分析虚功率原理表达式（13-1）应如何调整。先讨论存在应力间断面的情况，如图 13-1 所示。越过间断面 L 时只有 σ_T 有突变，而作用于 L 面上的应力分量 σ_N 和 τ_N 不变，即沿 L、$\sigma_N^{(1)}$ 和 $\sigma_N^{(2)}$、$\tau_N^{(1)}$ 和 $\tau_N^{(2)}$ 的大小相等，方向相反。若把 L 面看作为 V_1 和 V_2 的一部分边界，L 上的应力分量看作这部分边界上的表面力，则对 V_1 和 V_2 分别应用于式（13-1）中，然后将这两个式子的等式两边分别相加，由于两个区域消耗在 L 上的功率被相互抵消了，故这部分功率不会在最后的等式中出现，结果存在应力间断面时的虚功率原理表达式仍为式（13-1）。

若存在速度间断面，如图 13-2 所示，此时沿 L 只有切向速度有突变，其速度不连续量为 $\Delta v_T = v_T^{(2)} - v_T^{(1)}$。将 L 看作是各区域的一部分边界，分别应用式（13-1），然后将其等式两边分别相加，即得

$$\int_V (\sigma_x^s \dot{\varepsilon}_x^k + \sigma_y^s \dot{\varepsilon}_y^k + \tau_{xy}^s \dot{\gamma}_{xy}^k) \mathrm{d}V + \int_L \tau_N^s \Delta v_T^k \mathrm{d}L \\
= \int_{S_\sigma} (\bar{f}_x v_x^k + \bar{f}_y v_y^k) \mathrm{d}S + \int_{S_v} (f_x^s \overline{v_x} + f_y^s \overline{v_y}) \mathrm{d}S \tag{13-4}$$

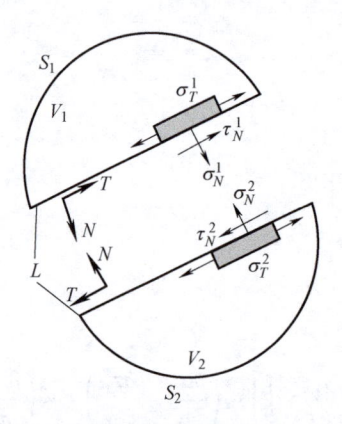

图 13-1　应力间断面

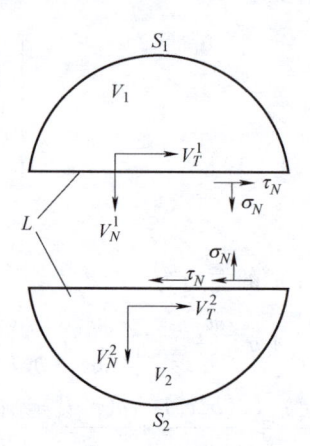

图 13-2　速度间断面

式（13-4）即存在速度间断面时的虚功率原理的表达式，式中左边第二项积分是表示消耗在速度间断面上的内功率。若有多个速度间断面，则应对各个间断面的积分取和。

13.2 下限定理

接下来进一步就理想刚塑性体的平面应变问题来进行分析。在式（13-1）中，如 σ_x^s、σ_y^s、σ_z^s；f_x^s、f_y^s、f_z^s；v_x^k、v_y^k、v_z^k；$\dot\varepsilon_x^k$、$\dot\varepsilon_y^k$、$\dot\varepsilon_z^k$ 等均为真解 σ_x、σ_y、σ_z；f_x、f_y、f_z；v_x、v_y、v_z；$\dot\varepsilon_x$、$\dot\varepsilon_y$、$\dot\varepsilon_z$，则有

$$\int_V (\sigma_x \dot\varepsilon_x + \sigma_y \dot\varepsilon_y + \tau_{xy} \dot\gamma_{xy}) dV \\ = \int_{S_\sigma} (\bar f_x v_x + \bar f_y v_y) dS + \int_{S_v} (f_x \overline{v_x} + f_y \overline{v_y}) dS \tag{13-5}$$

若只是 v_x^k、v_y^k、v_z^k；$\dot\varepsilon_x^k$、$\dot\varepsilon_y^k$、$\dot\varepsilon_z^k$ 和真正解一致，而应力只是一种静力学上可能的状态，则由式（13-1）有

$$\int_V (\sigma_x^s \dot\varepsilon_x + \sigma_y^s \dot\varepsilon_y + \tau_{xy}^s \dot\gamma_{xy}) dV \\ = \int_{S_\sigma} (\bar f_x v_x + \bar f_y v_y) dS + \int_{S_v} (f_x^s \overline{v_x} + f_y^s \overline{v_y}) dS \tag{13-6}$$

将式（13-5）和式（13-6）相减，得到

$$\int_V [(\sigma_x - \sigma_x^s) \dot\varepsilon_x + (\sigma_y - \sigma_y^s) \dot\varepsilon_y + (\tau_{xy} - \tau_{xy}^s) \dot\gamma_{xy}] dV \\ = \int_{S_v} [(f_x - f_x^s) \overline{v_x} + (f_y - f_y^s) \overline{v_y}] dS \tag{13-7}$$

根据德鲁克（Drucker）公设，并考虑到对刚塑性体而言塑性应变速度就是应变速度本身，故有

$$\int_V [(\sigma_x - \sigma_x^s) \dot\varepsilon_x + (\sigma_y - \sigma_y^s) \dot\varepsilon_y + (\tau_{xy} - \tau_{xy}^s) \dot\gamma_{xy}] dV \geqslant 0 \tag{13-8}$$

这样，由式（13-7）得

$$\int_{S_v} (f_x \overline{v_x} + f_y \overline{v_y}) dS \geqslant \int_{S_v} (f_x^s \overline{v_x} + f_y^s \overline{v_y}) dS \tag{13-9}$$

式（13-9）表示在给定速度场中静力可能应力的外力功率（右式）比真正的外力功率（左式）小，即由可能的应力场得到的是外力功率的下限，这就是理想刚塑性体的下限定理。因此，由静力可能应力求得的荷载 f_x^s、f_y^s 是一个下限近似值。在求极限荷载时，需要在各种静力学上可能的应力场中选取最大者才是较好的近似值。

如果在真正解速度场内有速度间断面，或者在真实应力场、静力可能应力场中有应力间断面，下限定理依然成立。因为应力间断面的存在，不改变式（13-1），故式（13-9）仍成立。至于有速度间断面时，按式（13-4），式（13-7）应改为

$$\int_V [(\sigma_x - \sigma_x^s) \dot\varepsilon_x + (\sigma_y - \sigma_y^s) \dot\varepsilon_y + (\tau_{xy} - \tau_{xy}^s) \dot\gamma_{xy}] dV + \int_L (\tau_N - \tau_N^s) \Delta v_T dL \\ = \int_{S_v} [(f_x - f_x^s) \overline{v_x} + (f_y - f_y^s) \overline{v_y}] dS \tag{13-10}$$

根据德鲁克（Drucker）公设，式左的第一个积分是非负的。而在速度间断面 L 上，由

于 L 就是滑移线，所以对应于真正解的 $\tau_N = k$，对应于可能解的 $\tau_N^s \leq k$，则 $\tau_N - \tau_N^s \geq 0$，式 (13-10) 的第二个积分也是非负的，那么由式 (13-10) 仍得到式 (13-9) 的结果。由此证明了在应力或速度间断面存在的情况下，下限定理仍成立。

13.3 上限定理

若式 (13-1) 中 σ_x^s、σ_y^s、σ_z^s；f_x^s、f_y^s、f_z^s 和真解 σ_x、σ_y、σ_z；f_x、f_y、f_z 一致，则

$$\int_V (\sigma_x \dot{\varepsilon}_x^k + \sigma_y \dot{\varepsilon}_y^k + \tau_{xy} \dot{\gamma}_{xy}^k) \mathrm{d}V$$
$$- \int_{S_\sigma} (\bar{f}_x v_x^k + \bar{f}_y v_y^k) \mathrm{d}S + \int_{S_v} (f_x \overline{v_x} + f_y \overline{v_y}) \mathrm{d}S \tag{13-11}$$

设和由 v_x^k、v_y^k 导得的 $\dot{\varepsilon}_x^k$、$\dot{\varepsilon}_y^k$、$\dot{\gamma}_{xy}^k$ 相应的应力为 σ_x^k、σ_y^k、τ_{xy}^k 不一定满足平衡方程及边界条件，但这个应力满足理想刚塑性体本构关系和屈服条件。由德鲁克 (Drucker) 公设，应有

$$\sigma_x^k \dot{\varepsilon}_x^k + \sigma_y^k \dot{\varepsilon}_y^k + \tau_{xy}^k \dot{\gamma}_{xy}^k \geq \sigma_x \dot{\varepsilon}_x^k + \sigma_y \dot{\varepsilon}_y^k + \tau_{xy} \dot{\gamma}_{xy}^k \tag{13-12}$$

在式 (13-11) 中考虑式 (13-12) 的关系，则

$$\int_{S_v} (f_x \overline{v_x} + f_y \overline{v_y}) \mathrm{d}S \leq \int_V (\sigma_x^k \dot{\varepsilon}_x^k + \sigma_y^k \dot{\varepsilon}_y^k + \tau_{xy}^k \dot{\gamma}_{xy}^k) \mathrm{d}V - \int_{S_\sigma} (\bar{f}_x v_x^k + \bar{f}_y v_y^k) \mathrm{d}S \tag{13-13}$$

如果这种可能的速度场中存在速度间断面 L^k，由式 (13-4)，此时式 (13-11) 应写成

$$\int_V (\sigma_x \dot{\varepsilon}_x^k + \sigma_y \dot{\varepsilon}_y^k + \tau_{xy} \dot{\gamma}_{xy}^k) \mathrm{d}V + \int_{L^k} \tau_N \Delta v_T^k \mathrm{d}L^k$$
$$= \int_{S_\sigma} (\bar{f}_x v_x^k + \bar{f}_y v_y^k) \mathrm{d}S + \int_{S_v} (f_x \overline{v_x} + f_y \overline{v_y}) \mathrm{d}S \tag{13-14}$$

这里 τ_N 是表示沿 L^k 的剪应力（真正解），$\tau_N \leq k$，Δv_T^k 表示沿 L^k 的切向速度的不连续量。将式 (13-13) 和式 (13-12) 组合，并注意到 L^k 在上，$(k-\tau)\Delta v_T^k \geq 0$，则

$$\int_{S_v} (f_x \overline{v_x} + f_y \overline{v_y}) \mathrm{d}S \leq \int_V (\sigma_x^k \dot{\varepsilon}_x^k + \sigma_y^k \dot{\varepsilon}_y^k + \tau_{xy}^k \dot{\gamma}_{xy}^k) \mathrm{d}V -$$
$$\int_{S_\sigma} (\bar{f}_x v_x^k + \bar{f}_y v_y^k) \mathrm{d}S + \int_{T^k} k \Delta v_T^k \mathrm{d}L^k \tag{13-15}$$

式 (13-13) 和式 (13-15) 即上限定理。它表示由运动学可能速度得到的功率（右式）是真正解外力功率（左式）的上界。因此，由运动学上可能的速度求得的荷载是一个上限近似值。在求极限荷载时，需要在各种可能速度场中选最小者才是较好的近似值。

13.4 应力分布的唯一性

对于在物体的表面 S_σ 上给定表面力 $\bar{f}$ ($\bar{f}_x$, $\bar{f}_y$)，在 S_v 上给定速度 $\overline{v_N}$ ($\overline{v_x}$, $\overline{v_y}$) 的问题，如果得到了第 12 章所确定的完全解 (σ_x、σ_y、σ_z 和 $\dot{\varepsilon}_x$、$\dot{\varepsilon}_y$、$\dot{\varepsilon}_z$)，则这个完全解的应力在变形的塑性区内是唯一的，现证明如下。

如果有两组应力解都满足完全解的条件，它们分别为 σ_x、σ_y、τ_{xy} 和 σ_x'、σ_y'、τ_{xy}'。根据本构关系，和它们对应的应变率为 ε_x、ε_y、γ_{xy} 和 ε_x'、ε_y'、γ_{xy}'。根据虚功率原理应有

$$\int_V [(\sigma_x - \sigma_x')(\dot\varepsilon_x - \dot\varepsilon_x') + (\sigma_y - \sigma_y')(\dot\varepsilon_y - \dot\varepsilon_y') + (\tau_{xy} - \tau_{xy}')(\dot\gamma_{xy} - \dot\gamma_{xy}')] dV = 0 \tag{13-16}$$

又根据德鲁克公设，由式（9-58）应有

$$(\sigma_x - \sigma_x')\dot\varepsilon_x + (\sigma_y - \sigma_y')\dot\varepsilon_y + (\tau_{xy} - \tau_{xy}')\dot\gamma_{xy} \geq 0 \tag{13-17}$$

$$(\sigma_x' - \sigma_x)\dot\varepsilon_x' + (\sigma_y' - \sigma_y)\dot\varepsilon_y' + (\tau_{xy}' - \tau_{xy})\dot\gamma_{xy}' \geq 0 \tag{13-18}$$

因此，为使式（13-16）成立，须使式（13-17）和式（13-18）取等号。在变形的塑性区域内，由式（13-17）和式（13-18）及体积的不可压缩性可知，应力 σ_x、σ_y、σ_z 和 σ_x'、σ_y'、σ_z' 最多可以差一个静水应力。对这一点并不难证明。以式（13-17）为例，因为

$$\begin{aligned}&(\sigma_x - \sigma_x')\dot\varepsilon_x + (\sigma_y - \sigma_y')\dot\varepsilon_y + (\tau_{xy} - \tau_{xy}')\dot\gamma_{xy} \\ &= (S_x - S_x')\dot\varepsilon_x + (S_y - S_y')\dot\varepsilon_y + (\tau_{xy} - \tau_{xy}')\dot\gamma_{xy} + (\sigma - \sigma')(\dot\varepsilon_x + \dot\varepsilon_y)\end{aligned} \tag{13-19}$$

由于不可压缩性，$\dot\varepsilon_x + \dot\varepsilon_y = 0$。所以式（13-17）为零的充分而且必要的条件是 $S_x = S_x'$，$S_y = S_y'$，$\tau_{xy} = \tau_{xy}'$，即两组应力只能相差一个静水应力值。设 $\sigma_x - \sigma_x' = p$，$\sigma_y - \sigma_y' = p$，$\tau_{xy} = \tau_{xy}'$，将它们代入平衡方程得 $\frac{\partial p}{\partial x} = 0$，$\frac{\partial p}{\partial y} = 0$，故在整个物体内 p 为常数。

另一方面，为了满足 S_σ 上的静力边界条件，必须使 $\sigma_x = \sigma_x'$，$\sigma_y = \sigma_y'$，$\tau_{xy} = \tau_{xy}'$，所以 p 应取零。由此即证明在变形的塑性区内应力分布是唯一的。但是在不变形的刚性区域内并不能保证应力的唯一性。另外，关于速度分布也不是唯一的，只有在物体的整个表面速度被指定的情况下速度才是唯一的。这是因为对于理想塑性体，同一种应力情况可以对应不同的变形状态。

13.5 应用实例

[例 13-1] 受内压的空心方柱体

一边长为 $2b$ 的刚塑性的受内压的空心正方柱体如图 13-3 所示，在其中心有一半径为 a 的圆孔，受均匀内压力 q 作用。若柱体是足够长的，则方柱体处于平面应变状态。现在通过可能应力场和可能速度场求方柱体在发生初始塑性流动时的极限荷载的下限值和上限值。

作为一种可能的应力状态，假定在半径分别为 a、b 的两圆所围的中间部分处于和如图 13-3 所示的圆筒同样的塑性应力状态，而在余下的四个角的部分是无应力状态。这样，外圆周是一个应力的间断面。但是，径向应力是连续的，只有环向应力是不连续的。对这样的可能应力场，q 的下限为

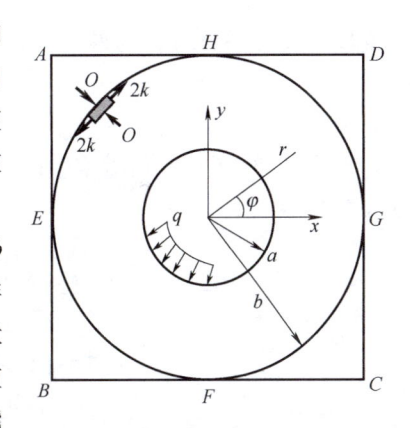

图 13-3 受内压的空心正方柱体

$$q^- = 2k\ln\frac{b}{a} \tag{13-20}$$

关于速度场也是有各种可能的。如果假定柱体只有径向速度，并且设

$$v_r^k = \frac{c}{r} \tag{13-21}$$

式中 c ——常数。

换成 x 轴、y 轴方向，就是

$$\begin{cases} v_x^k = v_r^k \cos\varphi = \dfrac{cx}{x^2 + y^2} \\ v_y^k = v_r^k \sin\varphi = \dfrac{cy}{x^2 + y^2} \end{cases} \tag{13-22}$$

则

$$\begin{cases} \dot{\varepsilon}_x^k = \dfrac{\partial v_x^k}{\partial x} = \dfrac{c(y^2 - x^2)}{(x^2 + y^2)^2} \\ \dot{\varepsilon}_y^k = \dfrac{\partial v_y^k}{\partial y} = -\dfrac{c(y^2 - x^2)}{(x^2 + y^2)^2} \\ \dot{\gamma}_{xy}^k = \dfrac{\partial v_x^k}{\partial y} + \dfrac{\partial v_y^k}{\partial x} = -\dfrac{4cxy}{(x^2 + y^2)^2} \end{cases} \tag{13-23}$$

因为 $\dot{\varepsilon}_x^k + \dot{\varepsilon}_y^k = 0$，即该速度场是满足不可压缩性条件的，而且只要取 $c > 0$，就可以使表面外力做正功率。所以上面的速度场是一个可能的速度场。

由式（13-23）可求得最大剪应变速度

$$\dot{\gamma}_{max}^k = \sqrt{(\dot{\varepsilon}_x^k - \dot{\varepsilon}_y^k) + (\dot{\gamma}_{xy}^k)^2} = \frac{2c}{r^2} \tag{13-24}$$

根据滑移线的定义可知，$\dot{\gamma}_{max}^k = \dot{\gamma}_{\alpha\beta}^k$，而 $\dot{\varepsilon}_\alpha^k = \dot{\varepsilon}_\beta^k = 0$，且 $\tau_{\alpha\beta}^k = k$。因此得

$$\sigma_\alpha^k \dot{\varepsilon}_\alpha^k + \sigma_\beta^k \dot{\varepsilon}_\beta^k + \tau_{\alpha\beta}^k \dot{\gamma}_{\alpha\beta}^k = \frac{2kc}{r^2} \tag{13-25}$$

板的内外边缘都是 S_σ 边界，在外边缘上 $\bar{f}_x = \bar{f}_y = 0$，在内边缘上 $\bar{f}_r = q$，$v_r^k = \dfrac{c}{a}$。将上述各值代入式（13-13），则得

$$q \oint \frac{c}{a} dS \leq \iint \frac{2kc}{r^2} dx dy \tag{13-26}$$

将式（13-26）左边沿整个内边缘求积，其右边是对整个横断面求积。如将式（13-26）改为极坐标，则

$$\begin{aligned} 2\pi q &\leq 2k \times 8 \times \int_0^{\frac{\pi}{4}} d\varphi \int_a^{b\sec\varphi} \frac{dr}{r} = 16k \int_0^{\frac{\pi}{4}} \ln\left(\frac{b}{a}\sec\varphi\right) d\varphi \\ &= 4\pi k \left(\ln \frac{b}{a} + \frac{4}{\pi} \int_0^{\frac{\pi}{4}} \ln\sec\varphi \, d\varphi \right) \end{aligned} \tag{13-27}$$

通过数值计算，$\dfrac{4}{\pi} \int_0^{\frac{\pi}{4}} \ln\sec\varphi \, d\varphi = 0.11$，因而

$$q^+ = 2k\left(\ln \frac{b}{a} + 0.11\right) \tag{13-28}$$

由式（13-20）和式（13-28），则

$$2k\ln\frac{b}{a} \leq q \leq 2k\left(\ln\frac{b}{a}+0.11\right) \quad (13\text{-}29)$$

如果 $\dfrac{b}{a}$ 比较大，则上、下限值是接近的，$\dfrac{b}{a}$ 比较小时，两者的差别就大。对这一点是不难想象的，因为这里假定的是一轴对称的速度场，开孔越大（即 $\dfrac{b}{a}$ 越小），和实际情形差得越多。

[例 13-2] 带尖切口板的弯曲

现在分析图 13-4 所示的带尖切口板的弯曲问题，求板的塑性极限弯矩。

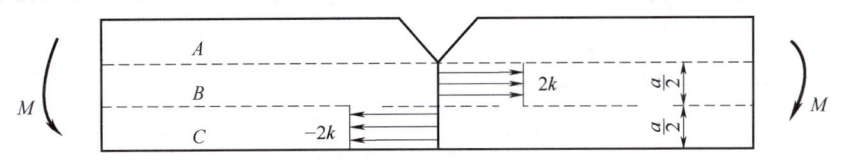

图 13-4 带尖切口板的弯曲

作为一种可能的应力状态，假设板在切口底以上的部分应力为零，而在其下面的部分是处于纯弯曲状态。这样，板被分为 A、B、C 三个部分。在 A 中应力为零。在 B 和 C 中分别为纵向的拉伸和压缩应力（$\pm 2k$）。根据下限定理，相应于这种可能应力状态的弯矩就是塑性极限弯矩的一个下限值，即

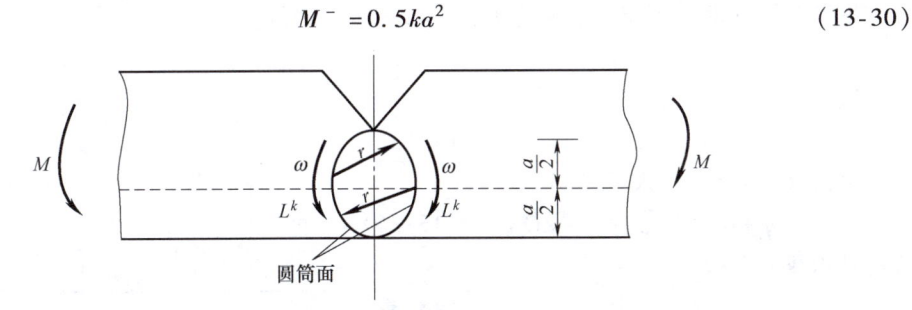

$$M^- = 0.5ka^2 \quad (13\text{-}30)$$

图 13-5 速度场分布

为求得一个上限值，要设定一个可能的速度场。假定在塑性极限状态切口下形成一个塑性铰，如图 13-5 所示。它由一对圆筒面组成，这些圆筒面既是滑移面，又是速度间断面。现设圆筒面的半径为 r，弯曲的角速度为 ω。沿圆筒面的速度不连续量为 $r\omega$。筒面单位长度的表面积为 $2r\arctan\left(\dfrac{a}{\sqrt{4r^2-a^2}}\right)$。因而，在这个圆筒面上所做的塑性功率为

$2kr^2\omega\arctan\left(\dfrac{a}{\sqrt{4r^2-a^2}}\right)$。另外，外弯矩所做的塑性功率为 $M\omega$。使两者相等，则得

$$M = 2kr^2\arctan\left(\dfrac{a}{\sqrt{4r^2-a^2}}\right) \quad (13\text{-}31)$$

当 $r = 0.54a$ 时，它可以取得极小值。则得到 M 的一个上限值为

$$M^+ = 0.69ka^2 \quad (13\text{-}32)$$

由式（13-30）和式（13-32），得

$$0.50ka^2 \leq M \leq 0.69ka^2 \quad (13\text{-}33)$$

[例 13-3] 饱和黏土地基承载力问题

某黏土地基，基础宽度为 B，地面上均布压力为 q，黏土重度为 γ，不排水抗剪强度为 C_{uu}，试求其破坏荷载的上下限解。

将所选应力场分为 3 个区域，如图 13-6 所示，三个破坏区域的应力摩尔圆如图 13-7 所示。由于地面无剪应力，静力平衡只需垂直应力和水平应力分量。所选应力场在实践中不可能发生，但不影响计算，是静力许可的应力场。

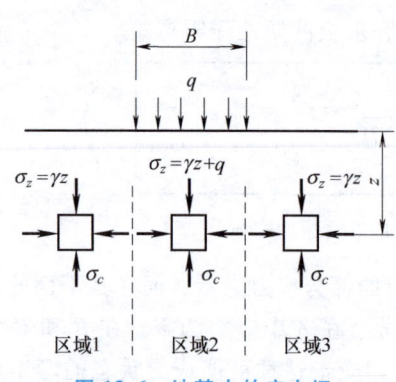

图 13-6 地基中的应力场

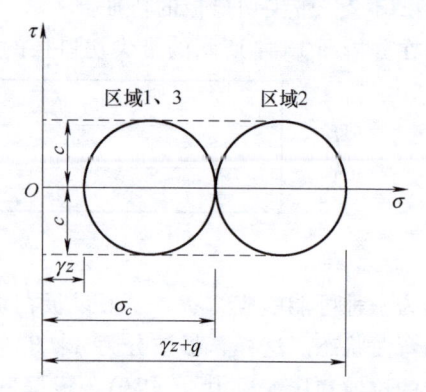

图 13-7 三个破坏区域的应力摩尔圆

根据摩尔圆图（不超过屈服应力），区域 2 有

$$q + \gamma z \leq \sigma_c + 2C_{uu} \tag{13-34}$$

区域 1、区域 3 有

$$\sigma_c \leq 2C_{uu} + \gamma z \tag{13-35}$$

将式（13-35）代入式（13-34）得

$$q + \gamma z \leq 2C_{uu} + \gamma z + 2C_{uu} \tag{13-36}$$

故地基承载力下限解为

$$q_{\max} = 4C_{uu} \tag{13-37}$$

因此，能够与所选应力场平衡的最大荷载是 $4C_{uu}B$，称其为静力可能解（简称，可静解），是破坏荷载的下限。

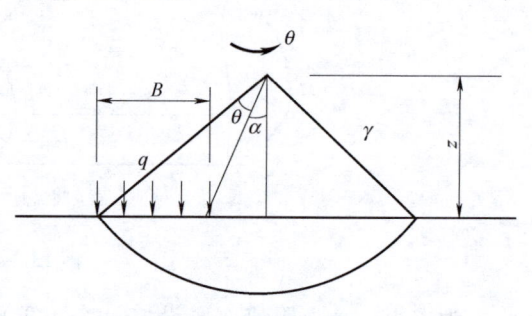

图 13-8 滑动破坏模式

下面根据圆形薄变形层上的滑动破坏来求上限解，所采用的滑动破坏模式如图 13-8 所示。因为土体内摩擦角 φ 等于零，所以这个运动是与流动法则相协调的。在边界上的位移也没有约束，因此速度场是运动许可的。

剪切能量消散速率为

$$\begin{cases} D = c\dot{\gamma}^p \\ Dl = C_{uu} lv\cos\varphi \\ l = 2\theta \dfrac{z}{\cos\theta} \\ v = r\dot{\theta} = \dfrac{z}{\cos\theta}\dot{\theta} \\ \varphi = 0 \end{cases} \tag{13-38}$$

总能量消散速率为

$$Dl = C_{uu} 2\theta \frac{z}{\cos\theta} \frac{z}{\cos\theta} \dot\theta = \frac{2C_{uu}\theta\dot\theta z^2}{\cos^2\theta} \quad (13\text{-}39)$$

外力做功的速率为

$$M\dot\theta = q(\tan\theta - \tan\alpha)z\left[\frac{1}{2}(\tan\theta - \tan\alpha)z + z\tan\alpha\right]\dot\theta$$

$$= q(\tan\theta - \tan\alpha)z\frac{1}{2}(\tan\theta + \tan\alpha)z\dot\theta \quad (13\text{-}40)$$

$$= \frac{1}{2}q\dot\theta z^2(\tan^2\theta - \tan^2\alpha)$$

根据外力做功与内部能量消散相等，并在两边同时除以 $\dot\theta z^2$，得到

$$\frac{2C_{uu}}{\cos^2\theta} = \frac{1}{2}q(\tan^2\theta - \tan^2\alpha) \quad (13\text{-}41)$$

对于 θ 的任何值，在 $\alpha = 0$ 时，q 最小

$$q = \frac{4C_{uu}\theta}{\cos^2\theta(\tan^2\theta - \tan^2\alpha)} \quad (13\text{-}42)$$

$$q = 4C_{uu}\theta\csc^2\theta \quad (13\text{-}43)$$

q 取最小值时对应弧度和角度为
由式（13-44）得

$$\begin{cases}\dfrac{\partial}{\partial\theta}(\theta\csc^2\theta) = \csc^2\theta - 2\theta\csc^2\theta\cot\theta = 0 \\ 2\theta = \tan\theta, \theta = 1.1657\end{cases} \quad (13\text{-}44)$$

因此，破坏荷载上限解为

$$q_{\min} = 4C_{uu}\theta\csc^2\theta = 5.52C_{uu} \quad (13\text{-}45)$$

最后得到真实的破坏荷载介于上下限解之间，由式（13-37）和式（13-45）得到

$$5.52C_{uu}B \geqslant q_f B \geqslant 4C_{uu}B \quad (13\text{-}46)$$

习　　题

[13-1]　对图 13-9 应用上限定理求 P 的上限。

[13-2]　对图 13-10 所示可能速度场求 P 的上限。

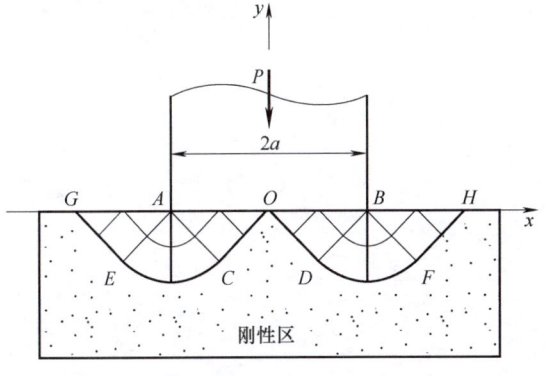

图 13-9　题 13-1 图

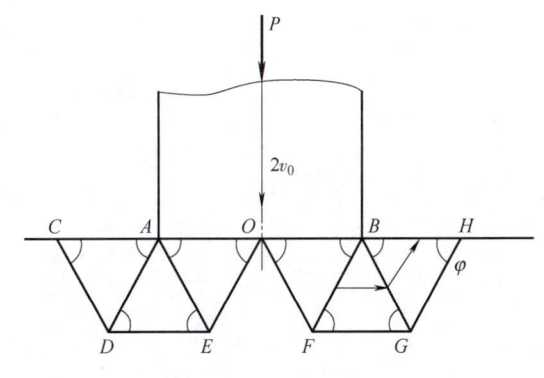

图 13-10　题 13-2 图

[13-3] 一光滑块体（$b \leqslant h$）受压缩时，对图 13-11 所示可能速度场求 P 的上限值。

[13-4] 长块体在两侧受冲头的对称挤压，假定图 13-12 所示的斜格子状速度间断面，求挤压力的上限。提示：速度间断面的总数 m 由 $hm = 2b\tan\varphi$ 决定。确定 m 后，可得相应的最佳上限值。

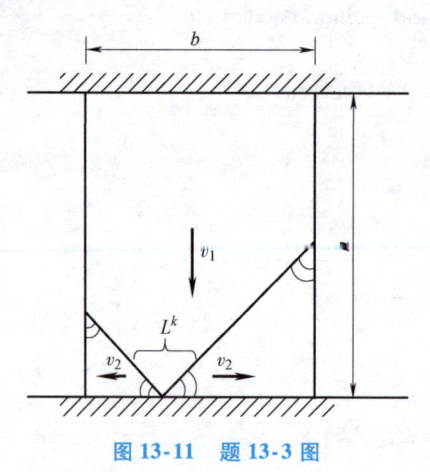

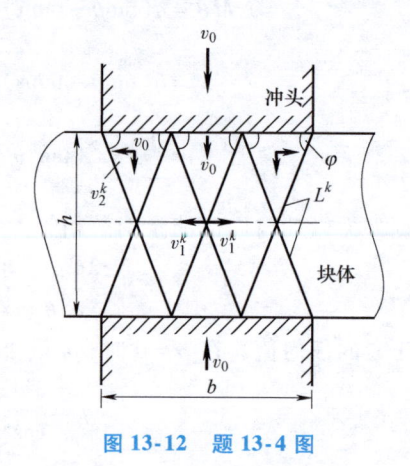

图 13-11　题 13-3 图

图 13-12　题 13-4 图

附　　录

■ 附录 A　字母标记法及求和约定

A.1　字母标记法

有不少物理量往往用一组分量的集来描述，如一点的位置在笛卡儿坐标系内用三个坐标 x、y、z 的集来表示；又如一点的应力状态，要用 9 个应力分量 σ_x、…、τ_{yz}、… 的集来表示。为便于书写，这样的集可以用字母标记法表示，即将这个物理量的所有分量都用同一个字母表示，而用标号（注标）对各分量加以区分，例如：

笛卡儿坐标写成 x_1、x_2、x_3 并表示为 $x_i (i = 1、2、3)$。

点的位移分量写成 u_1、u_2、u_3，表示为 u_i。

方向余弦写成 l_1、l_2、l_3，表示为 l_i。

应力分量有两个标号，简记为 $\sigma_{ij} (i、j = 1、2、3)$。

在微分运算中，也可将

$$\frac{\partial f}{\partial x}、\frac{\partial f}{\partial y}、\frac{\partial f}{\partial z} \tag{A-1}$$

分别写成

$$\frac{\partial f}{\partial x_1}、\frac{\partial f}{\partial x_2}、\frac{\partial f}{\partial x_3} \tag{A-2}$$

并用 $f_{,i}$ 表示，这里逗号表示对逗号后的字母标号所代表的变量求导，当逗号前无下标时，可直接写成 f_i。

以下如未加说明，字母标号中的字母（如 i、j、k 等）都可取数值 1、2、3（三维空间）。

A.2　求和约定

在同一项中，重复出现两次的字母标号称为求和标号，它表示将该标号依次取为 1、2、3 时所得各项求和，这就是求和约定。例如

$$a_i b_i = a_1 b_1 + a_2 b_2 + a_3 b_3 \tag{A-3}$$

$$a_{ii} = a_{11} + a_{22} + a_{33} \tag{A-4}$$

$$a_{ij} b_j = a_{i1} b_1 + a_{i2} b_2 + a_{i3} b_3 \tag{A-5}$$

因为求和标号不再是区分分量的标号，而只是一种约定求和的标志，所以不论选用哪一个字母都不会改变其含意，即求和标号可以任意变换字母都不会改变其含意，例如

$$a_i b_i = a_j b_j \tag{A-6}$$

$$a_{ij} b_j = a_{ik} b_k \tag{A-7}$$

$$F_{i,j} \mathrm{d}x_j = F_{i,k} \mathrm{d}x_k \tag{A-8}$$

因此，求和标号称为哑标。

在同一项中不重复出现的标号称为自由标号，自由标号表示一般的项，它可取 1、2、3 中任何一个数。如 u_i 表示三个位移分量中的任何一个，σ_{ij} 表示 9 个应力分量中的任何一个。又如

$$A_{ij} x_j = B_i \tag{A-9}$$

表示一线性代数方程组

$$\begin{cases} A_{11} x_1 + A_{12} x_2 + A_{13} x_3 = B_1 \\ A_{21} x_1 + A_{22} x_2 + A_{23} x_3 = B_2 \\ A_{31} x_1 + A_{32} x_2 + A_{33} x_3 = B_3 \end{cases} \tag{A-10}$$

这就是说，自由标号 i 分别取 1、2、3，每更换一个数，就可展出一个代数方程。这里 j 是求和标号。

由上例可见，在同一个方程中等号两边的自由标号必须相同。和哑标不同，不能随意改变自由标号的字母，等式两边各项中相应的自由标号同时改变才不致丧失原有的含意。

A.3 克罗内克符号 δ_{ij}

δ_{ij} 称为克罗内克（Kronecker）delta，它是张量分析中的一个基本符号，定义为

$$\delta_{ij} = \begin{cases} 1, i = j \\ 0, i \neq j \end{cases} \tag{A-11}$$

或写成

$$\delta_{ij} = \begin{pmatrix} 1 & 0 & 0 \\ 0 & 1 & 0 \\ 0 & 0 & 1 \end{pmatrix} \tag{A-12}$$

δ_{ij} 称为单位张量。不难证明，存在下列关系

$$\begin{cases} \delta_{ij} \delta_{ij} = \delta_{ii} = \delta_{jj} = 3 \\ \delta_{ij} \delta_{jk} = \delta_{ik} \\ \delta_{ij} \delta_{jk} \delta_{km} = \delta_{im} \end{cases} \tag{A-13}$$

由于坐标轴基矢具有下列关系

$$\boldsymbol{e}_i \cdot \boldsymbol{e}_j = \begin{cases} 1, i = j \\ 0, i \neq j \end{cases} \tag{A-14}$$

所以 δ_{ij} 和基矢存在下列关系

$$\boldsymbol{e}_i \cdot \boldsymbol{e}_j = \delta_{ij} \tag{A-15}$$

A.4 置换符号

定义 e_{ijk} 为置换符号，有

$$e_{ijk} = \begin{cases} 1 & \text{当 } i、j、k \text{ 按 } 1、2、3；2、3、1； \\ & 3、1、2 \text{ 顺序排列时（顺循环）} \\ -1 & \text{当 } i、j、k \text{ 按 } 3、2、1；2、1、3； \\ & 1、3、2 \text{ 逆序排列时（逆循环）} \\ 0 & \text{当 } i、j、k \text{ 中有重复时（非循环）} \end{cases} \quad (A\text{-}16)$$

显然 e_{ijk} 有 27 个量，其中只有 6 个不为零。

可以证明，对于 δ_{ij} 和 e_{ijk} 有下列关系式存在

$$\begin{cases} e_{ijk} e_{jki} = 6 \\ \delta_{ij} e_{ijk} = 0 \\ e_{ijk} A_i A_j = 0 \\ e_{ijk} e_{ist} = \delta_{js}\delta_{kt} - \delta_{jt}\delta_{ks} \end{cases} \quad (A\text{-}17)$$

附录 B　张量的基本知识

B.1　坐标变换

一右手系的直角坐标系 x_1、x_2、x_3，其基矢为 e_1、e_2、e_3。若坐标轴绕原点 O 旋转后形成一新的直角坐标系 x_1'、x_2'、x_3'，相应的基矢为 e_1'、e_2'、e_3'。因为两个坐标系都是直角坐标系，因此有

$$\begin{cases} \boldsymbol{e}_i \cdot \boldsymbol{e}_j = \delta_{ij} \\ \boldsymbol{e}_i' \cdot \boldsymbol{e}_j' = \delta_{ij} \end{cases} \quad (B\text{-}1)$$

现在考虑这些坐标系中的任一点，它的位置可以用位置矢量 $\boldsymbol{x}$ 表示。$\boldsymbol{x}$ 在原坐标系中的分量用 x_i 表示，在新坐标系中用 x_i' 表示，则

$$\boldsymbol{x} = x_j \boldsymbol{e}_j = x_j' \boldsymbol{e}_j' \quad (B\text{-}2)$$

将等式两边都乘以矢量 $\boldsymbol{e}_i$，则

$$x_j (\boldsymbol{e}_j \cdot \boldsymbol{e}_i) = x_j' (\boldsymbol{e}_j' \cdot \boldsymbol{e}_i) \quad (B\text{-}3)$$

因为

$$\boldsymbol{e}_j' \cdot \boldsymbol{e}_i = |\boldsymbol{e}_j'||\boldsymbol{e}_i|\cos(\boldsymbol{e}_j', \boldsymbol{e}_i) = \cos(\boldsymbol{e}_j', \boldsymbol{e}_i) \quad (B\text{-}4)$$

令

$$\cos(\boldsymbol{e}_j', \boldsymbol{e}_i) = l_{ji} \quad (B\text{-}5)$$

则

$$\boldsymbol{e}_j' \cdot \boldsymbol{e}_i = l_{ji} \quad (B\text{-}6)$$

这里 l_{ji} 就是两坐标系的各坐标轴的方向余弦，其中第一个注标 j 是新坐标轴的标号，第二个注标 i 是原坐标轴的标号，考虑到式（B-1）和式（B-6），则式（B-3）变成

$$x_i = x_j' l_{ji} \quad (B\text{-}7)$$

类似可以得到

$$x_i' = x_j l_{ij} \quad (B\text{-}8)$$

由式（B-7）和式（B-8），显然有

$$l_{ij} = \frac{\partial x'_i}{\partial x_j} = \frac{\partial x_j}{\partial x'_i} \tag{B-9}$$

类似地，一般的矢量 $\boldsymbol{v}$ 可表示为

$$\boldsymbol{v} = v_i \boldsymbol{e}_i = v'_i \boldsymbol{e}'_i \tag{B-10}$$

它的分量 v_i 和 v'_i 的变换关系为

$$\begin{cases} v_i = v'_j l_{ji} \\ v'_i = v_j l_{ij} \end{cases} \tag{B-11}$$

式（B-11）就是坐标旋转的矢量变换关系。

B.2 标量、矢量和张量

所谓标量是指完全由一个正值或负值的数量所确定的物理量，如物体的质量、温度、力所做的功等。若标量和坐标系选择无关，称为绝对标量，又称不变量。但像确定矢量的三个分量这种标量是和坐标系选择有关的，称为非绝对标量。

矢量是指由三个分量所确定的物理量或几何量，它是和坐标系的选择有关的。当坐标变换时，其分量的变换是服从一定的规律的，此变化规律就如式（B-11）所示。因此，凡是满足此变换关系的量就定义为矢量。

将上述概念加以推广可以定义张量。

二阶张量的定义：设在给定的坐标系 x_i 内有具有两个下标的 9 个分量 a_{ij}，当坐标变换时，它们在新坐标系 x'_i 内的 9 个分量变为 a'_{mn}，若这些量满足变换关系式

$$\begin{cases} a_{ij} = a'_{mn} l_{mi} l_{nj} \\ a'_{mn} = a_{ij} l_{mi} l_{nj} \end{cases} \tag{B-12}$$

则此 9 个量的集构成二阶张量。

由此定义可知，标量是零阶张量，矢量是一阶张量。类似地可将二阶张量的定义加以推广，来定义 n 阶张量。

张量一般是非对称的，如果

$$a_{ij} = a_{ji} \tag{B-13}$$

则称其为对称张量。所以二阶对称张量只有 6 个独立的分量。

如果

$$a_{ij} = -a_{ji} \tag{B-14}$$

则称其为反对称张量。显然，反对称张量中注标重复的分量 $a_{11} = a_{22} = a_{33} = 0$。因此，一个二阶反对称张量只有 3 个独立的分量。

可以证明，坐标轴旋转时不会改变张量的对称性和反对称性。

B.3 张量的坐标不变性

由变换式（B-2）可知，如果

$$a_{ij} = 0 \tag{B-15}$$

则

$$a'_{ij} = 0 \tag{B-16}$$

现在，若在某一坐标系 x_i 已经得到一个张量方程，设为

$$A_{ij} = B_{ij} \tag{B-17}$$

改写成

$$a_{ij} = A_{ij} - B_{ij} = 0 \tag{B-18}$$

根据前面的结论，当变换到另一个坐标系时，应有 $a'_{ij} = 0$，即应有

$$A'_{ij} = B'_{ij} \tag{B-19}$$

这就说明，对于某种物理现象，当在某一坐标系中得到的方程，通过坐标变换，很容易得到在别的坐标系中同样形式的方程，此种性质称为张量的坐标不变性（它对于 n 阶张量也成立）。这种性质用于连续介质力学分析将起很大的作用，它可以使我们很容易地由笛卡儿坐标系中建立的方程导得其他各种坐标系的控制方程。

参 考 文 献

[1] 陈惠发，萨里普. 弹性与塑性力学 [M]. 余天庆，等译. 北京：中国建筑工业出版社，2004.
[2] 杜庆华，余寿文，姚振汉. 弹性理论 [M]. 北京：科学出版社，1986.
[3] 顿志林，高家美. 弹性力学及其在岩土工程中的应用 [M]. 北京：煤炭工业出版社，2003.
[4] 樊大钧. 数学弹性力学 [M]. 北京：新时代出版社，1983.
[5] 王仁，黄文彬，黄筑平. 塑性力学引论 [M]. 2版. 北京：北京大学出版社，1992.
[6] 康国政. 非弹性本构理论及其有限元实现 [M]. 成都：西南交通大学出版社，2010.
[7] 刘元雪，郑颖人. 高等岩土塑性力学 [M]. 北京：科学出版社，2019.
[8] 刘士光，张涛. 弹塑性力学基础理论 [M]. 武汉：华中科技大学出版社，2008.
[9] 王光钦，丁桂保，杨杰. 弹性力学 [M]. 3版. 北京：清华大学出版社，2013.
[10] 李同林. 应用弹塑性力学 [M]. 2版. 北京：中国地质大学出版社，2002.
[11] 吕玺琳，黄茂松. 岩土材料应变局部化理论预测及数值模拟 [M]. 上海：同济大学出版社，2017.
[12] 陆明万，罗学富. 弹性理论基础 [M]. 北京：清华大学出版社，1990.
[13] 米海珍. 弹性力学 [M]. 北京：清华大学出版社，2013.
[14] 钱伟长，叶开沅. 弹性力学 [M]. 北京：科学出版社，1980.
[15] 王仁，黄文彬，黄筑平. 塑性力学引论 [M]. 北京：北京大学出版社，1992.
[16] 王敏中，王炜，武际可. 弹性力学教程 [M]. 2版. 北京：北京大学出版社，2002.
[17] 吴家龙. 弹性力学 [M]. 3版. 北京：高等教育出版社，2016.
[18] 徐芝纶. 弹性力学简明教程 [M]. 北京：人民教育出版社，1980.
[19] 徐芝纶. 弹性力学 [M]. 5版. 北京：高等教育出版社，2016.
[20] 徐秉业，刘信声，沈新普. 应用弹塑性力学 [M]. 2版. 北京：清华大学出版社，2017.
[21] 徐日庆. 岩土材料本构理论 [M]. 杭州：浙江大学出版社，2019.
[22] 薛守义. 弹塑性力学 [M]. 北京：中国建材工业出版社，2005.
[23] 夏志皋. 塑性力学 [M]. 上海：同济大学出版社，1991.
[24] 杨桂通. 弹塑性力学 [M]. 北京：高等教育出版社，1980.
[25] 余同希. 塑性力学 [M]. 北京：高等教育出版社，1989.
[26] 郑颖人. 岩土塑性力学原理 [M]. 北京：中国建筑工业出版社，2002.
[27] 张学言. 岩土塑性力学 [M]. 北京：人民交通出版社，1993.
[28] 朱滨. 弹性力学 [M]. 合肥：中国科学技术大学出版社，2008.
[29] CHEN W F. Limit analysis and soil plasticity [M]. Amsterdam：Elsevier，1975.
[30] HUANG M，LU X，QIAN J. Non-coaxial elasto-plasticity model and bifurcation prediction of shear banding in sands [J]. International Journal for Numerical and Analytical Methods in Geomechanics，2010，34 (9)：906-919.
[31] SCHOFIELD A N，WROTH C P. Critical state soil mechanics [M]. London：McGraw-Hill，1968.
[32] SHAPIRO S，YAMAMURO J A. Effects of silt on three-dimensional stress-strain behavior of loose sand [J]. Journal of Geotechnical and Geoenvironmental Engineering-ASCE，2003，129 (1)：1-10.
[33] SIMO J C，Hughes T J R. Computational Inelasticity [M]. Berlin：Springer，1998.
[34] PIETRUSZCZAK S. Fundamentals of plasticity in geomechanics [M]. Leiden：CRC press，2010.